U0053053

大專用書

管理概論

劉立倫　著

三民書局　印行

國家圖書館出版品預行編目資料

管理概論／劉立倫著. －－修訂二版三刷. －－臺北市；三民，2002

面；　公分

參考書目：面

ISBN 957-14-2374-2　(平裝)

1. 企業管理

494　　84008046

網路書店位址　http : // www. sanmin. com. tw

著作人　劉立倫
發行人　劉振強
著作財產權人　三民書局股份有限公司
臺北市復興北路三八六號
發行所　三民書局股份有限公司
地址／臺北市復興北路三八六號
電話／二五〇〇六六〇〇
郵撥／〇〇〇九九九八——五號
印刷所　三民書局股份有限公司
門市部　復北店／臺北市復興北路三八六號
重南店／臺北市重慶南路一段六十一號
初版一刷　西元一九九五年九月
修訂二版一刷　西元一九九六年十二月
修訂二版三刷　西元二〇〇二年八月
編　號　S 49245
基本定價　玖元貳角
行政院新聞局登記證局版臺業字第〇二〇〇號

ISBN　957-14-2374-2　(平裝)

自　序

過去數千年來，人類即不斷的追求管理的有效性，且此一熱忱至今未曾稍減。近年來資訊化的發展、國際化的趨勢與環境的快速變遷，都對傳統的組織理論與管理，造成了向所未有的衝擊。

資訊技術的快速發展，不僅改變了組織內部的決策流程，也同時會對管轄幅度、組織結構造成相當程度的影響。企業走向國際化的結果，使得管理人員必須面對更多的經營風險，需要面對愈來愈多不同文化背景的組織成員。而這些不同文化下成長的組織成員，其管理哲學、管理態度與管理實務的差異，對組織管理確有相當程度的影響。而環境的快速變動，不僅反映在產業的競爭環境；同時在政治、經濟、法律、社會文化等環境，亦出現相當不同於往昔的劇烈變動。近年來，再加上管理倫理與消費者主權的影響，我們必須承認，今天的管理者所面對的，是一種相當嚴酷的環境；他必須發揮相當的智慧、具備相當的技能，才能因應這種嚴峻的環境挑戰。而一位好的管理者，更必須在不同的趨勢中，適當的拿捏，才能有效的發揮組織資源協調與整合的功能。而管理也確實是一種值得追尋、高尚而光榮的事業。

基本上，作者希望能在這個錯綜複雜的環境衝擊下，以一些比較有條理的方式，提供給讀者一些新的思考的方向。因此，本書的編著除了章節結合了前述的發展趨勢之外，同時還包括以下幾個特色：

・章節結構要述

在每一章標題後，均簡要的說明本章的組成結構，以協助讀者系統化的了解章節內容。

・圖表說明

在書中各章節中，適當的加入相關的圖表説明，以協助讀者閱讀，有助於強化學習的效果。

· 章節摘要

在每一章結尾均有一個完整的摘要，這些摘要是按照章節的順序逐次摘錄，以協助讀者能夠完全的、正確的複習重要的管理理論與概念。

· 討論問題

在每一章後面都有一些激發思考的討論問題，要求學生複習並應用該章節內容。

一本書的完成，往往需要許多人的共同努力，所以作者希望能夠藉著本書的一角，對幕後協助的許多人，提出個人誠摯的感謝之意。首先要感謝三民書局多位同仁在本書編排過程所提供各項的行政支援，個人對他們所表現的專業程度，印象非常深刻。其次要感謝潘俊興、陳仁龍兩位學弟協助整理凌亂的電腦檔案，他們在過程中所表現的耐心，令我相當的佩服。另外也要感謝內人翁霓，她在從事教學、料理家事之餘，還幫助代爲整理各章節的摘要，並提供許多本書撰寫的建議。最後還要感謝崴寧、崴瑀與崴瑒三個孩子，他們在我撰寫耐心逐漸減弱時，給了我許多歡笑，讓我能夠重新燃起繼續努力的希望。

劉立倫

管理概論

目　次

第三章 組織決策

第四章 規劃

第五章 組織設計的基礎

第十二章 控制

第十三章 管理資訊系統

第十四章 組織變革與發展

第十五章　管理者與外界環境

第十六章　管理的未來與展望

參考文獻

第一章　管理概論

本章將介紹幾個管理者經常需要面對的一般性課題，分別是：管理的意義與重要性、管理者的角色功能、管理者應具備的技能、企業的社會責任，及組織文化等五項課題。在討論過這些課題之後，將有助於我們對管理概念的瞭解。

第一節　管理的意義與重要性

一、管理的意義

管理是人們在社會中所採取的一種具有特定意義的活動，經由群體的合作，以完成某些共同的目標。詳細的說，管理就是設定目標，組織各種資源以達成既定目標，及評估達成的成果，以確定未來行動方向的程序。從人類歷史發展的角度來看，管理也是人類追求生存，發展和進步的一種途徑和手段；因此，管理存在於人類社會亦由來已久。過去中國古代長城之興建，運河之開鑿，外國巴比倫城之興建與金字塔之修築，均動用許多人力通力合作而成，這些活動都有管理的功能在其中運作。

二、管理的重要性

管理的重要性有三，茲分述如下：

(一)可協助管理者，作為整合組織資源與任務的工具，以達成組織的既定目標

管理學是組織追求生存與成長過程中，所應用一系列有系統的知識、方法，與技術。組織必須經由管理者與員工，能有效地實踐所有管理功能，否則，組織必將無法生存。因此，「管理」實際上就是運用規劃、組織、指揮、協調，與控制等程序，以有效運用組織內所有人力、原物料、機器、金錢、方法等資源，並促進其相互密切配合，使得組織能夠有效率（efficiency）和效果（effectiveness）的達成組織的既定目標。此一定義中，包含了獲得為組織所支配的各種資源，進而結合資源，以達到組織目標的過程。

(二)可提昇資源使用的效率(efficiency)和效果(effectiveness)

所謂「效率」，是指以有系統的方式進行工作，以求取「投入」與「產出」之間的最大比值，亦即是以 E = O/I 的方程式來表達，其中 E 代表效率（efficiency），O 是產出（output），I 是投入（input）。通常產生最大比率的方式有二，一是在固定投入下，得到最大的產出；二是以最小的投入，得到固定的產出；這兩種方式均可顯示組織內作業的效率。例如製造罐頭的工廠，必須是以最低的生產成本，而以特佳的價格銷售。所謂「效果」，指的是產出的產品或勞務，與組織所期望的目標之間的一致程度。以罐頭工廠來說，生產產品的速度快、效率好，並不表示它就是一個成功的工廠，成功的罐頭工廠必須是產品的口味符合消費者的需要，銷售的狀況十分良好。而口味是否符合消費者的需要，以

及銷售情況如何，正是「效果」所關切的問題。

成功的管理，應同時包含效率和效果兩項因素綜合的成果。這種投入與產出的關係，是衡量組織內部「技術理性」（technical rationality）的主要方式。所謂技術理性，就是以不同的產出與投入比率，來提高技術性決策中，投入與產出的效率；這是對於衡量管理績效的一個相當重要的因素。而組織所有的努力，目的均是在追求組織內部決策上的理性；因此，管理實質上就是一種追求進步的理性行為（Haimann, Scott & Connor, 1978）。

(三)可促成人類社會的創新與進步

由於管理與組織對於人類社會的影響，及管理者對於人類價值的貢獻；使得管理者在當前社會已形成為一種新的傑出階層，而管理功能亦成為推動社會進步與創新的主要動力。管理者以其專業管理知識與創造力，來營運複雜的管理系統；並進行計畫、組織、領導與控制各種資源（人力、財務、物質、與資訊）的活動。由於管理者必須經由各種管理功能或程序，運用多種不同方式來結合各種資源，謀求達成組織目標；因此，相對的也使得管理工作的挑戰性增高。

由於管理的工作需同時涉及「所要執行的工作」與「執行工作的人」；因此，有效的管理者須同時兼顧工作因素與人的因素，二者不能偏廢。簡言之，管理是透過他人來完成工作的程序；這個程序需要同時重視「所要達成的目標」和「達成此目標的人」。所以，在組織管理的領域中，通常必須注意以下兩個主題：第一是在瞭解管理者的工作，以探討組織內部各階層的管理績效，是如何影響員工、個別部門，與整體組織的績效；第二是提供各種增進管理績效的觀念與技術。

第二節　管理者的定義與角色功能

一、管理者的定義

在組織機構中擔負管理功能性質工作者，一般可稱之為管理者。而管理者的主要工作，就在合理的結合和協調各種資源，以完成組織的既定目標。在管理的過程中，管理者會設計，執行，及督導各種的組織任務與程序，以達成組織的目標。因此，管理者與員工必須要有系統的，以有組織的努力方式，來進行各項達成目標的工作。從上述的說明可以得知，管理應包括目標、資源，與人員行動三個共同的中心因素。至於在目標的產生，以及管理者如何追求目標的達成，事實上也是為管理理論(theories of management)研究與管理實務(management practices)執行的關切焦點。

二、管理功能劃分

管理功能的劃分，通常是採取管理程序的觀點，將管理功能劃分為規劃、組織、領導與控制等四個主要的部分。其中規劃是一種針對未來所擬採取的行動，進行分析與選擇的理性程序。具體來說，就是管理者在採取行動之前，先行蒐尋各種可行的方案，並根據組織目標、環境變動狀況與內在資源條件，進行各方案之成本效益比較，並選擇最佳之方案。

組織的功能主要在建立一機構之內部結構，使得組織的工作、人員、資源及權責之間，能發生適當、有效的連結，以協助各項重要的組織活動順利進行，並協助組織內部有效的與組織外部進行資源的交換。事實上，這就是組織理性（organizational rationality）所討論的主題；

組織理性的主要目的，就是要實現與維持組織內部的協調系統。協調（coordination）對於組織的健全發展，以及使得組織員工獲致滿足，都是很重要的；這種觀點與學者巴納德（Barnard,1938），所強調合作系統（cooperative system）意義相同。巴納德認為，管理者就是要創造合作的系統，使員工個人目標得到滿足，並和組織目標的達成協調一致。

領導代表管理中一種影響力的發揮和運用，其目的為激發工作人員之努力意願，引導其努力方向，以增加他們所能發揮的生產力和對組織的貢獻。這種發揮影響力的過程，與管理者制定有關維持組織地位的決策，或是有效的運用權力與影響力的決策上，有相當密切的關係。管理者的決策的有效性，主要來自於部屬的接受；因此，管理者必須善用可用的技能，以提昇其管理工作上影響力。

由於管理是「藉由群力達成目標」的衆力活動，因此如果一個組織擬訂了良好的計畫，但在實施過程中，發現事實發展或結果，與原先的預期有相當程度的差距。這種差距或意外狀況，往往須賴另一種「差距管理」的功能，以應付和解決這種實際與預期的差異問題，這種管理的功能即為「控制」功能。

基本上，控制代表一種偵察、比較和改正的程序。為求與預期目標的比較，因此須建立某種回饋（feedback）的系統，能有規則地、定期的將某種實際狀況反映給組織，並與預期狀況或標準進行比較。如果比較結果顯示，其間差異超出一定程度，則管理者必須探討差異發生的原因，並採取適當的改正行動。這樣希望能保持一機構所採行動及實際發展，不致與原有目標及計畫產生過大的差距，而影響了企業長期的目標與發展。

三、管理者的角色與功能

管理者的角色與功能，可以採取不同的觀點加以區分，如從組織層級的觀點，可以區分為高階層管理者、中階層管理者及低階層管理者(基層管理者)；或從組織的功能來看，管理者可區分為生產、銷售、人事、研究發展及財務這五種類型的管理者；或從組織的職權關係來看，則可區分為直線主管及幕僚主管。各種分類下的角色功能，分述如下：

(一)依組織階層分

從組織內部階層關係來看，組織管理者通常分為三個不同的層次，分別是：高階層管理者、中階層管理者，和基層的管理者。其中高階層管理者扮演的角色在設定組織的目標，確立組織的發展策略，及制定各項功能性的政策。高階層管理者須代表組織參與外界的各種聯繫活動及會議；通常他們的工作是複雜而且多變化的，經常要配合環境的變動而調整。

高階層管理者因為職務的關係，常須在不同時間從事不同的活動；閔茲伯格（Mintzberg，1973）曾根據管理者所從事的各種活動，提出管理者的十大角色。這一系列的角色可略分為三類，分別是：人際關係角色，資訊角色，與決策角色。十種角色詳細分述如下：

1.代表人（figurehead）

管理者因職務和地位的重要性，具有機構單位代表的頭銜，故常常要去參加各種集會或社交活動，簽署各種重要的表單，或是接見重要的客戶。例如：參加重要的宴會，簽署重要的合約等等。

2.領導人（leader）

管理者需要扮演一位領導者的角色，以引導他人來完成工作，並激勵部屬、引導部屬完成組織的目標等。

3.連絡人（liaison）

管理者不僅要協調部屬的工作，更需要與同儕及外界保持適當的連絡，因為透過連絡可以獲得很多重要的外界資訊，使管理者能夠瞭解外界情形，而適時的調整組織的作為，以應付新情況的發生。

4.偵察者（monitor）

管理者須不斷尋找與組織有關的資訊，使管理者能察覺其所處的環境。這種環境資訊的獲得，主要是因為高階層管理者的職權，使其能夠有權得知這種影響組織的資訊，二則是因為他扮演組織內部與組織外部連絡人的角色，故能與外界保持廣泛的接觸所致。

5.傳達者（disseminator）

管理者必須將連絡、偵察所得到的資訊，透過組織的溝通系統，適時的傳達給主管或部屬知道，有助於下屬能對環境的變動作出正確的反應。

6.發言人（spokesman）

管理者因其職務的關係，往往需要代表其組織，向外界發表正式的意見、談話。

7.企業家（enterpreneur）

管理者必須扮演企業家的角色，設法來改善其所主持之企業，並設法適應新的觀念或情況。他會隨時發現問題，並把握適當的機會，以創新的精神使其所經營之企業能因此而受益。

8.清道夫（disturbance handler）

管理者往往要花費相當的時間去消除障礙與干擾，以應付日常發生之各類危機。這些危機的產生，往往必須經由具有正式職權的管理者，才能有效的處理與消除。

9.資源分配者（resources allocator）

管理者主管一個機構，他便面臨組織內部資源分配的問題；這種資源的分配，包括組織的各類資源與權力，其目的在協助組織的各項活動的有效達成與運用。

10.仲裁者（negotiator）

管理者往往要花費甚多時間從事協商仲裁，例如領班可能與工會代表的意見不合而起爭執，管理者便要扮演仲裁者的角色。此外當組織與外界從事重大交涉事宜時，管理者因其職位的關係，擁有足夠的決策資訊，故能夠親自處理。

中階層管理者在大多數組織中，占有相當高的比重，亦為管理者人數較多的團體。諸如工廠的經理、業務部門的經理，或是部門主管等都屬於中階層管理者。他們負責貫徹執行高階層管理者的策略與長程計畫，並根據企業的策略發展出部門的功能性政策，以協助企業策略的達成。許多中階層主管有兩項主要的責任，其一是在監督與協調基層管理者的活動；其二是扮演著高階層管理者與基層管理者之間的溝通橋樑。在溝通橋樑上，中階層管理者需要用低階層管理者瞭解的語言，將高階層管理者的期望傳達給下屬；並同時也將下屬的期望，用高階層管理者所瞭解的語言傳達上去。近年來，美國許多組織中，中階層主管被認為應扮演革新者的角色。事實上，如果能給予中階層管理者較大的自由與資源，進行探索開創組織的各種機會，將會誘發其創新能力和生產力。

基層管理者需要監督與協調業務人員的活動，如工廠的領班，銀行的領組等均屬此類職位。通常，他們是從業務人員進入管理階層的最初職位。基層主管大部分時間，是在直接監督部屬的工作。這三個階層的主管，由於角色與工作的性質不同，故所需的管理技術也不盡相同，在後續的章節將會有較深入的討論。

㈡依組織功能分

企業組織的功能通常可分為生產、銷售、人事、研究發展及財務五大項；因此，如果從組織的功能來識別管理者，則可區分為下列各種不同功能的管理者：

1.生產管理者

生產管理者的主要任務，在管理、協調各生產相關的活動，以提昇組織內部的技術理性。這些生產相關的活動包括：生產控制，存貨控制，質量控制，工廠佈置，廠址（場所）選擇，以及工作設計等。

2.行銷管理者

行銷管理者的主要職責，是在於經由市場的各種活動，把企業組織生產的各種產品，有計畫的銷售給顧客。這些特定的活動包括市場研究，廣告與推銷，銷售，配銷通路，以及顧客心理的研究等等。由於市場活動的成敗，與組織活動的達成效果有密切的關係；因此許多成功的公司，均採行市場觀念，以增進顧客的滿足為核心，作為管理工作最重要的大前提。

3.人事管理者

人事管理者是有關組織人力發展及員工招募聘用的各項相關事宜。這些活動包括組織的人力資源規劃，人力招募，遴選，訓練與發展，薪資福利、績效評估系統的規劃與設計，以及員工問題的處理。大規模組織，這些活動可能分設個別的專業單位，管理幾種相關活動；而小規模的組織通常只由少數人進行所有的人事功能。過去國內企業的人事部門，並不是一個重要的職能，在組織內的地位亦相對較低。可是由於近年來有關員工權益的法令相繼立法（如勞基法)，與工會活動的積極，使得人事管理者的角色日趨重要。而美國在 70 年代通過的職業安全與衛生法案，也使得人事管理的功能變得十分重要。

4.研究發展管理者

由於研究發展活動的生產力在於創新能力，因此研究發展管理者一方面要採取放任式的領導方式，避免損及研究人員的原創能力，另一方面又要配合組織產品生產及銷售的需要，控制新產品發展的期程。所以研究發展的管理者，一則必須對科技的發展進行預測，以瞭解科技發展對產品發展的可能影響；二則要對產品發展專案進行有效的管理，並激勵研究發展人員發揮創新的原動力；三則要在生產與銷售之間扮演著介面的角色，有效的配合以提昇組織的效率與效能。

5.財務管理者

財務管理者主要的工作，是在處理及有效率的運用組織有限的財務資源。財務管理這種支援性的功能，通常須與組織的活動配合，並以利潤前提為企業資金的取得與運用，進行成本效益的分析與規劃。因此財務管理的主要活動，通常包括公司理財與投資兩大類的活動。由於財務管理者的重要性，故其往往也成為培養高階層管理者的重要職位。

組織高階層負有策略規劃職責的管理者，是功能性管理者以外的一般管理者（general manager），如企業主持人、醫院的院長等。一般管理者與功能性的管理者不同的是，他們重視企業各種功能的協調與整合；因此，他們是通才型的管理者，熟悉各種的管理功能領域，而不只是單一的專業功能。近年來，組織其他的功能性管理者也日益重要，如資訊管理者或是公共關係管理者，均對組織的效率與組織形象，有相當直接的影響。事實上，由於現代組織的規模及其複雜性繼續日增，專業管理者的人數與重要性，仍繼續在增強中。

㈢依組織職權分

如果從組織的職權關係來看，管理者尚可依直線與幕僚的關係，而區分為兩種不同的管理者。其中直線主管（line manager）的職責與各項管理活動，對於組織的主要產品或勞務，會發生直接的影響。在一般的組織系統中，市場與銷售主管，生產部門的主管、工廠廠長，都是屬於直線的管理者。而幕僚主管（staff manager）的主要職責，就是在支援直線主管的各項活動，因此，諸如人事、公共關係、財務、會計及研究發展等部門的主管，均為企業的幕僚主管。

*第三節　管理者應具備的技能

如前所述，管理者因為從事的工作不同、職位高低互異，需要的工作技能也不盡相同。一般而言，管理者通常需要具備以下幾種技能，才能有效的執行管理的工作。茲說明如下：

一、技術性的技能（technical skills）

技術性技能是應用於功能性作業或業務工作上，所需要的知識和能力。在執行各種功能性的作業活動時，下屬有時會遭遇到工作上無法克服的困難，需要管理者適時的提供協助。因此，管理者如果具備某種程度之技術能力，將有助於管理工作的執行。

管理者所需的技術能力的程度與其組織地位有密切的關係。通常基層主管需要之技術能力程度較高；反之，高層主管在技術知識和能力上，則具備一般概念就夠了。事實上，如果生產經理能具備相當之製造或工程知識，銷售經理具備推銷技術，廣告經理具備廣告製作及媒體知識，財務經理具備財務知識，研究發展經理具備研究方法及工具之知識，對於他們擔任功能性管理的工作，有相當幫助的。

二、人際關係的技能（human skills）

管理者通常必須藉由他人的協助才能完成工作；因此如何建立信任與合作的人際關係，甚為重要。一般人較為關切的人際關係技能，主要是管理者之溝通及領導能力；溝通能力的技能，主要在幫助管理者將自己的觀念、想法清楚的表達並讓他人瞭解；而領導技能則是指他對於下屬所能發揮之影響作用。

管理者和下屬、平行單位與上司之間的溝通能力，對功能性管理工作的執行，有相當大的幫助。事實上，這種對部屬的激勵、促進上司及同事合作的技能，對所有階層的管理者都是非常重要的。

三、概念化的技能（conceptual skills）

管理者經常會面臨一些複雜的問題，這些問題也往往具有多層面的影響和義涵。因此，如何從問題中發掘出關鍵的影響因素，權衡各種方案之相對的優劣程度與風險大小，這都需要依賴管理者的思考或概念化的技能。

由於管理者所需的概念化的技能，與其所面對的工作環境有關。通常各階層管理者都需要這種技能，但由於組織的階層愈高，所面臨的問題複雜程度、抽象程度及非預期性均為較高，因此他們所需要之概念化技能也愈高。由於這種能力，對解決複雜問題有相當程度的助益，且無法授權他人替代。故企業選擇高階層主管時，會特別重視此種能力。

四、分析與決策的技能(analytical and decision skills)

概念化的能力是將複雜的問題，抽象成簡單的觀念，以便於決策者進行決策。由於決策的本身就是理性的選擇過程，因此，在決策之前，通常也需要決策者進行決策的分析。也就是說，當複雜的問題經過概念化之後，決策者必須進一步的採取適當的分析與比較步驟，並確定最後的選擇方案。因此分析技能有助於管理者確認情境中各項影響變數，以及變數之間的關係。

分析是決策的前提，而組織的管理決策通常是問題導向的；因此，就一個解決組織問題的管理者而言，具備分析與決策的技能將有助於管理工作的推展。

第四節　管理者與社會責任

人類的價值觀念，會隨著所處環境的政治、經濟、教育、宗教等狀況而有所改變。在以往，組織利潤最大化的目標，一直是所有管理者追尋的依據；因此，管理者的唯一責任，便是為投資者或股東謀取最大利潤。在這種價值觀念下，管理者只要設法降低成本，或是增加收益便可達成管理責任。因此他可透過市場的競爭功能，根據企業的獲利能力來評估其經營績效。

一、社會價值觀的轉變

近年來，人們的價值觀念逐漸改變，社會大衆認為企業在獲利的同時，也需要兼顧其為社會一分子的責任。因此，管理者除了要對股東負責外，還要顧及消費者、員工、社會大衆以及生態環境的利益。譬如說，在保障消費者的權益上，不僅有消費者保護法，同時也有消費者保護的團體，要求企業必須提供消費者完整、客觀的資訊，以協助消費者進行購買的決策。為提供公平就業的機會，企業須雇用一定比率的殘障人士，以提昇企業的社會形象，並顯示企業對社會的責任；為了增進員工的福利，不僅須支付具有市場競爭性的薪資待遇，還要考慮其工作生活品質之滿足；為了避免造成環境的污染，必須購置昂貴的防治污染的設備，或是因為考慮可能造成的公害問題，放棄某些產品的生產。這些做法往往會增加企業的各項支出和成本，減少其當期利潤，也超出企業所應負擔的法律責任，但是這些措施往往是企業「社會責任」（social responsibility）的展現。在這種價值觀念下，管理者所採取的決策及行動，與過去有明顯的不同。

二、多目標的企業組織

社會對組織的要求，造成企業不再只是個製造利潤，或製造產品和勞務的機構而已。它也要負責處理生態的、道德的、政治的，乃至於社會的問題。公司面對著外在和內在的壓力，正逐漸變成一個多目標的組織。此類的例子非常多，如國內的許多企業會認養部分的公共設施，並善盡照顧與養護的社區責任；也有一些國內的企業，會配合各項的勸募活動，如「飢餓三十」的活動，提供企業的協助；也有一些企業會從產品銷售收入中，捐助一定的數額給慈善機構，這些都說明了國內企業的社會責任正逐漸在成長中。

石油業鉅子艾默柯（Amoco）在選擇石油公司廠址時，除了自身的經濟評估外，還要仔細考慮工廠對實際環境的影響，對當地就業情況的影響，以及相關的公共設施等。在不同的方案中，如果經濟評估的結果接近時，這些因素就會影響最後的抉擇。同樣的，戴爾它（Control Data）公司選擇在明尼波里州的聖保羅市，及華盛頓特區的內陸都市設廠目的，便是要恢復這些城市的繁榮，以及提供少數民族就業機會。而該公司的基本使命，就是要改進品質、公平，及人們生活的能力。又如臺塑的六輕設廠阻力，中油的回饋基金，都是因為其對當地環境可能造成的影響及衝擊所致，就都是企業責任的很好說明。

三、社會責任的實踐

因此在社會價值丕變的現今，管理者所面臨的挑戰是相當複雜的。管理者如何在工作過程中，將組織中的經濟性目標與社會性目標，結合在各項管理決策中。亦即是：什麼時候應該以經濟性目標為重？什麼時候企業必須優先考慮社會性目標的達成？或是經濟性目標與社會性目標之間的相對權重如何決定？這是一個相當複雜的問題。因為如果完全以

「社會責任」為重，就會像是在經營慈善機構，與企業的獲利目標違背；可是如果完全以「經濟目標」為重，就必須背負著道德壓力，承受可能的指責。

在實踐社會責任的過程中，還有實際上的困難。舉例來說，雖然我們知道企業應該承擔社會責任，但是，在投入的過程中，企業又如何得知社會責任的目標已經達成了呢？由於社會責任的難以衡量，以致於幾乎沒有企業能夠知道，實踐多少的社會責任是足夠的。有些企業認為花費了許多的資源，在改善企業與外界的公共關係（public relations）活動上，就可以改善企業的社會形象，這是一種錯誤的想法。對社會缺乏實質的承諾，並不會得到社會的正面評價；只有重視良好的企業公民（corporate citizen）行為，才能讓企業得到社會應有的尊重。

今日的社會對企業界有相當多的期望，例如減少公害、雇用殘障人士、協助社會慈善活動的推行等等。由於各級管理人員本身，也是構成社會的重要成員之一，因此，如何使得我們所處的社會能夠更進步、繁榮，保持高度的生活水準，乃成為企業經理人的重要責任。而企業家亦必須以創新的精神，來經營企業所存在的社會，並共同為締造更美好的世界、發展世界經濟合作而努力。

*第五節　管理者與組織文化

一、組織文化的意義

組織文化對管理者的管理行為有相當大的影響。西恩(Schein,1985)認為組織文化的發展，是源自於組織在「外部環境適應、內部協調整合」的過程中，所「產生」及「發展」出來一套有效的基本假設；這套假設會經由組織的正式程序，逐漸的傳達給新進的成員，以作為其知覺、思考與感覺的正確依據。組織文化可以表現企業內部的價值信念，因此，它是組織員工行為與決策方案選擇的共同規範。

每一個組織都有其組織文化，一個有效能的組織，可以透過組織的管理程序，來發展出企業所希望的文化觀點與價值信念；而一個無效能的組織，則只能任由組織的成員隨意的塑造組織文化。

二、組織文化的塑造

在管理組織文化的過程中，西恩（Schein,1985）認為企業可以發展、建立出兩種不同的內部機制，來協助組織文化的塑造。第一種機制是社會創傷模式（Social Trauma Model），這個模式建立的目的，主要在解除組織成員面臨問題時，所產生的焦慮與痛苦；因此它是由各種解決問題的方法、程序所組成。而第二種機制則是成功模式（Success Model），這個模式建立的目的，主要在強化組織成員的信念，即當一種解除組織痛苦、焦慮的方式被發現非常有效時，組織便會經由「正面的獎酬」來保留這種有效的解決方式，並使之逐漸形成企業的文化。管理者可以經由這兩種互動機制的作用，來塑造組織的文化。

也就是說，管理者一方面可以透過對組織成員的工作職位設計，將企業的價值信念，融入組織日常的作業活動之中；使得組織成員長期的在某種工作程序、工作方式下熏陶，並塑造出處理事務的共同態度。另一方面，管理者亦應採用一套正面的、制度化的獎酬體系，以誘導員工作出正確的行為與認知，並強化其信念，藉以塑造出一種期望的組織文化體系。

在工作職位的設計，與組織的獎酬制度的配合之下，企業可以培養出共同的價值態度與處事方式，下屬也能夠清楚的瞭解到組織對他的期望，以及各種組織事務上的相對重要性。所以，管理者在傳達「組織期望」給下屬的過程中，也就比較不會出現認知上的干擾。而從過去學者對於組織文化的討論，如大內及強森（Ouchi & Johnson，1978）提出的「A 型控制與 Z 型控制」、或如傑葛及貝利佳（Jaeger & Baliga，1985）的研究，可以發現這種非正式的組織文化，與正式的組織體系，有相輔相成的效果。在研究中，他們也發現，美國公司較偏好「規章與正式績效評估」所組成的「科層控制系統」；而日本公司則偏好採用「共同價值觀與信念」為中心的「文化控制系統」。

三、管理者與組織文化

由於組織文化的塑造，須經由「工作職位的設計」與「組織的獎酬制度」二者的配合，因此管理者所扮演的角色就相形重要。基本上，工作職位或是工作流程的設計，是管理者的重要職責；同樣的，獎酬制度的建立，亦須配合組織的正式職權體系，在組織的管理層級間運作。有效、明確的組織文化，可以展現組織成員的處理事務的一致態度，塑造出企業的形象。因此，如何透過組織內各種作業活動的精確設計，使組織成員能夠發展出共同的價值判斷，乃成為管理者的重要挑戰。

摘　要

管理是人們在社會中所採取的一種具有特定意義的活動，經由群體的合作，以完成某些共同的目標。因此，管理事實上就是經由他人的努力，而達成目標的過程。詳細的說，管理就是設定目標，組織各種資源以達成既定目標，及評估達成的成果，以確定未來行動方向的程序。

所謂「效率」，是指以有系統的方式進行工作，以求取「投入」與「產出」之間的最大比值。產生最大比率的方式有二：一是在固定投入下，得到最大的產出；二是以最小的投入，得到固定的產出，這兩種方式均可顯示組織內作業的效率。

在組織機構中擔負管理功能性質工作者，一般可稱之爲管理者。而管理者的主要工作，就在合理的結合和協調各種資源，以完成組織的既定目標。

組織的功能主要在建立一機構之內部結構，使得組織的工作、人員、資源及權責之間，能發生適當、有效的連結，以協助各項重要的組織活動順利進行，並協助組織內部有效的與組織外部進行資源的交換。

領導代表管理中一種影響力的發揮和運用，其目的爲激發工作人員之努力意願，引導其努力方向，以增加他們所能發揮的生產力和對組織的貢獻。

控制代表一種偵察、比較和改正的程序。爲求與預期目標的比較，因此須建立某種回饋（feedback）的系統，能有規則地、定期的將某種實際狀況反映給組織，並與預期狀況或標準進行比較。

從組織內部階層關係來看，組織管理者通常分爲三個不同的層次，分別是：高階層管理者、中階層管理者，和基層的管理者。高階層管理者因爲職務的關係，常須在不同時間從事不同的活動；閔兹伯格(1973) 曾根據管理者所從事的各種活動，提出管理者的十大角色。這一系列的角色可略分爲三類，分別是：人際關係角色，資訊角色，與決策角色。

如果從組織的職權關係來看，管理者尚可依直線與幕僚的關係，而區分爲兩種不同的管理者。其中直線主管（line manager）的職責與各項管理活動，對於組織的主要產品或勞務，會發生直接的影響。而幕僚主管（staff manager）的主要職責，就是在支援直線主管的各項活動。

管理者通常須要具備的技能包括技術性的技能、人際關係的技能、概念化的技能。

社會對組織的要求，造成企業不再只是個製造利潤，或製造產品和勞務的機構而已。它也要負責處理生態的、道德的、政治的，乃至於社會的問題。公司面對著外在和內在的壓力，正逐漸變成一個多目標的組織。

每一個組織都有其組織文化，一個有效能的組織，可以透過組織的管理程序，來發展出企業所希望的文化觀點與價值信念；而一個無效能的組織，則只能任由組織的成員隨意的塑造組織文化。

問題與討論

1.請說明管理的意義與重要性。

2.從管理程序的觀點來看，管理功能可分為幾個部份？其意義為何？

3.試從不同的觀點來區分管理者的角色與功能。

　依組織階層分

　依組織功能分

　依組織職權分

4.管理者應具備那些技能？

5.請說明管理者在當前社會所應承擔的社會責任為何？

6.試簡要說明閔茲伯格所提出的十種角色內容。

7.何謂社會創傷模式與成功模式？又二者在企業文化塑造的過程中，扮演的角色為何？

8.有人認為：管理是一種普遍的功能與程序，因此它可以適用在許多不同的情況。請就此一觀點討論之。

9.有人認為：管理可以從實務經驗中學習而得，也有人認為管理可以從教科書中學習而得；請就這些觀點進行討論。

第二章 管理思想的演進

本章主要在探討管理思想的演進與管理理論的發展。由於管理的發展，已有數千年的歷史；因此，本章探討的範圍將涵蓋管理的歷史發展、早期的管理實務、近代的工廠制度、科學管理運動、傳統的管理理論，及管理理論的近期發展等等。

第一節 管理的歷史發展

一、歷史的發展

人類過去的歷史中，曾經有許多有效管理的例子；如早期羅馬的狄奧（Diocletian）大帝對羅馬帝國結構進行的重組，或是天主教對神職人員的管理。以羅馬帝國來說，當時由於羅馬帝國的組織過於龐大，且所有的「省」長都要直接向狄奧大帝報告，他覺得個人無法事必躬親，故難以管理。後來狄奧大帝決定將「省」長的位階降低，並建立了較多的中間管理階層。龐大的羅馬帝國，在其他管理者的協助，因此而提昇了帝國的統治效率。同樣的，羅馬天主教會對早期管理思想也有許多的貢獻，如教會廣泛使用於神父、主教、長老，和其他教徒的職位說明書，每個人的職責都非常明確，而建立了一個從教皇到教徒的指揮鏈〔註一〕。

相對在過去的中國也有一些管理的實例。過去中國封建國家的管理方式，是採用強大的中央集權，來克服地區的分散性。在這種專制集權的管理方式下，國家必須建立龐大的官僚體系，以統一的通信系統、統一的文字、統一的度量衡、四通八達的水路交通網、驛站郵傳制度，來貫徹中央政府的政令。這龐大的政府官僚體系，在層層的組織結構下，網羅了相當多的知識分子，投入國家行政管理的行列〔註二〕。龐大的知識人力，在政府官僚體系下，配合綿密、複雜的管理層級下，組成了強控制的政府組織型態。而在歷代的郡縣結構上，並未出現劇烈的變動，一直維持著郡縣行政結構的相對穩定性〔註三〕。以漢代來說，以總官員人數除以郡縣數，可以發現平均一個縣約有 85 位文官，在直接或間接的負擔或支援行政管理的責任；由此，可以看出政府控制的綿密程度。

其他如中國古代長城之興建、運河之開鑿，外國巴比倫城之興建與埃及金字塔之修築，均需動用許多人力通力合作而成，這些活動都需要發揮管理的效能。因此，可以發現人類的歷史發展過程中，與管理活動之間的關係是密不可分的。

二、工廠制度

早期人類文明和教會雖然展現了許多有效的管理實務，但管理思想的產生，卻主要來自於產業革命的科技創新。家庭生產制度（domestic system）興起於十八世紀，當時人們都在自己的家裡生產商品，然後運到當地的市場銷售。之後就出現了企業家，他提供家庭生產必須的生產原料，並以一定的價格來收購產品，這種代產包銷的制度（putting out system），主要依賴的是企業家的活動，才能讓這種制度活躍起來。之後就出現了工廠生產制度（factory system），在這種制度下，工廠把許多的動力機械、工人都集中到同一地方一起工作，從此之後，代產包銷制度便失去了生產的優勢了。

大約在西元1700年，工業革命發生之後，全世界都受到了工業化的衝擊；工業化帶來一些重要的趨勢，這些趨勢對人類的行為有相當的規範性。托弗勒（Toffler）在《第三波》（*The Third Wave*）中，曾對於在過去工業革命的特色提出了一些深入的描述。這些趨勢包括：

1.標準化（standardization）

工業化的結果，使得廠商能夠大量生產相同的產品，並獲得生產過程中的規模經濟性。這種結果造成標準化產品的生產數量增加，雖在產品增加的過程中，可能會犧牲掉產品的一些獨特性；由於產品價格的下降，及其所帶來的便利，使得人們對標準化仍充滿了信心。

2.專業化（specialization）

大量生產下，工廠需要大量的員工，來操作動力機械及一連串既定的工作；在工業化的環境下，所有的工作程序都區分成許多明確的工作步驟。由於工作的劃分，每個人都只處理工作程序中的一小部分；加上工作日久熟練，使得每個人都變成了工作步驟的專家，在重複操作的過程中，也增加了其生產的數量。這個專業化的趨勢並不僅限於製造業，也出現在許多的專門職業。專家們以其獨特的知識領域，為使用者提供服務，供其他的消費者使用。例如，醫生提供醫療保健服務、律師提供法律服務，會計師提供查核服務、教師們提供教育服務，都是在為服務的對象提供個人的專業知識。

3.同步化（synchronization）

是指工作場所中，各種生產因素之間的協調或整合。同步化是把工作中所需要的許多資源，透過規劃的程序，在不同的時間，分別投入到生產過程中，以形成完整的生產與資源轉換過程。換句話說，同步化就是把一種新的「時間因素」帶入工作場所，它和標準化及專業化相結合，使得工業化更為複雜。其目的在讓不同的生產因素，可以在不同的時點加入生產流程中，而有效的完成產品的生產。

4.集中化（concentration）

它表現在二種型式上，第一是向人口都市集中，造成都市化的現象；第二則是產業結構的集中，形成少數的大型公司，以追求生產的規模經濟性。在人口向都市集中上，則是指人力從農村的土地釋放出來，集中到工廠工作，這通常是在都市裡。而資本的集中則是說，企業為了追求生產的規模經濟性，也開始集中形成大型的公司。許多大型公司，主宰了當時的經濟社會；如 1960 年代中期，美國只剩下四家大的汽車製造商了。在歐洲情形也相同，四家汽車製造商的產量占了西德 91% 的汽車產量。在法國，Renault，Citroen，Simca，Peugeot，實際上擁有了全國的汽車市場。在義大利，飛雅特獨占了 90%以上的產量。這種情形也出現在其他產業，在美國，80%以上的鋁材，啤酒，香煙，和早餐食品都是由五家或更少的廠商所生產的。在德國，98%的光學軟片，92%的石膏板和染料，91%的工業用縫紉機都由四家或更少的廠商所生產。

5.極大化（maximization）

由於規模大，可以發揮規模的經濟性，因此「大」和「效率」就變成是同義字。企業希望公司的市場占有率、投資報酬率，及銷貨逐年呈現高度的成長。在維持成長的競賽中，購併便成為有效的策略。規模小的公司可合併成大型的公司，大公司則又收購不同產業的其他公司，因而使它們變成多產業的集團企業，一則可以分散風險，二則可以提高公司的報酬率。

6.集權化（centralization）

標準化與專業化的結果，是各項工作都可以規劃及細分成許多小的部分，因此作業階層工作的例行性程度就提高了。企業可以將例行性的作業性的決策工作交由基層，員工在處理的過程中，也不容易出錯。高階管理者則控制著重要的決策功能，如財務決策的控制功能，造成了決策的集中化傾向提高。

這六項特徵是工業革命後的產業特徵，它造成了許多工業國家的興起，如美國、西德、英格蘭、法國、日本和蘇聯等國家。

第二節 傳統的管理理論

一、科學管理學派

(一)科學管理運動

由於企業主關心投資的報酬；因此，在工廠制度下，如何提昇作業的效率，激勵員工以增加生產，便成為管理者相當關切的課題。明確的說，工廠制度使得管理者得以致力於發展出更科學、更理性的原則，來處理人力、機器、原料和金錢等問題。這項挑戰通常來自於有兩個方向：(1)如何使工作更容易操作，並提高員工的生產力（產出/投入）；(2)如何激勵員工來利用這些新方法和新技術。這帶來了科學管理運動，也奠定了科學管理（scientific management）的基礎。產業革命之後，提高生產力的需要從歐洲傳到了美國。而把科學管理一詞變成美國家喻戶曉的，是一群受過訓練的機械工程師。他們的研究重點是在「工作」的管理，以提昇工作的效率為目的。其中最有名的一位美國科學管理者是泰勒。

·泰勒（Frederick W. Taylor）

1.求學歷程

泰勒（Frederick W. Taylor）常被尊為科學管理之父，是所有科學管理者之中最為人知的一位。泰勒經歷長期艱辛的管理實踐與自我學習過程，後來被認為是科學管理的創始者。他於1856年出生於美國東部賓夕凡尼亞州的德頓。早年他曾負笈德、法、義諸國。1872年進入菲利浦的艾克特（Phillips Exeter Academy）學院，預備進入哈佛。雖然以優異成績通過入學考試，但因視力受損，他始終未能入學。1874年投身於製模及機械業，是在一家朋友所開的小公司裡工作。1878年，由於機械業工作難找，轉到米得凡爾（Midvale）鋼鐵公司做工，在八年內他從普通工人升為總工程師。此外他也參加了函授課程班，自行進修，完成了史蒂芬學院（Stevens Institute）的全部課程。

1878－1889年期間，他首次進入米得凡爾鋼鐵廠（Midvale Steel Company）工作。初期只是工場的一名普通工人，未久改任機械工作，遂由機匠升任領班，未及六年，他已擢升為機械主任。他利用函授課程進修，獲得工程碩士學位後，晉升為總工程師。

機械工場的實驗

泰勒致力管理工作，可以說開始於1882年升任工頭之後。當時他認為提高生產量是可能的，只要工人為生產目標而奮鬥。他深信妥善安排工人的日常工作，為提高生產力的關鍵。他於1881年，在米得凡爾鋼鐵公司的機械工場開創時間研究實驗，就是要用來決定工人一天的標準生產量。所以泰勒指出工時研究的目的，就是要確定一個能力最強的工人，在一定時間內所能完成的最高工作量。由於這些實驗，引導泰勒從一個工程技術人員，走向科學管理運動之路。

伯利恆鋼鐵公司的實驗

1898年，泰勒進入伯利恆鋼鐵公司服務，在那兒他做了好幾項重要的研究，其中最重要的是有關生鐵塊方面的研究。這個實驗包括了75位工人。他們的工作是把鐵塊搬運到鐵路的貨車上。泰勒進入伯利恆鋼鐵公司時，每一個工人平均每天搬運 12 英噸（1 英噸＝2,240 磅）。泰勒決定研究一下這項工作，看能否提高產量。他的研究結果顯示，每人每天應能運 47 英噸，而且只花目前時間的 42%，其餘 58% 的工作時間便可以休息。為了證實他的理論，泰勒選了一個工人，然後細心的加以指導，告訴他何時工作，如何工作。結果在第一天的下午，施密特很早就搬完了 47.5 英噸。於是組裡面其他的人也都接受了泰勒的訓練，而逐漸達到這個數量了。

搬運生鐵塊只是泰勒在伯利恆公司的實驗之一，另外一項是鐵砂和煤塊的挖掘工作。泰勒的研究發現，鏟子每次挖掘量為 21 磅時，可以得到最大的產出；於是他放棄了過去每個工人自帶鏟子的習慣，改由公司供應鏟子，鏟子均設計為能挖掘 21 磅的東西。結果發現，公司可以把挖掘工人數從 600 人減為 140 人，每工人平均每天產量從 16 噸增到 59 噸，把煤每噸的平均成本從 7.2 分降為 3.3 分。在過程中，每一工人的每天平均工資，則相對的從 $1.15 升提到 $1.88。

2.「任務」的重要性

在這個實驗中，泰勒認為「在現代的科學管理中，最重要的一項因素應該是『任務』（task）的觀念了。管理當局應在前一天規劃每個工人明日的工作，工人應該有書面的指示，詳細說明他應完成什麼工作及如何完成。這項事前規劃的工作，便是一項『任務』，但此一任務並不是由工人自己來做，而是應由工人和管理當局來協力完成。此項『任務』不但說明了該做些什麼，同時也應指出該如何做，及應於何時做。」

計件工資率制度

1895 年時，泰勒加入了美國機械工程師學會，並提出了兩篇論文。第一篇是在 1895 年發表，題目是〈計件工資率制度〉（Apiece Rate System）；在文章中，他提出一種「差別計件制度」（differential piecerate)。他認為，每一項工作，都應該先進行時間及動作研究；之後再根據研究結果，來制訂每天的標準工作量與工資。如果工作量低於此一標準，則可按照某一計件率來計算工資；如果超過了標準工作量，則使用的計件率也應較高。例如：假設標準是每天 100 件，低於 100 件的工資率為每件 $1.1 分，高於 100 件的工資率則為每件 $1.8 分。因此若工人生產 90 件，則可拿到 $99 分；如果生產了 102 件，則可拿到 $1.84 元。

科學管理的原則

1903 年泰勒又提出另一篇〈工廠管理〉(Shop Management) 的論文。他在文中指出，高工資與低的單位生產成本可以並存；只要能夠透過科學的方法來選用員工，訓練員工，並協調管理階層和工人的合作，就可以達成這兩項目標。稍後，在 1911 年時，泰勒出版了一本《科學管理原則》(*Principles of Scientific Management*)。書中提出了四項管理原則，這四個原則是機械、概念和哲學之方面觀點的綜合，分述如下〔註四〕：

第一、對於每一工人工作的每一要素，均應發展出一套科學，以代替原有的經驗法則。

第二、用科學的方法來選用工人，加以訓練、教導、培養，以代替過去由工人自行選擇工作，及自己訓練自己的方式。

第三、誠心與工人合作，使工作均能符合所建立的科學原理。

第四、對於工作和責任，管理階層和工人都必須共同負擔。有些宜由管理階層負擔的工作，過去幾年都由工人來負擔，責任也落在工人肩上，管理階層應承擔起這一部分。

3.泰勒的貢獻

這些原則同時也指出了泰勒對現代管理的兩大貢獻。第一、他把計畫職能從作業職能中分離出來。第二、他認為管理階層和工人對工作的態度，都必須有澈底的改變。他的名聲和科學管理之父的頭銜，卻是在1912年，他應邀國會聽證時所獲得的贊揚之後，科學管理一詞和泰勒便合而為一了。在某些地方，他所提倡的工廠制度就被稱為「泰勒制度」。

在泰勒同時對科學管理有重要貢獻的人物，還有二位值得介紹，分別是甘特（H. L. Gantt）；季伯瑞思（F. B. Gilbreth）。甘特在科學管理運動的發展過程，具有相當的影響力；在米得凡爾和伯利恆實驗中他都曾與泰勒共事。他曾發展出較泰勒更好的激勵工資制度、及相關的規劃與控制技術。專案管理中常用的甘特圖表（Gantt Chart），就是他所提的一種控制技術。

·季伯瑞思（F. B. Gilbreth）

季伯瑞思（F. B. Gilbreth）為動作研究（motion study）的創始人。他生於1868年，曾考取麻省理工學院，但卻投身於營造業；他曾在一家建築公司當學徒，看到工人砌磚的動作，而激發他的研究興趣。他最初是對砌磚的動作開始有興趣。他常思考：有沒有不必要的動作可以消除，以節省時間和精力來砌磚呢？經過一連串的試驗，他終於把砌外層磚的18個手動作減為4.5個、砌內層磚的手動作從18個減為2個。他也發明了一個可調高度的架子，使揀磚塊時可以減少彎腰的動作。此外，他還要求工人事先把灰泥調勻，免得臨時再攪和。因此能把每一工人的速度，從每小時砌120塊磚增為350塊磚。他主要在研究那一些動作可除去，以增加工作效率，而他共花了三年的時間，才完成了改善砌磚的動作。之後他便把時間及動作研究推廣應用到許多方面。

在1904年時，季伯瑞思和莫勒女士結婚，那時候他已被尊為時間動作研究之父。而莫勒女士在管理和心理學上有相當的造詣，因此他們結合了雙方的才能，發展出許多更好的工作方法。其中一項最有名的技術，便是利用動作圖片。季伯瑞思夫婦發明了一種微動計時器（Microchronometer）來拍攝時間動作圖片；經由這項發明，他們可以分析工人的動作，精確地測定了工作所需的時間（時間研究）。此外，他們還把手部動作分解成為十七個基本動作（如握、拿、置等），這些稱作「動素」（therbligs），是把季伯瑞思（Gilbreth）的名字倒寫而成（t和h倒反）。他們把許多的工作情況拍攝下來，並重新放映，以分析出那些動作是不必要的。他的夫人莫勒女士不僅是位好伴侶，也是位工作的好合夥人；同時她也是管理上國際知名的專家和演說家。

(二)科學管理的原則與方法

科學管理認為任何管理問題，必須要用嚴格的分析、創新的實驗，與客觀的檢討。科學管理的主要原則有二：

1.應用科學方法以處理管理問題，以提高生產效率。

2.採用工資的激勵，以提高工人的工作情緒，並提高生產效率。

以科學方法與高工資激勵二項原則的交互運用，員工的生產效率因此能夠改進。而在運用科學管理，提昇生產效率的過程中，主要是採取以下的三種方法：

1.工作環境的標準化

如決定適合人體需要的最佳溫度與濕度，訂定合理的工時，與決定工作中的休息時間等等，往往被認為是達成理想生產力所必需。

2.工作方法標準化

採取許多的技術，如採用標準作業程序、動作研究的應用，就成為達成工作方法標準化的技術。在發展標準工作技術的過程中，泰勒會集中注意觀察和衡量高效率生產者的工作成果，就是為了要發現和發展標準的工作方法。詳細觀察工作中所有的動作，以便決定達成最大效率所必需的動作。

3.工作專業化

減少工人在不同性質工作之間的變動，在熟能生巧的原則下，以提高生產效率。而應用泰勒的差別工資制度，目的就是在鼓勵高效率的生產者，繼續擔任同一種工作，而鼓勵低生產者轉移另一種工作。

除了標準的工作環境與標準的工作方法之外，泰勒還相信妥善安排工人日常動作，可以提高他的工作效率。動作研究研究的是標準工作方法的技術，而時間研究則在研究工人日常工作的計畫。在過去應用電影機拍攝工作的運動與工作方法，或是利用馬錶來記錄工作時間，都是屬於時間與動作研究的技術。為了要決定特定工作的適當生產標準，與發現最佳的工作方法，往往都需要採用動作與時間的研究技術。

二、管理程序學派

科學管理，通常只重視作業的生產效率問題；由於組織的日趨龐大，組織內部的管理問題，開始變得非常複雜，遠超過科學管理原則所能涉及的範圍。基於當時這個情勢的需要，逐漸隨著管理思想的發展，而形成另一種的管理理論支派。過去學者們往往把傳統的管理，劃分為兩個支派：一個是上面所講過的科學管理學派（the scientific management approach）；另一個就是管理理論學派（the administrative theory branch），此一學派又稱為古典理論學派。

管理理論支派的代表學者，即管理程序的創始者，為法國實業家費堯（Henri Fayol，1841－1925）。費堯常被尊為「現代管理理論之父」，十九歲時畢業於法國聖伊田市（St. Etienne）的國家礦業學校（National School of Mines），隨後進入一家Commentry-Fourchambault礦業公司，他一生便一直在此公司服務，1888 年升到公司總裁的職位，一直任職到 1918 年才轉任董事。在這段期間，他證明了他是位優秀的管理者。當他出任總裁之職時，公司正岌岌可危；但在 1918 年時，公司的財務狀況已相當穩定。他也像同時代的傳統管理學者一樣，是一位富於管理實踐經驗的工程師，他具有遠見的管理程序方法就在那裡實際應用過。他的名著《一般及工業管理》法文版（*Administratim Industrielle et Generale*）出版於 1916 年；英文版（*General and Industrial Management*）於 1949 年才問世。著作中把他的管理經驗和知識，作了一番綜合；目的是想提出一套理論的分析架構，來提昇管理的地位。書中最重要的部份之一，是有關管理的定義和講授。

費堯認為，企業的所有業務及管理活動，可以區分成以下六大類，分別是：

1.技術性作業（生產、製造)。

2.商業性作業（採購、銷售、和交換)。

3.財務性作業（資金的取得及控制)。

4.安全性作業（商品及人員的保護)。

5.會計性作業（盤存、資產負債表、成本、統計等)。

6.管理性作業（計畫、組織、指揮、協調及控制)。

費堯在分析六類作業之後指出，工人的主要特徵是技術性能力；但隨著組織層級的上升，技術能力的重要性便相對降低，而管理能力的重要性便相對增加。在分析的過程中，費堯比較不重視作業階層，而比較喜歡用一般管理的觀點來看問題。他提出管理的五大活動（或稱管理職能)，包括計畫、組織、指揮、協調和控制五項；能正確執行這些管理職能的人，便是有效的管理者；費堯認為過去的管理者都忽略了這些職能。過去有些管理者雖然知道它們的重要，但卻誤以為它們也和技術技能一樣，必須從工作中學習；但費堯認為，只要有一套完整的管理理論，管理職能便能在教學場合中講授。

㈠管理原則

費堯認為管理職能與企業中員工的管理有關；所以，他在書中只使用了原則（principle）這個字，而不用定律（law）或規則（rule）。其目的只在表示管理觀念應用到員工身上，必須保留適度的彈性。費堯亦指出，管理原則並不以他所列舉的範圍為限，他所使用的，亦只是他經常運用的幾項。以下是他認為最常用的十四項原則：〔註五〕

1.分工：運用傳統「人工專業化」的觀念，可使效率更加提高。

2.職權與職責：費堯認為職權和職責乃一體之兩面。職權是指揮他人和使人服從的權力；職責則是伴隨使用這些職權的獎勵或懲罰。此一原則即為「權責相稱」原則，意指這兩者隨時均需保持相等。

3.紀律：紀律的要義是「服從、勤奮、精力充沛、正確的態度」及肅然起敬的外表，並且符合企業及其員工共同認定的範圍限制。

4.指揮的統一：每個人應有，而且只有一個上級。

5.管理的統一：這不可和指揮的統一混淆。管理的統一，指的是具有相同目標的所有業務，均應只有一個計畫，只有一位管理者。

6.共同利益優於個人利益：即組織的目標優於個人或員工群體的目標。

7.員工的報酬：費堯認為員工都必須有酬勞，而且薪資制度必須符合下列條件：(a)待遇公平；(b)對優良的成果應有獎勵；(c)獎勵不超過合理的限度。

8.集權化：費堯認為組織的集權化乃是一種合理、自然的趨勢。因為在標準化、專業分工的結果，使得員工只從事例行性的作業決策；組織的重要決策，將由少數的組織高階層人員決定。

9.組織層級：它也常被稱做「梯狀鏈」（scalar chain），指的是組織階層由上到下的階級順序。為了保持層級的完整及指揮的統一，溝通（communication）必須經由正式的管道。但費堯也知道大型組織中常有「官僚主義」的困擾，會使溝通在正式管道中大繞圈子。如圖所示，在組織層級的要求下，如果 X 有訊息要傳送到 Y，正常的組織溝通程序是，X 先向上傳送到 A，再由 A 向下傳送到 Y，以完成平行的訊息傳送。

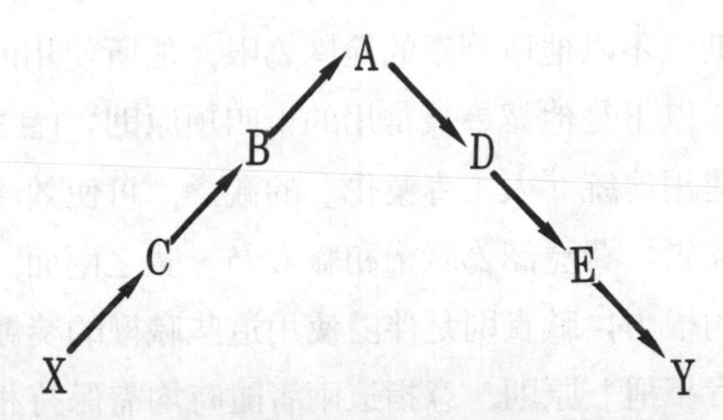

這個現象使得組織的溝通過程變長，造成訊息傳輸的扭曲，因此費堯提出了跳板原則（gangplank principle）。他認為組織中同一層級的人，只要事先取得主管的允許，且事後將結果報告給主管就可以進行直接的平行溝通。這種作法，對層級的完整性並沒有影響。基本上費堯認為，雖然跳板原則可能違背了原有的組織層級，對組織有不良的影響；但基於對組織溝通效率的提昇，則可考慮這種方法的使用。

10.秩序：也就是事事均安排的恰如其位。

11.公正：合情加上合理，便是公正。

12.員工的安定：員工長期的服務，能增進員工對工作的瞭解；且由於長期熟練的工作，其工作品質亦將提昇。因此，組織應採取有效的激勵措施，以鼓勵員工在組織內長期的服務。

13.進取心：費堯把進取心定義為：構想及執行行動計畫的能力。

14.團隊精神：團隊精神指的就是組織員工之間的和諧，與相互之間的團結合作情形。

㈡管理的要素

費堯在書中也提出了管理者的五項職能（亦稱為管理要素，elements），即計畫、組織、指揮、協調和控制。其中計畫主要是基於對事件的預測，並以此一預測的結果，來形成未來的作業方案。預測應根據組織的實際需要，進行不同長度時間的預測；但應儘可能的向未來推展，且應定期的修正預測。組織是指一種結合作業、原料及人員，以達成某項指定工作任務的過程，此一過程主要在協調公司所有的生產性資源。指揮則是一種領導的藝術，以促使組織的成員，按照組織預定的方向前進。管理者可以透過對組織作定期的檢查、淘汰無能人員等各種管理措施，有效的執行此職能。協調則提供了必要的統一及和諧，以達成組織的目標。費堯認為，完成協調的方法之一，是經由主管和部屬的會議；如果這項職能執行良好，則任何事務均可順利進行。而控制則是確定各業務均能按照既定的計畫進行；因此它必須運用到各種相關的技術，就組織的各類生產性資源進行有效的管理。

㈢費堯的貢獻

費堯對管理領域的主要貢獻有二，分述如下：

第一、他提出了一個有系統的思考架構，來分析管理的程序。在二次大戰結束後，美國各大學紛紛設立管理學院，正因為有了費堯的思想架構，才有許多管理方面的教科書出現。那些教科書的作者也都先提出許多管理職能，然後再做管理的深入介紹。有些作者也會提出某些特定的管理原則，例如計畫的原則，組織的原則等。這些人都屬於管理程序學派（Management Process School），其理論的架構均源自於費堯的觀點。

第二、費堯認為管理理論可以經由課堂上的講授，教導人們瞭解管理學的內容，這使他居於古典管理理論的先驅地位。費堯認為管理者需要經由正規教育，以獲得與學習管理知識、能力與技術；且不同的階層與組織規模，所需的管理技能不同。他強調學校正規管理訓練對管理者的重要性，並認為管理者不能只依賴在職訓練的方式學習。他也認為管理教育不只是影響企業組織管理者的工作，而且對於任何行業的管理活動，如家庭、教會、軍隊、政治活動，都有著相當重要的影響。後來的管理學者，亦都是以他的基本觀點為基礎，在理論和實務上加以擴充。

三、行爲學派

(一)梅耶的研究

另外亦有學者正鑽研員工的行為與心理狀態，對生產力可能產生的影響。在行為學派中主要的如梅耶的研究、霍桑研究、巴納德的職權接受理論及麥格雷格的 X 理論與 Y 理論等。梅耶是澳洲人，曾在昆士蘭大學（Queensland）教授倫理學、哲學及理則學，後來在英國愛丁堡(Edinbuygh）大學攻讀醫學。在這期間他是精神病理學的助理研究員，後來得到洛克菲勒基金會的協助，到美國執教於賓州的華頓(Wharton）金融商業學院，並曾於 1926 年擔任哈佛大學的工業研究員。梅耶的研究，是在 1923 年費城的一家紡織廠內進行；希望能找出紡紗部門內，工人流動率過高的原因。當時工廠員工的全年流動率大約是 5～6%，但在紡紗部門卻高達 25%。

在研究過程中，梅耶決定先變更工作方式，看是否能改善情況。他選擇了部門內的一個小組，在每天上午和下午各安排了十分鐘的休息時間。結果發現幾個現象：部門之內，士氣提高、部門的流動率降低、生產量並未減少。於是梅耶將此方式推展到整個部門，大家都安排休息時間，結果產量大為增加。每月的生產力，過去從未超過 70%，而最近連續五個月，平均升高到80%，生產力反而提昇。

梅耶認為使士氣和生產力都提高、流動率降低的原因是，有系統的推行休息時間，使得員工能夠克服身體疲勞，減輕了悲觀的幻想（pessimistic revery），提昇了員工對人生的展望。他認為單調的工作會引起悲觀的幻想，使得員工覺得從事這種工作，未來是沒有發展的；因此，減少這種悲觀的幻想，就會增加精力及生產力。

㈡霍桑研究

在梅耶的先驅工作之後，較著名的如霍桑研究。霍桑研究發生於1924年至1932年，當時原來是以科學管理的邏輯為基礎，但無意之間發現了員工的心理狀態會影響生產力。這項實驗的最初目的，是在研究工廠照明對產量的影響；在伊利諾州的西塞羅（Cicero，Illinois）附近，西方電氣公司的霍桑工廠裡研究。這個研究有四個主要的階段：工廠照明實驗，繼電器裝配試驗室研究，全面性的面談計畫，接線工作室觀察研究〔註六〕。

1.工廠照明實驗

霍桑研究的工廠照明實驗階段，共進行了兩年半，包括三項不同性質的實驗。在實驗進行期間，雖然研究人員對實驗設計屢有改進，但仍然無法確定產量和照明是否有相關。但是公司當局並不認為這些實驗是失敗的。相反的，公司管理當局認為，在研究的技術上，已經獲得了甚有價值的經驗，因此希望繼續做下去。於是第二階段的研究就開始繼續進行，即繼電器裝配試驗室研究。梅耶和其他幾位哈佛的研究人員，都參加了這個階段的工作，不過哈佛的人員直到第三階段才發揮其作用。

2.繼電器裝配試驗室研究

為了要能更有效的控制影響工作績效的因素，研究者決定把一小組工人和正常的工人隔離，小組內包括五位女性裝配工和一位女性的劃線工人，全部安置在一間工作室內。另有一位觀察員記錄工作室內所發生的一切，並且與工人保持良好的氣氛。研究人員告訴那幾位工人，這個試驗的主要目的是為了研究各種不同的工作環境，以瞭解何種工作環境最適合員工工作，並請受測人員照平常的方式工作。

當研究人員得到了一些改變的結果後，試驗便進行到下一個階段。這時候，研究人員開始設定休息時間，以便瞭解休息對生產數量的影響。結果發現生產力增加了，這和原來的假設：休息可以減低疲勞，並增加生產數量，完全相符。接著，研究者又進一步的將每天工作時數，和每週工作時數減少，結果是產量又增加了。之後，研究者把這措施取消，工作時數和天數恢復到和以前一樣，結果發現產量並沒有降低。這些發現，顯示工作環境可能並不是產量增加的唯一因素。

研究人員在深入思索後，終於發現了新的方向，那就是「社會情況和督導方法的改變，造成工作態度的改善，可能是產量提高的主要原因」。為了搜集這一個概念的資料，管理當局決定進一步研究員工的態度，及其構成的可能因素。於是便出現了大規模的面談計畫。這計畫開始的時候，只是為了找出改善督導的方法，但結果卻成為整個研究工作的一個重要轉捩點。

3.全面性的面談計畫

研究的第三階段，是一項超過兩萬人的面談計畫。訪問者先提出一些有關於督導和工作環境如何的問題，但員工回答並未提供研究人員任何的答案。之後，研究人員嘗試著問一些間接的問題，讓員工自由選擇話題，結果仍沒有發現所要的答案。但這個過程，卻讓研究人員收集了許多有關員工態度的資料。此時研究人員也開始發現，員工的工作績效、地位和身分，不僅與他自己有關，也會受到組織的其他成員的影響；亦即是同事間的互動關係對工作績效有明顯的影響。為了要對這一方面進行更深入、有系統的研究，研究人員開始了最後一個階段的研究：接線工作室的觀察研究。

4.接線工作室的觀察研究

研究人員選擇了一個人數較少，而且工作性質特殊的接線工作部門小組來作為研究對象，小組中的工作人員全部都是男性。此後的六個月期間，研究人員便開始觀察這小組的工作和行為。

(1)小組的生產數量

研究人員發現，小組的成員會故意的限制他們自己的生產數量，以避免公司把生產的標準提高。也有員工認為如果他們工作的太勤快，做太多，會使得他們自己失業。亦有部分員工認為工作的速度慢一些，可以保護其他速度較慢的同事，使他們看起來不會太差。重要的是，管理當局似乎也默許這種現象存在。

(2)督導

觀察工作室內的督導情形，也有一些有趣的現象。大多數的成員都把小組長看成是他們的一員，而組織的層級愈高，員工對這些管理階層產生的敵意就愈高，因此，小組長仍能為員工接受，但副領班、領班就被視為小組以外的組織成員了。當領班在場時，員工們都儘量避免出任何差錯。這就是說，當一個人升遷到組織的較高層級時，員工對他的顧忌也都會隨之增加。

(3)群體動態

研究人員發現了許多工作室中非正式關係的現象；如大部分的員工都很喜歡參加各種比賽，這些比賽包括棒球、擲骰子、賭糖果，及「比拳頭」(binging) 等。其中比拳頭是他們用來控制個人的行為的方法。作法是某位員工在另一位員工的上臂用力一擊，再由他回報一擊；他們說這是在比賽誰的力氣大。但從實際的內涵來看，這其實是他們的另一種型態的懲罰方式，在處罰那些做的太多或太少的人。而在工作過程中，小組成員也會互相幫忙，有些人在工作時尋求協助，而別人也給他幫助。雖然這違反了公司的規定，但卻有助於小組的關係發展，在小組間誰喜歡誰和誰不喜歡誰，都可以清楚的看出來。

⑷社會派系

在研究小組成員的互動方式後，可以發現小組成員可以分成兩派，A 派和 B 派。除此之外還有一些有趣的現象，如㈠工作室中的位置，影響了派系的形成；如 A 派的人員都在工作室的前端，而 B 派的人都在後端。㈡有些成員並不屬於前述的任何派系。㈢各個派系都自以為優於對方，有的認為自己的工作比對方好，或是勇於拒絕某些行為。如 A 派的員工不常變換工作，也沒有 B 派的比拳頭行為；B 派的員工則很少爭吵，也很少賭輸贏；重要的是，二派各自認為優於對方。㈣每一個派系都會建立各自的非正式的群體規範（norms)；一個員工必須完全贊同這些規範，才能被派系所接受。

5.霍桑研究的發現和意義

霍桑研究已為管理的行為學說，奠定重要的基礎；此一研究得到以下幾個主要的結論：

⑴心理幻想的問題

按照梅耶的研究，產量增加等結果是因為消除了悲觀的幻想；但根據霍桑研究的發現，休息或工作環境的改變並不是增加產量的主因，而是因為員工的重新編組。亦即是說，梅耶體認到結果並不是由於科學管理實務（休息時間）所致，而是由於社會心理現象（如社會結構的改變）所造成的。

⑵霍桑效應

「霍桑效應」（Howthorne Effect）是說當人們知道正被觀察時，他們行動會和平時有所不同。在繼電器工作室的例子中，許多現代的心理學家認為，並不是休息時間等的改變使得產量增加；而是因為員工覺得是受到重視的，進而促使她們的產量提高。換言之，也就是霍桑效應可能有助於心理的幻想減少。

(3)督導

繼電器裝配試驗室的員工雖提高了產量，但接線工作室的員工卻會自行限制了產量。從這個觀點來看，除了霍桑效應及其所消除的悲觀幻想之外，應該還有其他影響生產數量的因素存在。那麼是什麼原因造成兩個工作室的產量差異呢？最大的不同可能是來自於督導方式的差異。在繼電器裝配工作室裡，觀察員同時也分擔了部分督導的功能，但他是以一種支持性角色的方式出現。但在接線工作室裡，則仍由原來的主管來維持秩序和控制產量。觀察員本身的地位不高，也未擁有督導員所有的職權，但卻能減低了霍桑效應的作用，這種結果值得我們進一步深思。

(三)巴納德的職權接受理論

巴納德（C. I. Barnard）對於管理行為有卓越貢獻，他於 1906 年入哈佛攻讀經濟學，在三年內修完所有學分。由於他各學科的成績都好，因此他覺得不必修實習課；但最後卻因為沒有修實習課程，而未獲學位。離開哈佛後，他進入美國電報電話公司的統計部門。1927 年出任紐澤西的貝爾（New Jersey Bell）公司總裁，一直到退休為止。此外他也曾在許多機構任職過，包括擔任洛克斐勒基金會會長四年，及聯邦組織（Unite States Oganization）總裁三年。巴納德喜歡以邏輯的方式來分析組織結構，並應用社會心理學的觀念到管理活動上。他的著作《管理者的職能》（*The Functions of The Executives*），出版於 1938 年，對於管理者的職能有相當深入的描述。

1.管理者的職能

在他的書中指出，過去的組織理論，都不能符合他的管理經驗，或符合任何一個組織領導人的看法。現有的著作都太不實際，而且不太合邏輯。因此他希望用自己當經理人的經驗作根據，來說明「組織程序的描述」與「共同合作的理論」。首先，巴納德把正式組織定義為「刻意協調兩人或兩人以上的活動之系統」。而在這樣的系統之內，管理者是最關鍵的因素，他必須維繫這個「合衆人之力」的系統。在維繫這個系統過程中，管理者必須執行下列三項基本的管理職能：

⑴是建立及維繫一項溝通的系統：這是管理者的主要工作；它必須依賴審慎的選用員工、獎懲的運用、及非正式組織的維繫等來達成。

⑵是引導及取得組織內員工必需的努力：這需要透過補充新血輪，以及發展一套激勵方案來達成。

⑶是要制訂組織的目的和目標：這需要透過巧妙的授權，及發展一個溝通系統來監督全面的計畫。

2.職權的理論

在巴納德的書中，非常強調誘導部屬合作的重要。他認為管理者只憑職權發布命令是不夠的，部屬可能會拒絕服從，這就是衆所熟知的「職權接受理論」（acceptance theory of authority)。這個理論認為，組織的職權是管理者指揮下屬的權力，這個職權的有效性端視部屬是否願意服從而定。

事實上，職權接受理論並不認為管理階層可能會完全受部屬擺布；因為這個理論所強調的並不是下屬的「主動權」，而是管理者應該做的努力。巴納德認為，部屬的同意和合作是很容易得到的；因為每個員工都有所謂的「無差異區」（zone of indifference)，而在這個區域內的命令將毫無問題的被接受。其他的命令有些落在中性線（neutral line）上，有些則顯然難以為部屬所接受。因此「無差異區」將決定一切，它可寬可窄，依對部屬的誘導及部屬肯為組織所做的犧牲而定。有效的管理者必須設法，能使部屬覺得從組織得到的比付出給組織的為多。這樣才能把下屬的「無差異區」擴大，而部屬也能接受較多的命令。再者，如果員工拒絕服從命令，將會影響到組織的效率，並威脅到組織的其他成員。因此，其他的成員可能會對他施壓力，並要求他服從，如此一來便促成了組織內部的安定。

(四)麥格雷格(Douglas McGregor)的X理論與Y理論

麥格雷格在其著作《企業的人性面》(*The Human Side of Enterprise*)一書中，提出了關於人的行為的兩種假設，而創造了他的管理哲學。這兩種假設就是X理論(theory X)與Y理論(theory Y)的假設。其中X理論假設認為員工是被動的，需要管理者使用強制的威嚇手段，才能提昇其工作的效率；相對的Y理論則認為員工可以自動自發的追尋組織目標的達成，現列舉要點如下：

·X理論

1.員工的天性不喜歡工作，在可能情況下避免工作。

2.因為員工有不喜歡工作的特性，對於大多數的人就必須使用強迫、控制，以及懲罰威脅的手段，才能使人努力工作，達成組織目標。

3.員工會逃避責任，並會尋求任何可能的管道逃避之。

4.大部分員工視安全感為工作中最重要的因素，而且比較少有雄心壯志。

·Y理論

1.一般人在工作中的身心活動，就像遊戲娛樂一樣的自然。

2.員工在設定目標後，會進行自我指導及自我控制。

3.一般人會在適當情況下，學習去接受，甚至去尋求責任。

4.創造力普遍存在於一般人，而非管理人員之專屬能力。

X理論代表的是過去的管理者對員工的看法，而Y理論則對員工採取更為信任的觀點，並將員工視為組織的人力資源，二者之間有相當明顯的差距。由於，麥格雷格的理論代表著管理哲學重大的轉變；因此，也有學者認為麥格雷格在行為管理方面的貢獻，可能要比霍桑研究的發現更有意義。

四、科層結構模式

科層結構模式主要由德國的現代社會學創始者韋伯（Max Weber, 1864－1920）所提出。由於韋伯本人乃是一位社會學家，所以他從整個歷史及社會演進的觀點，來看近代組織的發展。他所提出有關組織的理論，事實上乃屬於他整個社會理論的一部分。他在 1947 年出版了他的名著：《社會與經濟組織的理論》（*The Theory of Social and Economic Organizations*）。韋伯認為層級組織的階層結構（hierarchy）產生，基本上是反映了社會的需要。

這種組織結構的設計，目的是在取代個人主觀專斷的統治；而組織的核心，則為理性的法定職權。在這種組織結構下，組織成員各因組織的職位，取得合法的權力；員工並根據這種權力，來管理及執行組織的各類活動。韋伯認為，對於複雜的企業組織、政府機構、與軍事組織而言，這是一種最有效的組織型態。這種組織型態，是經由理想的正式組織結構、組織規章、與金錢激勵方式，而形成組織內部的嚴密監督與控制系統，其目的在提高員工的生產力。這種組織型態基本上是封閉系統觀念下的產物。依韋伯（1964：337）的意見，這種組織模式較其他任何方式為精確、穩定、嚴格與可靠；有了這種組織，管理者及其下屬才能夠精確的估計所能獲致的後果。

韋伯的層級組織模式，就是一般管理者所說的正式組織；這種層級組織結構，具備幾項基本的特性〔註七〕：

1.遵循組織階層原則，每一基層人員須受較高階層人員的控制。

2.實行有系統的分工，每人都有明確的職責範圍。

3.選用合格的人員承擔工作。

4.根據年資與工作成就，作為專業人員晉升的基準。

5.組織活動應和私人活動範圍劃分清楚。

事實上，在人類的歷史中，層級組織早已存在，但直到 1900 年以後，韋伯才首次把這個理論作有系統的發展。它雖融合了管理程序學派與科學管理學派的觀念，但仍然是各自分立的。

亦有學者認為，韋伯的層級組織模式，不是絕對的「有」或「無」觀念，而是相對程度上差別的觀念；這個觀念亦可稱為「科層結構化」（bureaucratization）的程度。要測量這個觀念，通常可以採用六個構面來測量，分別是：⑴功能專業（functional specialization）基礎所採分工的程度；⑵權威階級層嚴明的程度；⑶各職位人員權責規定詳細的程度；⑷工作程序或步驟詳盡的程度；⑸人際關係方面鐵面無私的程度；⑹甄選及升遷取決於技術能力的程度〔註八〕。凡在這六個構面上程度愈高者，其層級化的程度亦愈高。

韋伯的科層結構模式雖然適用於大型的組織，但可能因為過分重視組織程序與規章的結果，會使得組織成員忽略了組織設計各項管理程序的真正目的，而出現程序導向的負面效果。但科層結構化觀念的提出，對我們研究或評估正式組織，有相當的幫助。事實上，所有組織都可以依上列六個構面，來評估其所具有科層結構化的程度多高。

五、傳統管理理論的評述

㈠科學管理的缺點

1.經濟人的假設

科學管理學家認為，由於員工是一位「經濟人」，因此金錢才是員工工作的主要動機。這些信念導致許多工資的激勵制度，如泰勒的差別計件率制度。所謂「經濟人」是指一個人的一切決定，都是力求經濟目標的最大。如果員工是經濟人，則員工會從早到晚不停的工作，以期能帶更多的錢回家。因此獎工制度對這些人非常重要，因為這給了他們賺更多錢的機會。但由於他們對人類行為的瞭解不夠深入，以致於科學管理人士有時無法明白，為何員工不肯利用機會來賺更多的錢。在經濟人的假設下，員工的行為是完全理性的，他可以衡量所有的方案，然後選擇一項有最大經濟利益的方案。但這種想法可能完全忽略了非經濟性的因素；也忽略了除了金錢以外，可能還有許多其他的激勵因素。

2.黑箱的概念

科學管理者忽略了投入與產出的轉換程序，也就是忽略了黑箱（black box）的概念。舉例來說，如果公司採行一項獎工制度，造成了生產數量的增加。管理者應該關心的是，是什麼因素促使生產力提高呢？是經濟的誘因呢？還是非經濟的因素造成的？管理者必須去探討這個投入和產出的轉換程序，也就是黑箱。為了要瞭解轉換程序，則必須瞭解人性因素的重要。霍桑研究已經在嘗試著分析這項因素的重要，以瞭解為何繼電器工作室的產量會增加，而接線工作室卻沒有增加。但科學管理人士顯然的忽略了此一要素；他們對於員工的管理，採用了經濟的分析方法，這使得他們的研究發現，往往會受到相當程度的質疑。

(二)管理程序學派(古典管理理論)的缺點

對管理程序理論的主要批評，就對於在管理原則的敘述太過於抽象，以致於對實務沒有太大的幫助。舉例來說，如統一指揮的原則，在此原則下每個員工應該只有一位主管。但以大型組織的經驗來看，指揮統一的原則和專業化原則之間，有相當程度的衝突。賽蒙（H．A．Simon，美國的經濟學家，個人有多方面的才能，在 1978 年曾得到諾貝爾的經濟學獎）曾在決策理性上提出，相對於完全理性的有限理性（bounded rationality）觀點說：

> 如果遵守指揮統一的原則，則管理階層每個人所做的決策，都將只受一條職權通路（channel of authority）的影響。但如果某項決策需要多方面的專業知識，那麼這些意見和資訊，都可能因爲統一指揮的原則而無法提供，而違反了組織專業化的原則。例如：訓練部門的會計，只隸屬於訓練部門的主管，如果依照指揮統一的原則，則財務部門就不能直接對他下命令，指揮他做財務或是會計方面的工作。

也就是說，如果指揮統一的原則必須嚴格遵守，則組織的專業化將會受到影響，因此這原則的解釋必須有些彈性。但這也可能引發另一些問題，原則可能會減少了原有的權威性，而且解決管理問題也可能不再那麼有效了。在仔細分析這些原則後，可以看出有些原則的觀念較為模糊不清，如古典理論家常把職權、職責和其他一些原則，看成是同一個觀念，以致於管理者很難把這些觀念應用到實際的組織管理上。

(三)行為學派研究的缺點

霍桑研究對傳統理論有相當程度的補充。過去在泰勒的研究中，主要的貢獻是在於基層的管理，尤其是員工階層；而費堯的貢獻則明顯的強調了管理階層的重要職能。就霍桑研究的本質來說，則可發現它貫穿整個組織，對組織的所有管理階層均有價值。雖然如此，此一學派也有幾個值得爭議的問題。分述如下：

1.研究方法的問題

部分學者對行為學派研究的最大批評，主要是認為「霍桑研究」的研究方法並不夠科學。他們認為，行為學派的研究者一開始就有了先入為主的看法和偏見，因此影響了他們對結果的解釋。蘭斯伯格（H. A. Landsberger）在對霍桑研究做了有系統的分析之後，在《修正的霍桑研究》（*Hawthorne Revisited*）一書中，他提出了個人的批評。他認為當時工廠的選擇並不適當，因為那不是個工作愉快的場所；且研究者對於員工的個人工作態度，缺乏適當的注意，也可能忽略了工會及其他廠外力量的影響。

2.基本哲學的爭議

另一項對行為學派的批評是在於工作滿足感與高生產力之間的關係。這是行為學派的基本邏輯。在這個邏輯下認為，員工的參與可以產生工作滿足感，因而導致更高的生產力。但事實上，產量不僅和個人士氣有關，而且也和個人目標和動機有關。簡單的說，行為學派的基本哲學可能過於簡化，以致於難以應用在實際的情境之中。同樣的，行為學派對於人的行為也有過於簡化的傾向，認為以詳盡的計畫和嚴密的監督，即可掌握員工的行為，但事實往往卻不盡然。

(四)科層結構模式的缺點

當然我們也不能就此完全推翻韋伯的理論，說它毫無價值。韋伯的組織模式有其產生的背景，在工業化發展之初期，機械代替人工，大量生產代替手工生產，在這情況下，組織必須配合需要像機械一樣；儘量求組織結構的嚴密化和分工精細；同樣地，組織內的工作程序和方法也必須予以詳盡訂定，共同遵守。這時，韋伯的模式確實配合需要，達到最高效率。

但是到了較後階段，組織發展日益需要依賴創造力和創新，屬於例行性的工作相對減少。這時所需要的，乃是彈性和適應能力，則韋伯所主張的高度結構化與分工嚴密化的模式，反而不免阻礙了一組織的成長和適應活力。這種改變乃隨環境和任務的改變而來，研究管理理論的人不可不知。

六、傳統管理理論的綜合討論

(一)基本假設前提

科學管理、管理程序、行為學派及層級組織幾種管理理論，通常我們將其併稱為傳統的管理理論。這些理論在對人的基本假設前提是「經濟人」。他們認為所有的管理措施只要能符合理性或效率的要求，均能夠為個人及組織所接受。在這種情形下，組織與個人均會基於理性的前提，配合工作的邏輯和需要，來設置工作職位和部門。而員工在這個既定的職位上，所重視的也只是經濟上的誘因；所有非經濟性的工作動機問題，都可經由經濟性的激勵措施獲得解決。在行為學派下，雖然也曾提到了非經濟性的影響因素，但當時對於經濟性因素的關切，仍遠超過非經濟性的因素。

(二)封閉系統的觀念

傳統的管理理論，主要在討論組織內部的管理效率問題，並未將外界環境因素納入管理的考慮；這是因為他們採用了「封閉系統」（close system）的觀念〔註九〕。由於採用封閉系統的觀念，往往會忽略了外在環境對管理行為的可能影響，而得到錯誤的研究結論。由於管理活動本身追求的是「內部整合」與「外部適應」的目標；純然重視內部的效率，可能會造成忽略外部適應的問題，而對組織發展產生不利的影響。

(三)研究方法上的貢獻

科學管理學派、管理程序學派（古典理論）、及行為學派（人群關係學派）雖然各有一些缺點；但在當時而言，它們的發現對管理理論的發展，卻有相當大的幫助。科學管理的研究學者，嘗試著以經濟的觀點，來協助產業界找到生產效率的高峰；管理程序學派的研究學者，則以一些計畫、組織和控制的原則，來協助管理者進行更有效的管理活動。至於行為學派的研究學者，則對於工作環境中的人性行為，提供了許多重要的看法。雖然他們關注的焦點不同，但重要的是，這些不同的學派在探索管理的新生地時，他們採取了適當的研究步驟，來探討管理的問題。這些步驟反映出他們對科學方法的高度重視，這些步驟包括以下七個：

1.問題界定：明確的界定問題研究的目標。

2.資料蒐集：蒐集與問題解決有關的各種相關資料。

3.提出問題假設與解決方案：提出解決問題的可能假設。

4.進行深入的調查及研究：運用蒐集的資料進行分析研究，並對問題作全面性的探討。

5.資料驗證：將所蒐集的資料進一步的分析與整理，並協助研究者建立資料與研究假設之間的關係。

6.提出初步的研究結果：提出問題解決的暫時性方案。

7.驗證答案：將此一方案付諸實施；如果不能解決現行的問題，則研究人員必須再從步驟 3.開始，重複步驟 4.、步驟 5.、步驟 6.、步驟 7.的程序，直到尋求到問題解決的答案為止。

這些研究程序對後續學者在管理理論方面的研究，有很大的影響。

第三節　管理理論的近期發展

一、管理科學學派的發展

在二次大戰期間，美國嘗試進行一些重要研究計畫，希望能夠應用計量的方法，來改善軍事作戰與後勤支援問題；如提高飛機轟炸的命中率，如何進行潛艇位置的偵查，軍品補給點位置的選定等等。這些研究計畫大都以跨科際小組（interdisciplinary teams）的編組方式進行。小組中的成員包括了不同專長的學者專家，如數學家、經濟學者、心理學家、工程師、社會科學家等。由於這種方式的成效卓著；因此，在二次大戰後，人們將其廣泛運用在企業管理方面，如企業、政府、大學等。以美國而言，在 1950 及 1960 年代內，企業界普遍採用作業研究以解決各種管理問題。從此以後，一部分的管理者試圖應用更複雜的、以計量為基礎的科學分析方法，來解決組織中的人與工作的問題。由於對計量工具的重視，此一學派又可稱為計量學派。

(一)計量化模型

管理科學學派，認為計量的工具和方法，可以協助管理者作有關生產或作業的複雜決策。他們相信，如果管理或決策乃一邏輯程序，則可利用數學符號及方程式，代表特定問題內有關因素及其間關係，藉由各種數量方法以解這一模式，即可獲得最佳解答。基於他們對決策的重視，因此，他們會以計量的方法來認定目標與問題，並透過邏輯的思考程序，來建構解決問題的模型。

管理科學結合了許多不同學科的理性化的計量工具，如數學、統計學、工業工程、作業研究，與計算機科學等等。數學主要是作為演繹推理程序的基礎；統計學則應用歸納的邏輯，以證驗假設，而獲得一般化推論的結果；工業工程則是採用數學與統計的觀念，以改進提高工業生產程序的效率；作業研究則是經由數學的觀念，來規劃資源的使用與分配問題；而計算機科學，則提供另一種作業方式，以提昇資料處理、運算及資訊傳輸的效率。這些工具的應用，基本上是要尋求生產資源使用或分配的最適化。

㈡電算機的應用

資源最適化通常可以用數學模式（mathematical models）來達成，而數學模式只是將實際情況簡化的表示。這模式可能只是一個程式，也可能是一組方程式；主要是看情況的複雜程度來決定。在管理科學中的數學模式，企圖將管理決策簡化為數學形式，以便在實際制定決策之前，能夠模擬及評估決策的程序（decision-making process）。近年來，加上電子計算機的快速發展，尤其模擬（simulation）技術的進步，使得管理者能夠充分利用這些技術，來解決過去無法克服的問題。由於管理科學學派較為重視決策模式及電算機的應用；因此，在解決組織問題上，亦扮演著相當重要的角色。事實上，管理科學的技術可以運用在許多方面，不僅限於生產或製造功能的決策。

㈢科學管理學派的特色

卡斯特與羅森維格（Kast & Rosenzweig）（1985）認為，科學管理學派的主要特色，有以下九個〔註十〕：

1.非常強調科學方法。

2.採用系統方法解決問題。

3.建構數量模式。

4.運用數學及統計的量化技術。

5.比較關切經濟—技術的因素，而不是社會心理的因素。

6.利用電算機為工具。

7.強調系統的觀點。

8.不確定情境下，尋求理性之決策結果。

9.屬於規範性（normative）的模型，而非敘述性（descriptive）的模型。

計量學派激勵人們以有條理的方法來解決問題，瞭解問題有關的各項因素及其間的關係；有助於說明「目標設定」和「績效衡量」之間的關係。但在實際應用上，我們卻可發現它仍有許多使用上的限制，如管理科學技術雖然能夠幫助管理者進行規劃、分析與診斷，但在其他的管理職能上，如組織、協調與領導等方面，似乎無法有效的發揮。此一學派的主要困難，就是它需要依賴定量化，需要依賴正確的衡量。但由於組織的許多活動均難以定量化，如服務品質、員工士氣、作業程序的改善、資源的品質，都具有相當的不確定性，也缺乏衡量基準。因此，管理科學理論仍需克服這些困難，以期能夠對影響決策的各個變項，有更精確的衡量，這樣才能產生較佳的決策，增進組織的生產力。再者，過於重視決策分析的技術，可能會使得管理者的決策情境過於簡化，而造成錯誤的結果。

二、管理程序學派的發展

管理程序學派主要是區分各項管理職能，如計畫、組織、指揮、協調和控制等；並將這些管理職能視為管理的程序。程序學派的主要意義之一，在於分析各項管理職能，發展出一個分析的架構，以涵蓋各種管理的觀念。這個管理的觀念性架構，具有相當的實用性；基本上管理程序學派的看法，可以由以下幾個部分來討論：

(一)管理哲學

管理哲學主要在說明，管理者在處理組織事務的基本態度與信念。管理程序學派認為，在建立管理哲學時，管理者只要遵從管理的程序理論，就能夠建立這種對組織事務處理的基本態度與關係。也就是說，管理者依循著各項職能，進行組織的管理活動時，經常需要一些判斷的基準，並回歸到非常基本的價值問題，這些問題包括，什麼是管理者應該做的事？什麼樣的價值判斷，是管理階層應該具備的？以及以什麼樣的態度來處理員工的爭議？如何來分配組織內部的資源？等等。在回答這些問題時，管理者必須根據個人的信念和價值判斷，來協助他處理各類的問題。在每一個問題上的處理與試煉的過程中，管理者必須建立問題處理的準則、與問題處理的態度。這樣一來，就可以逐漸的將管理程序和管理者的基本概念、信念與價值觀等連接起來，而形成了管理的哲學。也就是說，管理程序學派的觀點認為，管理哲學是可以透過管理程序（或管理職能）的實施，逐漸的塑造而成。

㈡管理原則

管理程序學派認為，只要我們把管理者的職能詳細劃分，就能夠把每一職能的原則萃取出來。管理的原則可以由理智的分析管理職能而得到，如以管理者的職能來看，計畫是組織及控制的依據；因此「計畫首要」的原則，就是表示「計畫」應先於其他的管理職能。而「絕對責任」的原則，是因為管理者在執行的過程中，管理者可以適度的將「職權」下授，但是無法將「責任」下授。因為工作過程出錯，部屬固然要承擔錯誤，授權的主管，亦無法解脫責任。又如控制的「例外」原則，是說管理者在有限的時間下，應該比較注意出現計畫差異的例外事件，也就是說，如果下屬的作業與計畫規劃的預期相近，則顯示一切仍在掌握之中；因此管理者應集中精神，處理計畫以外的差異現象。重要的是，這些原則的發展，目的是在提昇組織的效率；因此，它們必須配合組織的實況。如果一項原則的發展，不能配合組織的實況，或是無法提昇組織的效率，則此一原則便可棄而不用。

㈢管理職能的普遍性

管理程序學派認為，所有的管理者都在執行基本的管理職能；雖然這些管理者可能會在不同型態的組織，或是在組織內不同的階層。因此，製造部門的領班與經理、醫院的醫務長與科主任、學校的院長與系主任、乃至於銀行的經理與領組，執行的是相同的五種管理職能；但由於他們在組織的階層不同，擔負的職責不同，因此所擁有的管理職能程度並不相同。舉例來說，低階層的管理者處理的是例行性的作業工作，需要較多的作業控制職能、指揮職能，但在計畫職能、組織職能和協調職能則相對較少。當管理者在組織的地位逐漸提昇，便需要較多計畫、組織與協調的職能，相對的用在指揮、控制的時間也會減少。這種關係如下圖所示。

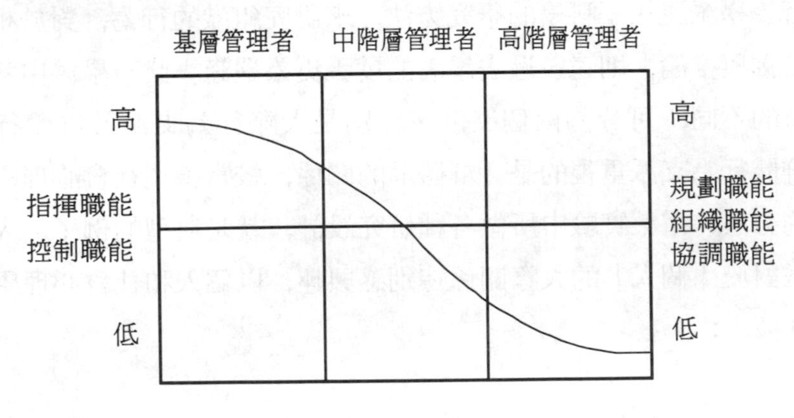

圖 2-1　不同階層管理者的職能分配程度

三、行爲學派的發展

管理科學學派和行為學派的基本差異，在對於組織及個人之行為的假設。管理科學學派是建立在數學、統計學、經濟學和工程學之上，偏向於經濟人的理性假定；而行為學派則傾向於探討人和團體為中心的人性管理問題，重視經濟性因素以外的人性因素。

在行為學派，早期由於霍桑研究對傳統的管理技術，與管理實務提出了相當嚴厲的挑戰，而導致學者必須轉向研究組織中人性因素、群體互動及社會互動等相關的因素。事實上，在霍桑研究之後，所有的管理學者都必須考慮組織的社會性因素，對於管理活動與組織績效的可能影響。早期由梅耶、巴納德、麥格雷格，以及其他的學者，開創了人群關係的研究，使得我們對於組織中工作的個人所扮演的角色有了初步的瞭解。後繼的學者，運用了更嚴格的行為科學訓練，包括心理學、社會學、政治學、人類學等學科，將人群關係的研究逐漸推向組織行為的發展方向。雖然發展的階段不同，但這兩個階段都是在探討組織中活動與工作活動之間，交互影響的心理歷程（psychological processes）。

行為學派運用了科學的研究方法，來研究組織的行為，對於相關因素之發掘與推論，則遠較過去學者的發現更為嚴謹。此一學派中基於研究對象的不同，可分為兩個支派，分別是人際行為支派及群體行為支派。群體行為支派重視的是「群體」的關係，較常採用社會心理學或社會學的方法；霍桑實驗中所做各種研究設計，就是典型的例子。人際行為支派對於「個人」的人際關係特別感興趣，以個人和社會心理學為導向。孔茲說：

> 這一學派學者，在視企業爲一社會系統的構架下，常選擇後者中某方面問題進行研究。譬如有人根據「群體動態」(group dynamics）理論以研究小群體中之領導、人際關係、溝通及合作等行爲（Maier，1952；Tannenbaum，Weschler，and Massarik，1961；Argyris，1962）；有人研究生產力、監督及士氣間的關係（Likert，1962）；有人研究工人與科技之間的關係，特別是裝配

線生產方式與工人需要及社會系統之關係（Walker and Guest, 1952；Walker, Guert, & Turner, 1956）；也有人研究個人與組織之衝突與調適問題（McGregor, 1960；Argyris, 1957）等等，也是代表這一學派的一項特色。〔註十一〕

行為學派較為重視社會與心理因素所造成的結果；而且它認為組織是一個由個人、非正式群體、群際關係、及正式組織結構組成的社會系統。在研究組織理論與管理的過程中，從傳統的只著重正式的組織結構，到重視「人」和「群體」，事實上是一項重大的轉變。

四、系統管理的觀念

1950年代以後，各種管理學派紛紛開展，管理學遂步入分歧的局面；因此管理學者在面對各種不同的管理思想，便希望能夠結合不同的理論，發展出一種管理學的「綜合理論」，以解釋複雜的組織現象。在這種背景下，於是出現了系統途徑（system approach）的研究方式，與權變途徑（contingency approach）的研究方式。

(一)系統觀念

系統理論發展於1960年代末期至1970年代初期。所謂系統「由一組有關聯或相互依賴的部分、要素、或次級系統組成的特定個體」。系統的應用甚為廣泛，如宇宙的太陽系統、地球的河流系統、社會的金融系統、或是個人的神經系統等，都是一些常見的系統。查區曼（Churchman, 1968）認為所有的系統都有四項特徵〔註十二〕：

1.系統必須存在於一個特定的環境之中；因此系統與環境之間，必須有可以辨認的系統界限（system boundary），且環境中之各個要項，亦非組織所能控制。

2.系統必須由多個要素（要件、或是次級系統）構成。

3.各個子系統之間具有相互關聯性（interrelatedness）。

4.所有的系統均有其中心的功能或目標；此一中心的功能或目標，可作為衡量整個組織及次級系統績效的依據。

系統通常包括三個部分，分別是投入（input）、轉換（transformation）及產出（output）。其中「投入」指的是系統取得所需的資源；「轉換」則是一種功能或機制，以吸收投入的資源，並將其轉化成為另一種型態的物質或能量；這種物質或能量，就是系統的「產出」。由於過去學者認為轉換過程，通常是一個黑箱；因此，一個好的系統通常會有適當的回饋（feedback）機制，以協助監督轉換過程的正常運行。因此系統各要素之間的關係，可顯示如下圖：

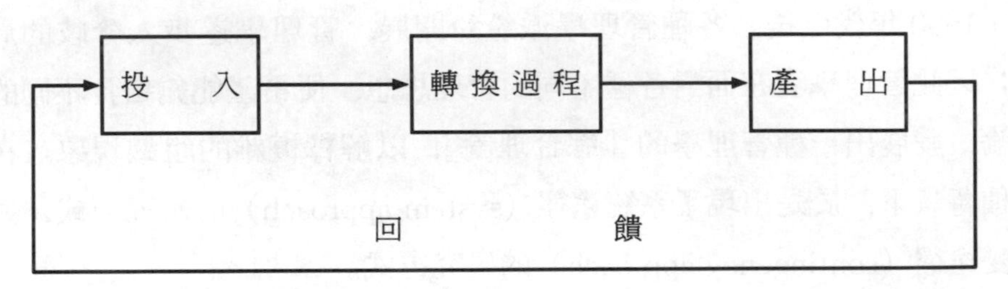

圖 2-2　系統各要素關係圖

㈡封閉系統與開放系統

在系統理論的研究途徑中，有二個重要的觀念；第一個是封閉系統（closed system）與開放系統（open system）的觀念，第二個是組織整合系統（integrated system）的觀念。所謂封閉系統，乃是一種能夠自我存在、自行運作，不受外在環境影響的系統，它和環境之間並沒有資源交換的現象。舉例來說，鐘錶就是一種常見的封閉式系統；它只能使用既有的能量，在一定的規則下運作。它既無法自外界取得所需要的資源，也無法配合環境的改變，而進行內部自我的調整。

而開放式的系統，則會和外在環境保持一種動態的調整；系統會不斷自外界環境取得種種投入（input），如資源、能量或資訊，經過系統的轉換作用，轉變為某些產出（output），再輸出給環境以進行交換。由於所有的物質使用，最後都會面臨到衰竭的問題，因此，在無法和環境進行交換的情形下，封閉系統最後只有趨向於死亡或解體。而開放系統則可透過交換的過程，以獲得組織成長與重生所需的資源，故可避免趨向死亡或解體的結果。

過去傳統理論中所討論的，多將企業視為封閉系統；僅探討企業內部的各種作業與功能，不考慮企業與環境的相互影響與交換關係。系統理論則提出企業與環境的依存關係，這對傳統理論有相當大的影響。以企業來說，系統從外在環境中取得人力、資金及各種資訊，經企業組織之轉換作用，將其轉變為產品、勞務及各項社會服務等等，提供給社會環境。在交換的過程中，並再取得各種相關的投入進行轉換，這種生生不息、循環不已的過程，就是典型的開放系統概念。

(三)組織整合系統

從系統理論的角度來看，組織是一個有機的開放系統；這個系統是由幾個不同的子系統共同構成。卡斯特與羅森維格（Kast & Rosenzweig）（1985）認為，組織系統通常包括以下五個子系統，分別是：目標與價值次系統（goals and values subsystem）、技術次系統（technical subsystem）、心理社會次級系統（psychosocial subsystem）、結構次系統（structural subsystem）、及管理次系統（managerial subsystem）。其中「目標與價值次系統」指的是，組織內個人、團體、與組織之間目標與價值的關聯體系。「技術次系統」指的是，組織將投入轉換為產出，所需的知識與技術系統。「心理社會次級系統」指的是，組織內的個人心理狀態與群體心理狀態，互動交織而成的系統。「結構次系統」指的是，組織實體部門分化與整合的狀態。至於「管理次系統」指的是，負責對組織內部各個次級系統的協調、整合與控制的系統。

同樣的，亦有其他的學者提出整合系統的觀念，如賴斯（Rice, 1963）認為組織為一種社會技術系統（socio-technical system），這個系統是由兩個次系統形成。第一個是由機器、設備、工具、工作方法，所形成的科技次系統（technological subsystem）；第二個則是由組織成員的期望、價值觀、情緒、及群體互動等複雜關係，所形成的社會子系統（social subsystem）。而姜占魁（民 79）則提出七個組織的次系統，分別是心理社會次級系統、技術次系統、支援次系統（supportive subsystem）、維護次系統（maintenance subsystem）、適應次系統（adaptive subsystem）、管理次系統及目標與價值次系統。這顯示了整合系統的觀念，對組織理論有相當重要的意義。

五、權變理論的研究途徑

權變理論又稱為情境理論（situation theory），發展於 1970 年代，這是不同於系統理論的另一種研究方向。過去古典學派的管理理論，認為可以發展出一套管理原則，以提昇組織作業的效率；因此，它重視的是正式的組織結構與作業。相對的，行為學派則認為，應該重視組織內社會與心理因素所造成的結果，應該重視的組織的成員與工作。權變觀念認為，各種管理實務的採用，必須與相關的條件配合，才能發揮管理的效能。因此，權變理論認為，並沒有一套放諸四海而皆準的管理實務，可以適用在所有的不同組織情境。

權變管理的典型事例，是彭恩斯與史托克（Burns & Stalker, 1961）的研究。二人以英國地區近 20 家的紡織廠（嫘縈人造絲工廠）與電子公司為研究對象，希望藉以找出產業較適合的組織型態。在研究中，他們首先將組織型態區分為兩種，一種是機械式的（mechanistic）組織，另一種是有機式的（organic）組織。所謂機械式的組織，是一種例行性程度較高、有清楚的作業流程、規則、與程序的組織型態；而有機式的組織，則是一種追求彈性、工作變化較大、追求創新的組織型態。

結果發現，在紡織業中，因為產業環境的變化不大，而且工廠的主要任務是在維持穩定的生產，以避免機器設備閒置所帶來的負面影響。所以它們通常會採取機械式的組織，以確保生產過程的穩定。而在電子公司則正好相反，因為電子產業的快速發展，組織必須不斷的推出新的產品，以面對市場的競爭；所以它們會採用有機式的組織型態，以追求組織的彈性與創新能力。

也就是說，權變理論的觀點認為，管理的有效性，需視外界環境與組織的條件情況而定；因此，很難獲致一種適合所有情況的最佳管理方式。這種觀點雖然結合了不同管理理論，但由於它僅在說明外在環境、組織、和組織內部系統的複雜性，並未提出問題的解決答案；所以許多學者認為，權變理論並不能夠視為一個新的管理學派。

註　釋

註一：S.P.Robbins：*Management*：*Concepts and Practices* ,Englewood Cliffs new Jersey：1984,p.23.

註二：根據金觀濤及劉青峰（民 76）的研究，如西漢時期約有 132,805 位政府官員，佔總人口的比率為 22%；東漢時期約有 152,986 位政府官員，佔總人口的比率為 27%；隋朝的官員總數約為 195,937 人，佔總人口的比率為 42%；在唐朝約有 368,668 位政府官員，約佔總人口的比率 7%；在明憲宗時，中央政府共晉用了80,000名政府官員，約佔總人口的比率13%。

註三：根據金觀濤及劉青峰（民76）的研究，各朝代間的郡縣總數變化不大，如在西漢時有1,577個縣，在清朝則有1,305個縣，其間的變化並不顯著。

註四：F.E.Taylor：*Scientific Management*,New York：Harper,1947,p.140.

註五：H.Fayol：*General and lndustrial Management*,trans. by Constance Storrs,London：Sir lsaac Pitman & Son,Ltd.,1949，pp.19－42.

註六：參見 E.Mayo：*The Human Problems of an lndustrial Civilization*,N.Y.：Macmillan,1933.

註七：參見龔平邦著，《管理學》，三民書局，二版，民國82年10月，頁151。

註八：R.H.Hall：The Concept of Bureaucracy：An Empirical Assessment,*American Journal of Sociology*,July,1963,p.33.

註九：J.D.Thompson：*Organizations in Action*,N.Y.：McGraw－Hill,Inc.,1967,p.6.

註十：F.E.Kast and J.E.Rosenzweig：*Organization and Management*：*A systems and Contingency Approach*，New York：McGraw－Hill，4th eds.,1985,p.90.

註十一：H.Koontz：A Model for Analyzing the Universality and Transferability of Management,*Academy of Management Journal*,12,Dec.1969,pp.415－430.

註十二：參見C.W. Churchman：*The Systems Approach*，New York：Delta,1968.

摘　要

大約在西元1700年，工業革命發生之後，全世界都受到了工業化的衝擊；工業化帶來一些重要的趨勢，這些趨勢對人類的行爲有相當的規範性。這些趨勢包括：標準化、專業化、同步化、集中化、極大化、集權化。

科學管理學派的研究重點是在「工作」的管理，以提昇工作的效率爲目的。科學管理認爲任何管理問題，必須要用嚴格的分析、創新的實驗，與客觀的檢討。科學管理的主要原則有二：1.應用科學方法以處理管理問題，以提高生產效率。2.用工資的激勵，以提高工人的工作情緒，並提高生產效率。其中最有名的一位美國科學管理者是泰勒。

管理程序的創始者，爲法國實業家費堯。費堯認爲，企業的所有業務及管理活動，可以區分成以下六大類，分別是：1.技術性作業（生產、製造）。2.商業性作業（採購、銷售和交換）。3.財務性作業（資金的取得及控制）。4.安全性作業（商品及人員的保護）。5.會計性作業（盤存、資產負債表、成本、統計等）。6.管理性作業（計畫、組織、指揮、協調及控制）。

另外亦有學者正鑽研員工的行爲與心理狀態，對生產力可能產生的影響。在行爲學派中主要的如梅耶的研究、霍桑研究、巴納德的職權接受理論及麥克雷格的X理論與Y理論等。

科層結構模式主要由德國的現代社會學創始者韋伯（Max Weber，1864－1920）所提出。這種組織結構的設計，目的是在取代個人主觀專斷的統治；而組織的核心，則爲理性的法定職權。

管理科學學派，認爲計量的工具和方法，可以協助管理者作有關生產或作業的複雜決策。他們相信，如果管理或決策乃一邏輯程序，則可利用數學符號及方程式，代表特定問題內有關因素及其間關係，藉由各種數量方法以解這一模式，即可獲得最佳解答。

系統理論發展於1960年代末期至1970年代初期。系統通常包括三個部分，分別是投入（input）、轉換（transformation）及產出(output)。其中「投入」指的是系統取得所需的資源；「轉換」則是一種功能或機制，以吸收投入的資源，並將其轉化成爲另一種型態的物質或能量；這種物質或能量，就是系統的「產出」。

權變理論又稱爲情境理論（situation theory），發展於1970年代，這是不同於系統理論的另一種研究方向。過去古典學派的管理理論，認爲可以發展出一套管理原則，以提昇組織作業的效率；因此，它重視的是正式的組織結構與作業。

問題與討論

1. 工業革命的六個特色為何？試簡要說明之。
2. 科學管理的主要原則為何？運用科學管理，可以採取的方法為何？
3. 試說明費堯的十四項原則。
4. 試說明費堯對管理領域的二項主要貢獻。
5. 請簡要說明霍桑研究的主要發現。
6. 管理者必須執行的三項基本的管理職能為何？請由巴納德的觀點來解釋。
7. 試說明巴納德的職權接受理論。
8. 請簡要說明麥格雷格的X理論與Y理論。
9. 韋伯的層級組織模式，具備的五項基本特性為何？
10. 請說明傳統科學管理學派的主要缺點。
11. 請說明傳統管理程序學派的主要缺點。
12. 請說明傳統行為學派研究的主要缺點。
13. 請說明傳統科層結構模式的主要缺點。
14. 試簡要說明管理科學學派近年來的發展。
15. 試簡要說明管理程序學派近年來的重要發展？請就管理哲學、管理原則、管理職能的普遍性三方面分別說明之。
16. 試簡要說明行為學派近年來的發展。

17.請簡要說明系統的四個特徵。

18.封閉系統與開放系統有何不同？它與組織管理有何關係？

19.何謂系統理論？何謂權變理論？二者對組織理論的發展有何影響？

20.請討論泰勒與費堯二人對管理程序的看法和差異？二人的觀點是否有相同之處？

21.有些人認為科學管理比較不合乎人性，所以不應再倡導此一學派；請就此一觀點進行討論。

第三章　組織決策

本章共分為四節，分別是第一節決策之意義與種類，第二節決策程序與情境，第三節決策技術，及第四節個人決策與群體決策。在決策的意義與種類上，主要討論四個主題：決策的意義與目的、決策理性、決策的種類、群體決策與個人決策。而在決策程序與情境中，則討論了決策程序、決策情境、風險情況、不確定情況等四項決策應該考慮的要素。在決策技術的章節中，分別討論了邊際分析、資本支出分析、存貨控制等九種常見的決策技術。至於在第四節個人決策中，則分別就個人決策、改善個人決策能力的方法、群體決策、群體決策技術四個部分進行說明；對於群體決策的技術，本書亦就四種重要的群體決策技術：名義群體技術、德菲法、分析層級程序法、及互動群體決策法，進行詳細的說明。

第一節　決策之意義與種類

一、決策的意義與目的

決策（decision-making）本身有兩種不同的意義；在廣義的觀念下，決策指的是「在既定目的下，不同方案的評估與選擇過程」；而狹義的決策，通常是指「各種替代方案的選擇行為」，也就是決定（decision）。二者之間的區別在於廣義的決策，除了包括決定之外，還包括產生決定的過程。賽蒙（H. A. Simon, 1976）也認為決策程序可劃分為：㈠尋找環境中有待決策的狀況；㈡思考、推演並分析可行途徑；㈢選擇特定的可行途徑三個步驟；這就是一種決策的廣義觀念。一般而言，決策是問題導向的，也就是在解決現存的問題。而賀伯（George P. Huber）認為解決問題的程序包括五個步驟，分別是：問題鑑識與診斷、產生替代方案、評估並選擇方案、實施擇定的方案，及維持與監督方案的執行。這五個步驟是決策及問題解決的程序，而前三者則是我們常見所瞭解的決策程序。由此可以得知，決策程序與問題解決之間的關係。

二、決策理性

依古典經濟學的觀點，理性的前提通常包括以下三個假設：㈠完全知識（perfect knowledge）假設：對於有關環境因素，具有完整的知識；㈡偏好列等（preference ordering）假設：能夠依照某種效用（utility）尺度，將不同偏好予以排列先後順序；㈢經濟人（economic man）假設：決策的目的在選擇一項方案，使決策者獲致最大的滿足。這種決策的理性，學者稱之為完全理性（perfect rationality）；這種理性在現實生活中，常會面臨兩個重要的困難，分別是「缺乏客觀的效用衡量」，與「知識能力限制」的問題。玆分別說明如下：

㈠客觀效用衡量問題

經濟學的效用通常與貨幣價值結合，並認為追求利潤的最大化，就是在達成效用的最大化目標。但由於決策者的決策目的不同、個人的價值判斷不同，因此常會引發「是否有一種客觀、普遍存在的效用，可以適用在所有的決策者身上？」問題。由於學者對於人類行為的瞭解漸趨深入，因此，大家也瞭解到決策的效用會因決策者價值系統的不同而異，因此在實際決策狀況中也是非常複雜的。而更重要的是，迄今我們仍難找出一種真正客觀的效用尺度，來作為決策評估的依據；如果效用問題難以衡量，則「偏好列等」與「經濟選擇」的理性過程就無法進行。因此，傳統經濟學的效用前提，在實際的決策運用上有其困難。

(二)完全知識

完全知識的假設下認為，決策者瞭解且能夠處理所有的資訊，因此，他在決策時能夠列舉出所有的決策方案，並進行有效的決策，但我們可以發現，在現實生活中，人們對於與某一問題有關的事實狀況，以及對未來可能發展的預測，會受到個人決策能力、資訊獲得程度與個人資訊處理能力的限制，而無法實現完全知識下的最大化目標。基本上，由於現實生活中，決策問題的多面性（multi-dimension），亦使得決策者很難將所有可能的方案都加以發掘以供其選擇。這些現實的限制條件，說明了完全知識假設與現實生活中決策情境的脫節。

亦即是人類決策往往會因為決策者本身的知識不完全（incompleteness of knowledge）或是預期上的困難（difficulties of anticipation），而使得決策的理性受到限制。因此，賽蒙（Simon，1976）就提出了相對於完全理性的「有限理性」（bounded rationality）與滿意模式。所謂滿意模式是指，由於決策者的決策會受到一些因素的限制，無法達到求取最大化的目的，故通常僅能就有限的範圍進行評估與選擇，因此，所獲得僅是「滿意」的決策結果。賽蒙對於決策前提的看法，可歸納為以下三點：

(1)管理人（administrative man）假說：人的能力有限，故無法完全瞭解所有的替代方案與決策結果。

(2)有限理性假說：由於能力的有限，因此資訊的獲得與處理均會受限，因此決策理性只能在一定的範圍下發揮。

(3)搜尋順序與決策結果有相當密切的關係；因為各種替代方案與決策結果並非已知，因此，資訊搜尋的方式，可能會影響替代方案的產生與決策結果。

有限理性的決策觀點，已為管理學者所接受；這也是賽蒙在決策領域的最大貢獻。

三、決策的種類

管理者要做的決策甚多，我們可以採取不同的分類來說明決策，常見的決策分類包括：組織決策與個人決策（organizational and individual decision）、策略性決策與作業性決策（strategic and operational decision）、程式化決策與非程式化決策（programmed and nonprogrammed decision）、群體決策與個人決策（group and individual decision）。

「組織決策」是管理者以基於組織的立場所做的決策，例如策略的制訂、目標的設定、計畫的核准與組織的調整等等均是。這類決策的執行需要組織的經由授權，亦須透過組織層級中許多的支持才能執行。「個人決策」是決策者以其個人立場所做的決策，而非以組織成員身分所做的決策。這類決策通常不需要經由授權就可以執行，如要不要買車、是否要購屋、決定何時要跳槽等等，都屬於個人決策。

「策略性決策」與「作業性決策」的分類方法，是以決策的性質來區分。策略性決策通常涉及公司的長期承諾、策略性的發展，且決策的結果對公司有很大的影響；如產品線廣度的選擇、新製程的採用、垂直整合的取決、購併對象的決定等等，均為策略性的決策。策略性決策所涵蓋的時間長度較長、範圍較廣；因此，它通常由高階層的管理者來進行。舉例來說，臺塑公司的六輕設廠，牽涉到企業的垂直整合問題，因此，它是一個策略性的決策。而作業性的決策，在本質上均為重複性的，對公司的影響較小。如生產線的領班發現，某位作業員的作業速度太慢，可能影響其他人的效率，他就必須馬上處理，這就是一種作業性的決策。因此，大多數的公司都已經制定了許多程序，以協助管理者進行各種組織的決策。由於作業性決策處理的是日常事務，因此涵蓋的時間長度較短、範圍較為特定，通常是由組織較低階層的管理者來執行。

「程式化決策」和「非程式化的決策」分類，也是根據決策本身的性質。通常在分析時，二者可以看成是一條連續帶的兩端。程式化的決策表示決策的程序通常是可以預知、事前規劃的；因此，在性質上與作業性的決策接近。舉例來說，旅館經理在面對某位住宿旅客的抱怨，他會根據旅館的處理方式及程序，來處理旅客的問題。非程式化的決策表示，決策的程序通常缺乏一定的結構，因此在事前無法預知，亦無法用一定的方式預為規範；如工會的抗爭與罷工處理，這往往是一種非程序化的決策。這種決策在性質上與策略性決策類似，往往需要相當的洞察能力與創新觀點，才能得到較佳的決策結果。

四、群體決策與個人決策

群體決策與個人決策是以決策的主體來區分。在個人決策時，決策的主體是個人，而群體決策的主體，就是一群人。通常個人決策是應用個人的能力與專業知識來進行決策。由於個人的能力與知識有限，因此決策的範圍與複雜性，亦會受到限制。

群體決策中通常會聚集不同能力的決策者，由於各個決策者對問題關注的層面不同；因此，能夠同時兼顧決策的各種可能影響，並可使決策有關各方面，都能夠得到表達意見的機會。這種決策的方式，可以同時結合決策上不同的專門性技術，得到多位專家的參與，有可能達成良好的決策。再者由於群體互動關係的發展，也會有助於團體成員之間關係的良性發展。

第二節　決策程序與情境

一、決策程序

賽蒙曾提出決策的三個程序，這三個程序，事實上包括四個階段，如㈠尋找環境中有待決策的狀況，就是「問題發掘」的階段；在㈡思考、推演並分析可行途徑，指的就是「各種替代方案發展」與「方案分析」的階段；至於㈢選擇特定的可行途徑，則是「方案選擇」的階段。進一步的說，理性決策的程序大致可歸納為以下七個步驟：

⑴發掘並界定問題。

⑵探討問題背後的原因。

⑶搜集和問題有關的相關資訊。

⑷提出問題解決的方案。

⑸各種可行方案的比較分析。

⑹選擇最佳的解決方案。

⑺執行該項最佳之可行方案。

基本上，這是一種決策的通則，它只是問題診斷與解決的程序；它可以適用在所有的決策。它不僅適用於高階層管理者，也適用於基層的管理者；它適用在組織的決策，同樣也可以用在個人的決策。不論管理者在解決何種問題，問題界定、診斷分析、方案發展，與方案評估，都是必須採取的步驟。在解決簡單的作業性問題如此，在發展企業的長期策略計畫亦是如此。

二、決策情境

一般而言，決策時可能會有下列三種情境，分別是：㈠確定情況；

(二)風險情況；及(三)不確定情況。分述如下：

(一)確定情況

所謂確定情況是指決策者在決策當時，已經知道各種決策方案的可能結果。如決策者要將閒置的資金，投注在獲利最佳的途徑；他想到了兩種不同的方案：(1)是投資年息7%的公司債，或是(2)存一年期年利率7.5%的定期存款。就這兩個決策方案來說，所有的決策結果都是已知的，是7%與7.5%的比較。如果兩個方案都相當可靠，沒有倒閉的風險，而且決策者只想將閒置資金存放一年；則單就投資報酬率的觀點來看，決策者會「毫不猶豫」的選擇7.5%報酬的定期存款。為什麼會這樣呢？這是因為決策時，決策者處在完全確定的情況下，他有完整的資訊，知道他的投資絕對不會血本無歸，因此，他可以放心大膽的選擇報酬率較高的方案。這種完全資訊的決策情境，我們稱之為「確定情況」的決策情境。

又企業可就有幾種不同的製造程序評估，如果管理者只關心生產速率的問題，那麼他就只需要比較不同製程生產速率的差異即可。而製程生產速率的計算，通常可以根據工業工程的學理計算出來，所以決策的優劣結果是已知的。如果沒有其他的影響因素，那麼管理者就是在確定性的情境下作決策。

一般而言，這種確定情況的決策在實際生活中比較少見，主要原因有二：一是因為環境日趨複雜，導致大部分的決策問題，本身的複雜性都有日漸升高的趨勢；二是因為決策的影響性往往是多層面的，以致於決策者很難同時兼顧到決策的各個層面。舉例來說，決策者雖然決定要將資金存放在定期存款，但是他有可能會在年度中臨時需要資金來周轉；因此，在加入這種考慮之後，決策者就必須考慮定存解約可能面對的損失。在考慮這種臨時性的需要之後，決策的方案選擇可能會不同。

也就是說，當我們加入愈多的決策考慮因素之後，決策的不確定性程度就會升高；而在實務的決策上，通常面臨的就是這種情況。

㈡風險情況

所謂風險情況是說，決策者在決策時已經知道各種方案的決策結果，但是對於決策結果出現的可能性，卻仍然無法確定。在這種決策情境下，我們通常會用機率估計（probability estimate）來協助決策者進行決策。

在機率估計時，管理者必須根據過去經驗，或是自己的簡單判斷，來預測未來可能發生的機會，這就是機率的觀念。根據過去經驗發生次數來估計，通常是在求取客觀的機率，如果是因為資料不足，必須根據決策者的簡單判斷來估計，則是在應用決策者的主觀機率。求取機率的目的，主要在協助決策者計算各事件的期望值（expected value）。例如，公司有三種可能銷售方式，A, B, C, 三種銷售方式可以獲得不同的條件價值（conditional value），即成功後可獲取的利潤；同樣的三種方式也各有其成功機率，即成功的可能性。決策者在比較三種銷售方式的時候，就必須根據條件價值與成功機率，計算出不同決策的期望值，並進行各種替代方案的選擇。三種不同方案的比較如下：

表 3-1　風險情況下不同方案期望值比較

方案	利潤	成功機率	期望值	方案選取
A	$500,000	0.5	$250,000	1
B	400,000	0.6	240,000	2
C	600,000	0.3	180,000	3

表中可看出決策者應選擇第一種的推銷方式 A，雖然它的利潤不是

最高，成功機率也不是最高，但是卻能夠產生最高的期望值。而利潤最高的方案 C，卻因為成功機率過低，而使得期望值降至三個方案中的最低。所以方案的選取，必須同時兼顧「條件價值」與「出現機率」兩項因素，才能進行理性的正確選擇。

在選取決策方案的時候，決策的風險偏好程度，對方案選取亦有相當重要的影響。一方面是決策者風險態度不同，對相同事件給予的機率可能會不同；另一個方面是偏好風險的決策者，通常會選擇成功機率低，但是條件價值高（報酬高）的決策方案。也就是說，對於偏好風險的決策者來說，方案 C 可能會是一個相當具有挑戰性的方案。在實際的決策中，情況可能更為複雜，因為決策可能會因為決策問題的不同，而會出現不同的風險態度。如決策者在某些情況下可能會是一個風險避免者，而在另一些情況下卻可能會是一個風險偏好者。一般說來，當風險「賭注」較低時，決策者會傾向於接受風險，而「賭注」較大時，則傾向於拒絕風險。

㈢不確定情況

另一種決策情況是，決策者在遂行決策時，不僅無法估計出各種方案出現的可能性（無法估計機率），也可能會因為決策結果的估計困難，而陷入決策的困境。這種決策情境，通常可稱之為不確定情況。由於不確定情況下，無法進行發生機率、決策結果的估計，因此根本無法進行決策方案的比較。如果決策者要進行決策方案的比較，就必須克服上述「估計困難」的問題。許多人認為由於經驗，以及由過去類似情況來推演的能力，可以降低決策的不確定性，因此，管理者應該可以估計出決策事件的機率，或是估計出可能出現的決策結果。根據研究結果的顯示，管理者多半能夠對各項方案的各種可能結果設定條件價值；因此，降低了不確定情況決策出現的可能性。

第三節 決策技術

決策程序中常常需要借助一些分析的技術來協助決策者進行理性決策。這些技術通常來自不同的領域，如經濟分析、統計機率及作業研究。一般常見的分析技術主要有以下幾種:

一、邊際分析

邊際分析是經濟學上常用的一種方法。基本上，邊際分析關心的是，多增加一單位的投入，可以增加多少的產出。例如增加一部機器到裝配線上，而每天可以多生產 500 件，此機器的邊際生產量便為 500。舉例來說，有位貨運經理管理 10 輛卡車及 10 位搬運工人，每天的裝貨量是 800 箱。後來經理決定多雇用了 10 個工人，每輛卡車由 2 個人負責裝卸。結果每天的裝貨量上升到 2,000 箱，顯示 2 個人一組的工作，比一個人工作時裝貨的效率要高。於是經理決定再增加一個人，結果又發現總裝貨量上升到 2,700 箱。貨運經理於是就繼續的增加裝貨工人，結果發現了以下的有趣數字:

表 3-2 貨運卡車邊際裝箱數

每卡車工作人數	裝箱數	邊際裝箱數
1	800	800
2	2,000	1,200
3	2,900	900
4	3,600	700
5	4,000	400
6	4,200	200

在實際的決策中，貨運經理必須考慮工人薪資外，多雇用工人所賺得的利潤，必須足夠支付工人的工資才划算。假定每箱有＄1元的利潤，工人的工資每天是300元。由表中可明顯看出，每組5人時，公司每天有＄2,500的總利潤，其他的任何組合都會使利潤降低。如果我們從邊際利潤來看，數字就更清楚了；在雇用第五個人的時候，邊際利潤尚有＄100，但當雇用第六個工人的時候，邊際利潤就降為－＄100。因此，決策者應採用5個工人的方案，以獲致最大的利潤。

表 3-3　貨運卡車邊際利潤分析

工作人數	工資成本	邊際工資	裝箱收入	邊際收入	邊際利潤	總利潤
1	300	300	800	800	500	500
2	600	300	2,000	1,200	900	1,400
3	900	300	2,900	900	600	2,000
4	1,200	300	3,600	700	400	2,400
5	1,500	300	4,000	400	100	2,500
6	1,800	300	4,200	200	－100	2,400

二、資本支出分析

企業在進行資本支出時，常常會應用到資本支出分析的技術，來估計投資計畫的回收期間，或是分析現金流量的淨現值等。常見的分析方法有收回期間法（payback period）、淨現值法（net present value）及內部報酬率法（internal rate of return）。所謂收回期間法，主要在估計投資金額，需要多久的時間可以回收。而淨現值法則是計算資本支出的壽命期間，所產生現金流入與流出之間的差額；再配合現值（折現率）的觀念，來決定是否要增加投資。至於內部報酬率法，則是先計算出此項投資的報酬率，再將此一報酬率與公司所「要求」的報酬率進行比較；如果投資報酬率高於「要求」的報酬率，則可進行投資，反之，則放棄投資。在應用時，決策者不難發現內部報酬率法，只是淨現值法中的一種特例。

假設甲公司擬購置 2 部機器，機器 A 及機器 B。其中機器 A 的成本為＄150,000，估計耐用 5 年；機器 B 的成本為＄200,000，估計也可用 5 年。公司採用 10％的折現率折現，2 部機器的殘值均為機器成本的 20％。每年的稅前收入、折舊費用及稅後淨利，列示如表 3-4；表中顯示在扣除所得稅費用之後，機器 A 可以得到＄55,000 的淨利，而機器 B 會有＄60,000 的淨利。如果以累積的稅後淨利來看，則公司應選用機器 B。

表 3-4　機器投資稅後淨利比較表（稅率 50％）

	機器 A				機器 B			
年度	稅前收入	折舊費用	稅前淨利	稅後淨利	稅前收入	折舊費用	稅前淨利	稅後淨利
1	$ 30,000	$ 30,000	$ 0	$ 0	$ 40,000	$ 40,000	$ 0	$ 0
2	50,000	30,000	20,000	10,000	60,000	40,000	20,000	10,000
3	60,000	30,000	30,000	15,000	80,000	40,000	40,000	20,000
4	80,000	30,000	50,000	25,000	100,000	40,000	60,000	30,000
5	40,000	30,000	10,000	5,000	40,000	40,000	0	0
合計	$260,000	$150,000	$110,000	$ 55,000	$320,000	$200,000	$120,000	$60,000

註：假定機器採用直線法折舊。

表 3-5 表示了不同機器的稅後淨利、現金流入及累積現金流入；由於折舊可作為計算所得稅的減項，因此在計算實際的現金流入時，可將其視為現金流入的項目。假定現金流入是全年平均的流入，每週收回全年的 1/52；此時可發現，要來回收機器 A 約需要 3 年又 33 週，而回收

機器 B，則需要 3 年又 37 週左右。因此如果要以機器回收期間進行決策，則應選擇機器 A。

表 3-5　機器投資回收期間比較表（稅率 50%）

	機器 A				機器 B			
年度	稅後淨利	折舊費用	現金流入	累積現金流入	稅後淨利	折舊費用	現金流入	累積現金流入
1	$ 0	$30,000	$30,000	$ 30,000	$ 0	$40,000	$ 40,000	$ 40,000
2	10,000	30,000	40,000	70,000	10,000	40,000	50,000	90,000
3	15,000	30,000	45,000	115,000	20,000	40,000	60,000	150,000
4	25,000	30,000	55,000	170,000	30,000	40,000	70,000	220,000
5	5,000	30,000	35,000	205,000	0	40,000	40,000	260,000

表 3-6　機器投資淨現值比較表（稅率 50%）

	機器 A				機器 B			
年度	現金流出	現金流入	折現因子	折現值	現金流出	現金流入	折現因子	折現值
0	$150,000	$ 0	1.000	$150,000	$200,000	$ 0	1.000	$200,000
1	0	30,000	0.909	27,270	0	40,000	0.909	36,360
2	0	40,000	0.826	33,040	0	50,000	0.826	41,300
3	0	45,000	0.751	33,079	0	60,000	0.751	45,060
4	0	55,000	0.683	37,565	0	70,000	0.683	47,810
5	0	35,000	0.621	21,735	0	40,000	0.621	24,840
殘值		30,000	0.621	18,630		40,000	0.621	24,840
合計	$150,000			$172,035	$200,000			$220,210

註：採用 10%折現因子。

表 3-6 中的現金流出、現金流入的折現值在第 0 期的時候，公司購入機器需支付一筆支出之後，每一期可以產生一筆淨現金流入。由於不同時間的現金流入難以比較；因此必須選擇一個共同的時點，作為貨幣價值比較的依據。習慣上，我們採用現值作為比較的基礎，因此會乘上一個現值因子，把不同時期的現金流入，換算成現在的貨幣價值進行比

較。例如：一年後的 1 元經用 10% 折現率折現後只值現值 0.909 元，而把現金流量乘上相對的因子，便可得到表 3-6。在算出 5 年投資的現金流入的折現值後，減去原始投資額，便可得投資方案的淨現值。在判斷時，我們會選擇淨現值最大的投資方案；機器 A 的淨現值為 $22,035（$172,035 − $150,000），機器 B 的淨現值為 $20,210（$220,210 − $200,000）。因此管理者應選擇機器 A，作為投資的決策方案。

三、損益兩平分析（break-even analysis）

這種基本技術，通常應用在產品之利潤規劃中。它乃建立在收入、成本與利潤關係之上。此種分析，必須先瞭解收入、成本及利潤產生的方式：

- 總收入：單價×銷量
- 總成本：固定成本＋（變動成本×銷量）
- 利　潤：總收入－總成本

根據這種關係，決策者可以用數學方法求得一損益平衡點（break-even point）。這一點表示，當銷售數量等於此點時，總收入等於總成本；銷量低於此點，公司會發生虧損；銷量超過此點，則公司會發生盈餘。損益平衡點的計算公式有二，表示如下：

固定成本÷邊際貢獻＝損益兩平點銷售量

固定成本÷邊際貢獻率＝損益兩平點銷售金額

其中

邊際貢獻＝單價－變動成本

邊際貢獻率＝（單價－變動成本）÷單價

舉例來說：設如某產品之固定生產成本為$25,000，變動成本為每單位0.7元，而預訂單價為1.2元，則損益平衡點為50,000單位，計算如下：

固定成本÷（單價－變動成本）

＝25,000÷（1.2－0.7）＝25,000÷0.5＝50,000單位

損益平衡點銷售金額為60,000元，計算如下：

固定成本÷（單價－變動成本）/單價

＝25,000÷（1.2－0.7）/1.2＝25,000÷0.5＝60,000元

四、存貨控制

適量的存貨對管理者來說，有相當重要的意義。過多的存貨，將會積壓企業的資金，影響企業的營運；存貨不足，則又有可能會面對失去產品市場占有率的風險。要解決這個困擾，管理者必須仔細分析成本。由於外在市場的需求通常採用估計的方式得知，因此，管理者可以在這個已知的估計需求情況下，來控制存貨的持有量，以求得存貨總成本的最低。

在計算存貨總成本時，通常需要同時考慮兩種成本。第一是行政管理的成本（clercial and administrative cost，或稱訂購成本），是有關訂貨的各項費用。每發出一張訂單，就要花費時間和精力。第二項成本為倉儲成本（carry cost），包括了存貨的資金，還有其他雜項費用，如倉庫空間、稅捐及耗損等。公司保存的存貨愈多，倉儲成本便愈高。存貨總成本是由訂購成本與倉儲成本相加的合計數計算而得。因此，如果公司希望將此訂購成本降到最低，最好的方法是全年只訂購一次，並訂購全年的需要量。但這樣可能會使得公司的存貨管理成本大幅提昇，如資金積壓的利息增加了、存貨損壞的機率增加了、倉儲空間需要加大、或

是管理人員需要增加、水電空調費用都會增加。因此二者相加的結果可能並不是最佳的存貨控制水準。

解決這問題的方法之一，是管理者必須對未來的需求先做幾項假定，再來決定最適存量，常見的假定包括(a)銷貨需求已經知道，而且是確定的；(b)重新訂貨所需的緩衝時間（lead time）已知，而且也是確定的；(c)存貨會依一定的速率消耗。所謂緩衝時間指的是處理訂單、送交客戶及客戶送貨過來所需的時程。至於存貨會依照一定的速率消耗，就是在建立一種線性的假設關係，協助管理者估計存貨消耗的速度。這三個假定當然不完全合乎實際情況，但卻提供管理者一個決策的基礎。現在管理者可以採用嘗試錯誤法（try-and-error）或是採用作業研究的工具之一；經濟採購量（economic order quantity，簡稱 EOQ）公式來解決這個問題。經濟採購量的計算公式如下：

$$EOQ=\sqrt{\frac{2\times DPY\times CPO}{CPU\times UHC}}$$

其中

DPY（demand per year）：預期全年需要量

CPO（cost per order）：每次訂貨成本

CPU（cost per unit）：存貨單價

UHC（unit holding cost）：存貨管理費用，如稅捐、保險及其他費用等。

舉例來說，大衛是一家量販商店的經理，主管家庭用品部門。他估計家用果汁機明年的需求是 5,000 臺；經計算後，得知批次訂購成本為每次＄100；而倉儲成本可分為下列各部分：(a)果汁機價值＄20；(b)保險、稅捐、倉儲及其他費用共為每年 5%；(c)平均存貨數量為總存貨的一半。大衛首先採用嘗試錯誤法，他把不同的訂貨次數及相關成本編成如表 3-7。由於無法將所有可能都列舉出來，因此，他選擇了較為可能的幾種訂購方式列表來計算。

表 3-7　嘗試錯誤法下存貨成本計算表

訂購次數	每次訂購數量	訂購成本	倉儲成本（存貨/2 * 20 * 5%）	總成本
1	5,000	$100	$2,500.00	$2,600.00
2	2,500	200	1,250.00	1,450.00
3	1,667	300	833.50	1,133.50
6	833	600	416.50	1,016.50
10	500	1,000	250.00	1,250.00
20	250	2,000	125.00	2,125.00

從表中可知，大衛全年好像應該訂購 6 次，每次訂購 833 臺。但值得注意的是：大衛並不知道 6 次是不是他的最佳訂購次數，這只是他有限方法中的較佳答案而已，其他漏列的訂購次數，是否會使得成本更低，就無法得知了。因此他必須使用更有效率的方法，來協助他計算出最佳的存貨控制水準，通常他會使用 EOQ 法來計算。在代入公式之後，可以得出

$$\text{EOQ} = \sqrt{\frac{2 \times 5,000 \times \$100}{\$20 \times 0.05}}$$
$$= \sqrt{1,000,000}$$
$$= 1,000$$

因此，大衛的最佳決策應該是每次訂購 1,000 臺；這表示全年需要訂購 5 次，而不是訂購 6 次。在訂購 5 次下，存貨總成本為 $1,000；其中訂購成本為 $500，倉儲成本亦為 $500〔1,000 ÷ 2 ×（$20 ×

0.05)〕。訂購 5 次的總成本，較訂購 6 次的總成本，可以節省 $ 16.50 ($ 1016.5 - $ 1,000)。

五、決策樹（decision trees）

決策樹是一種動態的圖解方式，決策者用來瞭解各種可能的解決方案；並對於各方案有關的事件，指定發生的機率，同時計算各方案組合的期望報償。繪製決策樹必須具備四個要項，第一是「決策點」，通常是以方格代表。第二是「事件點」，通常是用圓圈來代表，表示該處會發生某個事件。第三是「機率線」，通常是以直線表示，從機會點出發，代表某一事件及其發生的可能性。第四是「條件報償」（conditional payoff）表示為各事件發生的報償；所以稱為條件報償的原因，是因為它們能否實現，需視其條件而定。

舉例來說，大統公司募集了一筆發展基金，管理者必須決定如何運用這筆資金。經過仔細評估之後，公司發展出三個方案：(1)用這資金來收購另一家公司；(2)擴充公司現有老舊的設備；及(3)把閒置資金存入銀行。在繪成決策樹前，公司必須先搜集許多資料，找出三個方案相關的事件和機率，和預期的報酬。然後繪製決策樹，公司便倒回去從右往左開始分析，解釋整個決策樹。大統公司的決策樹繪製如圖 3-1。

首先，決策者把條件投資報酬（ROI）乘上發生機率。例如，若公司收購另一家公司，公司有成長，有 0.5 的機會可以獲得 15%的 ROI；在停滯成長情形下，有 0.3 的機率可以獲得 9%的 ROI，在高通貨膨脹的情形下，有 0.2 的機率可以獲得 3%的 ROI。要計算收購一家公司的期望報酬，則應把各條件 ROI 與其相應機率相乘後，再予相加。計算如下：

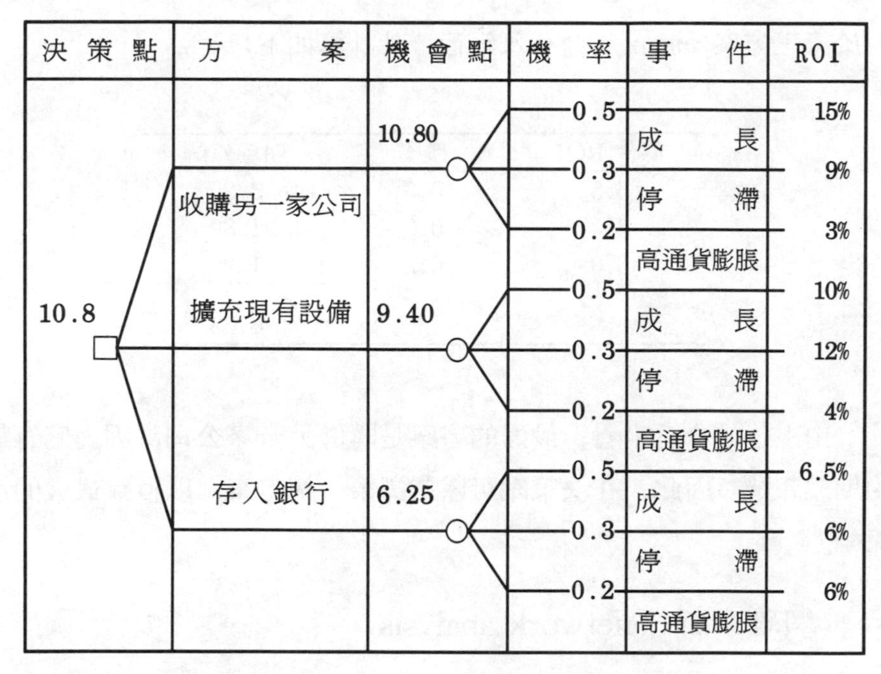

圖 3-1 擴充資金運用的決策樹

條件 ROI	機率	期望報酬
15.0	0.5	7.5
9.0	0.3	2.7
3.0	0.2	0.6
		10.8

而對於第二方案：擴充現有的設備，其計算如下：

條件 ROI	機率	期望報酬
10.0	0.5	5.0
12.0	0.3	3.6
4.0	0.2	0.8
		9.4

對於第三方案：閒置基金存入銀行，其計算如下：

條件 ROI	機率	期望報酬
6.5	0.5	3.25
6.0	0.3	1.80
6.0	0.2	1.20
		6.25

由上述的分析來看，最好的方案是購併另一家公司，因為它有最高的期望報酬。因此，在決策點可以選擇第一個方案，以獲致最大的期望報酬。

六、網路分析（network analysis）

網路分析的技術，通常適用於大型而複雜之專案計畫上，做為規劃與控制之主要工具。其主要用途是在辨別及分析一計畫內各部分工作之間的先後關係，並予以做最佳之安排。常用的方法有二，分別是計畫評核術（program evaluation and review technique，PERT）與要徑法(critical path method，CPM)，都是屬於網狀分析。因為這類技術，基本上都利用網狀圖，以表現專案計畫之各部分活動及其先後關係與所需時間。

計畫評核術，係由美國海軍專案計畫處，於 1958 年首次應用於北極星飛彈計畫上，此後被廣泛應用於民間及政府各種機構內。而要徑法之發展大約與計畫評核術同時，但係由杜邦公司所發展，主要應用於營建工程計畫上，亦極普遍使用。在網路圖中，事件通常是以節點(node）來表示，連結兩項事件（events）的箭頭間，有一數字乃代表完成前項事件所需之時間，稱為活動（activity)。

這二種方法在使用上略有不同，其中計畫評核術在早期時，並未考慮成本與時間的關係，僅假定成本隨時間而改變；但要徑法卻一開始就將成本列入考慮。但今日的計畫評核術，已將成本分析包括在內，並發展為PERT/Cost。此外，二者在活動時間的估計方式上，亦略有不同。要徑法只做一個估計，而計畫評核術卻有三個時間估計；分別是：樂觀時間（t_o），最可能時間（t_m）及悲觀時間（t_p），並認為時間的估計是符合β函數的型態，故可用下列公式用三種時間來估計預期時間（expected time，t_e）：

$$t_e = \frac{t_o + 4t_m + t_p}{6}$$

基本上，網路分析對於大型計畫的規劃和控制均提供相當的幫助，不僅有助於時間節省及資源有效利用，更對計畫執行過程的協調與控制，有相當的助益。

·線型規劃（linear programming，LP）

線型規劃是二次大戰後，由服務於美國空軍的數學家鄧西克（Dabtzig，1951）所發展出來的數學模式及其解法；它主要在處理複雜的規劃情境下資源分配（resource allocation）的問題。也就是在資源及其他條件限制之下，如何選擇一最佳方案以達成某特定目標，以代替原來的直覺判斷。

使用線型規劃時，必須能將資源分配之目標，與所採方案變數間的關係，以數量方式表現出來，此一關係稱為「目標函數」（objective function）。同時也會根據現有資源的狀況，發展出資源的「限制式」（constraints）。並根據目標函數與限制式之間的數學關係，來找出最佳的可行解，以調配組織有限的資源，並獲致最大的效果。在函數假定下，變數之間通常會存在著某種線性的關係，故稱為線性規劃。如果我們假定函數並非以線性關係出現，則可稱為非線型規劃（nonlinear programming），這就是另一個更複雜的問題了。

在線性規劃下常用的方法有圖解法及簡型法（simplex method）；其中圖解法是用畫圖的方式，將限制式畫在座標軸上，根據數學集合的觀念，從凸集合中有限的端點，將目標函數代入各個端點，或以目視的方式，或是簡單的計算方式，找出最佳的可行解。至於簡型法則是採用凸集合的觀念，用數學的觀念，在限制式與目標函數間，在凸集合各個有限的端點上逐次搜尋，並計算出最佳的可行解。

由於線性規劃中有兩個基本的假定，分別是㈠變數間的關係必須是直線性質，或相當接近直線性質；及㈡變數間的關係為已知，因此它是一種確定性的（deterministic）模式。這兩個條件在現實生活中，也不容易滿足；再者，使用這種種方法，需要經過複雜的計算過程，必然增加相當資料蒐集的費用與計算成本，此一成本是否會超過使用這方法所能獲得的利益，都是值得深思的問題。

七、競局理論（game theory）

競局理論採用了動態的觀點，將決策方案的選擇，與競爭對手可能採取的方案同時納入考慮，並選擇一項最佳的決策方案或策略。競局理論討論的是「利益衝突的狀況」（conflict of interest situations）。個人或組織的目標，在許多資源競爭的決策情境下，常會和其他人或其他組織的目標產生衝突。由於在競局的狀態下，因此決策的各方，通常會有兩個或兩個以上的行動方案可供選擇，而且決策者往往無法完全控制這些方案。他必須臆測競爭對手可能的反應，來決定決策方案的採取順序。

大部分競局理論的分析，都是在「兩團體」（two-party）的零合競局。也就是說，競局裡通常只有兩個競爭對手，而一方的獲勝數額，便是另一方的損失數額；這是一種零合競賽（zero-sum games）的情境。我們通常會用「報償矩陣」（payoff matrix），它可以指出兩方的勝敗。競賽理論基本上假定，競賽的雙方都是同等的聰明，會在完全資訊下（都知道報償多少）採取理性的決策（選擇最大的報償）。因此，唯一的問題是，面對這些報償，雙方會採取什麼樣的行動？

鞍點（saddle point）在零合競局中，有相當重要的意義。如果在競局中有鞍點存在，則競賽的雙方不論改採何種其他的策略，都不會比鞍點的結果更佳。因此鞍點指的就是競局雙方共同的理想策略。舉例來說，有兩家公司X公司與Y公司，在增加產品銷售各自發展出三個不同的策略；分別是：

X公司的三種策略：

策略A：降低價格

策略B：改進產品品質

策略C：增加廣告

Y公司的三種策略：

策略D：成立更多配銷中心

策略E：提供更寬裕的賒貨條件

策略F：雇用更多推銷員

從X公司觀點，這六個策略可畫成以下的報償矩陣，如圖3-2。

由這矩陣可以看出，策略B對X公司最為有利，公司最少可以獲利800萬，甚至可能高達1,400萬。同樣的，策略E對Y公司最為有利，因為最多只可能會損失800萬，和策略D及策略F相比，則有損失1,400萬及1,200萬的可能。在對X公司與Y公司雙方的可行策略及報償進行分析之後，可以發現競局中有理想策略存在，也就是有「鞍點」（saddle point）存在。就是X公司採行B策略，而Y公司選擇E

策略時，決策報償對雙方來說都是最佳的結果。

		Y公司 D	Y公司 E	Y公司 F	橫列最小值
X公司	A	2,000,000	6,000,000	12,000,000	2,000,000
X公司	B	14,000,000	8,000,000	10,000,000	8,000,000
X公司	C	-4,000,000	4,000,000	-6,000,000	-6,000,000
直行最大值		14,000,000	8,000,000	12,000,000	

圖 3-2 X公司不同策略的報償矩陣

零合競賽在實際的企業決策情境中，並不多見；常見的多為非零合混合策略的競賽。舉例來說，X公司銷售數量的增加，並不一定是奪自Y公司的市場占有率，可能是因為市場潛量的擴大所致。由於需要的增加，大多數公司在處理銷售問題上，所面臨的便不是零合的情況。這是因為大多數的決策並不直接以競爭者為代價，這就是非零合競賽。

在這種情形下，多數的策略方案也可能沒有鞍點。要從這種決策情境中獲得好處，較佳的方法便是研究出某種綜合式或混合式策略。由於混合策略的計算較為複雜，但其方法則要比理想策略（即鞍點），要切合實際的多。如果公司發現它處在不利的狀況下，則必須澈底改變其策略。如此便會使舊的報償矩陣失去效用，而建立一個更有利於自己的報償矩陣。

八、蒙地卡羅技術（Monte Carlo Technique）

所謂蒙地卡羅技術，是用一種模擬的方法，來創造一個假設的決策環境，以衡量各種不同決策所產生的可能效果。一個簡單的模擬便是製造飛機時，常用模型飛機在風洞中作各種空氣動力學的試驗。用模擬的氣流吹過模型飛機，檢視其結果，工程師便能評估飛機的設計和結構。

在決定模擬次數或是變數出現的型態時，往往需要先估計各個變數的函數型態，之後再利用亂數產生器（random generator）或亂數表，來模擬一種特殊的狀況，並衡量各種不同決策的後果。例如，有位工場管理者想知道最適當的卡車數量，以避免卡車投資過多，以及閒置時間成本太高的問題。在應用蒙地卡羅技術決定時，他必須先假定卡車到達時間的函數型態、決定裝運次數、決定運送一次所需的時間、估計持有與使用卡車的費用、估計缺貨損失。有了這些基本資料，再加上其他一些補充資料及亂數表，便可以用不同的卡車數量加以模擬，重複測試直到最佳的決策結果出現為止。不過，這技術並不只是應用於此而已，它也被廣泛用到其他方面，如機器故障的模擬、旅客到達機場與離去的模擬及收費站的設置模擬等。

九、等候線理論（queues or waiting-line theory）

等候線理論是由歐蘭（A. V. Erlang）發展出來的規劃技術，主要研究在降低成本的前提下，應設置多少條服務線，來提昇整體的服務水準與服務能力。早期的研究是來自於電話通話服務的需要，當時電話交換系統設備並不多，往往因為電話機的線路正在講話，或交換機的連線已被占用，而發生通話擁擠與等待的情形，為避免客戶的抱怨，因此便開始研究，到底應該設置多少門的交換機設備？或是電話機應設置多少臺？以期能使客戶「等待」通話的情況降到最低。

在建立等候線模型來解決服務的問題時，通常需要決定四個變數，分別是顧客抵達分配函數、設備服務分配的函數、設備服務的數目及服務規則等各項變數。等候線的模型較為複雜，考慮的因素較多，通常需要模擬技術來進行變數之預測。等候線在現今實務上的應用相當普遍，譬如超級市場收銀臺的設置、高速公路收費站、銀行櫃臺窗口、加油機設備、乃至於機場通關等問題，皆可運用該技術分析，期以最低的成本滿足既定的服務水準。

網路分析、線性規劃、競局理論、蒙地卡羅技術、等候線理論等五種決策技術，是屬於作業研究的規劃技術；在一般作業研究書籍中，皆有詳細討論，故此處不加贅述。

第四節 個人決策與群體決策

一、個人決策

個人決策是決策過程中最常見的一種方式，但在決策過程中，往往會因為個人的因素，而影響決策方案的選擇。這些影響的因素中，較為重要的是個人的價值觀與決策能力。茲分述如下：

(一)個人價值觀

每個管理者都會把他自己的價值觀帶到工作場所。價值觀的作用，在於決策方案的選擇。對決策者來說，在決策問題解決方案的發展階段，可以是價值中立的；但在方案選取的過程，卻深深受到決策者的價值信念影響。在可行方案選取時，決策者有可能會因為個人的社會責任，放棄了最佳的方案，而選擇一個獲利能力次佳的方案，但是比較符合社會正義的決策方案。決策者的價值觀通常能夠進一步細分，並應用於個別的管理者。學者曾列出了六項不同的價值：理論的、經濟的、唯美的、社會的、政治的、宗教的。這些價值的定義如下〔註一〕：

1.理論人（theoretical man）

理論人的主要興趣，在於發掘真理，及把他的知識作有系統的整理。在追求這個目標時，常採取一種「認知」(cognitive) 的態度，只顧探求事物的異同，而不理會美感或功用，只注重觀察和推斷。他的興趣是實驗性的，批判性的，理性的。通常是個智者，重視思考和推理，追求真理和知識，較不重視美觀和實用；科學家或哲學家常是屬於這種類型。(但不只是他們而已。)

2.經濟人 (economic man)

經濟人主要以「用途」為導向，重視實際和效用，追求經濟資源的有效利用和財富的累積。他對企業界的實務甚感興趣，如生產、行銷、及商品的消費、經濟資源的使用、及有形財富的累積等。他是徹頭徹尾的實際，今日美國的工商企業人士正是其典型。

3.唯美人 (aesthetic man)

唯美人的主要興趣在於生命的藝術層面，雖然他並不一定是個藝術家。他看重形式，也著重調和。他都是用壯麗、對稱、調和來觀察事物；重視美觀和和諧，追求生活情調，從一件事本身來衡量其價值和意義。

4.社會人 (social man)

社會人的基本價值在於愛人利他的愛和博愛的愛。社會人把人看成是目的，是施展仁慈、同情和無我的對象。他認為理論人、經濟人、和社會人都是冷酷得很。和政治人不同，社會人認為愛是人際關係中最重要的成分。在極端的情況下，社會人將是無我的，接近於宗教家的態度。

5.政治人 (political man)

政治人的特徵是權力導向，但並不一定是政治權力，而在任何地方都如此。大多數的領導者都有高度的權力傾向。傾其一生中，競爭占了很大的份量。而許多人認為權力乃為最普遍的行為動機。對某些人而言，這正是促使他們追求個人權力、影響力、及聲望的最大動機。

6.宗教人（religious man）

宗教人他的心智結構恆傾向於最高和絕對滿意價值的創造。對他而言，最主要的價值是「合一」（unity）。他追求的是天人合一，而有神秘的傾向。

基本上，這種分類是理論性的分類，沒有一個有生命的人會完全屬於其中某一類；每個人多多少少都含有每一類成分在內，只是比例程度的不同而已。此處所強調的是，隨著價值系統的不同，對決策的關注程度亦有不同。管理者的個人價值對決策程序確有重大的影響。近年來企業機構熱心參與社會活動，與管理者的社會責任感亦有相當程度的關聯。

㈡決策能力

除了價值信念的問題之外，決策者還會因為個人決策能力之限制、知識的不完全等因素，而影響理性決策的結果。人處理複雜問題的能力有其限度，很難同時處理太多的資訊，亦無法設想出超過某一數量之可行方案。米勒（Miller）（1956）研究人類處理資訊的能力限制，結果發現人類在短期內記憶所能保留，及有效處理的符號或資訊數目，是從五個到七個，顯示決策者在資訊的處理上，有其能力上的限制。因此在決策過程中，往往會選擇性的吸收資訊，選擇性的考慮可行方案。這是因為個人的決策理性受到了限制所致。再者，決策者過去解決問題的經驗可能也會限制資訊的蒐集方向與可行方案的選擇範圍。而習慣於採用熟悉的經驗模式，來尋求問題的解決。這種行為與決策能力層面的問題，往往會限制了決策效能的發揮。

除此之外，個人決策也會受到組織情境因素的影響，而造成決策效能的差異，在這些情境因素中，較為重要的就是「組織文化」與「專業分工」兩項因素，茲分述如下：

·組織文化

個人的決策必須在組織的情境之下；因此組織的文化與專業化分工的設計，會對組織內的個人決策，有相當程度的影響。組織文化是組織內部人員共同遵守的價值體系。一般而言，組織內的文化價值體系有其歷史背景，是經過長時間價值觀念和行為模式共同塑造而成。此一價值體系對組織成員有其規範與約束的力量。因此，管理者在進行決策之際，必須瞭解組織文化的價值體系可能帶來的潛在助力與阻力。

·功能分化

同樣的組織的專業分工與職位設計，不僅會決定了資訊的接收與資訊處理的權責，也會影響組織成員的決策模式與分析取向。也就是說，當組織成員長期性的接受這種選擇性的部門資訊，則決策者對問題的認知、分析的態度與立場，往往會有「部門導向」的情形。舉例來說，在探討如何提昇市場佔有率時，行銷部門會由行銷的角度來看問題，並以發展行銷策略為主要重點；但生產部門所考慮的是產品設計與技術能力的提昇。也就是說，專業分工的不同確實會造成決策觀點上的差異。

二、改善個人決策能力的方法

要改善組織內個人的決策，可以從兩個方面著手；一方面是從改善組織的決策情境，另一方面則是從改善個人的決策效能。在改善組織決策情境上，主要是在管理組織的文化。也就是說，管理者可以透過管理組織內部人員共同遵守的價值體系，來影響各級決策者的價值觀念和行為模式。基本上，在開放的環境下，組織成員的創意與決策效能比較能夠發揮；因此，組織可以創造出一種開放的決策環境，並以這種決策的價值觀，來引導決策者進行問題探討、資訊搜尋及決策方案選擇的過程。

至於在個人決策能力的提昇上，過去曾有學者（如 Libby，1976；Salamon et al.，1976；Ashton，1982）在研究了個人決策能力的限制之後，提出了改善個人決策績效的方法，這些方法包括以下三種：

⑴改變決策資訊的表達型態。

⑵訓練決策者，提昇其資訊使用的能力（包括回饋資訊的使用）。

⑶個人的主觀決策與客觀模型結合。

在「改變決策資訊的表達型態」上，主要是因為決策者常常會因為概念化能力的不足，而無法完全瞭解過於複雜的決策資訊；在這種情形下，組織如何設計出一種決策資訊表達的技術與型態，以協助決策者進行有效組織決策，就是一個相當重要的課題。至於在「訓練決策者，提昇其資訊使用的能力」上，主要是透過回饋資訊（正向回饋、負向回饋）的提供，一方面幫助決策者建立、塑造出正確的決策模式；二則經由學習的過程，逐漸的擴張了個人決策時的資訊負載能力。至於在「個人的主觀決策與客觀模型結合」上，則希望同時兼顧決策者的人性因素及決策模型的客觀性。或將決策模型的產出結果，作為決策者進行決策時的一項投入變數；或將決策者的主觀決策結果，作為修正決策模型的一項投入變數〔註二〕。

近年來人工智慧的快速發展，對決策模型的研究，提供了另一種不同於傳統統計模型的研究途徑。由於人工智慧（包括專家系統、類神經網路）所發展的系統，能夠透過重複的學習，不斷的改善模式的績效。因此將可在決策績效的提昇上，提供相當程度的助益。

三、群體決策

由於環境的日趨複雜，決策問題亦往往呈現多面性的特性；個人往往會受限於個人的知識與資訊處理能力，無法同時兼顧問題的所有層面，而影響決策的品質。學者的研究發現（Einhorn et al., 1977; Waller and Felix, 1984; Chalos and Pickard, 1985），群體決策有助於提昇決策的品質、效能與資訊處理能力；因此在決策能力的研究方向，便逐漸移轉到對於群體的重視，及個別決策與群體決策的比較。

群體決策的意義就是由一群人進行決策；這一群人可以來自於結構性正式編組，也可以來自於非結構性的臨時性編組。前者如組織內設、經過正式授權的委員會（committee）；而後者如一群人因郊遊的目的而臨時聚集在一起，共同討論等等。這兩種方式雖然正式化的程度不同，但是都要進行某方面的決策；前者在決定組織的經營與發展問題，而後者在決定郊遊的方式與去處問題。一般而言，組織提供群體決策的機會，一方面可以提高員工的參與程度，二方面可以集合衆力，以提昇決策的效能。

英弘（Einhorn et al., 1977）等人認為所有的決策過程中都可能會出現兩種偏誤，一種是隨機性偏誤（random error），另一種則是系統性偏誤（systematic error）；而群體決策可以降低決策過程的隨機偏誤，使得決策的正確性提昇。查洛斯與皮卡特（Chalos and Pickard, 1985）認為群體決策時，能夠較個人決策時處理更多的資訊，也就是有較大的資訊負載能力；因此群體決策的績效會比個人決策的績效要好。伊瑟林（Iselin, 1991）曾就此提出其「資訊負載理論」；在這個理論下認為，在群體決策時，由於每個決策者對問題的關注不同，加上個人的資訊負載量亦有限，因此其決策績效有其限制。但如果將一群「觀念意見」不同的人結合在一起，在互動討論的過程中，將可以擴張了個人的資訊負載能力，而導致較佳的決策結果。而厝特曼等人（Trotman, Yetton & Zimmer, 1987）亦認為群體決策，可以降低個人決策中可能出現決策偏誤，可以產生「分散效果」（diversification effect），使得決策偏誤的程度降低，提昇決策的品質。同時在互動的過程中，群體互動的結果，也會產生「互動效果」（interaction effect），而提昇群體的決策績效。這些都顯示群體決策可能在未來的決策領域中，扮演著相當重要的角色。

綜言之，一般認為群體決策較之個人決策，在決策過程及其執行方面，有以下的優點：首先在決策過程方面，有以下三個優點，分別是：㈠所能產生的決策方案及考慮範圍較多且較廣；㈡可以結合不同成員的專門知識及經驗；及㈢資訊來源較為豐富。至於在決策執行方面，則有以下四個優點：㈠由群體參與達成的決策，較能獲得成員的認同與接受；㈡執行過程中較具共識，群體成員間的協調比較容易；㈢依群體的決策結果進行溝通，可以降低組織內溝通的可能問題；㈣執行時組織內部的障礙較少，成效較易彰顯。

但由於群體共識的取得通常需要耗用時間；因此群體決策往往比較遲緩，費時較多，這是普遍的現象。在決策過程中，為了使群體成員能夠接受決策方案，往往也會有要求妥協的壓力產生。再者，群體決策時的責任歸屬，通常也比較不明確〔註三〕。但由於群體決策能夠提昇決策執行的績效，因此較長的決策醞釀過程有時是值得的。

在日本公司的管理中，其中一項普為人知的特色就是群體尋求共識的決策過程。也就是說，在日本公司內多數的決策，都必須尋求組織內的共識。因此，他們會巧妙的運用群體決策的技巧，來協助組織決策的達成。而在達成決策共識之後，各部門也會配合決策的執行；因此，使得決策的執行過程非常順利，而效果也通常是非常顯著的。這種決策方式雖然在達成決策共識耗用了較多的時間，但會降低了執行過程的阻力與障礙，可以凝聚組織成員的向心力。故總體來說，群體決策的優點還是比較多。

四、群體決策技術

群體決策通常可以採用以下四種技術，來提昇決策的績效：

㈠名義群體技術(Nominal Group Technique)

採用此一群體決策的技術，進行群體決策的過程中，初期必須禁止出席人員相互討論或從事溝通。在實施上應遵守以下四個步驟〔註四〕：

1.在有任何討論之前，出席的組織成員應單獨地，寫下其個人對於問題的看法。

2.人員依序的表示其意見，每次每人只能提出一個看法，直到所有意見與看法都已表達並記錄為止。在記錄所有意見後，才能開始進行討論。

3.討論各種意見，以便澄清不同的觀點及進行評估。

4.每一個成員皆單獨、安靜地對各個看法，進行優先順序的排列；最後並將全體成員的結果進行加總，最高順序的看法，即為群體的決策。

㈡德菲法(Delphi Techique)

此為「專家意見法」的群體決策技術。在決策過程中，此法仍然盡量避免決策成員產生面對面的溝通機會，因此是採用「匿名」的方式進行，並避免決策成員的出席。其具體步驟有五：

1.確定問題，並設計問卷，以要求成員提供潛在解決方式。

2.每一個成員，都在匿名、單獨的情況下，完成第一次問卷。

3.計算出第一次問卷決策的結果，如平均數、標準差的結果，並將群體的決策結果回饋給決策的成員。

4.決策成員在看過上一次結果後，重新再對原先的問卷作答。

5.重複步驟 3.及 4.，直到取得成員間的共識為止。

德菲法雖可改進群體決策的某些缺失，但卻較為費時，同時，此法與名義群體技術，都可能因為成員間沒有討論，而無法透過討論來引發出一些不同的看法。

(三)分析層級程序法(Analytical Hierarchical Process，AHP)

分析層級程序法也是專家意見法的一種方式，由薛提（T. L. Satty）於1971年提出的一套有系統的決策模式。分析層級程序法可將複雜的系統簡化成簡明因素的層級系統；並彙集專家的意見，以名目尺度（norminal scale）的方式來執行因素間的成偶的比對（pairwise comparison）。在比對之後，建立比對矩陣，並求出矩陣的特徵向量（eigenvector），該向量代表層級中某一層次中各因素的優先順序（priority）。在求算出矩陣的特徵向量之後，可再求算出其中最大的特徵值（maximized eigenvalue），用以評定比對矩陣一致性的強弱。分析層級程序法可以連接所有比對矩陣的一致性指標（consistency index），求算出各個層級的一致性指標與一致性比率（consistency ratio），並以這個結果來評估整個層級一致性高低的程度。

在採用分析層級程序法的時候，必須先萃取相關的變項，並經由專家群體的兩兩比較評估，來確定各個指標之間的相對重要性。此一方法將複雜的決策問題，以有系統的層級方式來表達，來協助群體進行判斷與決策。

前述三種的群體決策技術通常需要較多的專業指導，而且參與決策的個人，不僅無法討論，其專業程度也比較高；這些技術在一般的組織群體決策中，比較無法經常的採用。但在過去的研究可以發現，群體討論的互動過程，可以產生決策的「互動效果」，而提昇群體的決策績效。因此，在此提出另一種常見的「互動群體決策法」。

(四)互動群體決策法

組織首先可以根據不同的管理目的，來形成多個決策群體，如品管圈的採行就是類似的觀念。在採用互動群體決策法時，必須注意以下幾個問題，分別是：

1.決策群體的適當人數

根據拉夫林與布蘭區（Laughlin & Branch, 1972）；康明斯等人（Cummings et al., 1974）；布雷等人（Bray et al., 1978）的研究發現，將決策群體的組成人數控制在六人左右，則群體決策的績效，將隨組成人數的增加而逐漸提昇。但如果遠超出六人，則群體的互動關係會變得較為複雜，而降低了互動群體的決策績效。

2.決策群體的組成

過去的研究顯示，群體決策中，不同背景的個人，常常會在群體決策的過程中，建立出一種協商性的信念架構（negotiated belief structure），以解決群體所面對的問題。如果群體內的決策個人所擁有的知識，與觀念架構有愈多的差異，則在互動過程中，愈可以從不同的角度來瞭解問題的全貌。瓦許等人（Walsh, Henderson & Deighton, 1988）的研究發現，如果群體內決策成員的背景差異程度愈大，則群體決策的績效將較個人決策為佳。這顯示決策群體的成員如果能來自不同的專業，則決策的績效可能愈好。

3.決策群體的專業水準

群體決策雖然能夠提高決策的績效，但如果群體成員的專業水準差距太大，則互動效果的產生，就會受到相當程度的影響。如在利比等人（Libby, Trotman & Zimmer, 1987）也發現了群體內成員及其組成的方式，對決策績效有明顯的影響。因此在組成決策群體時，應結合不同背景、相同（或接近）組織層級的成員，這樣才能達到群體決策的預期效能。

4.決策問題的選擇

要明確的說出哪些問題，適合採用群體決策，並不容易。但我們都知道，並不是所有的決策問題，都需要採用群體決策才能有效的解決。在希爾（Hill，1982）、葉頓與巴特葛（Yetton & Bottger，1982）的研究中，都發現了決策問題的性質，與決策績效之間有相當的關係。一般而言，組織內抽象程度高、決策層面複雜的問題，比較適合採用群體決策的方式進行。

當然，在群體決策的過程中，如果能夠適度的控制決策時間，將有助於增加群體決策的壓力，提昇群體互動過程的創造力。但群體決策的壓力需要有多大，就是一個相當複雜的問題。如果決策時間過長，則不僅無法符合組織決策時機的需要，可能也會增加決策過程的干擾；但如果決策時間過短，則會造成群體成員，在決策方案上妥協的壓力劇增。如翠斯凱爾與莎拉斯（Driskell & Salas，1991）的研究發現，當群體決策的急迫性愈高（即需要在較短的時間得到決策結果），則群體成員愈會出現順從權威的現象，且群體內的領導者將會左右群體的最終決策結果，導致群體決策的優點無從發揮。

註　釋

註一：這六種價值係由 E. Spranger 所提出，之後 W. D. Guth and R. Tagiuri 曾將其應用在哈佛企管學院，並以高階管理者進行一項研究，以瞭解高階管理人員的價值觀。內容可參見 R. M. Hodgetts 原著，*Management：Theory, Process and Practice*, 3rds.，許是祥譯，《企業管理：理論、方法與實務》，第六版，中華企管叢書，民國 76 年 3 月，頁 304－306。

註二：將決策模型的所計算出來的產出結果，作為決策者進行決策時的一項單獨的投入變項，這種方法亦稱為臨床綜合（clinical synthesis）的決策方式；而將決策者的主觀決策結果，視為修正決策模型產出結果的一個變項，則稱為統計綜合（statistical synthesis）的決策方式。

註三：S. P. Robbins：*Management*：*Concepts and Practices*, Englewood Cliffs new Jersey：1984, p. 89.

註四：同前註，p.91。

摘 要

決策（decision-making）本身有兩種不同的意義；在廣義的觀念下，決策指的是「在既定目的下，不同方案的評估與選擇過程」；而狹義的決策，通常是指「各種替代方案的選擇行爲」，也就是決定（decision）。

管理者要做的決策甚多，我們可以採取不同的分類來説明決策，常見的決策分類包括：組織決策與個人決策（organizational and individual decision）、策略性決策與作業性決策（strategic and operational decision）、程式化決策與非程式化決策（programmed and nonprogrammed decision）、群體決策與個人決策（group and individual decision）。

決策的三個程序，這三個程序包括㈠尋找環境中有待決策的狀況，就是「問題發掘」的階段；㈡思考、推演並分析可行途徑；指的就是「各種替代方案發展」與「方案分析」的階段；㈢選擇特定的可行途徑，則是「方案選擇」的階段。

一般而言，決策時可能會有下列三種情境，分別是：㈠確定情況；㈡風險情況；及㈢不確定情況。

決策程序中常常需要借助一些分析的技術來協助決策者進行理性決策。這些技術通常來自不同的領域，如經濟分析、統計機率及作業研究。一般常見的分析技術主要有以下幾種：邊際分析、資本支出分析、損益兩平分析、存貨控制、決策樹、網路分析、競局理論、蒙地卡羅技術、等候線理論。

在決策過程中，往往會因爲個人的因素，而影響決策方案的選擇。

這些影響的因素中，較爲重要的是個人的價值觀與決策能力。要改善組織內個人的決策，可以從兩個方面著手；一方面是從改善組織的決策情境，另一方面則是從改善個人的決策效能。

群體決策的意義就是由一群人進行決策；這一群人可以來自於結構性正式編組，也可以來自於非結構性的臨時性編組。前者如組織內設、經過正式授權的委員會（committee）；而後者如一群人因郊遊的目的而臨時聚集在一起，共同討論等等。群體決策通常可以採用以下四種技術，來提昇決策的績效，分別是名義群體技術、德菲法、分析層級程序法、互動群體決策法。

問題與討論

1. 請說明決策的意義與目的。
2. 傳統的決策理性有那三個假設？這些假設有那些缺點？
3. 試從不同的角度簡要說明決策的種類。
4. 試簡要說明理性決策程序的七個步驟。
5. 何謂確定情況？何謂風險情況？何謂不確定情況？
6. 請簡述常見的五種決策技術。
7. 改善個人決策能力的方法有幾？試說明之。
8. 請簡要說明群體決策中常見的四種技術。
9. 試說明名義群體技術實施的四個步驟。
10. 請問德菲法實施的五個具體步驟為何？
11. 請就分析層級程序法簡要說明之。
12. 請問影響互動群體決策法的重要因素有幾？試簡要說明之。
13. 管理人員在進行各項決策時，往往會受到個人風險態度的影響，而選擇了不同的決策方案；請就影響個人風險態度的可能因素進行討論。
14. 有人認為群體決策的結果，通常較個人決策的結果為佳；請您就此一觀點進行討論。

第四章　規劃

規劃是企業因應環境變動，及協調組織內部活動的重要職能；而計畫則是企業規劃的具體實現。在本章我們將討論幾個與規劃有關的重要課題，分別是環境趨勢及其對管理的涵意、企業規劃的概念、策略規劃、目標管理及預測的方法。在環境趨勢及其對管理的涵意部分，主要在討論幾個重要的環境變動議題。在企業規劃的部分，主要在討論規劃的意義與功能、計畫的分類、規劃與績效、規劃與預測，及規劃的程序幾個概念。在策略規劃的部分，將對策略規劃的意義與目的、策略的種類、策略規劃的程序，及實務上的策略規劃，四個部分做一說明。在目標管理的章節中，將討論目標管理的意義、目標管理的程序、互動的目標設定過程、績效目標的評估、實施目標管理的優點、目標管理推展的步驟，以及影響目標管理的組織情境因素。至於在預測的方法的部分，則在說明幾種預測的技術，如專家意見法、經濟律動法、同業分析法，及產品關聯分析等等。

第一節　環境變動及其對管理的涵意

在今天的社會，企業所生存的環境正急速地轉變，對企業發展與管理實務有相當大的影響。本節中將分別說明當前企業賴以生存的環境下，幾個影響生存發展的重要趨勢與方向，及其對管理者與管理實務的涵意。

一、政府環境

廠商和政府之間的相互關係是非常複雜的，一方面是廠商必會受到政府政策的影響，如政府鼓勵南進政策，所以就會協助廠商赴菲律賓、印尼、越南設廠。鼓勵發展策略性工業，就會有適當的獎勵、減稅與貸款的措施。為提昇全民生活的素質，就會強力要求工廠設立必須經過「環境影響評估」等等。政府對企業的行為有強制的拘束作用，如政府的稅收、管制和各項法令，都能夠對企業活動產生若干的影響。同樣地，在許多地方，政府又是廠商產品和服務的重要顧客。所以二者之間的關係是相當複雜而微妙的。

二、經濟環境

廠商經營受到景氣循環的影響甚鉅，許多產業如鋼鐵業、汽車工業、建築業、電子業等，都與經濟景氣的程度有高度關聯；在經濟蕭條的時候，政府的稅收減少，也會使得政府的支出跟著降低。由於國際經濟的交互影響，使得經濟環境的動態與複雜程度遠勝以往由一九七〇年代晚期、一九八〇年代初期，及一九九〇年左右的國際性經濟蕭條，可以看出世界經濟的互相牽連程度。經濟環境中有二個主要的課題：(1)利率的變化；及(2)國外匯率的波動。利率上升，不僅會造成企業資金成本的升高，不利於企業的經營；更會對那些需要舉借大量資金的企業，如建築業、重工業，造成致命的影響。而政府發行公債以籌募資金方式，亦將造成資源排擠的效果，造成利率的進一步上漲。

匯率的變動對出口導向的企業，也有深遠的影響。當臺幣升值時，許多企業，尤其是資訊電子產業，所受到的衝擊尤其劇烈。由於電腦相關產品的國際競爭相當激烈，銷貨毛利率原本就不高；因此，臺幣持續的升值，國內的廠商就很難與其它國家的產品，在價格上競爭。相反的，旅遊業卻往往可因臺幣升值的關係，而得以興隆；這是因為臺幣升值後，可降低國人到國外旅遊時的實質花費。

近年來由於臺灣逐漸的邁向國際化，對國際開放的幅度愈來愈大；這種趨勢將使得國內的廠商，必須隨時的暴露在國際經濟環境的風險之下。因此，國際化的公司就必須培養這方面的人才，以掌握國際經濟變動的趨勢。

三、科技環境

工業技術正迅速的改變人們的生活，也對企業和其他組織產生深遠的影響，而這趨勢將一直持續下去。對組織而言，有兩種技術會影響到廠商之間的競爭型態，分別是產品科技(product technology)和製程科技(process technology)。而產品科技的使用，除了在增進產品的效用之外，也希望能夠生產優良的產品，以獲得企業的競爭優勢。這種在產品科技的改進，對某些競爭環境劇烈的廠商來說，是非常重要的。如拍立得(Polaroid)非常重視產品科技的改良，拍立得的主管認為，為在攝影工業中維持其領先地位，有必要撥出一部分資金投注在R & D上；因此公司會撥出其利潤的10%投入在R & D，以提昇產品的競爭力。

製程科技指的是商品和服務的生產方法或系統；製程科技的進展，也對企業的競爭產生影響。如日本的汽車公司使用了彈性製造系統(FMS)、工業機器人、電腦整合製造（CIM）及相關的先進技術，獲得了重要的成本效益，而擊敗了美國的競爭對手。因此，通用汽車和其他的美國汽車公司，現正於製程科技上大量的投資，以希望重新獲得競爭優勢。又如許多商業銀行，廣泛的採用自動櫃員機，以服務銀行顧客；不僅可以降低設立分行的成本，也有助於銀行競爭優勢的提昇。這些都是因為製程科技快速的發展，而提昇了企業的競爭能力。近年來，這種科技因素的變動趨勢，正以指數的成長方式向前邁進；這對許多的產業來說，都平添了許多經營上的不確定性。

四、社會文化環境

社會文化環境是由社會或文化中的各種價值、態度、習俗共同構成。近年來，國內社會的價值觀已逐漸出現重大的變化，有幾個比較明顯的趨勢，包括強調居住的品質、重視工作的品質、重視商品的品質、強調獨立自主的個體、重視健康與自然。

這些觀念會對企業組織，造成相當的影響，如強調居住的品質，企業就不能製造汙染。近年來，國內在環境污染的防治與生態環境的保育上，正不遺餘力的推動各項活動；如要求工廠安裝防治汙染的設備，要求禁止高球場使用常效性的殺蟲劑，要求山坡地禁止濫墾濫伐等等。這種趨勢對企業的經營有相當大的影響。

人們重視工作的品質，顯示組織成員已經不再滿足於單調、無聊、重覆性的工作。他們渴望有創造性的職務，並要求參與決策。所以企業應該重新進行組織工作的設計，或是採取工作擴大化、工作豐富化的工作設計。重視商品品質，表示公衆會要求安全的商品，及要求貨真價實的廣告。強調獨立自主的個體，顯示一般人希望購買的是具有獨特性的商品，使得一些名牌的商品受到歡迎。而強調健康與自然，則造成民衆對純自然食物的喜愛，已經刺激食品公司生產新產品，像高纖維食物，及造成運動人數的上升，造成運動物品的銷量劇增。

這種觀念配合「消費者的保護運動」發展趨勢，就對企業的經營產生了非常重要的影響。所謂消費者的保護運動，是基於保護消費者個人權益的觀點，而形成的一種有組織的社會運動。這種運動發展的結果，使得國內有「消費者文教基金會」的消費者保護組織，也有「公平交易法」對消費者提出法律的保障。企業在面對這種發展趨勢，所應該採取的對策，就是積極的改善產品的品質與產品的售後服務。

這種社會價值觀和態度的各項轉變，對企業的經營有不同的涵意；可能會帶來投資的機會，但亦可能是另一個不利的威脅。

五、法律環境

對企業來說，法律環境亦日趨複雜而有威脅性。由於社會的價值觀強調生活品質的提昇，導致於立法者對於環境品質的要求日趨嚴格。在以往企業僅需面對少數的環境議題，然而，在今天管理者必須使用一定的管理時間和企業的資金，來面對許多無法瞭解的法令與規定。管理者要擔心公平就業機會的問題、性別歧視的問題、商品安全的問題、勞工安全的問題、空氣、水和噪音污染的問題、不實廣告的問題、股東申訴的問題、有時甚至要擔心環境生態的平衡問題。

在產品安全的問題上，比較引人注意的是產品責任的法律問題；由於消費者意識的抬頭，加上消費者保護團體的協助，使得產品責任的賠償數字逐年的攀升。這些趨勢中，比較值得注意的是曼維爾(Manville)公司倒閉的實例。曼維爾公司過去生產的石棉產品，因產品被控會產生石綿塵，並會導致消費者罹患致命的石綿沈著症和肺癌，被法院強制執行破產清算程序。

六、工會活動

在民國七十七年、七十八年間國內各客運公司，如宜蘭客運、苗栗客運、豐原客運的相繼罷工，工會司機並出現全省串聯的消息傳出之後，對國內造成相當大的震撼。這不啻是在國內穩定的生產環境中投下了一顆炸彈，許多的企業開始擔心罷工是否會形成風潮，而對生產過程造成負面的影響。這種集體性的抵制行為，基本上是反映員工對管理措施的不滿；所以，管理當局希望能避免員工的罷工行為，就必須調整其管理制度與管理行為。

工會的活動並不僅是企業內部勞資雙方的問題，更多的跡象顯示工會活動已廣泛的結合各種政治資源與力量，逐漸演變成為一種新興的社會運動。由於企業已愈來愈無法防範工會運作或抗爭時，所出現的外力介入；因此，我們將工會活動稱為環境趨勢亦不為過。

工會的活動日興，從另一個角度來說，可能會使得企業的管理措施更進步；因為管理當局必須同時兼顧各方的權益，以尋求一個能令各方滿意的決策方案。要有效的因應這種工會的活動，管理當局可以採取以下三個作法，分別是：(一)公平的對待組織員工；(二)組織內部的管理措施，必須更合乎實際與人性；及(三)組織內部各項重要的決議過程中，應該有員工的參與；其目的在保障員工的應有權益，並平衡各種不同的觀點。

由於環境的變動趨勢對企業的經營影響甚鉅，因此企業必須採取適當的規劃手段與組織管理，以因應環境的變動趨勢。

第二節　企業規劃

一、規劃的意義與功能

規劃（planning）係決定目標、評定達成目標之最佳途徑的一種程序，即決定結果及方法的一個程序。因此，規劃代表一種分析與選擇的過程，其對象為某種未來行動。而所選擇的未來行動方案，概稱為一種「計畫」（plan）。所以，規劃和計畫代表兩種不同的內容；後者乃代表實際行動所應依循的途徑或方案。規劃可以提供以下四種重要的功能：

1.指出組織未來努力的方向：規劃的目標，可幫助組織成員瞭解組織之未來發展方向，及其本身在組織達成目標的過程中所擔任的角色。

2.降低組織未來行動的不確定性：規劃過程中，管理者必須預測未來環境的可能變動，考慮各種變動對組織的衝擊，並發展出對環境變動的反應方案，評估各種反應方案的可能影響，因此，有助於組織成員對於未來變動，降低預期上的不確定性。

3.作為組織未來行動的協調依據：規劃的過程中，各個相關部門可以瞭解部門應採取的行動，事前進行協調與配合，有助於組織內部行動的一致性。

4.作為組織控制之根據：規劃決定了組織預期達到的目標，同時也設定了績效衡量的標準，管理人員可據以衡量員工的實際績效，並採取適當的改進措施。

二、計畫的分類

計畫（plan）乃係規劃過程的產出結果，我們可以依不同的層面分為以下幾種：

1.依計畫所涉及的廣度與範圍來分，可分為策略性計畫（strategic plan）、作業性計畫（operational plan）。其中策略性計畫乃達成組織目標所選定的一系列方案。策略性計畫在達成組織的整體目標，此類計畫的期間較長、所涵蓋的層面較廣，通常是由組織的高階層主管來決定。作業性計畫是作業層次在執行功能性的部門目標，所發展出來的執行計畫。它所涵蓋的範圍較窄、涉及的期間亦較短，作業目標的可衡量程度較高。

2.依計畫所涉及的時間長短來分，可分為長期計畫（long-term plan）與短期計畫（short-term plan）。長期計畫一般是為了達成組織目標所擬訂之策略，它會引導著企業未來長期之營運方向。這種計畫的內容通常比較具彈性，且多由高階層管理者擬訂。在長期計畫中，管理者達成目標的方法視為可變動因素，並且進行決策方案的選擇。短期計畫的建立係以達成長期計畫為目標，是特定期間下配合長期計畫的行動方案；通常在執行的過程中比較沒有彈性，多為中低階層之管理者擬訂作業性計畫。由於短期間管理者能夠操弄的變數有限，通常在計畫中將組織策略、結構及相關的資源視為已知的常數；管理者只能就資源投入及技術的有效運用來改變產出的數量。

3.依組織功能的重要性程度區分，可區分為主功能計畫（major function plan）與支援性計畫（supporting plan）。企業最主要的功能性計畫有二，分別是銷售計畫（sales plan）與生產計畫（production plan）；而支援性計畫則是支援功能性計畫的各項輔助性計畫，通常它包括組織計畫（organization plan）、財務計畫（financial plan）、人力資源計畫（human resource plan）、管理發展計畫（management development plan）、資本投資計畫（capital investment plan）、研究發展計畫（research and development plan）。茲分述如下：

㈠銷售計畫

銷售計畫乃是利用銷售預測來估計未來一定期間內，顧客對於某產品或勞務的需求量，進而擬訂計畫來推廣銷售這些產品。銷售計畫是企業計畫的基礎，為其他各種功能性計畫之決策前提。銷售計畫的提出，提供其他部門合理的估計基礎，使得企業的各個部門之間能夠結合成堅強的內部計畫骨架。而銷售預算（sales budget）是表明具體的使用財務資源，來表達預定的銷售行動成本及時間。

㈡生產計畫

生產計畫配合銷售計畫，以確保銷售計畫中所預定銷售產品，不會因為生產不及，造成缺貨的結果，而影響到產品的長期市場占有率。生產計畫的擬定，主要是根據銷售計畫所提出的銷售需求，包括產品的質量、種類及銷售日期；生產部門在得知出貨日期後，則據以決定產品完工日期、產品的開工日期、購料的日期及人力、設備的供給在製程中的種種配合等。一般說來，生產計畫所決定的開工、裝配、完工日期及產品數量，本身都會保留適度的生產彈性，因此，生產部門將銷售需求變動的衝擊降至最低。

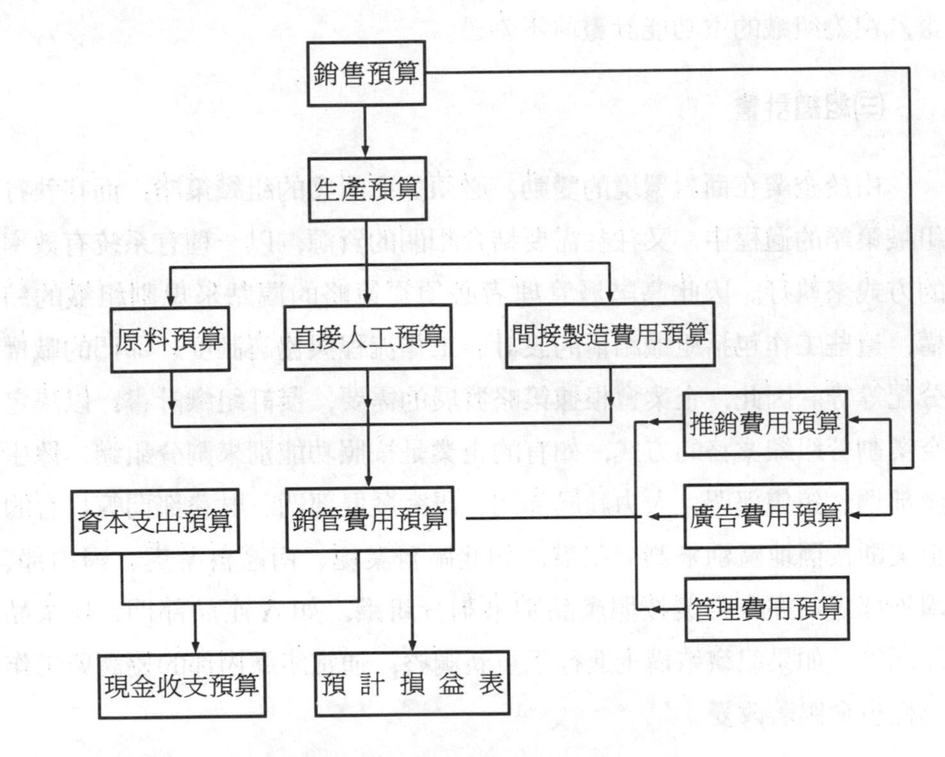

圖 4-1 企業預算的編製流程

如果我們從預算的觀點來看計畫之間的關係，就更容易瞭解主功能與支援性的相互關係。由於預算是執行活動的財務表達，因此，從預算編製的流程來看，如圖 4-1 所示，組織通常會先編製銷售預算，原因是銷售數量與市場需求，受到環境的影響程度最高，最不容易估計。在編製銷售預算之後，組織便可以同時決定所需的銷售數量、銷售價格、推銷的方式與廣告計畫執行的方式。之後，生產部門便根據預估的銷售數量、現有的存貨數量，來決定生產的數量、生產的期程，與產品的品質。在決定了部門的計畫之後，生產部門必須進一步的決定購料計畫、人力需求及各項生產資源的使用（包括機器及設備）。在決定這些部門的計畫活動之後，其他部門的活動才能展開。因此將銷售計畫與生產計畫，視為組織的主功能計畫並不為過。

㈢組織計畫

由於企業在面對環境的變動，必須採取對應的組織策略，而在執行組織策略的過程中，又往往需要結合相關的資源，以一種有系統有效率的方式來執行。因此高階層管理者必須從策略的觀點來規劃組織的結構，這些工作包括組織結構的設計、工作流程與協調制度、部門的職權分配等等。因此，企業會根據策略發展的需要，擬訂組織計畫，以決定企業劃分組織業務的方式，如有的企業是按照功能別來劃分組織，像生產部門、銷售部門、人力發展部門、研究發展部門、財務部門等；有的企業則按照地區別來劃分組織，如北區營業處、南區營業處、國內部、國外部等；亦有企業按照產品別來劃分組織，如A產品部門、B產品部門等。如果組織結構上進行了重新調整，通常組織內部的協調與工作流程也會跟著改變。

㈣財務計畫

財務計畫在說明企業如何取得生存所必要的財務資源，如何有效的運用，以提昇組織的效率與效能。雖然銷售計畫為一個企業最基本的計畫，但對企業生存影響最大的則是財務計畫。一個企業即使銷售成績極佳，若無法支付應付的帳款，則可能會因為周轉不靈，而導致「黑字倒閉」。因此，財務計畫必須預先估計各項成本發生的數額及時間，考慮各項收入的金額及時間，以瞭解何時有多餘的資金做人力、廠房、設備的投資，何時將有資金周轉不靈的現象發生，並發展出必要的財務方案，以解決營運資金短缺的危機。

㈤人力資源計畫

從企業的觀點來看，組織成員是一種可以與組織長期發展結合的一種人力資源。因此，企業的人力資源管理會將組織人事部門的角色拓展，以同時結合員工長期發展的需要，與組織長期性的發展目標。就短期而言，企業都會面臨組織內員工辭職、解雇、退休、疾病及死亡等問題，若沒有事先估計上述情況而擬訂應變計畫，則往往等問題發生後，就會出現措手不及的情況；因此必須就包括員工的甄募、選擇、訓練及薪資給付等等做詳細的規範。就長期來說，人力資源計畫不但要考慮前述企業中人員異動的問題，同時要配合組織業務的發展方向，增添甄募適當的人員或訓練栽培未來所需的人才。再者，由於管理人才在企業維持生存或尋求發展的過程中，都扮演著舉足輕重的角色；因此，企業亦需要有一套計畫，以確保管理人才未來的發展能夠與企業長期的發展配合。因此，企業對組織內部的成員進行分析，發掘出企業現有的及潛在的管理人才。並擬定計畫，對長期培養的管理人才進行適當的訓練，這樣才能符合企業長期管理發展之所需。

㈥資本投資計畫

企業的資本計畫通常與企業長期的行動與策略有關，由於它經常需要動用到企業龐大數額的長期財務資源；因此在進行資本計畫之際，企業都會進行妥善的評估。在資本計畫的評估中，通常必須評估三個要項，分別是：測略的可行性、技術的可行性與財務資源的可行性。因此，資本支出計畫本身並不完全只是一個財務的問題。尤其是我們從壽命週期的觀點來看資本支出計畫時，更可以發現它對長期的組織策略、組織結構、人力運用、財務資源的使用都有相當程度的影響。所以它的運用及資金之運轉，往往關係著企業之成敗，成功的管理者對於企業之資金會擬訂連續性有利投資之計畫。在資本投資計畫中，對於各個可能投資方案，均得予以詳細之成本效益分析，以決定最有利之投資方案。

㈦研究發展計畫

研究發展計畫對於企業的產品競爭力，有相當重要的影響。研究發展對產品的主要功能有二，一是透過技術的改進，可以改善產品的品質，降低產品生產過程中的損失；二是透過產品的研發與創新，可以強化產品的形象與競爭能力。企業通常會建立研究發展計畫，或是研究新的生產技術、發展新的製程來提高產品生產的效能，或是配合市場的需要，來進行產品的創新。總之產品必須不斷求新求變的過程中，配合時代的要求和顧客之需要，如此才能維持企業的利潤。

三、規劃與績效

有效的組織規劃功能，可以提昇發揮幾種組織期望的效益，分別是：

1.增強組織對環境的適應性

規劃使管理者能更有效適應環境的改變，規劃強調的是未來，因此管理者必須能夠覺察到未來環境的可能改變，並找出因應環境變動的決策方案。這樣，將有助於增強組織對環境的適應能力。

2.強化組織行動的整體性

規劃可使一組織成員重視整個組織的目標。透過規劃程序，使人員及單位所從事的工作和組織目標發生關聯，使得每個人瞭解到工作的價值和意義。否則，缺乏整體目標的指引，每一單位及個人往往只看到本身的利益，將導致各行其是的後果。同時，趨向於維持現狀，對於任何改變現狀的措施或行動，都較不易加以接受。

3.提昇其他管理功能的有效性

從管理程序的觀點來看，規劃是其他所有管理功能的前提。因此，良好的規劃，對其他管理功能的發揮有相當大的幫助。

前述的說明，可以發現規劃功能的良窳與組織的行動是否有效之間，有相當密切的關係。而古魯克（Glueck，1977）曾經歸納幾個有關規劃之研究，結果都發現，不管屬於那種行業，凡是採取規劃活動的企業，其績效表現均較未採規劃活動的公司為佳〔註一〕。研究中也發現，具有良好規劃的公司，通常較易獲得金融機構的支持，較容易獲得企業營運過程中所需之資金。

四、規劃與預測

由於規劃功能的有效性，建立在其對組織環境的正確預估；因此，在規劃過程中，往往需要對外在環境的變動進行預測。外在環境變動的評估，可以幫助管理者瞭解環境的機會與威脅；管理者可以在評估組織本身的優點和缺點後，再發展出組織的目標。在評估外在環境時，組織主要運用預測的技術。預測外在環境有許多種方法，各種方法中各有其優劣；而不同方法的使用，完全視管理者預測的目的而定。有關預測的方法，可參見第四節的詳細說明，此處不加贅述。但有一點要注意的是：如果環境的變動愈大，則顯示預測錯誤的可能性會增大；因此，要避免這種困擾，組織便需要搜集更多的資料，用更謹慎的態度來進行預測。

五、規劃的程序

組織中不同層級、不同功能的管理者都需要進行規劃；在這些不同的層級、功能的規劃中，都基於以下幾個相同的步驟：

1.外在環境的假設

所謂外在環境指的是規劃、決策系統以外的情境；由於規劃的層級、功能不同；外在環境所涵蓋的範圍也不相同。在高階層的策略規劃所指的環境，就是組織外部的環境；但相對的在中低階層的作業性規劃，其外在環境指的可能是組織的內部環境，但無法由規劃、決策單位控制的各項因素。對於這種無法掌握的變動，規劃個體需要事前進行預測，才能確保規劃的有效性。

2.決定規劃的目標

所有的規劃均有其目標，如策略性規劃在達成企業的目標；而企業目標可分為經濟性目標與社會性目標。前者如利潤極大化、高度生產力、產品的領導地位及組織的成長等；後者包括一切企業社會責任之達成，如殘障人士雇用、支援社會慈善活動等。雖然有時規劃的主體（層級、功能）會有不同，但規劃活動的主要功能，是在達成規劃主體的預期目標，卻是一個不爭的事實。

3.確定規劃前提

規劃前提包括兩個部分，一是外在環境不可控制的部分；二是規劃主體可以掌握及運用的資源。外在環境的變動趨勢，會對規劃主體產生有利、中性，或不利的影響；而對規劃主體本身條件的分析，則可發掘出自我的優點與弱點。也就是說，規劃主體應該以自己的優勢，來配合外在環境有利的變動趨勢，這樣就可以事半功倍；但如果要以本身的弱勢，來面對外在環境的不利變動，其結果將可以預知。常見的組織外在環境如：政治安定程度、政府關稅保護政策的變動、產品技術的發展、勞動市場的供給情況、資金市場的緊俏程度等等。組織本身的條件，常見的如組織的技術能力、與經銷商的關係、銷售團隊、資金寬裕程度，或組織人力資源等等。

4.發展各種替代方案

規劃主體在調和外在環境，與本身的條件之後，就能夠瞭解其本身能夠有效發揮的利基（niche)。因此便可以根據預期的目標，發展出各種可行的執行方案。

5.替代方案評估

在擬定可行的替代方案之後，規劃主體必須對各可行方案的優點、缺點，進行成本效益的分析。在分析中，不僅要評估各可行方案達成的可能性，同時也要分析各項關鍵性資源的可控制程度。

6.方案選定

就是選擇一個較佳的行動方案。

7.擬定衍生計畫

在規劃的方案選定之後，規劃主體可將所選定方案的細部計畫、實施步驟或推展過程，進一步的展開，亦即擬定各種衍生計畫，來支持此一基本計畫的實施。如：某海運公司計畫在歐洲增加一條新的航線，則該項計畫的執行，必須由一連串的衍生計畫配合才能成功。譬如：人員的雇用和訓練、貨運承攬費率的計算、維護設施的安排、零件的供給和保養、貨品的保險業務等等皆是。

8.建立適當的預算及控制系統

組織績效的達成，通常是由組織規劃功能與執行功能共同配合而得。也就是說，適當的計畫方案，對規劃主體有相當大的幫助。但由於在實施過程中，規劃主體必須動用財務資源，並以動態的觀點，隨時因應環境的可能變動；故應建立適當的預算及控制系統，不斷將實施結果反饋至管理當局，以匡正缺失，使計畫能夠循序漸進。從組織的角度來說，預算是將管理目標、策略、計畫及政策集合運用，並嘗試將其財務結果，以數量化方式表達的財務方案。計畫的執行如果能夠配合合理的財務方案，將可增加計畫成功的可能性。

第三節　策略規劃

一、策略規劃的意義與目的

策略規劃是組織為了達成既定的目標，而對整體資源的取得與使用，所採取的一系列預想的（predetermined）方法與步驟。因此，策略性規劃指由高階管理者所從事前瞻性的規劃活動，以達成組織的目標；而此一目標則是基於組織規劃前提（planning premises）下產生的廣泛性目標。而所謂的規劃前提，即指對於一個組織之目的、價值觀，及其定義（definition）的基本假設。組織的策略規劃，通常需考慮三個重要的因素：一是企業基本的社會、經濟目標；二是環境趨勢的機會與威脅及企業本身的長處與短處分析（即 SWOT 分析）；及三高階管理者的價值觀與信念〔註二〕。

換句話說，企業的策略規劃程序，除了受到機會、威脅、長處、短處分析的影響之外，也必須考慮企業本身的目標與企業的價值哲學。如果策略分析的結果，與企業基本的目標牴觸，或是與高階管理者的價值觀不合，通常都不會成為企業策略的擬案。功能性規劃乃由中、低階管理者所從事之規劃，用以實現策略性規劃之廣泛目標。在功能性規劃之下，企業還可以發展出作業性規劃，以結合不同層次的規劃活動成為一個完整的規劃體系。三者之間的關係如圖 4-2 所示。

一般而言，組織進行策略規劃的目的可歸納為以下四個：㈠在追求規模經濟性；㈡發揮企業內的綜效（synergy）；㈢創造獨特的競爭優勢；及㈣分散企業的風險。由於策略規劃本身範圍較為廣泛，且有專門課程在介紹此一領域；故此處僅概略說明，不另加贅述。

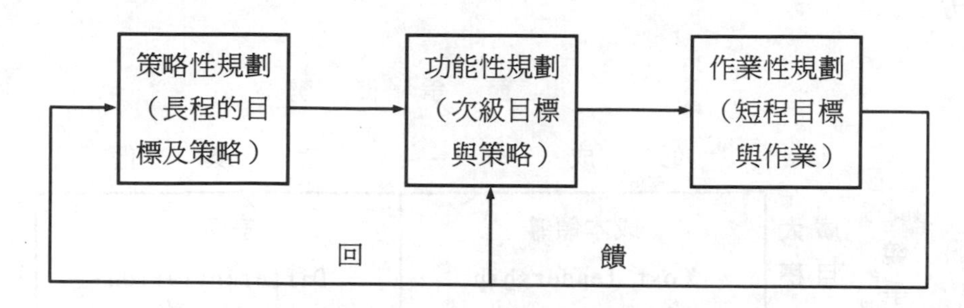

圖 4-2　組織規劃層級圖

二、策略的種類

組織策略的分析，通常是採取構面分析的方式，將企業策略的外顯行為進行分類。波特（Porter，1985）曾由競爭優勢（competitive advantage）的觀點，提出價值鏈（value chain）的觀念，來連結競爭策略與策略執行之間的關係。在分析產業內競爭策略時，波特採用產業內的五種驅力（driver），來分析產業內的競爭策略，這五種驅力分別是：供應商分析、對顧客的談判力分析、替代產品分析、潛在競爭者分析，與產業現有的競爭者分析。在分析不同廠商的相對驅力之後，可以根據「策略目標的廣度」與「策略優勢」，將廠商的競爭策略區分為三種基本的策略（generic strategy），分別是：成本領導策略、差異化策略與集中策略。這三種基本策略可根據競爭優勢（competitive advantage）構面，及競爭範圍（competitive scope）構面，進一步區分為成本領導策略、差異化策略、成本集中策略，及集中差異化策略〔註三〕。其關係如圖 4-3。

其中，成本領導策略是以低的成本作為企業的競爭優勢；而差異化策略是在使企業的產品或服務，有別於競爭對手，而形成與衆不同的特點。集中策略是指企業或採差異化的策略，或採低成本的策略，而將其營運的重心集中於市場中的某一部分，或集中於其產品線上之某一部分。

		競爭優勢	
		低成本	差異化
競爭範圍	廣大目標	成本領導 Cost leadership	差異化 Differentiation
	狹窄目標	成本集中 Cost Focus	差異化集中 Differentiation Focus

資料來源：Michael E. Porter, *Competitive Advantage：Creating and Sustaining Superior Performance*, New York：The Free Press, 1985, p. 12.

圖 4-3 三種基本的競爭策略

安索夫（Ansoff）（1976）亦曾以產品矩陣為基礎，將成長策略分為五類。第一類的成長策略，是企業基於現有產品市場所形成的各項成長策略；包括提昇市場占有率的策略與提昇產品使用的策略。第二類是產品開發的成長策略；包括增加產品特性的策略、擴張產品線的策略，及開發新型產品的策略。第三類則是市場開發的成長策略；包括擴大地理區域的策略，與延伸現有市場區隔的策略。第四類則以垂直整合的成長策略，以延伸企業的價值鏈；包括向前整合與向後整合的策略。第五類策略則是多角化的成長策略；包括相關多角化策略，與非相關多角化策略。在垂直整合策略下，企業可以向下游的銷售功能垂直整合，也可以向上游的原料供應功能垂直整合。而在多角化策略下，企業可以採用發揮組織綜效的相關多角化，也可以採用與組織綜效無關的非相關多角化。五種成長策略的內容，可簡示如表 4-1。

安索夫的策略分類與波特的策略分類並不衝突，且二者之間的配合，可以對策略的類別提供良好的說明。事實上，策略的分類不只於此，學者還可以根據研究上的實際需要，採用其他的構面，將策略分成許多不同類型。由於不同學者所採取的構面可能不同，因此分類的結果亦有相當大的差異；此處提出之兩種分類方式，僅作為讀者分析研究的參考。

表4-1 安索夫五種成長策略的彙整

一、現有產品市場的成長策略
　㈠提昇市場占有率的策略
　㈡提昇產品使用的策略
　　1.增加產品使用頻率
　　2.增加產品使用數量
　　3.提供產品的新用途
二、產品開發的成長策略
　㈠增加產品特性的策略
　㈡擴張產品線的策略
　㈢開發新產品的策略
　　1.開發新一代產品的策略
　　2.開發新的、不同產品的策略
三、市場開發的成長策略
　㈠擴大地理區域的策略
　㈡延伸現有市場區隔的策略
四、垂直整合的成長策略
　㈠向前整合的策略
　㈡向後整合的策略
五、多角化的成長策略
　㈠相關多角化策略
　㈡非相關多角化策略

三、策略規劃的程序

在 1970 年代以前，由於環境的變動較為遲緩，因此，策略規劃較少受到企業界的重視。但 1970 年以後，各項因素如經濟衰退、石油短缺、技術變革、電子技術發展等等的衝擊，使得企業所面臨的環境變動加劇，策略規劃乃日受重視。策略規劃的程序通常包括以下七個步驟：

(一)確定組織使命

亦即是企業的定位，也就是鮑文所說的企業定義（business definition)。組織的使命乃在說明組織的經營的目的與事業範圍，經由組織的使命，管理者可以瞭解組織營運的範圍。如百事可樂將企業定義在「消費性食品」的產業，因此，百事可樂就可以跨足各種消費性食品業，包括我們熟知的「披薩」食品。

(二)設定目標

目標是企業在一定期間內，所希望能達到的境界或進度。由於企業在社會中所扮演的角色日趨複雜，因此，企業的目標也日趨廣泛。

(三)環境偵測

外界環境對企業目標的達成有重大的影響，這些環境因素包括政治因素、社會因素、經濟變動、科技環境、產業結構、產品生命週期、潛在競爭者，以及產業消長趨勢等等。這些因素對企業的長期發展，都有相當重要的影響；因此企業必須對這些環境因素預測，並根據環境可能的發展，進行預估，以作為組織策略規劃、發展方案的依據。

㈣本身資源條件評估

企業本身所能掌握或運用的資源條件，如人力、財務、技術、原料及其他實體資源累積的程度等，決定了組織所能夠採行的策略。外界環境變遷帶來的發展機會，可能會因為組織現有能力或資源條件上的限制，而無法有效掌握與發揮。因此，組織的資源條件對策略方案的可行性，有相當的限制。透過對於組織資源的分析，管理者可以瞭解企業的相對優勢，與組織現有的弱點。因此，將可擬定切合實際的策略計畫，以因應環境變動的趨勢。

㈤發展策略方案

根據環境變動所帶來的機會及威脅，與本身資源條件（即組織的相對優勢與弱點）分析；管理階層應發展各種可能的策略方案，例如進行垂直整合、追求企業成長而進行相關的多角化，或是要縮減某些部門（downsizing）等等。

㈥評估、選擇策略方案

根據企業的使命及目標，在比較各種方案的產出效果與可能風險之後，管理者選擇較為適當的方案，作為組織的策略。

㈦策略評估及修正

策略性計畫實施以後，必須不斷蒐集實際執行的結果，和預期的規劃結果進行比較，並採取適當的修正行為。這種策略控制的功能，不僅有助於當期策略的達成，亦能提昇組織在下一期間，策略規劃程序的合理性。

四、實務上的策略規劃

在實務上，企業設定的目標，通常是組織權力結構（power structure）下折衷各方利益所得到的產物；因此，當組織內的權力發生變化時，組織的目標亦常隨之變化，而不同目標之間亦往往缺乏整體一致性。其次，目標的設定通常是在解決現存已知的問題，缺乏策略規劃的前瞻性。在實務上言，幾乎所有的中、大型組織，都有短期規劃；而由於策略規劃所需的技術較為複雜，通常只有大型組織才有可能實施。但由於產業環境變動的快速，因此大部分的規劃期間都不會超過五年。

許多企業在發展可行的策略方案時，傾向於採用有限方案的邊際分析方式，有時會憑著個人的直覺，在有限方案中挑選出一個與預期風險相去不遠的方案。許多大型企業雖有策略規劃，但在執行的過程中都未採用前述正式的規劃程序。而中小企業的規劃，通常是較為非正式而且是零星的。由於策略規劃過於費時，所涉及的預測技術又相當複雜，以致於無法掌握未來的不確定性，使得管理者甚難發揮專業的判斷。

第四節　目標管理

一、目標管理的意義

目標管理乃是將組織整體目標，轉換成為組織內各個單位及組織成員個人的明確目標，並以目標的達成程度，作為績效衡量依據的一種管理制度，與企業組織階層的目標網路。這種企業目標網路關係可顯示如圖 4-4。

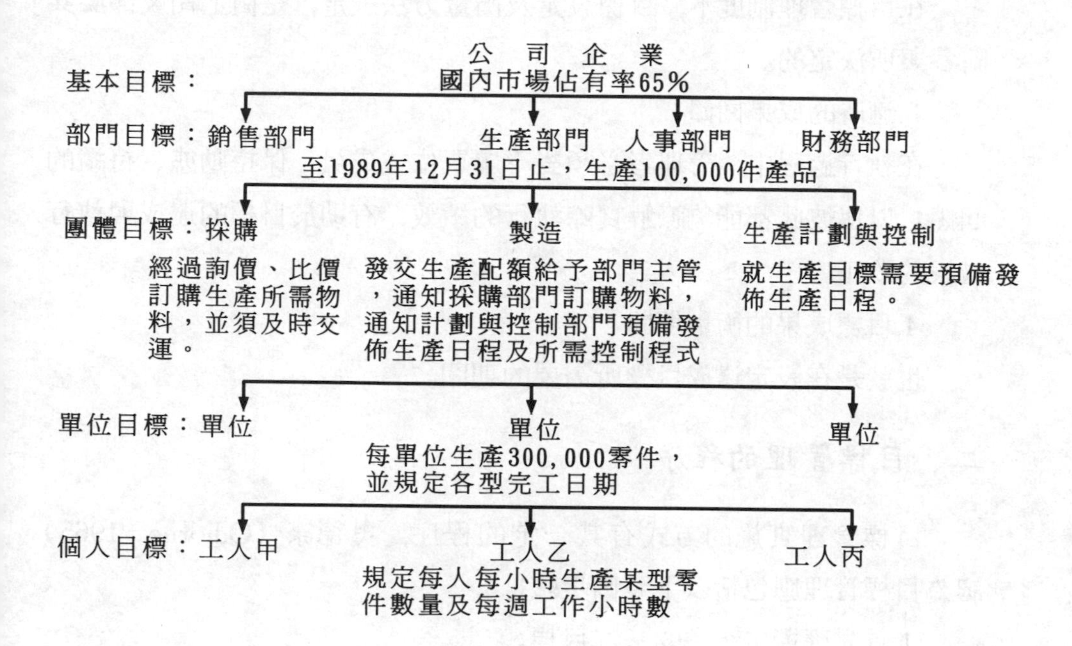
公司企業
基本目標：
國內市場佔有率65%
部門目標：銷售部門
生產部門
人事部門
財務部門
至1989年12月31日止，生產100,000件產品
團體目標：採購
製造
生產計劃與控制
經過詢價、比價訂購生產所需物料，並須及時交運。
發交生產配額給予部門主管，通知採購部門訂購物料，通知計劃與控制部門預備發佈生產日程及所需控制程式
就生產目標需要預備發佈生產日程。
單位目標：單位
單位
單位
每單位生產300,000零件，並規定各型完工日期
個人目標：工人甲
工人乙
工人丙
規定每人每小時生產某型零件數量及每週工作小時數

資料來源：龔平邦著，《管理學》，三民書局，二版，民國 82 年 10 月，頁 220。

圖 4-4　企業組織目標網路系統

由於目標管理是一種基於 Y 理論假設下，授權程度高、參與式的管理制度；因此，目標管理通常需要具備以下幾個要素：

1.明確、可衡量的目標

明確的、量化的目標，如「將產品不良率減至在 1%以下」或「增高市場占有率 1%」，才能據以評估組織成員執行的績效。一般而言，目標內容至少包含兩種要素：一是所涉及之活動項目，例如銷量、製造成本、工人流動率等；一是該項目所擬達到的水準，例如增加 10%之銷量，減低 5%之倉儲費用之類，此即為「績效水準」（performance level）。

2.目標參與

在目標管理制度下，目標設定及衡量方法選定，是由上司及部屬共同參與所決定的。

3.適時的成果回饋

在執行過程中，管理者必須對下屬單位或成員，保持動態、持續的回饋；以使彼此都能夠瞭解實際執行的績效，有助於目標的達成與執行錯誤的改正。

4.目標成果的衡量期間

也就是在設定達成目標所需要的期間。

二、目標管理的程序

目標管理實施的方式有其一定的程序，奧德奈（Odiorne，1965）認為目標管理應包括以下幾個步驟：

1.首先應擬定組織的基本目標。

2.根據目標來選擇達成之策略或手段，亦即是進行手段與目標的分析（means-end analysis）。

3.將所選擇之手段，配合組織層級逐級展開；因此上一層級的手段，即可構成次一級的子目標，此即手段—目標鏈（means-end chain）。亦即每一層級的管理者，都需和次一級的管理者共同發展出詳細的執行方法，並做為後者之目標。

4.所有各階層管理人員，都有責任達成其所設定之目標。

5.一段期間後，各級管理人員應和上司共同檢討和評估，實際績效與原訂目標之差異，並採取適當的改進措施。

6.步驟1.至步驟5.在下一規劃期間重複的施行。

目標管理的控制，是由個別成員自行去注意並衡量其績效，此乃是假設成員都能自我引導，不需依賴制度的控制或處罰的威脅，因此此一管理制度對人性的假設是正面的、積極的。

三、互動的目標設定過程

目標設定是目標管理制度中核心的觀念，這一過程既非完全由上而下，也不是由下而上，而是一種雙向的溝通與磋商的複雜程序。事實上，目標管理本身有許多不同的實施型態。舉例來說，美國漢尼威爾（Honeywell）公司每年的春季，公司都會以董事長的名義發布公司未來三年之基本目標；內容包括主要發展方向，以及各事業部對公司應有的貢獻。根據這一目標，各事業部經理各自擬訂本身之未來三年計畫。至當年度的秋季，各經理人員根據本身所擬定的三年計畫，擬訂下一年度的計畫。在這年度計畫中，除了必須列述本事業部在利潤、營業額、資產報酬率及新產品各方面之具體目標外；亦需要提出本事業部內各主要功能部門之具體目標，及各功能間的配合情形。

而通用製造（General Mills）公司，則在每一位員工的工作職位，均發展出一份明確的工作說明書，及該工作職位所應達到之主要工作成果。在每一個年度中，管理人員都需要根據其工作說明書所列舉的項目，提出下一年度中他準備達成之績效水準，作為編製每年各職位之「目標行動計畫」（action plan of objectives）的依據。之後，他也會和他的上司討論此一行動計畫，在互動的過程中進行必要的修改，作為雙方共同管理目標績效的依據。

不管採用那種方式，在目標管理制度下，個別管理者提出之目標，必須和其上司充分討論並經核准，才能作為共同認同的績效目標。這種討論的過程，主要在確定個人所設定的目標，不致和公司整體發展方向及策略背道而馳；更重要的是，如果下屬在執行目標過程中遭遇困難，可以獲得上司必要的協助。從這個過程中可以發現，互動磋商的過程與上司的態度是目標管理成功的要件。

由於主管的管理態度對目標管理有相當大的影響；因此，主管在與下屬討論目標設定的績效標準時，應建立一個有利於溝通的環境，使下屬感到自然而輕鬆，俾能充分而有效的交換意見和溝通。而在討論過程中亦應注意傾聽，不時做扼要結論，避免嚴厲批評，並鼓勵下屬的獨到見解和自我改進。要隨時發掘意見歧異之處，共同商討解決的辦法。最重要的是，在雙方同意的績效目標後，應正式的以書面的方式發布，作為共同管理的目標。

四、績效目標的評估

在目標管理制度下，管理者的計畫目標與實際達成目標的程度，必須經常性的定期衡量及評估。在衡量與評估的過程中，經常會遭遇到衡量標準選擇、衡量時間，及評估結果之使用等問題。在衡量標準的選擇，目標管理制度下，管理者具體目標的組成要項，通常是由上司與下屬共同磋商決定的，這樣可以提昇目標衡量與評估的可行性。至於在衡量時間上，一般實施目標管理制度之公司，都會訂定績效目標的衡量期間，或是每月、或是每季、或是半年及或是一年。這種定期、持續的評估，才能有效的協助下屬管理其績效目標；績效目標的回饋結果，可能會對原先設定目標產生相當程度的修正與調整。至於在評估結果的使用上，是在避免實施目標管理的負面效果。因為目標管理的實施目的，是在協助管理者達成預定的績效目標；如果管理階層將下屬的「目標達成率」與「懲罰性的措施」連結起來，就會阻礙下屬對目標管理制度的信任。

五、實施目標管理的優點

實施目標管理制度，通常有以下七個優點：

1.管理者能夠專注於正確的目標，並應用重點管理與例外管理的原則，有效的管理重要的例外事件，因此比較能夠達成預期效果。

2.透過組織內部目標與手段的連結，可以使得組織階層間的規劃工作的連結，更為完整而有系統。

3.合理設定管理者的績效目標，有助於組織目標的達成。

4.目標設定與規劃的過程，可以培養管理者的管理能力；因此可作為組織長期培養管理人才的有效制度。

5.在組織內實施更大幅度的授權，可以提昇下屬工作上的創造能力。

6.可以激勵員工，自我設定目標並進行自我的控制。

7.採用共同磋商及員工自我控制的管理方式，不僅可以增進員工的工作滿足，亦可改善組織內上司及下屬間的合作關係。

六、目標管理推展的步驟

在推展目標管理制度時，通常可以採用兩階段的方式進行；第一個階段是「試行階段」，第二個階段是「全面推展階段」。在「試行階段」中，組織應選定一個配合程度較高的部門，逐步的推行目標管理的作法。在「試行階段」中所發現的缺點，可作為「全面推展階段」中實施步驟修正的參考依據。在全面推展階段中，通常須遵循以下五個步驟：

1.以明確的、正式的書面方式，說明公司採行目標管理的意義與目的。

2.列舉實行目標管理之部門及單位。

3.說明各平行部門及層級各單位間之關係。

4.明確表達各階層管理人員，在目標管理制度實施過程中之權責。

5.擬定實施目標管理的進度及完成日期。

七、影響目標管理的組織情境因素

目標管理的實施成敗與否，主要受到組織文化、高階管理者支持程度、及組織授權等因素的影響；而三者之間，又以高階管理者的支持程度最為重要。就組織文化來說，因為目標管理對人性的假設是採取 Y 理論的觀點；因此，組織內部必須有高度的信任與支持氣氛，且將目標的達成視為管理者對本身的挑戰。基於對管理者的信任，才能期望下屬能夠進行自我的目標設定與目標控制。在組織授權而言，目標管理在實施的過程中，通常僅就目標的達成進行控制，因此，管理者需要較高的授權程度，可以自行決定達成目標的方法與手段。至於在高階層管理者的支持來說，過去的經驗，在任何的組織變革中，如果沒有缺乏高階管理者的承諾及參與，通常都不會成功。再者由於高階管理者可以管理組織的文化，也可以決定組織授權的程度，所以，制度推行最終的責任是在於高階管理者。

第五節　預測的方法

一、專家意見法

在專家意見法中主要的有：德菲法（Delphi）及分析層級程序法（Analytical Hierarchical Process，簡稱 AHP），其中又以「德菲法」較常為人述及〔註四〕。這兩種方法均需藉助專家的協助，採用專家的判斷，並經由一定的程序，將專家間判斷的歧異，透過不斷的回饋與重複預測，使其縮小至一定的範圍，最後並達成所謂的「共識」（consensus），而此一「共識」下的預測值，則為趨勢的預測值。

專家意見法的成功與否，主要是由「專家」決定，也就是說，如果在預測時能夠找到相關領域的專家的話，則預測的成效將十分顯著，如果無法找到領域的專家，則成效必然不彰。

專家意見法應用在銷售預測時，可以有兩種不同的方式：㈠是由銷售預測委員會來做銷售預測；㈡是採用草根法（grass-roots），即經由對推銷員的意見調查後，所彙集的銷售預測。銷售預測委員會基本上是由企業各部門主管所組成，在執行時，或可由每一個部門主管提出預測的銷售數字，或可由行銷經理提出預測數字，再經由委員會討論，兩種方式公司可視情況採行。在草根法下，銷售經理必須搜集各地區推銷人員的看法，整理後逐級呈報，在與公司企劃部門的預測比較後，得到企業的預測數字。

二、外插法（extrapolation）

最簡單的經濟預測（economic forecasting）方法就是採用外插法，將現在趨勢延伸到未來。舉例來說，假定某一企業 1989 年銷售額是 $1,000,000 美元，1990 年為 $2,000,000 美元，1991 年為 $3,000,000 美元；每年以 $1,000,000 美元的方式成長。在採用外插法進行預測時，我們會用每年成長 $1,000,000 美元作為預測值。外插法的基本假設，認為過去的發展趨勢，在未來不會出現結構性的變化，因此，我們可以根據過去的發展來預測未來的發展狀態。外插法並不是個很好的方法，主要因為它並未考慮經濟循環中出現的環境變動；但在人口成長的預測上，過去的經驗顯示外插法還相當準確。

三、循環順序法（Cyclical Sequence Method, CSM）

此法亦為經濟預測的方法，亦可稱為相關法，此法主要係選定一項與公司產品銷售呈現高度相關的基本數列（可能是經濟的數列，如工業生產指數；也可能是商業性的數列，如銀行存款），做為預測的領先指標，藉以預測。因此，整個預測過程中最重要的便是「如何選定一個基本的數列」；這個數列除了要具備與產品高度相關的條件之外，亦須具備以下二個條件：

⑴便於採用及相當的可靠。

⑵具有引導公司產品發展的明顯跡象與邏輯關係。

也就是說，該項數列與銷售預測之間的「相關」除了應該具備「統計」上的意義之外，亦應具備「經濟」上的意義；同時，要有領先指標的作用，否則將使得預測毫無效果。

美國國家經濟研究機構（NBER）的研究發現，當經濟上升或下跌時，有些指標會提前出現變動，有些會與經濟變動同時變動，而有些會在經濟變動後才發生變動，因而出現領先指標（leading index）、同步指標（coincident index）與落後指標（lag index）。預測中最重要的是領先指標，因為它可以指出經濟循環未來的變動，NBER 曾列舉出十二項領先指標，包括平均每週工作小時數、新近企業數目、新消費分期付款信用統計等。許多預測者對上述指標極為重視，認為它們提供了未來的線索。

四、經濟律動法（Economic Rhythm Method, ERM）

所謂經濟律動法基本上是一種「時間數列分析」（time series analysis）的應用，認為過去歷史性的趨勢，如果市場沒有出現結構性的變化，那麼就可以用它來推斷出未來的發展。因此，採用此預測方式時，首先要做的就是將過去的資料，依時間的先後排列，並找出變動的規則性；之後再配合景氣循環、季節循環及物價指數等因素進行調整，以計算出未來的預測值。

五、特殊歷史類比法（Specific Historical Analogy Method，SHAM）

此法的基本假設是說，雖然時間的先後不同，但是在類似的環境或競爭狀況下，往往會出現類似的結果。因此在採用此法時，管理者必須從「過去的時間過程」中，選定一個與「當前情境」最類似的一段時間，並將其作為預測的基準，而預測未來的銷售情況。由於它涉及甚多非統計的判斷，故嚴格的說，它並不能稱作一種統計方法。事實上，此法所選定的期間與預測的結果，常常做為「專家意見法」中判斷的依據，而它的假設亦具有統計趨勢預測的積極意義。

六、同業分析法

同業分析法的作法是先進行整個產業變動、成長的預測，之後再就個別公司進行的合理預測；如先估計產業的成長趨勢，之後估計個別公司的市場占有率，再估計公司的銷售量與銷售額等。因此，在採用此法時必須要先分析同業的統計資料，以決定產業的成長率與影響產業成長的各原因變數，並發展出產業總體的預測，之後再分析公司的成長類型，並與同業進行比較（在進行比較中，可以確定公司在整個產業所占的比重是否有改變），最後才進行市場占有率的預測，此即同業分析法的整個預測過程。

七、產品關聯分析

產品關聯分析則是根據所出售的產品的「最終用途」進行分析，並以「最終產品」的銷售預測為基礎，進而估計本公司的產品的銷售量與銷售額。這種方法常用在「相依需求」的情形下，也就是說產品之間有高度的上下游關聯性，且其因果關係相當明確；舉例來說，一部電腦需要一個有一片主機版，而一片主機版又需要許多個 IC 與電容器，則我們可以發現產業之間有以下的關係：生產 IC 的廠商要估計其銷售量與銷售額時，必須考慮生產主機版的產業（或公司）能夠銷售多少的主機版，因為他的產品是賣給生產主機版的公司，否則如果生產主機版的公司面臨困境，IC 產業的銷售必然也受到影響；而生產主機版的公司在進行銷售預測時，又必須由 PC 產業的景氣來決定，如果 PC 產業的前景看淡，則主機版的採購一定會減少。從這樣的例子中，我們可以看到一種上下游密切的關係，這種關係正是產品關聯分析採用的主要依據。

八、技術預測法

技術預測有兩種不同的方式，分別是探索性（exploratory）的預測和規範性（normative）的預測。探索性預測是由現有的知識開始，藉著所預測的技術進步，而預測未來可能的發展。這種技術方法假定，技術發展將會以相同的速度進步，同時不受外界環境影響。這種預測方式，可以幫助公司從複雜的變動情形中找出頭緒，以協助企業取得有利競爭地位，而擴展到相關產品。規範性預測是一種倒流（backflush）的預測方法。它先決定未來的目標（如 1995 年，臺灣要發展成為亞太營運中心），在目標設立之後，開始預測各種技術性和非技術性因素，以及可能完成的期程等等，譬如：建立亞太營運中心，在什麼時候相關的技術可以發展完成？政府何時可以完成立法政府需要投入多少的資金，才能完成相關的設施（infrastructure)？

註 釋

註一：W. F. Glueck：*Management*. Hinsdale, Ill., The Dryden Press. pp. 318 -319.

註二：在 SWOT 分析中，主要考慮的是環境的機會、威脅，與企業的強勢、弱勢之間的配合關係。但高階主管的價值觀，卻往往對企業策略的選擇有非常重要的影響力。因此，在探討策略規劃時，往往也必須涉及高階主管的價值觀與信念。

註三：差異化策略是一個相對競爭對手的策略觀念；因此，如果在競爭的過程中，企業認為低成本是一個造成差異的主要因素，則以成本競爭亦可視為是一種差異化的策略。

註四：兩種方法可參見第三章第四節的內容說明。

摘 要

環境的變動對企業組織與管理實務，均有相當重要的涵意。重要的環境趨勢包括：政府環境、經濟環境、科技環境、社會文化環境、法律環境及工會活動，正逐漸的影響企業的各項活動。

規劃（planning）係決定目標、評定達成目標之最佳途徑的一種程序，即決定結果及方法的一個程序。因此，規劃代表一種分析與選擇的過程，其對象爲某種未來行動。而所選擇的未來行動方案，概稱爲一種「計畫」（plan）。所以，規劃和計畫代表兩種不同的內容；後者乃代表實際行動所應依循的途徑或方案。

計畫（plan）乃係規劃過程的產出結果，我們可以依不同的層面分爲以下幾種：㈠依計畫所涉及的廣度與範圍來分，可分爲策略計畫(strategic plan)、作業性計畫（operational plan)。㈡依計畫所涉及的時間長短來分，可分爲長期計畫（long-term plan）與短期計畫（short-term plan)。㈢依組織功能的重要性程度區分，可區分爲主功能計畫(major function plan）與支援性計畫（supporting plan)。

有效的組織規劃功能，可以提昇發揮幾種組織期望的效益，分別是：增強組織對環境的適應性、強化組織行動的整體性、提昇其他管理功能的有效性。規劃的程序包括：1.外在環境的假設、2.決定規劃的目標、3.確定規劃前提、4.發展各種替代方案、5.替代方案評估、6.方案選定、7.擬定衍生計畫、8.建立適當的預算及控制系統。

目標管理乃是將組織整體目標，轉換成爲組織內各個單位及組織成員個人的明確目標，並以目標的達成程度，作爲績效衡量依據的一種管理制度。目標設定是目標管理制度中核心的觀念；這一過程既非完全由上而下，也不是由下而上；而是一種雙向的溝通與磋商的複雜程序。在推展目標管理制度時，通常可以採用兩階段的方式進行；第一個階段是「試行階段」，第二個階段是「全面推展階段」。

策略規劃是組織爲了達成既定的目標，而對整體資源的取得與使用，所採取的一系列預想的（predetermined）方法與步驟。因此，策略性規劃指由高階管理者所從事前瞻性的規劃活動，以達成組織的目標；而此一目標則是基於組織規劃前提（planning premises）下產生的廣泛性目標。策略規劃的程序通常包括以下七個步驟：確定組織使命、設定目標、環境偵測、本身資源條件評估、發展策略方案、評估、選擇策略方案、策略評估及修正。

可行的預測方法包括：專家意見法、外插法、循環順序法、經濟律動法、特殊歷史類比法、同業分析法、產品關聯分析、技術預測法。

問題與討論

1.請說明近年來企業環境的重要趨勢與變化。

2.廠商在回應企業的社會責任的呼籲，威爾遜曾提出四種可能的策略，這四種策略為何？並請舉例說明之。

3.試說明規劃的意義與功能。

4.請說明計畫的幾種不同分類。

5.有效的組織規劃功能，對組織有何效益？

6.請說明規劃程序中的八個步驟。

7.何謂目標管理？目標管理應具備幾個要素？

8.請說明目標管理程序中的六個步驟。

9.試說明目標管理制度中，目標設定的方式與過程。

10.試說明實施目標管理的七個優點。

11.目標管理推展的步驟有幾？試詳述之。

12.請說明策略規劃的意義與目的。

13.請說明波特的三種基本的競爭策略，以及形成三種策略的成因。

14.請簡要的說明安索夫的五種成長策略。

15.請說明策略規劃程序的七個步驟。

16.請提出五種常見的預測方法，並簡要的說明其內容。

17.有些人認為計畫訂定的愈詳細，在執行的時候就愈沒有彈性，為降低執行過程的障礙，所以計畫不應訂得太詳細。請您就此一觀點說明之。

18.有人認為企業處在一個快速變遷的環境下，因此，很難預測未來的發展趨勢，同時也較難進行有效的規劃。請就此一觀點提出您的看法。

第五章　組織設計的基礎

組織結構設計的良窳與組織績效之間，有相當密切的關係；要設計一個有效的組織結構，必須注意到影響結構設計的因素。本章將針對影響組織設計的幾個重要因素加以說明；這些因素包括：組織設計的基本觀念、組織設計的傳統觀點、部門劃分、管轄幅度、組織分工、組織協調、層級組織結構、及組織設計的權變觀點等重要的概念。

第一節　組織設計的基本觀念

組織設計是組織內部工作職能與作業流程的設計。因此，組織設計包括兩個部分，一是工作職能的設計，也就是組織結構（structure）設計；二是工作流程的設計，也就是組織制度（system）的設計〔註一〕。一般企業常見的組織圖，就是組織結構設計下的產物。但組織結構設計並不止於畫出組織圖而已，公司的組織圖只是表達組織內各部門之間關係的圖表；它通常還包括階層主管的決策權限與部門的職能的設計。而組織制度的設計，主要在發展出一套工作流程，將不同部門的活動，有效率的結合在一起；因此，它不僅包括部門內工作職能的設計，同時也包括不同部門之間的協調與整合的工作流程設計。透過組織結構的設計，與工作流程的設計，組織將可以形成一個緊密關聯的個體，以因應環境的變動與衝擊。

由於不同的企業其組織結構間有相當大的差異，而要描述一個組織的基本架構，學者（如 Hage & Aiken，1974；Child，1977；Reiman，1980；Burris，1989；陳明璋，民 71 等）常以三個一般化的構面來描述組織結構，這三個構面分別是正式化（formalization）、分權化（decentralization）和複雜化（complexity）。

所謂「正式化」係以說明組織運用法令和正式的規章，來協調、指導其組織成員的決策行為。一個組織的正式程度愈高，則其將存在著較多的法令與規章。所謂「分權化」則說明階層權威與決策的參與的分化程度。分權化程度低的組織（即組織集權的程度高），決策權力將由高階主管掌握，組織的決策問題，需要透過層級系統傳達到高階主管，並由他們進行決策。至於「複雜化」所說明的是組織垂直分化與水平分化的程度。如果一個組織的職能分工詳細，包括許多垂直階層，或是各單位分散在各處，距離非常遙遠，則此組織的協調工作將不容易進行，此一組織就稱之為複雜程度高的組織。通常大型的組織正式化、分權化與複雜化的程度都比較高；而相對的，小規模的組織在正式化、分權化與複雜化的程度都比較低。

組織結構的改變有些是自發性的理性思考作為，有些是被動性的環境適應行為。理性思考的作為，典型的觀點就是錢德勒（A. D. Chandler）提出的「結構追隨策略」的論點。錢德勒在深入研究過通用公司、杜邦公司、紐澤西標準石油公司及西爾斯百貨公司（Sears. Roebuck and Company）後發現，在大型組織中，組織結構的改變，通常是為了配合策略的調整；也就是說組織結構的調整，往往是因為組織策略的改變所致。舉例來說，某一企業的主要市場原來在東南亞國家，現在希望改變組織的策略，將產品拓展銷售到歐洲地區，由於東南亞國家與歐洲國家，在產品消費上有非常大的差異，因此公司會成立一個專門處理歐洲銷售的部門。如此一來，組織就會因為策略的改變，而發生組織結構的變化。

至於在被動性的環境適應行為，則是因為環境的快速衝擊所致，使得組織不得不增設一些部門，以應付環境的挑戰與刺激。舉例來說，組織由於產品設計的瑕疵，導致了貨品銷售之後，客戶的抱怨不斷；由於當前消費者意識高漲，這種抱怨的處理不當，可能會使得公司喪失原有的市場占有率。因此，組織為了慎重處理客戶的抱怨，以及有效的擔負起產品的整修工作；往往會成立一個臨時的部門，專門處理客戶的抱怨與產品的後續服務事宜。由於這個部門扮演著與客戶進行「產品溝通」的角色，成立一個這樣的部門確實有其必要；於是這種「客訴部門」就會長期的出現在組織架構圖中。這種組織結構的調整，是一種適應性的調整行為，並不一定有明確的策略在引導。

*第二節　組織設計的傳統觀點

組織設計主要有兩種不同理論，分別是傳統學派理論與行為學派理論。其中傳統學派理論主要是源自於韋伯的「科層結構觀點」，與費堯等人的「管理程序觀點」；而行為學派理論則是源自於人群關係學派的研究發展而成。

一、傳統學派理論

組織設計的傳統理論下認為，組織設計的主要目的在提昇內部作業的技術效率；且組織內部的分工與職位設計，對於內部效率的提昇有相當程度的影響。這個理論認為員工只是生產工具，只要給予經濟動機的激勵，就能實現組織目標。這種觀點認為員工是「經濟人」；因此，對於員工的獎勵與懲罰，應該是採用經濟的手段。同時，管理者應給予部屬明確的指導，並正確地衡量員工的工作成果，以作為獎勵或懲罰的依據。

傳統理論也認為員工的工作，常常因為工作者個人目標與組織目標的衝突，而影響其工作的效率。為避免這種目標衝突的現象出現，有賴於兩種作法，一是組織內有明確的工作說明書，以傳達組織對個人工作的期望；二是合理的工作職位的設計，使得員工能夠「適才適所」的工作。至於組織整體的協調與整合，則採用正式的程序，規範組織的工作流程，以減低可能的衝突。所以，傳統理論的組織設計觀念下，比較重視正式的組織、正式協調與聯繫、正式的工作說明書，以確保組織目標的達成。

傳統的組織形式比較類似金字塔的形狀；這種組織型態包括以下四個特色：

1.縱向的命令傳達與統一指揮：所謂縱向命令傳達，組織的成員只接受直屬上司的命令；而統一指揮則表示組織成員，只接受一個上司的命令，不能接受兩位（含）上司的命令。

2.垂直的組織溝通：組織內部的溝通與資訊流動，應與組織的職權結構一致，保持下向的流動，而工作績效則是採取上向的流動方式。

3.權責相稱：授與組織成員的權力，應足以完成其所交付的任務，亦即是與其所承擔的責任相稱。

4.高度的專業分化：傳統理論的金字塔形結構中，專業化分工是組織指派工作的關鍵。這個理論認為，專業化的主要目標，是在區分組織的工作，使每一個人只有最小範圍的工作；將所有個人活動的結果相加，就構成組織的全體目標。這是不同的能力與技巧的員工，在專業化的過程中，透過個人的學習，將能有效的執行個人的工作。

傳統理論的專業分化通常指的是組織功能的分化（differentiation），也就是我們一般所熟悉的生產、銷售、人事、研究發展及財務等部門的功能分化。但就諸實際這種功能部門（departmentalization）的劃分，認為除了依據組織前述的劃分方式之外；組織還可以根據實際需要，依照顧客、產品、或是依照提供勞務的地區，進行部門的專業分化。

但高度的部門專業分化的結果，可能會造成組織的活動出現不協調的現象；這種現象主要是因為各種專業的觀點不同所致。為降低這種內部的專業衝突，組織就必須發展出適當的協調方式，以整合各專業單位的目標，成為組織整體的目標。而過去在傳統理論中，最具爭議的課題就是，他們往往忽略了組織內在可能的專業衝突與目標衝突，認為其所設計的結構，可以減輕組織內的可能衝突。傳統理論的組織原理，發展於二十世紀的初期，這些學者大部分都有實際的管理經驗。他們所描述的是工業化結果的大型企業，是一種早期的組織結構；這種結構如大型企業、教會或是軍隊，都是採用這種組織設計的方式。

二、行爲學派理論

行為學派理論的發展，主要是來自於行為學家與人群關係的學者。就行為學家來說，這些學者對於組織內「人」的關切，遠勝於對於組織技術效率的關切。學者如李克特（Likert）、麥格雷格（McGregor）、阿奇利斯（Argysis），他們都受到社會心理學家科特盧溫（Kurt Lewin）思想的影響。行為學派認為，組織的設計是以「人」為重心，因此，職位的設計必須對員工有實質的意義。過去在傳統理論下認為，只要能將工作職位設計的合乎效率，而員工在支付薪資下，必然會願意擔任此一職位。但是，在行為學派則認為，組織要有效率，必須先激勵員工，而工作職位的設計就是激勵員工的一種方式。換句話說，在傳統理論下認為，經濟性的誘因是激勵員工的主要工具；但是在行為學派則認為，組織的各項措施無非是在激勵員工，以提昇其生產力。行為學派觀點的組織設計原則，包括：不要固守指揮鏈（chain of command）的隸屬關係、組織的授權程度要高、部門劃分應保持作業的完整、較大的管理控制幅度、及員工職位設計切勿過於正式化，應以工作內容豐富化為原則。

人群關係的學者則發展出社會技術模式（socio-technical model）；這個模式下主要有兩個學派，分別是英國的泰維史托克（Tavistock）學派，及荷門斯（Homans）的社會系統理論。泰維史托克學派的學者，重視的是組織結構對組織成員的影響，以及組織成員又如何影響組織結構。荷門斯的社會系統理論則認為，組織是一個社會系統，在這個系統下包括了正式的組織、非正式的組織；此一理論重視的是組織內群體行為如何影響組織結構，以及組織結構如何影響群體的行為。這兩個學派的主要差別在於，前者重視的是組織結構，而後者重視的是群體行為。

社會技術模式受到系統理論的影響，認為組織是由正式組織與非正式組織共同構成，兩個不同的次系統間會相互的影響；而組織本身是一個系統，它會和組織所處的環境發生各種交換的關係。組織系統的行為，會受到組織群體、組織技術及組織程序的影響，而這些變數之間有著相當密切的相互關聯性。從這個觀點可以發現，社會技術模式和行為學家觀點的最大不同之處，是在於行為學家所提出的人性假設與激勵措施，可以實際的應用在組織設計中。而社會技術模式所提出的互動關聯性，則是一種類似權變理論的組織設計觀點；因此，它無法像行為學家的觀點一樣，形成普遍性的組織設計通則。

傳統學派與行為學派的組織設計觀點之間，有相當的互補性，二者可視為一條連續帶的兩個端點。這兩個端點是理論上的兩種狀態，從實務觀之，可以發現大多數的組織設計都會兼採兩種理論的觀點。

第三節　部門劃分

從系統的觀點來看，由於組織的專業分工，往往需要將許多執行類似功能、專長的個別工作結合起來，共同聚集在一個部門；在管理者的領導下，對複雜的專業問題，進行決策上的分工，這就是部門化（departmentalization）產生的原因。要瞭解組織專業分工的功能，最簡單的方法是研究其程序的機械面；把工作和人力按照一定的邏輯，分成幾種互斥的群體活動，便可以瞭解專業分工所形成的部門。

組織部門劃分的方式，主要可分為兩類：第一類是產出導向的分類方式；第二類是程序或功能導向的分類方式。另外組織常見的一種方式，是委員會組織，說明如下：

一、產出導向的分類方式

可分為產品基礎部門化、地區基礎部門化及顧客基礎部門化，三種主要的類型：

(一)產品基礎部門化

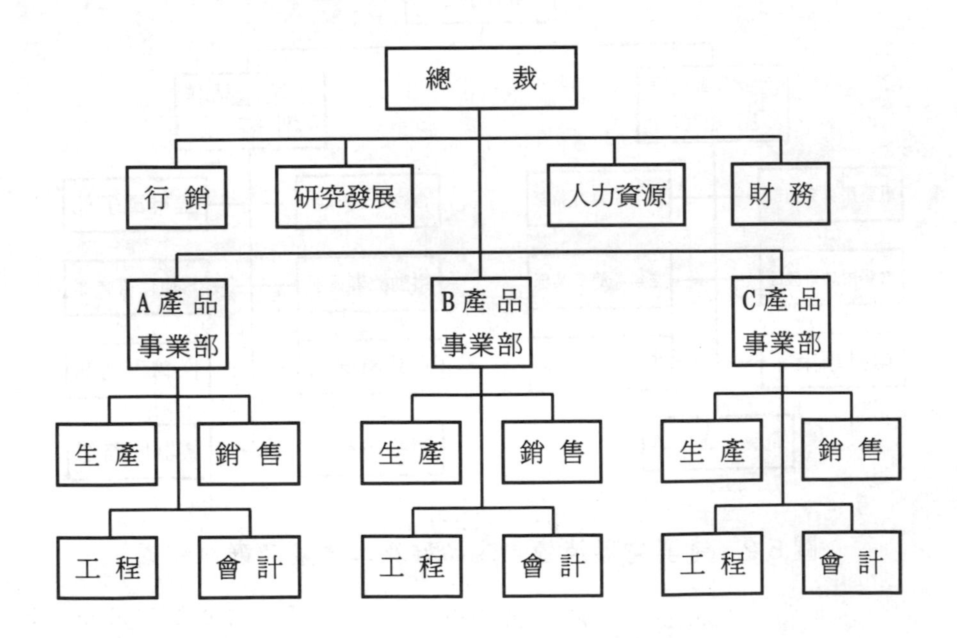

圖 5-1　製造業產品別組織圖

所謂產品基礎部門化，就是將組織的各項作業活動，依據產品線的類別而劃分成不同的部門。凡是與同一產品線有關的各項組織活動，都歸由此一產品部門主管負責。這種方式不僅可以獲得較佳的組織協調；亦可配合產品的特性，充分運用此方面之專門人才及設備。用產品別來劃分部門已日益重要，尤其在多產品線的大型企業。如通用公司、杜邦公司、美國無線電公司（RCA)、奇異電氣等均是，圖 5-1 是一個製造業的例子。在圖中可以發現，組織的行銷、生產、財務等職能仍然在結構中；但組織較為重視產品線，凡屬某一產品的有關業務均彙總於其部門之下。

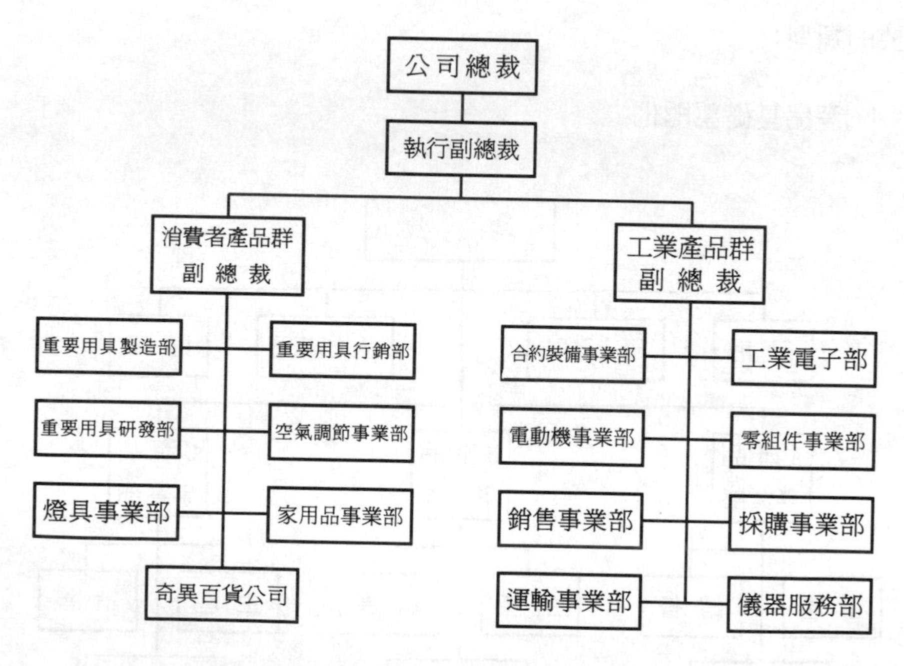

圖 5-2 奇異電器消費者產品群及工業產品群組織圖

使用產品基礎的部門劃分，有三個主要的優點：

1.有助於產品的協調及產品的專業化：如圖 5-2 顯示的是奇異公司的消費者產品群及工業產品群；在 1980 年時奇異電氣有五個主要的事業群，每一個事業群各有許多個部門。如果奇異公司仍採用職能的方式劃分部門，則可發現組織內的協調將會變得相當困難。這種產品基礎的部門劃分方式，就很適合這種有多種產品線的大型公司。

2.可配合責任中心的觀念，進行產品線的管理與績效控制：採用責任中心的觀念，將產品別劃分的部門視為一個利潤中心（或是投資中心），單獨的彙集產品線的營運成果。由於是一個利潤中心，因此產品線有關的收益和成本，都可以歸屬到產品線的帳戶之下；在評估產品銷售所得的利潤之後，可以評估產品經理的經營績效，及決定該產品線的未來發展。也就是繼續經營高獲利能力的產品線，並裁撤虧損的產品線。

3.可提供管理者良好的訓練機會，有助於組織人員的培養與發展：產品基礎的劃分下，部門本身的職能相當完整，與一個獨立的公司無異。因此，管理人員可以瞭解組織的各項職能，有助於管理人員培養整體的、一般管理的觀點。

這種方法的主要缺點有二：

1.產品線部門的自主能力加強，對於一個利潤豐厚的產品線而言，可能會出現高階層管理難以控制的現象。

2.不同產品線之間缺乏橫向的聯繫，因此可能會出現部門之間，重複的在設備、設施上投資，造成資源浪費的現象。

採取這種部門化組織結構的大型公司，應具備多種不甚相同的產品線。由於各產品線的內容不甚相同，組織無法採取集權的方式，統一的規範所有的產品線，故對各個產品線必須採取相對較高的授權程度。在這種情形下，各產品線部門通常會配合責任中心的制度，各自營運並負擔盈虧責任，並以利潤目標作為評估管理者績效的依據。

㈡地區基礎部門化

在大規模的企業中，企業實體非常分散，如其市場範圍遼闊；且隨經營地區的不同，其環境的變動情況、內部資源的使用方式及經營方式亦有不同，即該企業可能會將有關活動依地區基礎予以分組，在公司內分設不同地區部門，以便於營運上的管理。這種採地區性部門劃分的例子，如圖 5-3，與產品別的劃分方式比較，有許多相似之處。

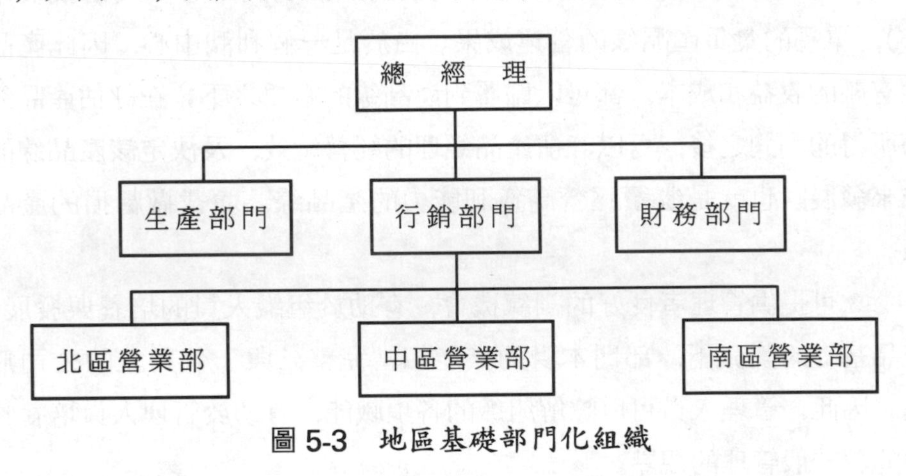

圖 5-3　地區基礎部門化組織

採取地區基礎部門化的主要優點在於便利當地的營運。例如，製造業若靠近原料供應處，則可有較低的產品成本。地區性銷售部門的人員當更清楚當地的環境、顧客和市場。同樣的，地區基礎部門化的缺點亦有二，分別是㈠高階層主管往往難以有效控制地區部門；及㈡不同地區投資在業務使用的設備與設施上，也可能有重複的現象。

㈢顧客基礎部門化

通常企業有許多不同的顧客，在不同類型顧客之間，如果他們所需要的產品、服務不同；而公司為了應付這些不同性質的需求，往往需要發展出不同的內部作業方式，來支援產品服務的需求。在這種情形下，公司就可採用這種以顧客為基礎的部門化方式。

按顧客基礎部門化的則常見於各種企業，譬如一製造業公司有兩類客戶，一為一般消費者，一為工業用戶，二種客戶對產品的需求不同，因此就可能分設兩個部門負責有關業務活動，如圖 5-1 的奇異公司組織圖。或是百貨業中的服裝部門，會分設男裝部、女裝部、童裝部、嬰兒部等。這些都是依顧客需求而部門化的例子；這種部門化的好處，是可依顧客的不同需求，進行部門化的劃分，有助於組織滿足各類顧客不同的需要。主要的缺點也可能是設備、設施的重複投資造成資源的浪費。

這三種部門化方式，都是在適應不同的需要情況，以提供顧客較佳服務。這是大型公司常見的部門化例子，它們所採行的規劃與控制，通常都比較周詳。但是這些方式也都有共同的缺點，就是常常需要有重複的人員和設備，增加投資和費用，而這些人員和設備又可能無法充分有效之利用。所以在實際上採取那種部門化基礎，應該權衡利害才決定適當的部門化基礎。

二、內部功能或作業程序導向

主要為職能基礎部門化及程序基礎部門化兩種方式：

㈠功能基礎部門化

功能基礎部門劃分是相當普遍的一種部門化方式，這種方式是按照組織內部的功能（business function），或是主要的業務編組來劃分組織部門。在製造業，其主要功能是生產及行銷，而財務、人事、研究發展、公共關係等，亦為非常重要的支援性功能。組織功能的劃分，以及各功能部門間的相對重要性如何，是隨著組織之性質而不同。典型的組織圖如圖 5-4 所示。

功能別部門化的企業組織圖，其結構可根據實際的需要，按照組織階層逐次的畫出，大規模的企業，可以有許多的組織階層，而規模較小的企業，其組織階層則較少。在服務業中，其組織的功能可能會不相同。如一家銀行其主要功能部門，可能包括外匯、營業、法律和公共關係等。在一般的保險公司，可能會有精算、承保、代理，及理賠等部門。

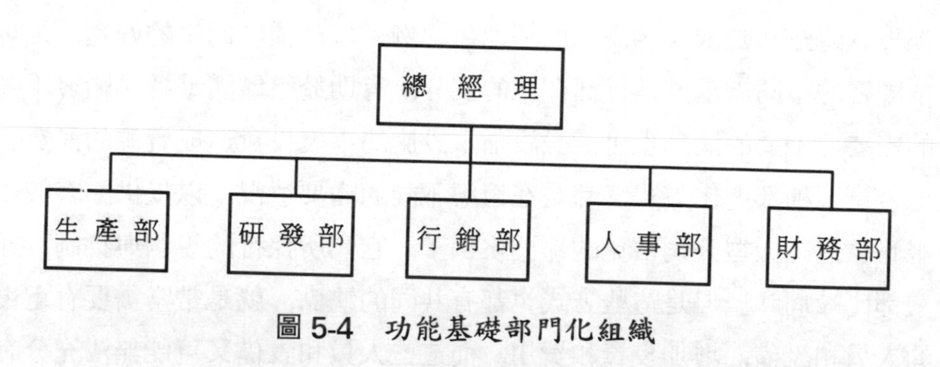

圖 5-4　功能基礎部門化組織

功能基礎的部門化的主要優點是，它符合組織的專業分工，能夠結合專業化的優點，及各專業部門下大量作業產生的規模經濟性。這種部門化的主要缺點是，它可能使得功能部門的管理人員出現「功能性短視」的現象；也就是專業人員只瞭解本身的領域，而無法瞭解其他專業的觀點與想法。

㈡程序基礎部門化

程序（process）基礎部門化是將組織部門按照工作的程序步驟加以組合，並形成共同作業的部門。依設備或程序劃分常見於製造業，如在工廠中常把車床、壓床或自動螺絲機等安放一處，而將這些機器集中，可以使工作更有效率。譬如在一工廠內，可根據生產過程，例如切割、成形、銲接、研磨、油漆、裝配等之不同步驟，分別設立部門化；又如在一採購部門，也可依招標、決標、簽約之步驟分設單位。如圖 5-5 所示。

依作業程序基礎設立部門的主要優點是，可以發揮專業分工的專門性，及結合大量作業的規模經濟性。將從事相同或相近工作的人員結合在一起，有助於員工彼此的接觸機會，可以透過相互切磋，增進其本身的專業知識或技術。而將同功能的設備集合在一處，亦可以互相調節配合。這種部門化方式的主要缺點是，部門專業化的結果，往往會使得部門之間的協調溝通變得較為困難，並會造成本位主義，而忽略了整體利益。

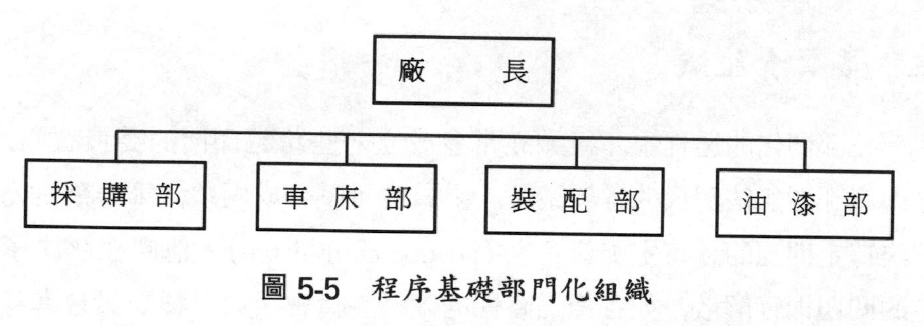

圖 5-5　程序基礎部門化組織

以上所舉的部門化組織方式，只是簡單的基本型態而已。企業在實際應用時，多是同時根據幾種不同的基礎，來設計其組織結構。也就是說，企業各有不同，其型態亦有其特殊之變化。大多數的企業都採用混合式的設計，例如：基本上是功能劃分，但其內部再按產品別、程序、顧客或地區劃分。純粹的功能別、產品別，或地區別的劃分極為少見。如在一大型企業內，在總經理下，分設功能部門；但在各功能部門內，行銷部門又係依產品性質分設單位；再到了各產品事業部以下，極可能因性質不同，採用不同基礎。

除了前述所說的部門化方式之外，組織還可以採用其他的方式進行部門化。如按照「人數」劃分或是按照「時間」來劃分。例如保險公司在某一地區要設幾個分支機構，可能會根據當地的人口來決定，人口多的城市，保險業務的負擔較重，因此分支機構需要設立的較多；而人口少的城市，分支機構設立的較少。軍隊的編組方式也是一例，步兵連是由三個排構成，一個排又由四個班構成，一個班是由十個人組成，這就是按人數形成組織的例子。

而用時間基礎進行部門化的例子，則如醫院護理部的人員組織方式，有日班、小夜班、大夜班；全自動二十四小時生產的製造業，員工也會區分為日班、夜班的員工；甚至在教育的體系中，也有日間部與夜間部的組織劃分。

三、委員會組織

在部門化的過程中，組織經常會成立一些跨越部門的委員會組織，來因應部門無法解決的各項議題。委員會可以分成兩類，第一類是為了解決特定問題的「特定委員會」(ad hoc committee)，他們在解決了特定的問題即行解散，如各種臨時性的評鑑委員會。第二種委員會本身負有某種常設的多元功能，這種委員會稱為「常設委員會」(standing committee)。常設委員會由於具有長期的功能，因此，它會長期的存在公司內部，如諮詢委員會、經營委員會、人事評議委員會、財務委員會、董事會等等。這些委員會有些只有建議的權力，有些則擁有實際的決策影響力。

委員會的組織方式，一如群體決策所討論的優點，包括提昇決策績效、激勵員工及有助於組織的協調整合。在決策績效提昇上，委員會成員所具有的知識、經驗、及判斷均較個人為多，故研究某一個特定問題時，其決策績效必較個人的決策績效為佳。在員工激勵上，則是因為員工參與決策過程，則可激勵員工，並提昇其對決策方案之支持程度。至於在協調上，則可將不同部門的人員編成委員會的成員，如此，將有助於組織內部部門間的協調與資訊傳送效率。

委員會組織的主要缺點有二，分別是決策耗時，及折衷妥協的方案結果。在決策耗時上，主要是來自於委員會的成員較多，當所有成員從不同的角度來看問題時，雖會使得問題涵蓋的層面完整的呈現出來，但決策問題的複雜性就相對提昇了。而在複雜的問題上討論，通常會耗費比較多的時間。折衷妥協的決策方案產生，主要是決策過程中，委員會的成員無法在方案選定上產生共識，因此，最後不得已必須同時兼顧各方的利益與觀點，而創造出一個「平均」的決策方案。這個妥協決策方案的特色是，同時能夠滿足所有決策成員的一部分觀點，但同時也傷害到所有決策成員的另一部分觀點。

委員會決議的方式，還經常會出現一些反功能性（dysfunctional）的結果。典型的例子包括：㈠委員會成員的遞增定律：也就是委員會的成員，通常只會不斷的增加，而不會減少；如柏金森（C. Northcote Parkinson）也曾說：委員會中經常會以「需要增加專業知識的人才」為藉口，來增加委員會人數，並分擔決策的責任。㈡委員會事務處理的「雞毛蒜皮定律」（law of triviality）：這是另一個柏金森定律，此一定律認為，委員會的成員通常會將大部分的時間花在細微的事務上，那是因為過於複雜的問題、金額過於龐大的決策問題，他們通常都不懂；因此，只能在無關緊要的事情上，盡情的發揮群體決策的共識。

第四節　管轄幅度

管轄幅度（span of control）是組織結構設計的重要觀念，是指一位主管之下可轄有多少位部屬；其隱含的意義是，一位主管所能有效監督之下屬人數，有其一定的限度。在傳統的組織理論下認為，一位主管之控制幅度不應太大，否則他將不能有效監督；因為依傳統理論認為，

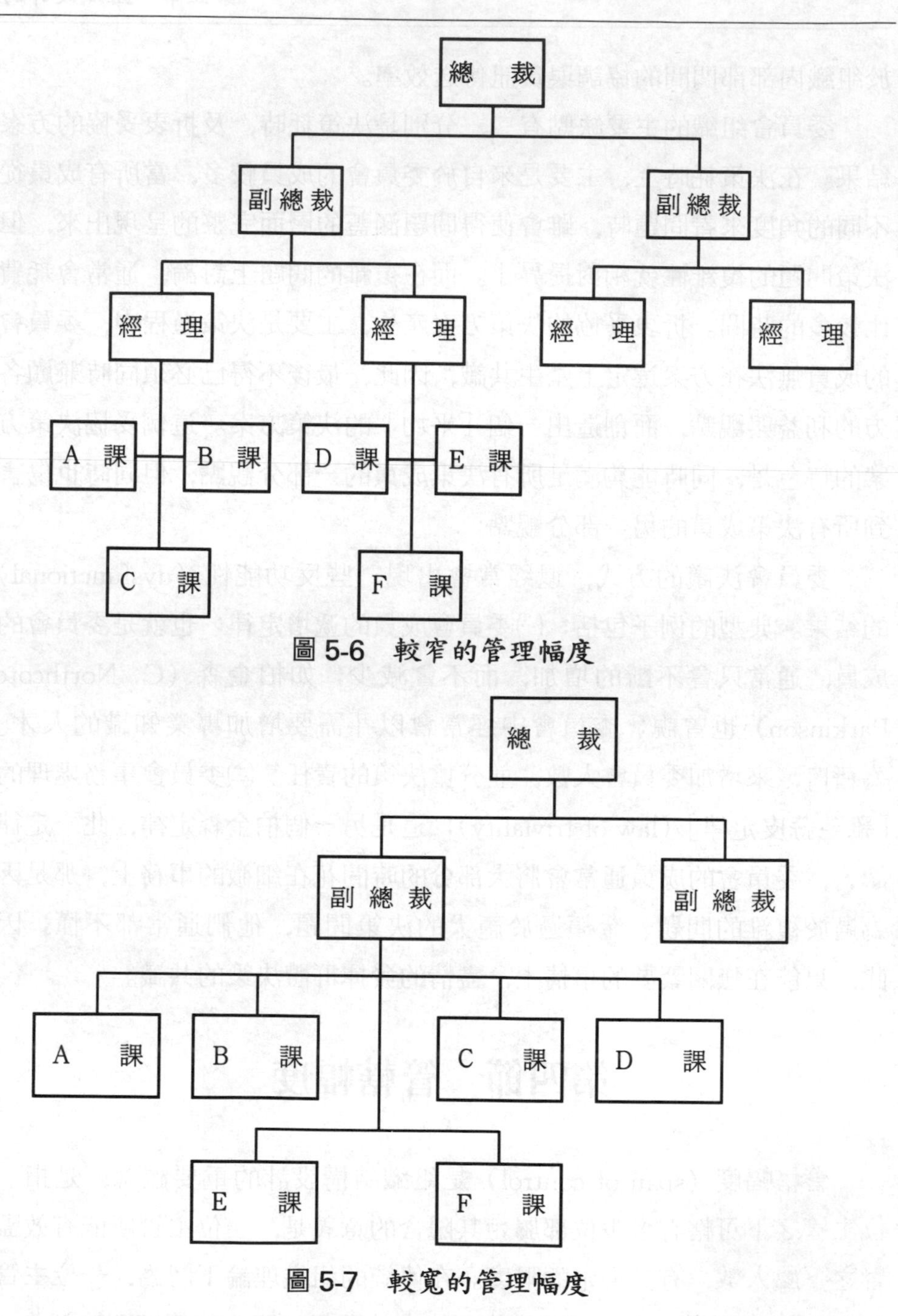

圖 5-6 較窄的管理幅度

圖 5-7 較寬的管理幅度

管理者必須協調所有下屬的活動，如果下屬的人數過多，管理者將無法有效的進行協調。因此傳統組織理論下的組織結構，通常都屬於高架的結構；而這種結構的管轄幅度較小，較便於管理者實施嚴密的組織控制。許多古典的理論家認為較窄的管轄幅度，對主管在協調與整合下屬工作時，有較大的幫助〔註二〕。

較窄的管轄幅度，則組織的層級可能會較多，因此組織結構會比較像一個金字塔；而採用較寬的管轄幅度，則組織層級相對的會比較少，組織結構會比較寬大而扁平。前者的組織結構，通常稱為「高架結構」(tall structure)，而後者的組織結構，則常稱為「扁平結構」(flat structure)。例如，有兩家公司擁有大致相同的員工，圖 5-6 顯示的是較窄的管轄幅度，由副總裁下轄兩位經理，每位經理下再管轄三個課。圖 5-7 則顯示另一家公司採用較寬的管轄幅度，由每位副總裁直接管轄六個課。

一位管理者到底可以有效地管理幾位部屬？這個問題一直困擾著管理學者，而學者們對這個問題的答案也不盡相同。曾有許多管理學者嘗試找到一最佳之管轄幅度，但是一直無法得到確切的答案。如葛雷康納斯（A. V. Graicunas, 1933）的研究發現，當下屬人數以算術級數增加時，主管為了與每位下屬保持相同的接觸機會，則其所需接觸的次數將呈幾何級數增加。葛雷康納斯並發展出一個公式，以計算不同下屬人數時之潛在接觸型態的總次數，公式如下：

$$C = N\ (\frac{2^n}{2} + N - 1)$$

在此公式中，C 代表潛在接觸總次數，N 為管轄的下屬人數。當下屬為 5 人時，接觸總次數為 100 次；當下屬人數為 10 人時，管理者與下屬接觸總次數將增達 5,210 次之多。

在葛雷康納斯的研究中，認為管轄幅度的增大，對管理者的溝通負荷會產生指數般的爆炸性成長的不利影響。而在卡卓（Rocco Carzo

Jr.）和楊努薩斯（John N. Yanouzas）的研究中也認為，高架結構的群體作業效率較扁平結構的群體作業效率為佳。這樣的結果，是不是表示愈窄的管轄幅度愈佳呢？實際的現象發現，組織層級愈多，則組織的決策效率愈差；同時，組織內部的控制失誤（control loss）亦將愈為嚴重。所謂控制失誤是指資訊在組織階層間溝通的扭曲程度；許多的研究（如 Ouchi，1978；Evans，1984）都發現，組織的階層愈多，則資訊傳輸過程中的扭曲程度將會愈大。而且，從人群關係學者的觀點來看，扁平結構的組織，因為主管的部屬較多，則無法事事躬親，所以必須採取較高程度的組織授權。員工的授權程度增高後，也助於提昇下屬的工作士氣，故可改善下屬的工作績效。

在最適管轄幅度的決定上，學者比較能夠接受的是情境的觀點；如霍斯（Rober J. House）和麥勒（John B. Miner）認為，管轄幅度的決定，需視組織內部的情境、管理者的能力、下屬的需求、以及工作本身各項因素才能決定。而戴維斯（Davis，1951）也認為，中高階層的管理者監督的是管理人員，故其管轄幅度應較小，約在 3 至 9 人之間。因為階層越高的管理者，所負擔的工作越複雜，也越需要依靠他和部屬的進行直接的溝通；如果管轄幅度過大，直接領導的部屬太多，他將沒有足夠的時間來督導部屬工作，因此可能會影響其管理的績效。反之，基層主管所監督的是作業人員，其管轄幅度可增大至 30 人。這些說法顯示，管轄幅度的大小應視其影響因素而定，並宜採用情境理論的組織設計觀點，不可硬性規定一種普遍適用之標準。而洛克希德（Lockheed）公司曾採取一種「主管管轄幅度指數」（supervisory span of control index），以各種因素加權以評估個別主管所處之情況，並作為決定其管轄幅度之依據〔註三〕。

第五節　組織分工

組織結構之設計必須考慮組織分工（division of labor）的問題；所謂組織分工是將組織內部的各類工作，劃分成幾個不同的工作步驟；每一個特定的組織成員，都只負責處理某一工作步驟。這種工作方式，使得組織的成員能夠專心的處理某一特定活動，而不需要關心整個工作的進行。這正是組織各類作業專業化之後，所出現的結果。

也就是說，組織將其所從事的工作，依某種劃分的原則予以細分後，可使組織成員就其所擔負之小部分，發揮其工作專長，熟練其工作技巧，以獲得工作「專業化」(specialization）之利益。例如裝配線上的工人，每個人都只負責一項標準化的工作，便是應用分工原則的標準實例。這種分工及專業化原則，自古典經濟學至傳統管理理論，都是非常重視的。而「部門化」的觀念，就是將這些特定的工作，結合為特定的單位或部門；同時將一定之職權及職責授予此等單位或部門之經理人員，要求他們負責達成所負任務。所以組織分工與部門化之間，有相當密切的關係。

應用組織分工可以協助企業將複雜的工作，切割、轉變成許多標準化的工作。這樣的作法可以有三個好處，一是複雜的工作在切割之後，變成一般人都能夠處理的標準化工作，可以減少對高技術人員的依賴。其二是個別工作人員重複處理一件標準化的工作，可以提高其工作的熟練程度，提昇其工作效率。其三是工作的標準化，有助於生產設備的充分利用，而提昇組織的生產力。但是這種標準化的工作切割，過度使用可能會對組織成員的心理上有負面的影響；如梅耶早期在紡織工廠的研究，就顯示出單調的工作，會使得員工缺乏成就感，造成對未來的發展沒有信心、工人的缺席率、離職率均會提高等不良的後果。

第六節　協調

一、協調的意義

所謂「協調」是採取某種有意圖的程序，使得不同個體、相互關聯的各項活動能夠連結起來，而形成整體的、和諧的、一致的行動。協調的工作隨時都在發生，不僅限於組織內部的事務，亦包括組織與外界個體的相關事務。協調的工作也不僅限於大型企業的部門活動；同樣的，在小型的組織，如超級市場、餐廳等也都有協調的活動在發生。

二、影響協調的因素

組織內部的協調活動，受到兩個因素的影響，一類是來自於「自發性」規劃所生的例行性組織活動，第二類是來自於「環境」刺激所生非預期的組織活動。在自發性的組織活動中，主要是受到組織活動的複雜化程度影響；也就是說，如果組織內部的作業活動愈複雜，則組織內部的協調活動將會顯著的增多。舉例來說，工廠的作業員的生產作業，與醫院外科醫師的開刀手術比較，雖然都是一次作業活動，但後者所需要的協調與配合，則顯然要複雜的多。

至於「環境」刺激所生的非預期組織活動，則受到環境的動態性程度影響。也就是說，外界的環境是否經常會出現一些組織無法因應的事務；如果會的話，則環境的動態性程度較高，如果不會，則環境是相當穩定的。舉例來說，如果企業在過去從未發生過組織員工罷工的事件，現在突然發生了；則組織內部的各個部門必然莫衷一是，不知道應該怎樣處理。這個時候，組織就會積極的展開內部協調，希望能夠在各部門間找出一個處理罷工事件的共識方案。同樣的，如果企業在經營時，從未發生過因產品設計不當，消費者要求企業賠償的例子；一旦發生了，其結果將如同罷工的例子一樣，對企業內部的協調活動有相當程度的衝擊。

三、工作技術與協調

組織的部門劃分，是在讓各個平行部門，都執行組織一部分的功能；各個部門間的工作職掌雖然不同，但部門之內都會進行工作的細部劃分。而各項工作之間，就透過工作流程將其連結起來。湯普遜 (Thompson, 1967) 曾提出組織內有三種不同的工作技術，分別是順序式 (sequential) 的工作技術、彙集式 (pool) 的工作技術、及反覆式 (reciprocal) 的工作技術，如圖 5-8。

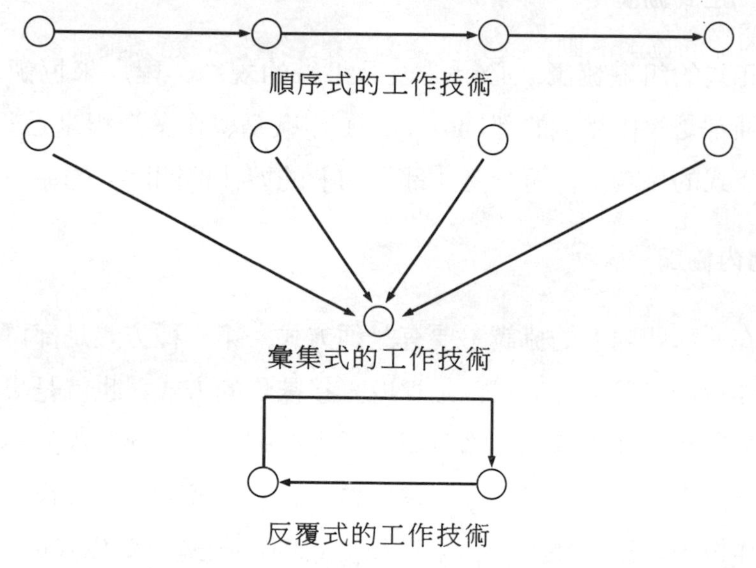

圖 5-8　組織三種不同的工作技術與流程

這三種不同的工作技術，所需要的溝通與協調程度不同。在順序式的工作技術下，組織的協調比較單純，通常是工作程序中相關聯的兩個人相互協調即可；在彙集式的工作技術下，擔任核心彙集工作的組織成員，就必須同時與相關的其他成員進行工作上的協調，而其他組織成員之間則無須進行協調。至於在反覆式的工作技術下，則各項關聯工作之間的相互協調，就變得相當動態、而且更為頻繁。

事實上由於組織內部各部門相互依存的程度不一，且部門內部的工作流程互異，所以組織協調作業的難易程度亦有差異。

四、組織協調的方式

一般而言，組織協調的方式可分為兩類，一種是組織的正式協調機制，另一種則是組織的非正式協調機制。

(一)正式協調

正式的組織協調，必須是透過組織的規章、程序來協調；也就是說，通常是經由組織的部門分工、工作職掌、作業流程來進行協調的。組織正式的協調上，可分為「部門內」的與「部門間」的協調。

·部門內協調

在「部門內」的協調主要有三種方式，第一種方式是部門成員個人的工作協調；第二種方式，是採取直接監督的方式，也就是專設一位管理者來監督其他成員的行為；第三種方式則是透過部門內的專設幕僚進行協調。在第一種方式下，通常比較適合順序式的工作技術，與反覆式的工作技術；第二種方式、第三種方式則比較適合彙集式的工作技術。在部門內工作流程的協調上，閔茲伯格提出了三種工作流程的協調方式，第一種是採用工作流程的標準化（standardization of work process)，第二種方法是採用產品的標準化（standardization of output)，第三種方法則是採用技術的標準化（standardization of skill)。

·部門間協調

至於在「部門間」的協調，主要有三種方式，分別是：部門連絡人的協調、委員會的協調、或是獨立的協調機制。所謂部門連絡人的協調，是在部門內專設一個連絡人性質的工作職位，來處理本部門與其他部門的各項協調事項；這種作法與 Thompson 的組織理性觀點一致。在 Thompson 的觀點下，封閉系統是一種比較能夠發揮技術效率的系統。但由於組織基本上是一個開放的系統，為避免環境的刺激過度的影響組織效率；因此，就會透過設立系統週邊的偵測單位（boundary span unit），來處理系統與環境的各種交換事項。並由這些偵測的單位，適度的處理外界環境的刺激，然後才傳達到組織的技術核心。這樣組織就可以在開放環境下，維持一種類似於封閉系統的作業狀態，而提昇了組織的效率。部門專設的連絡人，全權負責部門對外的協調事項，也處理外界傳達到部門的相關訊息；這樣部門內的成員可以專心的處理其工作，不會受到外界事務的干擾。

至於委員會的協調，則是經由正式的委員會議，提出需要其他部門配合或是支援的協調事項，並由委員會議進行決議的協調方式。而採用獨立的協調機制來進行協調方式，是屬於部門外的協調機制（個人或部門），常見於大型的企業；也就是專門設置一個幕僚部門，來協調、整合各個部門，或是事業部的不同作法。

㈡非正式協調

至於組織非正式的協調，則透過非正式程序、人際溝通的方式進行。這種協調如果能夠有效的運作，將有助於正式協調的順利進行；這與 Mintzberg 所提出的相互調適（mutual adjustment）的協調概念相同。在相互調適下，組織成員就要透過非正式的溝通活動，來達到工作的協調目的。

在日本企業的協調特色，主要是經由兩種協調方式交錯運用產生，一種是正式的稟議制度，另一種是非正式的幕後協調（根回し〔ねまわし〕）（劉立倫、司徒達賢，民82)。日本企業在進行正式的組織協調之前，通常會先進行非正式的、人際之間的協調；其協調的對象不僅包括上司、同儕，有時也會包括下屬。如果事前已經獲得非正式的同意，則在正式會議或是正式的程序中提出協調、配合的要求時，就不會出現反對的聲音。這種方式，會使得部門間尋求決策共識的過程加長，但在部門有了決策共識之後，則可以縮短決策執行的時間。協調的類別可彙總如表5-1。

表 5-1　組織協調類別

一、正式的協調機制
㈠部門內的工作協調
1.部門內工作流程的協調
(1)工作流程標準化
(2)產品標準化
(3)技術標準化
2.部門內幕僚的協調
3.直接監督
㈡部門間的工作協調
1.部門連絡人的協調
2.委員會協調
3.獨立的協調機制
二、非正式的協調機制

第七節　層級組織結構

德國社會學家韋伯曾提出科層結構模式，對傳統理論的組織設計提出了很好的說明。這個模式下認為，一個大型組織應該包括以下六個要點（Gerh & Mills, 1946）：

1.組織內之分工，應同時兼顧完成各種作業及職責所需之手段；根據組織的規章，每一職位有其一定職權亦有其一定責任。

2.組織的命令與職權體系，主要在促進組織內資訊及決策之溝通，並以達成職責為目的。

3.管理者的個人財富，應與組織資產的所有權分開。

4.管理是一種有特色的活動，而管理訓練與管理技巧，是從事這種活動成功的要件。因此，在選擇管理者時，應依據其個人的資格、知識及技術能力。

5.管理是一種專職的活動，負有達成組織目標之責任。而管理人員的升任，應同時兼顧組織的年資及工作績效二者，而非基於個人愛好與偏私。

6.管理者依規定執行其工作，並應保持公正的處理態度。

這種層級組織的型態是屬於高架結構的金字塔的形狀；組織結構的端點為高階層管理者。科層組織結構的基本精神，就是以理性和邏輯作為工作依據，以取代人為主觀的因素。韋伯認為，這種組織結構可以有效執行組織的工作，遠較其他任何組織型態執行效果為佳；而這種組織觀念，對於組織設計的理論發展，有相當大的影響。這種組織型態如本章第二節所述，有四個顯著的特色，包括：

1.縱向的命令傳達與統一指揮。

2.垂直的組織溝通。

3.組織的權責相稱。

4.高度的專業分化。

第八節　組織設計的權變觀點

所謂組織設計的權變（contingency）觀點，是在說明組織內在的職能設計，必須和組織任務、科技、外部環境要求、及組織成員的需求等各項條件配合，才能使得組織的設計發揮功效。也就是說，沒有一種組織設計的普遍性原則，能夠適合所有的組織情境；因此，組織設計反映的是外在環境壓力與組織內在需求的平衡關係。而這種平衡內在需求與外在壓力的組織設計，就是在尋求一種有效的組織結構與其他影響因素間的配適（fit）關係。而最佳的組織結構設計，應依組織所面對影響因素而有所不同。

如薛提和卡利索（Shetty & Carlisle, 1972）的研究發現，組織結構是管理者影響力、部屬的影響力、任務的影響力，及環境的影響力的函數。其中，管理者的影響力是認為，管理者會將其對下屬的人性假設，反映在他所設計的組織結構；如果他接受 X 理論，他就會嚴格的監督下屬，採用高架的結構，也不會授權給部屬。如果他接受 Y 理論的假設，則他會信任部屬、與部屬分享資訊、也會採行分權的組織設計，也就是扁平的組織結構。而部屬的影響力則是指部屬爭取自主的努力，及希望參與決策的欲望。任務的影響力則是指組織的工作科技(job technology)，工作科技可以決定員工的工作職位，可以詳細到什麼樣的程度。至於環境的影響力，則是指資源的可用程度，競爭的性質，需求的預測性，以及公司所提供的產品或服務之種類等。而組織應衡量這四種因素的相互關係，以決定較為適切的組織結構設計。這四項因素會相互的影響到組織結構的設計，此即權變觀點的最佳說明。

從過去的研究中，可以歸納出三個影響組織結構，普遍性的情境因素，分別是科技因素、組織環境因素與組織規模因素。分述如下：

一、科技因素

此處的科技（technology）並不僅限於製造技術，而是泛指組織用來將輸入的各項資源轉換為輸出產品的工作技術。過去學者的研究發現，科技對組織結構的設計有相當程度的影響：如摩斯（J. J. Morse）和洛舒（J. W. Lorsch）曾對四家公司進行分析，其中兩家的經營績效相當好，而另外的兩家則經營績效則較差。經營績效較佳的兩家公司中，一家是容器製造廠，該公司正式化的程度相當高，而且比較重視短期的經營結果；另一家是一個研究實驗室，它的正式化程度則較低，組織內部的規章也比較少，比較重視長期的成果。結果發現，這兩家公司雖然在結構不同，但都與公司的任務和成員特性相當的配合，所以都展現了相當不錯的經營績效。反之另外兩家經營績效較差的公司，則發現其組織結構與公司的作業方式不能配合。

而伍華德女士（Woodward，1965）在研究製造業的生產科技時，將其分為三種不同的類型。第一類是小量生產（unit production），是指以小批量生產方式，也就是依訂單進行批次生產的型態。第二類大量生產（mass production），則是以生產標準化產品、大量生產的製造方式。第三類連續生產（process production），是以一貫作業方式自動產出產品的製造方式。結果發現，樣本公司中績效較佳的企業，其組織結構與其所使用的科技，往往存在著某種配合上的關係。亦即是組織運用的科技，其複雜的程度愈高，則組織結構的分化程度就愈高。在運用大量生產技術的企業，其複雜化程度和正式化程度較高，而運用小量生產技術和連續生產技術的企業，其複雜化程度和正式化程度則相對較低。因為正式的規章在小量生產的企業中很難運用，而在連續生產的企業卻是不必要的。

稍後，布勞（Blau，1976）曾進行另一項研究，研究中以 110 家製造業的公司為研究對象。結果發現，大量生產的公司在與批次單件生產的公司，或是連續性流程生產的公司比較後，確有工作技術上的差異。因此，布勞認為伍華德的發現，可以由員工專業性（employee professionalism）與任務工作例行性（work-task routineness）兩個構面來解釋。這些結果顯示，組織結構的設計往往需配合組織採用的科技，才能發揮提昇組織經營績效的目的。

裴若（Perrow, 1967）亦曾提出一個影響組織結構的模式。在模式中，裴若提出兩個構面來區分組織的科技，分別是「工作變動性」（task variability）與「問題可分析性」（problem analyzability），根據這兩個構面組織使用的科技可以區分為四種類型，如圖 5-9 所示。在第一格是指工作變動少、問題可分析程度較高的科技，此為例行性科技（routine），例如大量生產的企業，像大鋼廠、汽車廠等屬於此類。第二格指的是工作變動性較大、問題可分析程度較高的科技，此為工程性的科技（engineering），例如土木建築等行業。第三格是指工作變動較少、但問題較難分析的科技，此為手工藝科技（craft），例如家庭裁縫、麵包製造等行業。第四格是指工作變動程度大，且問題可分析性較低的科技，此為非例行性科技（nonroutine），例如太空科技。

裴若所提出的兩個科技構面，其中工作變動性是指，組織成員在處理工作職位相關的事務時，遭遇例外狀況的可能性有多高；至於問題可分析性則是指在面對例外狀況時，組織對這類問題是否已有因應措施，組織成員是否能遵循一定步驟而獲致結論。有一點值得注意的是，在伍華德女士所提出的組織科技，主要指的是組織的生產技術；但裴若所提出的科技構面，則泛指一切的工作技術，並不僅限於生產的技術。因此，裴若所提出的科技構面，學者們應用的較為普遍。

如果企業採用的是例行性的科技，則其組織結構會較為趨向科層結構的傳統組織；這樣，可以提昇組織的作業效率。反之，如果企業採用的是非例行性的科技，則其組織結構將傾向於採用有機式組織；這樣有助於增進組織成員提昇其創造能力，與其對環境的適應能力，幫助其有效的處理環境所帶來的變動與刺激。

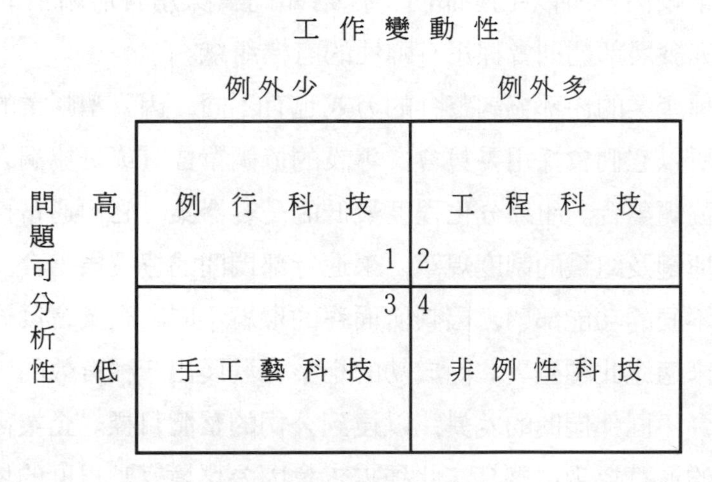

資料來源：C. Perrow, A framework for the comparative analysis of organization, *American Sociological Review*, 1967, 32, pp. 194－208.

圖 5-9　不同情境下的四種工作科技

二、組織環境因素

羅倫斯和洛舒（Lawrence & Lorsch, 1970）曾採用組織結構中的兩個重要構面：分化（differentiation）和整合（integration），來進行研究。所謂分化指的是組織內功能部門的差異程度；而整合是指不同部門間協調的程度。研究中，二人認為塑膠業、食品業和容器業代表不同環境特性的產業；其中塑膠業面對的環境變動程度最大，食品業次之，而容器業的環境最穩定。

羅倫斯和洛舒在衡量三個產業的十家企業後發現，企業的不同部門會面臨不同的環境；因此，產業中較成功的企業往往會在不同部門運用不同的組織結構，以配合環境需要。因此，不同部門之間的分化程度，和產業環境的複雜性有相當大的關係。環境越複雜的產業，其組織分化的程度會比較高。所以生產部門、行銷部門會採用科層結構的傳統組織，而研究發展部門則會採用有彈性的有機組織。

就三種產業的內部協調整合的方式也有不同，因為塑膠業的分化程度最高，所以它們會採用委員會、專設的協調單位（或是協調人）來進行組織的協調整合。組織分化程度最低的是容器業，它們通常採用的是正式的指揮鏈及組織的制度規章，來進行部門間的協調與整合。也就是說，企業不同的功能部門，因其所面臨的環境不同，企業會發展出不同組織結構來適應此種差異。而成功的企業會發展出一種有效的工具，來協調及整合不同部門間的差異，以達到公司的整體目標。企業需要在不同部門間的進行協調與整合，此種需求會因為環境變動程度的增加而增加。

三、組織規模因素

因為組織的規模擴大之後，組織的「垂直分化」和「水平分化」將會增加；前者會增加垂直階層的中間管理者，以進行決策上的分工，而後者則會增加協調水平專業部門的管理性機制。這種「垂直分化」與「水平分化」的增加，直接的會造成組織結構的複雜性增高。由於組織階層的「垂直分化」，致使高階主管無法直接監督整個組織的作業階層，必須採取其他的方式，來進行組織的控制；由於專業的「水平分化」，所以組織需要水平部門間的協調與整合。基於此，組織就會發展出正式的規則和組織作業程序，作為管理與協調上的依據，這樣一來就會使組織的正式化程度提高。同樣的「垂直分化」的結果造成組織的層級增多，使得高階主管和作業階層之間距離越來越遠，很多決策必須授權其他管理者；而「水平分化」則使得高階管理者，無法同時兼顧問題的所有層面，必須將問題的決策適度的交由不同的專業部門來執行。這兩種結果都會造成組織分權化的程度升高，降低了組織的集權傾向。

前述的三類情境因素顯示，有效的組織結構的設計，必須兼顧組織外在環境與組織本身的工作技術之間的配合。古魯克（Glueck，1977）曾就組織設計的權變原則，提出以下六點，可作為我們進行組織設計時的參考；簡述如下：

1.如果組織須以降低成本與提高效率的方式，才能達成組織的目標，則最有效的組織型態，應該是採用功能式的部門劃分。

2.如果組織所處的環境很複雜，而各項重要的決定性的變數，又必須密切配合，才能得到預期的產出時，則應採取矩陣式的組織設計。

3.如果組織規模龐大，而且其採用的科技與市場環境均較為穩定，則企業應採用傳統的正式組織結構設計。

4.如果產業的競爭情況較高，則組織應採較高的授權程度。

5.組織所處的環境變動程度愈大，則組織愈需要採行分權化、彈性的組織結構。

6.組織結構如果能夠配合組織的策略，則其經營績效將會較佳；反之，則其經營績效將會較差。

註　釋

註一：劉立倫、司徒達賢，控制傳輸效果——企業文化塑造觀點下的比較研究，《國科會研究彙刊》，三卷，二期，民國 82 年，頁 257-259。

註二：F. E. Kast and J. E. Rosenzweig：*Organization and Management*：*A systems and Contingency Approach*，New York：McGraw-Hill，4th eds.，

1985，pp.239-240.

註三：H. Streglitz：" Optimizing Span of Control.," *Management Record*, 24. 1962，pp.25-29.

摘　要

組織設計是組織內部工作職能與作業流程的設計。因此，組織設計包括兩個部分，一是工作職能的設計，也就是組織結構（structure）設計；二是工作流程的設計，也就是組織制度（system）的設計。

組織設計主要有兩種不同理論，分別是傳統學派理論與行爲學派理論。其中傳統學派理論主要是源自於韋伯的「科層結構觀點」，與費堯等人的「管理程序觀點」；而行爲學派理論則是源自於人群關係學派的研究發展而成。

組織設計的傳統理論下認爲，組織設計的主要目的在提昇內部作業的技術效率；且組織內部的分工與職位設計，對於內部效率的提昇有相當程度的影響。這個理論認爲員工只是生產工具，只要給予經濟動機的激勵，就能實現組織目標。傳統的組織形式比較類似金字塔的形狀；這種組織型態包括以下四個特色：縱向的命令傳達與統一指揮、垂直的組織溝通、權責相稱、高度的專業分化。

就行爲學家來說，這些學者對於組織內「人」的關切，遠勝於對於組織技術效率的關切。人群關係的學者則發展出社會技術模式（socio-technical model），此一模式受到系統理論的影響，認爲組織是由正式組織與非正式組織共同構成，兩個不同的次系統間會相互的影響；而組織本身是一個系統，它會和組織所處的環境發生各種交換的關係。

組織部門劃分的方式，主要可分爲兩類：第一類是產出導向的分類方式；第二類是程序或功能導向的分類方式。在部門化的過程中，組織經常會成立一些跨越部門的委員會組織，來因應部門無法解決的各項議題。委員會可以分成兩類，第一類是爲了解決特定問題的「特定委員會」。第二種委員會本身負有某種常設的多元功能，這種委員會稱爲「常設委員會」(standing committee)。

管轄幅度（span of control）是組織結構設計的重要觀念，是指一位主管之下可轄有多少位部屬；其隱含的意義是，一位主管所能有效監督之下屬人數，有其一定的限度。較窄的管轄幅度，則組織的層級可能會較多，因此組織結構會比較像一個金字塔；而採用較寬的管轄幅度，則組織層級相對的會比較少，組織結構會比較寬大而扁平。

所謂組織分工是將組織內部的各類工作，劃分成幾個不同的工作步驟；每一個特定的組織成員，都只負責處理某一工作步驟。這種工作方式，使得組織的成員能夠專心的處理某一特定活動，而不需要關心整個工作的進行。這正是組織各類作業專業化之後，所出現的結果。

所謂「協調」是採取某種有意圖的程序，使得不同個體、相互關聯的各項活動能夠連結起來，而形成整體的、和諧的、一致的行動。組織內部的協調活動，受到兩個因素的影響，一類是來自於「自發性」規劃所生的例行性組織活動，第二類是來自於「環境」刺激所生非預期的組織活動。一般而言，組織協調的方式可分爲兩類，一種是組織的正式協調機制，另一種則是組織的非正式協調機制。

所謂組織設計的權變（contingency）觀點，是在說明組織內在的職能設計，必須和組織任務、科技、外部環境要求、及組織成員的需求等各項條件配合，才能使得組織的設計發揮功效。

問題與討論

1.何謂組織設計？又組織設計包括那些內容？
2.何謂正式化？何謂分權化？何謂複雜化？這三個構面與組織規模有什麼關係？
3.試說明傳統學派理論下，組織設計的目的與基本假設？
4.傳統的組織形式具有那幾個特色？
5.試說明行為學派觀點下的組織設計原則？
6.試簡要說明組織部門劃分的不同方式？
7.以產品為基礎的部門劃分方式，主要優點、缺點各為何？
8.以地區為基礎的部門劃分方式，主要優點、缺點各為何？
9.以顧客為基礎的部門劃分方式，主要優點、缺點各為何？
10.以組織功能為基礎的部門化方式，其主要優點、缺點各為何？
11.以組織程序為基礎的部門化方式，其主要優點、缺點各為何？
12.試說明委員會組織的類別、優點、缺點各為何？
13.何謂管轄幅度？又管轄幅度與組織結構設計有

什麼關係?

14.組織分工可將複雜的工作，切割、轉變成許多標準化的工作；這對組織來說，有什麼好處?

15.何謂協調?由組織內部的協調活動，會受到那兩個因素的影響?

16.湯普森曾提出組織內有三種不同工作技術，請問在這三種技術之下，所需的協調是否相同?

17.請簡要說明組織各種的協調方式與類別。

18.試說明一個大型的層級組織的幾種特色?

19.什麼是組織設計的權變觀點?又影響組織結構設計的情境因素有那些?

20.古魯克曾提出組織設計的六項權變原則，試簡述之。

21.請問速食店的管理人員與製造工廠的管理人員，二者之間的控制幅度是否有差異?是什麼因素造成這些差異?請就實際的情況進行討論。

第六章　組織設計的選擇

組織結構的設計，在實務上可以發現有許多不同的方式；本章將針對常見的幾種組織結構提出說明，包括簡單結構、機械式科層結構、分部式組織結構、矩陣式組織結構、專業式組織結構、及事業部組織結構；並說明這些不同的組織結構的適用範圍、及組織結構的設計方式。

第一節　簡單結構

簡單結構就是一種沒有結構的結構，是一種扁平的組織型態，只有一、兩個層級，組織內的任何人都要向最高主管報告，這位最高主管通常也是企業的所有人。在這種結構下，通常在組織內沒有清楚的分工，沒有部門的劃分（縱然有，也是極為鬆散的職能劃分），也沒有授權，見不到管理層級的劃分，也幾乎沒有技術幕僚或是支援人員，所有的決策、協調工作都統攝在老闆的手中，如圖 6-1。

就圖中所示，某甲是公司的所有人兼總經理，他手底下有五位銷售代表和一位會計。因為組織非常簡單，所以無須正式化的工作程序或規章，下屬隨時向他報告，因此，所有的活動他都很清楚。總經理幾乎隨時可以獲得他所需要的資訊；因此決策權都集中在他的手中。以組織結構的三個構面來看，這種組織的複雜化程度、正式化程度、分權化程度都很低；環境中出現任何的突發狀況反應，總經理都能夠快速的反應。

閔茲伯格（Mintzberg,1979）認為，這種組織適合在動盪、簡單的環境。由於環境的動盪，所以組織必須快速的因應環境變動，故需要一位能夠隨時掌握全局的管理者；由於環境相當簡單，所以僅需維持一條狹窄的產品線即可生存。簡單結構的組織，最大的好處是它有彈性，可以迅速地對各種狀況反應，所以維持組織運作的成本很低。但其缺點是它比較適用於小型的組織，當組織逐漸變大後，這種組織型態便無法繼續維持。

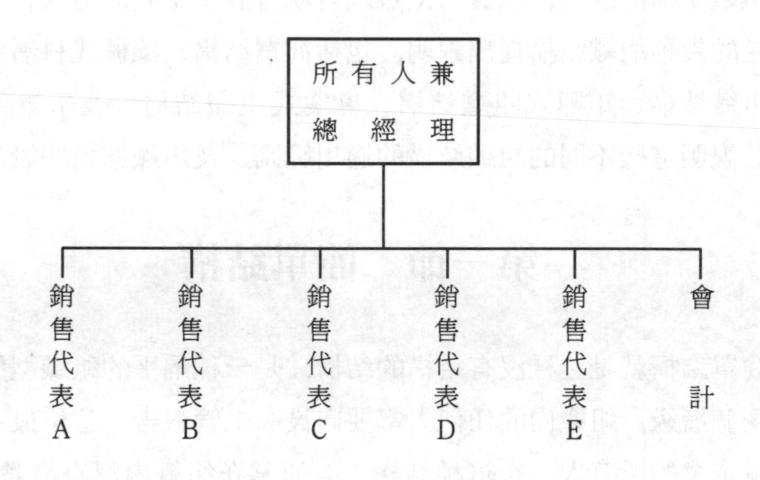

圖 6-1 簡單的組織結構

第二節 機械式的科層結構

機械式的科層結構也就是韋伯所說的科層結構組織，如大型的汽車公司、鋼鐵公司、政府機構等等。這種組織所從事的大部分工作，都是重複性、例行性的標準化作業；因此員工僅需最低程度的技能與訓練便能勝任。在這種組織下，最重要的一群人是組織的技術專家，這些專家包括工作分析專家、職位設計專家、生產時程計畫專家、會計專家等等。由於他們能夠將組織的各項工作分解開來，並將其標準化，所以他們能夠在組織中擁有非正式的權力。如圖 6-2 所示。

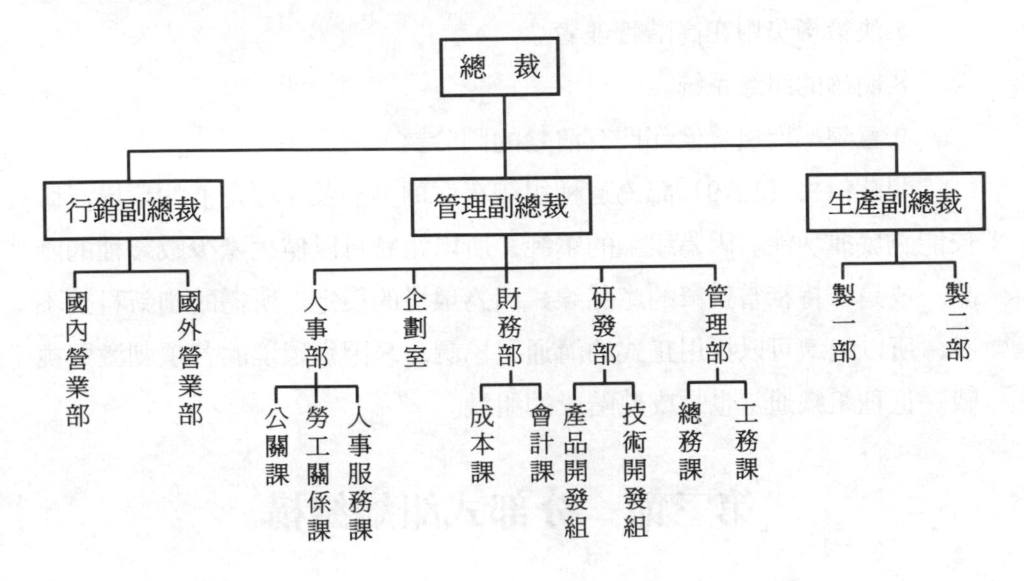

圖 6-2　機械式的科層組織結構圖（以某公司為例）

霍爾（Hall,1963）曾提出韋伯的層級組織模式，可以用「科層結構化」的六個構面來測量，包括：(1)功能基礎分工的程度；(2)階層權威嚴明的程度；(3)各職位人員權責規定的詳細程度；(4)工作程序或步驟的詳盡程度；(5)人際關係上鐵面無私的程度；(6)甄選及升遷取決於技術能力的程度。凡在這六個構面上程度愈高者，其階層結構化的程度亦愈高。而這六個構面也清楚的說明了機械式的科層結構的特性。閔茲伯格（Mintzberg, 1979）認為這種組織主要有以下幾個特色：

1.高度的組織分工。

2.例行化的作業方式。

3.許多正式化的程序與制度。

4.組織有許多的規定與規章。

5.正式化的組織溝通系統。

6.組織分工以功能部門劃分。

7.決策權集中在高階管理者。

8.明確的組織系統。

9.直線部門與幕僚部門有清楚的劃分。

閔茲伯格（1979）認為這種組織在「簡單」及「穩定」的環境，比較能夠發揮功能。因為組織的單純，所以組織可以僅生產少數幾種的產品，或是維持相當狹窄的產品線；因為環境的穩定，所需的創新科技不多，所以組織可以採用正式的溝通與協調，來因應環境的各項刺激與挑戰。這種組織通常也是成熟階段的組織。

第三節　分部式組織結構

部門劃分是一種常見的組織結構，企業依其主要的業務活動，進行組織的編組及部門化。在部門的組織結構，常見的方式有四種，分別是：

一、職能別的部門劃分

這是一種傳統的組織結構，威廉遜（Williamson）（1975）稱其為U型組織（U-form），組織按照其本身的功能，將組織部門區分為生產、銷售、財務等等部門。職能別部門劃分的廣泛採用，主要是因為它與組織的基本業務、作業程序吻合，合於專業化的邏輯及架構；這種部門劃分的主要缺點，就是它可能會導致職能部門的管理者，產生職能別的部門，無法瞭解其他不同職能部門觀點與想法的「功能性短視」的現象，其結構如圖6-3。

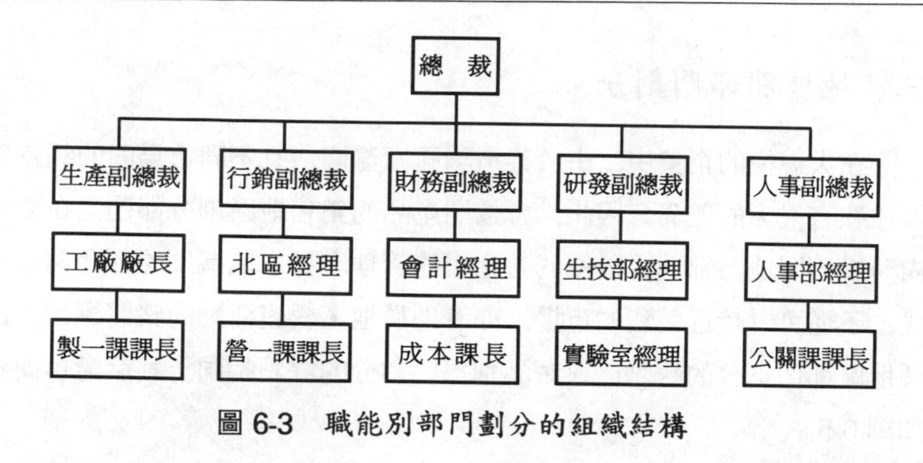

圖 6-3　職能別部門劃分的組織結構

二、產品別部門劃分

在多產品線的大型企業，通常會採用產品別劃分部門。產品別部門劃分有許多優點，如㈠比較容易協調和進行專業化，對大型企業比較有利；㈡有助於產品線責任中心的績效控制和衡量；㈢可作為主管訓練的機會。這種產品別部門劃分也有一些缺點，如產品部門可能會變得難以控制，及不同產品部門可能會出現重複投資的現象。其組織結構的複雜性與職能別部門組織相近〔註一〕，其結構可簡示如圖 6-4。

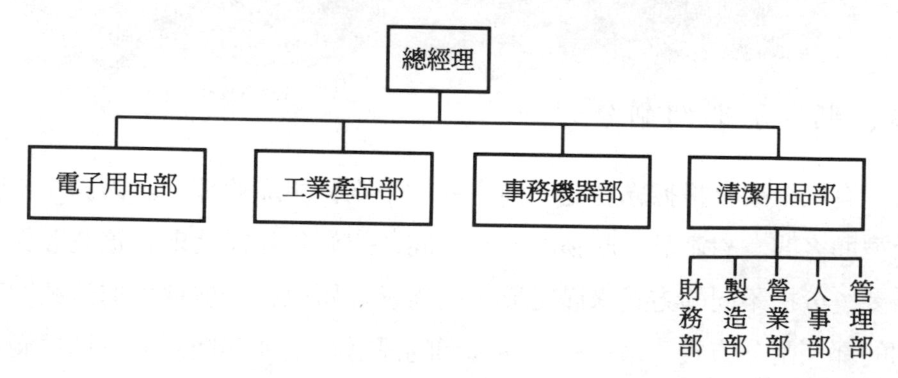

圖 6-4　產品別的部門劃分組織圖

三、地區別部門劃分

在大規模的企業中，由於其市場範圍遼闊，且不同市場間的經營環境往往有很大的差異；因此，會按照產品的銷售地區劃分部門。在公司內分設不同地區部門，以便於營運上的管理。採取地區別的部門劃分方式，不僅可以接近銷售的市場，亦有助於地區營運活動的整體協調。這種地區部門劃分的缺點，與產品別部門劃分的缺點相同。其結構可簡示如圖 6-5。

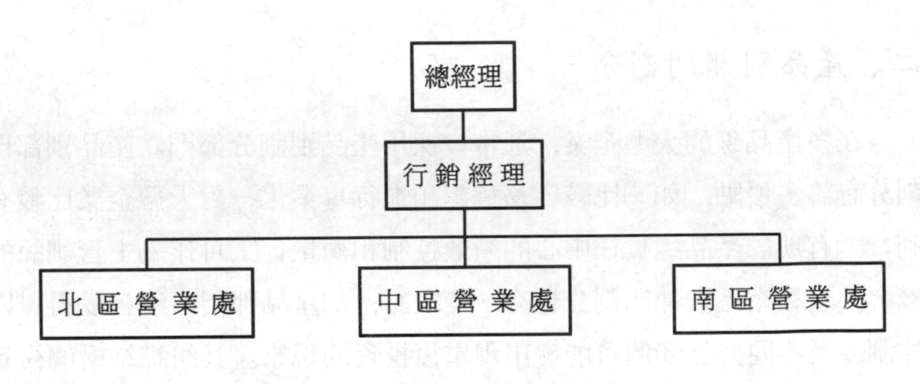

圖 6-5 地區別的部門劃分組織圖

四、顧客別部門劃分

有些企業會根據顧客的不同需要，來劃分組織的部門。因為在不同類型顧客間，對產品、服務的需求不同，組織往往需要配合這些互異的需要，分採不同的方式來滿足顧客的需求。所以公司就會採取這種顧客別的部門劃分方式，來進行組織部門的設計。這種部門劃分有助於滿足各類顧客不同的需要；但主要的缺點也是可能會出現重複投資，造成組織資源的浪費。其組織結構可簡示如圖 6-6。

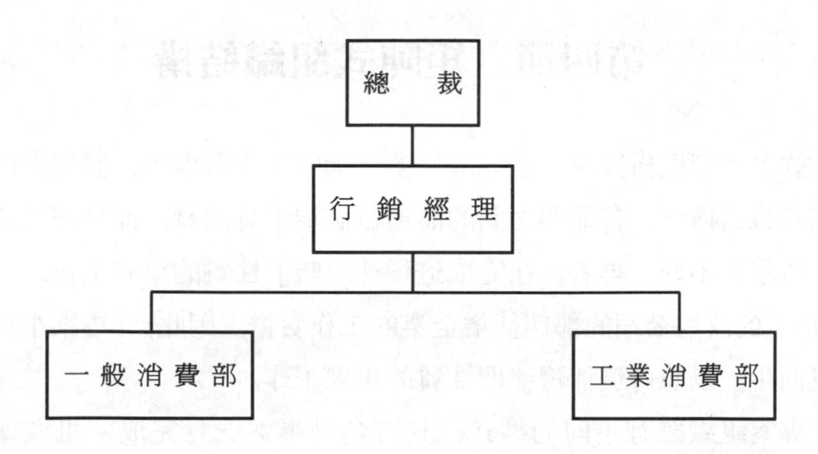

圖 6-6　顧客別的部門劃分組織圖

這四種部門劃分方式，都是在適應不同的需要情況，以提供顧客較佳服務。這是大型公司常見的部門化例子，它們所採行的規劃與控制，通常都比較周詳。但是這些方式也都有共同的缺點，就是常常需要有重複的人員和設備投資。前述所提的部門組織方式，都只是簡單的基本型態而已。企業在實際應用時，有時會同時兼採幾種不同的部門劃分方式，來設計其組織結構。而究竟那一種部門劃分的方式可以提昇組織的績效，則應該在適當的分析比較之後，才決定組織的部門化方式。而傳統的組織理論觀點則認為，組織部門的劃分方式上，應考慮以下三個要項〔註二〕：

1.是否能有效利用組織的專門技術或知識？

2.是否能有效利用組織的機器設備或知識？

3.是否能提供必要的組織之控制與協調？

唯有在對這三個要項仔細評估之後，才能選擇一種最能夠發揮組織優勢的部門劃分方式。

第四節 矩陣式組織結構

許多大型機構發現，在完成許多重大的工作過程中，發現在以往的部門組織結構下，各部門之間的溝通協調均十分困難，而且部門之間的配合情形也不好。再者，在完成這種「臨時」性質的重要工作，亦無須「經常」的改組公司的部門徒增企業的工作負擔。因此，「專案小組」便應運而生，以應付這種跨部門性質的重要工作。

專案組織雖有不同的型式，其特色是專案一旦完成，組織即行撤消。所謂專案管理，便是集中最佳的人才，在一定的時間、成本或品質的條件下，來完成某一特定、複雜的任務，而任務完成後即行解散。換個方式來說，專案管理者及其從員，隨著專案完成的進度，逐漸的在用工作來解散自己。整個群體可能繼續做另一個專案，也可能就完全解散。不過，專案結構雖有許多優點，其適用性也頗有限制。基本上專案結構比較適合以下的情境：(1)有特定的工作目標；(2)工作的性質特殊，為組織目前不熟悉的工作；(3)此項工作中各項作業活動之間相當複雜；(4)工作的成敗對組織的影響相當大；(5)是一種臨時性的工作任務。

專案的目標確定後，便可以進行專案組織結構的設計，而設計時可以採取許多不同的型式。執行過程中，專案管理人對負責整個計畫的完成，擁有專案執行所需的全部資源，對其小組的人員有直接指揮權。專案組織的結構設計上，可以採取三種不同的形式，第一種是採取常設職能組織的翻版設計，這樣的設計叫做「單純專案結構」（pure project structure）或「總體專案結構」（Aggregate project structure），如圖6-7所示。第二種設計的方式，是由專案管理人員扮演顧問的角色，而由總經理在原有的職能式組織中綜理整個方案，可參見圖 6-8。第三種就是矩陣式的組織結構（matrix organization），如圖 6-9 所示。

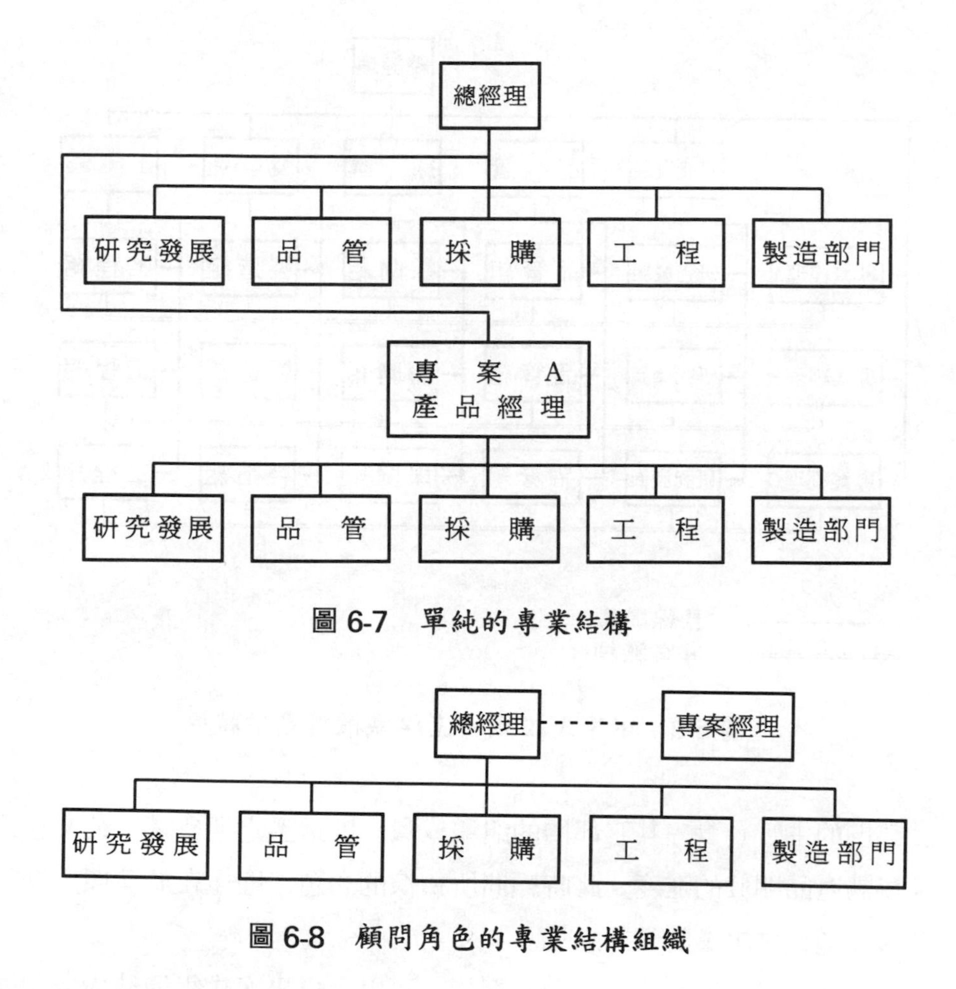

圖 6-7 單純的專業結構

圖 6-8 顧問角色的專業結構組織

在「單純專案結構」下，專案經理由各功能部門中抽調部份的人力，進行專案研究的工作。舉例來說，如公司希望開發一種新的產品，但由於新產品的發展中，往往也需要製造部門、工程部門、採購部門的配合，以掌握新產品在商業化過程中，可能遭遇的各種問題。因此，總經理可能會指派一位專案經理，專門負責上述專案的開發；在指派的同時，也會賦予該專案經理適當的權力，以方便專案的的推展與進行。而在顧問角色的設計方式下，新產品開發的主要責任仍由總經理，或是研

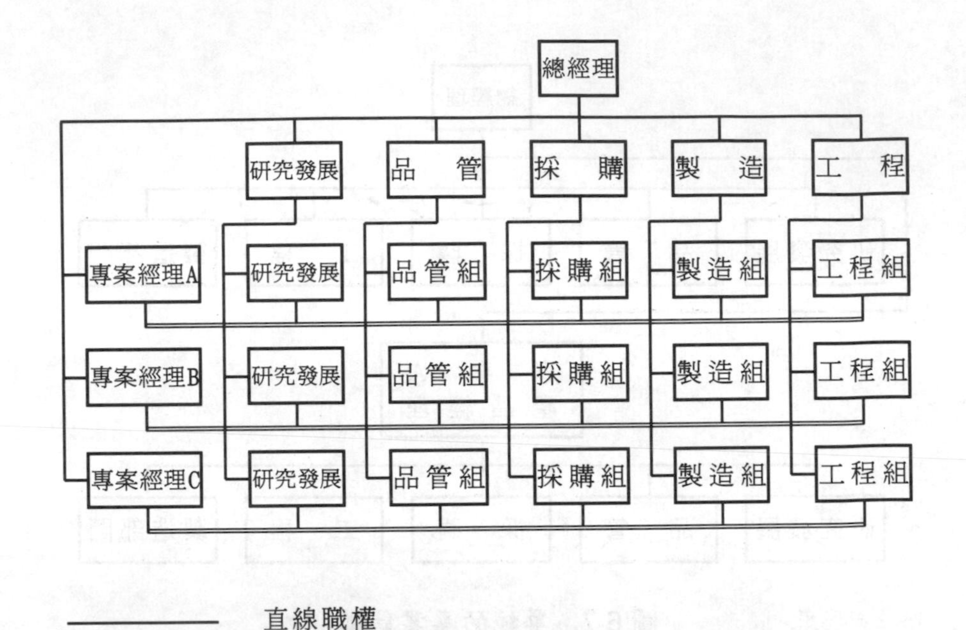

圖 6-9　矩陣式組織的直線職權與專案職權

發部門的主管負責，其它部門的組織成員，則透過定期會議、公文往返來協調產品開發的進度。此時顧問所扮演的角色，則僅在於參與定期的會議，並提供專業的諮詢意見。

「矩陣組織」是一種混和的型態，可以合併專案式組織結構與功能部門設計二者的特性。即組織內一方面仍然有傳統之功能或程序部門，如生產、行銷、財務等部門，但另一方面，又有直屬於高層主管之專案經理。專案經理所需人員，均調自原有功能部門，所以他們歸專案經理調度。在這種組織安排下：矩陣組織有時會和專案組織通用，但二者之間有一些差別，其中最大的不同是，矩陣組織所需的成員，均由原有的功能部門中借用；專案成員都需要同時對原屬部門的經理與專案經理負責。部門經理可對專案成員擁有管理上的「職能職權」；而在專案進行期間，專案經理對專案成員亦有「專案職權」。

以圖6-9來看，成立這種矩陣式的專案組織，是將專案發展與功能性的組織結構，長期的結合在一起，並形成制度化的發展途徑。這種結構與單純專業結構最大的不同是，前者希望能夠將專案研究的彈性與機動性，與組織的功能性作業活動結合，並增進組織因應市場變動的能力；而後者則為臨時性的專案研究，主要在解決某一特定的課題。

這種組織結合垂直的功能職權與水平的專案職權，二者綜合之後，可以產生既垂直又水平的組織結構。垂直的結構可以維持組織內原有的職權體系，而水平的結構則打破了原有的組織結構與統一指揮的原則，二者之間的關係是相當微妙的。因為專案經理沒有法定職權，故無法對專案成員提出升遷與獎勵；相對的，部門經理卻擁有這種職權。從「權責相稱」的觀點來看，專案經理所擁有的職權，是不足以完成他所肩負的責任。也就是說，專案經理存在著一種工作上的職權差距（authority gap）。所以說，二者之間如果沒有良好密切的配合，這種結構可能會產生較高的組織內部衝突。而因為這種組織的特色，一方面是原有功能部門主管可以行使縱向的功能職權，另一方面是專案經理可以行使橫向的專案職權，所以被稱為「矩陣組織」。

一、矩陣組織的優點

戴維斯及羅倫斯（Davis & Lawrence,1977），認為這種矩陣式的組織結構最大優點是，有助於管理快速因應市場和技術需求的變化。而克利蘭和金恩（Cleland & King,1983）也認為矩陣結構有以下幾個優點：

1.矩陣結構強調指派由一個專案經理負責所有的專案業務，可集中事權的管理。

2.可彈性運用職能組織中的專門人才。

3.專案知識的互通性，不同專案的知識和經驗可用於其他的專案。

4.專案成員在專案結束時，可回到原有的職能部門。

5.有橫向的溝通管道，且其決策較為集中；故對專案需求及客戶的期望，反應較為快速。

6.如果能夠巧妙的處理專案與職能組織並存衝突，對於組織的專案管理有相當大的幫助。

7.由於專案結構和職能部門間的雙重控制及有效的衝突處理，可以使得專案的時間、成本及成果獲得較佳的結果。

二、矩陣式組織的缺點

矩陣式組織的缺點，主要有以下四點：

1.職能職權與專案職權的衝突。由於兩位經理人都負有完成既定工作的職責，會使得雙方的管理者，必須爭取執行工作所需要的人力與財務資源。而矩陣式組織的雙重指揮現象，往往會使得這種衝突加劇，造成權力傾軋與爭奪的結果。這種現象的處理，並沒有一定的規則，需要功能部門的管理者與專案經理各退一步，才能消弭這種資源競用的負面影響。

2.矩陣式組織需要借助專案成員的共同能力與協調，因此會使用群體的決策方式。群體決策的過程中，如果缺乏正確的指引，就很容易出現第五章群體決策一節內所述的各項缺點。要避免這種現象的出現，就必須明確的訂出群體決策的使用情境與使用規範。

3.組織內部如果缺乏適度的管理，出現過多的專案，往往會造成組織資源競用的現象，複雜到難以處理的地步。甚至可能會出現大的專案組織內，還會出現小的專案組織。當組織發展到這種複雜的情況，矩陣式組織反而成了組織的負擔。無法控制的矩陣式組織結構，會帶來組織內部管理者間的權力爭奪，並嚴重的損害組織的效率。

4.由於雙重管理，所以矩陣式結構可能會導致管理成本的增加；再加上矩陣式組織也需要長期的監督，所以也會造成監督成本的增加。

第五節　專業式組織結構

專業式組織，所雇用的是具有高度訓練的專業人員；因此，專業式組織結構就是將組織內的專業人員適度的編組，形成部門，藉以完成組織的工作任務。這種組織可以分為兩種截然不同的型態，第一種是包括醫院、大學、管理顧問公司，或是其他的專業服務機構等的大型組織結構，這種結構與機械式科層結構相當接近；第二種則是專案化結構(adhocracy)，這是一種有機的、自由的、動態的組織結構。

在這種專業的大型組織中，專業水準是決定經營績效的主要關鍵，組織為確保專業服務能夠符合一定的品質，就必須對專業水準進行控制。而專業技能是否能夠標準化，正是這種專業結構非常重要的成敗關鍵。在大型的組織結構中，專業的作業程序雖然可以標準化；但是在執行過程中，只有實際執行的人員才能進行專業工作的自我控制。在這種組織下，因為大部分的控制工作是由專家自我控制，所以中階層的管理者會比較少，且專業人員間的橫向聯繫也會比較少。這種專業的組織，如圖 6-10 所示。

閔茲伯格（1979）認為這種組織結構通常會建立完善的技術幕僚，以協助專家執行專業的工作。技術幕僚的產生，主要是因為使用專家的成本太高，如果各項例行性的技術的支援工作，都由專家來執行，則成本必然會升高。這種專業、大型的組織結構通常比較適合「複雜」、但相當「穩定」的環境。因為環境的複雜，必須運用複雜的、專業的作業程序，所以組織成員需要經過相當的訓練才能勝任。因為環境的穩定，所以對各種專業的技能的需求較為明確，因此才能夠做到技能的標準化。

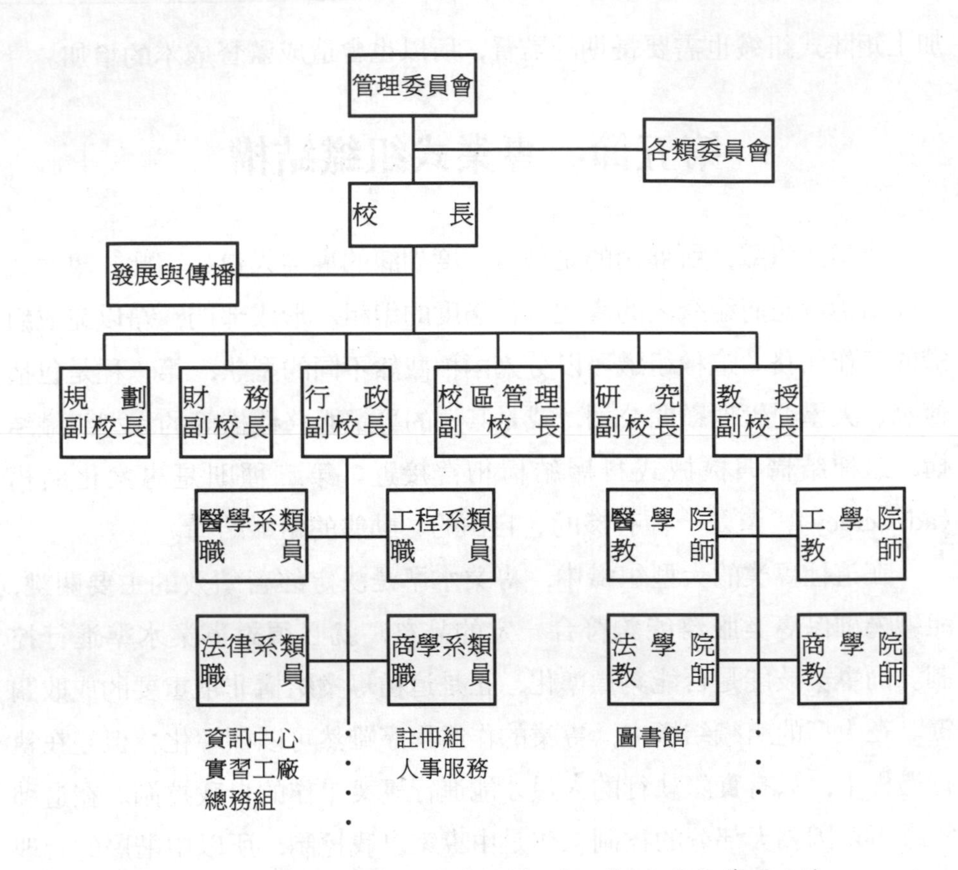

圖 6-10 專業科層的組織結構（以美國的大學爲例）

專案化結構，主要是出現在追求創新的公司。在創新的公司中共同的特色是，儘可能的避免對個人工作做明確的規定，也避免強調組織的指揮鏈與隸屬關係，並希望建立一種有機性、自由開放的管理系統。彼特斯與渥特曼（Peters & Waterman，1982）在《追求卓越》一書中，曾提及這些卓越的公司，在組織上都是採用產品/市場為中心的組織結構，內部是以非正式的溝通為主，組織成員會表現出一種共同的、鼓舞創新的組織文化。而在追求創新時，閔茲伯格（Mintzberg，1979）認為除了採用專案化的結構之外，沒有其他的組織結構，能夠達到這個理想。

專案化的組織結構有以下四個特色:

1.組織內部的正式化程度最低，甚至沒有組織圖與職位說明書。

2.高度開放的溝通網路，且不羈於形式。

3.員工雖然歸屬於某一職能部門，但在心理上隨時都準備歸屬到某些不同的專案，故其在組織部門中的職位與功能並不重要，甚至只能算是「過客」。

4.專案小組間能夠保持相當靈活與協調，這主要是因為組織成員之間靈活的相互調節與聯繫。

專案式結構是一種以市場為基礎的有機性結構，這種創新的有機組織，必須配合組織內部的創新文化，才能有效的運作。而高階管理者的主要角色，就是在塑造組織的創新文化。這種組織比較適合複雜、動態的環境；因為環境的複雜，所以需要高度的分權化、專業化與多樣化；因為環境的動態，所以才需要一種有機的結構，以因應環境的快速變遷。由於這種組織的有機性，所以很難設計出這種組織的結構型態，其組織結構型態是「自然的形成」的。

雖然「專業科層結構」與「專案式結構」兩種組織型態，都是專業式的組織結構；但是，這兩種結構之間確有非常大的差異。在專業的科層結構組織中，專業技能是可以標準化的；但是在專案化結構的組織，所企求的並不是標準化的技能，而是創新的概念或知識。而且在正式化的程度上，二者之間的差距亦相當大；因此，我們可以將這兩種不同的專業式組織，視為連續帶的兩個端點，作為比較的依據。

第六節　事業部組織結構

閔茲伯格（1979）認為，事業部（division）結構是由共存於中央管理結構下的，一系列「半獨立的組織單元」聚合而成。在這種組織結構下，各個組織單元以「鬆散的聚合」(loose coupling) 方式結合在一起，而不是緊密連結的組織個體。這種事業部的結構與專業式的結構，最大的不同是，前者是以「部門」或「單位」為其組成的單元，而後者則是由「專家」為其組成的單元。每一個構成的單元，通常稱之為事業部 (division)，而中央的管理機構，則通常稱之為總公司 (headquarters)。

一、地區事業部

地區事業部的組織結構如圖 6-11。這種事業部的組織結構，因為市場的多樣性，所以通常是以組織服務的市場為其劃分的依據。在一個事業部之下，包含了一個組織應具備的各項基本功能，如生產、行銷、人事、財務等功能性部門。由於各個事業部本身已具備了組織的各種功能，能夠獨立自主的運作，能夠自行發展組織的策略，也能夠自行決定執行策略所須使用的資源。所以事業部對總公司的依賴程度，及各個事業部之間的相互依存關係，都變得相當低。

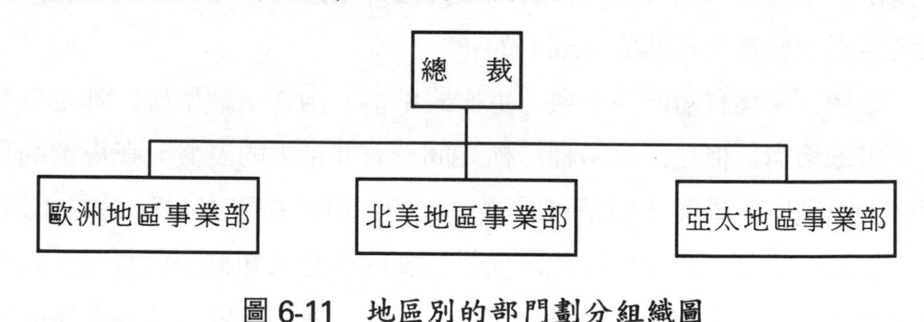

圖 6-11　地區別的部門劃分組織圖

二、產品事業部

產品事業部可依其多角化的方式不同，而區分為兩種不同的型態。第一種是相關多角化所形成的產品事業部；這種組織結構，威廉遜

(Williamson, 1975) 稱為 M 型組織 (M-form), 並認為這是一種較佳的組織型態。這種多角化的方式, 是運用現有的技術能力拓展出新的事業部, 因此可以利用組織現有的技術與資源, 發揮組織事業部之間的績效。其組織結構如圖 6-12 所示。

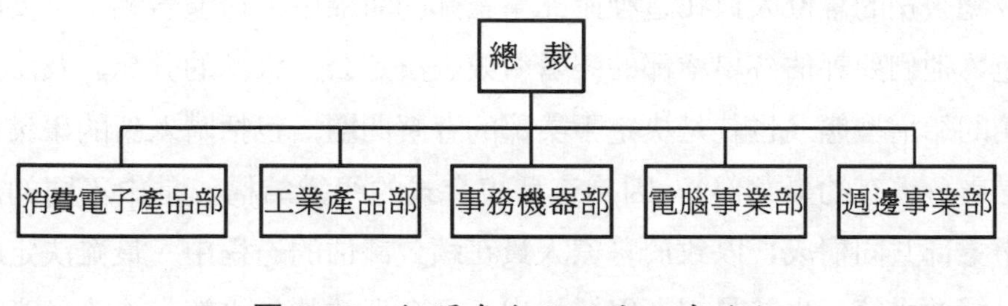

圖 6-12　相關多角化的產品事業部

第二種的多角化方式是, 採用複合式 (conglomerate) 組織結構, 威廉遜 (Williamson,1975) 稱其為 H 型組織 (H-form)。它是由一群關聯性不高的產品事業部, 結合而成的組織結構。H 型組織的產生, 是因為組織產品別的非相關多角化 (unrelated diversification) 所致; 而母公司則是以控股公司的方式, 來掌握這些關聯性不高的產品事業部。這種組織結構如圖 6-13 所示。

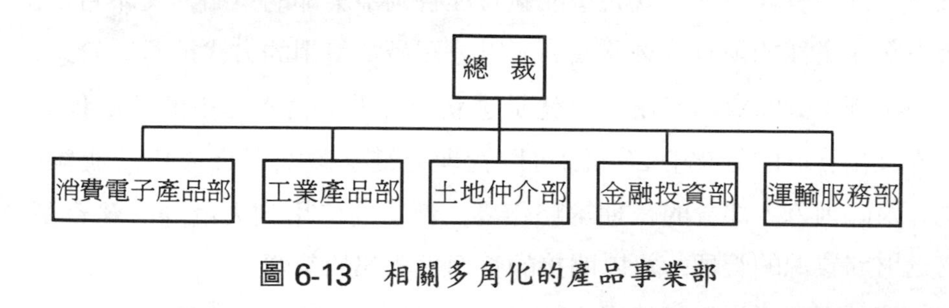

圖 6-13　相關多角化的產品事業部

這種事業部的組織結構, 因為產品的多樣性, 所以通常是以組織的產品線作為劃分的依據。產品事業部的各項功能與特色, 與地區事業部的特色、功能相近。各個事業部本身都是獨立的責任中心（至少都是利潤中心，亦有為投資中心者），能夠自行發展組織的策略，決定執行策略所須使用的資源。同樣的，各產品事業部對總公司的依賴程度，及對其他事業部之間的相互依存關係都相當低。

總公司的幕僚人員在這種產品事業部的組織中，扮演著相當重要的角色；他們要評估各事業部的經營績效、決定公司資源的分配、及決定公司的結構型態（也就是決定事業部的存廢問題，包括購入新的事業部或是處分舊有的事業部）。因為這種複合式的組織結構，是由不同的產品事業部共同構成；以致於幕僚人員在績效評估的過程中，最難決定的就是績效水準，也就是說，很難找出一種合理的績效水準，作為各產品事業部間比較的依據。

三、事業部的管理

事業部組織結構下（不論是地區事業部或是產品事業部），各個事業部都可能會發展出彼此衝突、不相容的發展策略，也可能會發展出與組織基本目標、價值觀不相容的經營策略。總公司為避免這種衝突的產生，有效的管理各個事業部的營運方向與策略，就必須發展出一套管理程序。此一管理方式，既希望能夠管理各個事業部的策略，又不希望傷害各個事業部的現有分權狀態。所以公司最常使用的方式就是，管理各個事業部重大的資本支出，也就是建立一套重大資本支出的核准程序。資本支出管理的好處有二。㈠可以管理組織整體的資金運用狀態與效率；及㈡因為大部分的長期策略作為，都需要使用到大量的財務資源，透過財務資源的管理，可以間接的管理事業部的策略。

這種事業部的組織結構比較適合大型的、環境既不複雜、動態程度也不高的企業。這種環境的特性與機械式科層結構比較相近。事實上，這種組織結構的演進，通常是以機械式科層結構為起點，隨著地理區域擴張，或是新的產品線逐次出現，組織的規模日漸擴大，便逐漸走向組織多角化（地區的多角化，或是產品的多角化），而出現事業部的組織型態。事業部的經營方式，可以提昇組織作業的規模經濟性，及降低營運上的風險。也就是說，一種組織結構的產生，通常是因為組織管理上的需要。如果組織的事業部過多，有些公司會在事業部之上再加上「事業群」(business group）的組織結構；並每一個事業群分別管轄幾個事業部，以避免總公司同時管理過多的事業部，所出現的負面影響。

註　釋

註一：產品別的部門劃分，主要是依產品線進行區分。這種結構上的區分，往往會影響企業內部各職能部門處理事務的規模經濟性；故這種組織結構在小型企業中較不常出現，較常出現在大型的企業組織。由於這種劃分方式，在面對不同的產品行銷環境時，確實有相當大的幫助，許多國際企業都採用這種產品別的劃分方式，並將其提昇為事業部的層次，以集中產品銷售的管理事權。

註二：許士軍，《管理學》，台北：東華書局，八版，民國 77 年 3 月，頁 234。

摘 要

簡單結構就是一種沒有結構的結構，是一種扁平的組織型態，只有一、兩個層級，組織內的任何人都要向最高主管報告，這位最高主管通常也是企業的所有人。

機械式的科層結構也就是韋伯所說的科層結構組織，這種組織所從事的大部分工作，都是重複性、例行性的標準化作業；因此員工僅需最低程度的技能與訓練便能勝任。在這種組織下，最重要的一群人是組織的技術專家。由於他們能夠將組織的各項工作分解開來，並將其標準化，所以他們能夠在組織中擁有非正式的權力。

部門劃分是一種常見的組織結構，企業依其主要的業務活動，進行組織的編組及部門化。在部門的組織結構，常見的方式有四種，分別是：職能別的部門劃分、產品別部門劃分、地區別部門劃分、顧客別部門劃分。

專案組織雖有不同的型式，其特色是專案一旦完成，組織即行撤消。所謂專案管理，便是集中最佳的人才，在一定的時間、成本或品質的條件下，來完成某一特定、複雜的任務，而任務完成後即行解散。

「矩陣組織」是一種混合的型態，可以合併專案式組織結構與功能部門設計二者的特性。即組織內一方面仍然有傳統之功能或程序部門，如生產、行銷、財務等部門，但另一方面，又有直屬於高層主管之專案經理。這種組織結合垂直的功能職權與水平的專案職權，二者綜合之後，可以產生既垂直又水平的組織結構。

專業式組織，所雇用的是具有高度訓練的專業人員；因此，專業式組織結構就是將組織內的專業人員適度的編組，形成部門，藉以完成組織的工作任務。在這種專業的大型組織中，專業水準是決定經營績效的主要關鍵，組織爲確保專業服務能夠符合一定的品質，就必須對專業水準進行控制。而專業技能是否能夠標準化，正是這種專業結構非常重要的成敗關鍵。

專案化的組織結構有以下四個特色：1.組織內部的正式化程度最低，甚至沒有組織圖與職位說明書；2.高度開放的溝通網路，且不羈於形式；3.員工雖然歸屬於某一職能部門，但在心理上隨時都準備歸屬到某些不同的專案，故其在組織部門中的職位與功能並不重要，甚至只能算是「過客」；4.專案小組間能夠保持相當靈活與協調，這主要是因爲組織成員之間靈活的相互調節與聯繫。

問題與討論

1.何謂簡單結構的組織結構？試舉例說明之。
2.何謂機械式的科層結構？它適合在何種的環境下生存？
3.請依閔茲伯格的觀點，說明機械式科層結構所具有的幾個特色。
4.部門的組織結構，常見的方式有幾種？請簡要說明其內容。
5.何謂矩陣式組織結構？其優點、缺點各為何？
6.常見的專業式組織結構可分為幾種？試各舉例說明之。
7.專案化的組織結構有幾個特色？
8.何謂事業部的組織結構？這種組織結構可分為幾種不同的型態？
9.有些學者認為矩陣式的組織，雖會對企業的指揮體系，造成雙頭馬車的不利影響，但這是必要之惡（necessary evil)。請就此一說法進行討論。
10.有人認為企業只要能夠建立一個適當的組織結構之後，就可長治久安，無須再調整組織結構。請就此一觀點進行討論。
11.有人認為非正式的群體，對組織的負面影響多於正面影響；所以應該儘可能的將其清除。請就此一論點進行討論。

第七章　職權與權力

各級管理人員必須藉著組織所賦予之職權，才能推動工作、調度資源及領導部屬。本章即針對職權之概念、職權的種類、及授權分別做一說明。在職權的定義與來源中，我們將討論職權的定義、職權的來源、及職權與權力的關係。在職權的種類的部份，我們將對直線職權、幕僚職權、職能職權、及直線職權與幕僚職權的衝突與解決，四個重要的課題進行說明。而在授權一節中，本章亦將就有效的授權程序及影響授權的情境因素做一說明。

第一節　職權的定義與來源

一、職權的定義

所謂「職權」，代表一種經由正式途徑所賦予某項職位的一種權力；透過此種權力，管理者可下達命令並期望命令被接受。職權通常包括決策的權力、指揮部屬工作的權力、及發布命令的權力。組織的成員，均享有一定的職權，透過職權的體系，組織的各項工作才能推動。這種職權的賦予，與個人在組織中的職位有關，而與個人的特質無關。

二、職權的來源

職權的來源一般有三種不同的說法，第一種看法是來自於組織的正式授權，也就是「形式理論」(formal theory)。第二種看法認為是來自於下屬的接受，也就是「職權接受理論」(acceptance theory of authority)。第三種看法則認為是基於情境需要，這就是「情境理論」(situation theory)。分述如下：

(一)職權的形式理論

這是傳統的職權觀點，認為職權是來自於組織的頂層，如圖 7-1 所示；而正式的組織結構，就是要一種建立組織的正式職權關係。職權的產生，最原始的根源是來自於憲法中對私有財產權的保護與承認。之後再經由股東、董事會、總經理、經理，以至於各級主管及人員，層層下授而產生了正式的組織職權體系。

而隨著時代的變遷，私有財產權的觀念，正隨著社會價值觀念及制度的改變跟著改變，不再被視為是一種絕對、不可侵犯的權利。而近年來企業社會責任的思想蓬勃發展，使得私有財產與社會利益之間必須取得平衡。職權的行使範圍，因此受到相當程度的限制。

職權基本上是一種職位的權力；經由這種權力，管理者在一定的工作範圍內，進行指揮、監督、控制、以及獎懲等各項管理活動。這種職權是組織完成工作必須具備的權力，如果組織的內部缺乏這種職權，則各項組織活動，將無法有效的執行。

(二)職權接受理論

相對的，巴納德 (Barnard, 1938) 認為，形式理論所說明的職權，與他所觀察的現象不太符合；職權要能夠發生作用，須視下屬對上級命令的「接受」程度而定。有了「接受」這一條件，才能算是真正的職權。唯有部屬接受上司的指令時，此一職權方為有效，才稱得上是存在；如果下屬不接受其上司的命令時，職權根本不存在。這種觀點不同

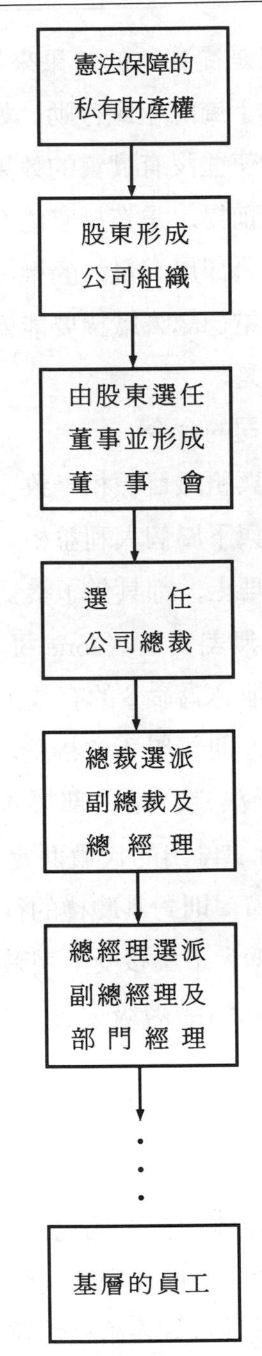

圖 7-1　形式理論的職權來源

於形式職權的地方是，它是從實質的效果來看職權的意義。也就是說，職權行使的目的是在驅動下屬的組織行動；如果上司發布的命令，下屬不願意遵行，則職權的行使並沒有實質的效果。

因此，職權有效性的前提，是在於它能有效影響下屬的行為。此一觀點最大的不同是，它認為部屬有最終的權利，來決定是否接受、或是否定合法職位的職權。巴納德認為職權要能為下屬所接受，必須滿足以下四個條件的要求，分別是：

1.下屬須能瞭解上司的命令。

2.上司的命令，須與組織目標相一致。

3.上司的命令，須與下屬個人利益相一致。

4.部屬在心理及生理上，都具備了接受上司命令的能力。

巴納德同時亦提出了無差異區（zone of indifference）的觀念；以解釋其職權的接受理論。他認為命令的有效性，僅限於在部屬的無差異區；無差異區以外的命令，則部屬不會接受。而此一無差異區的大小，主要是由部屬的心理知覺決定，是由部屬根據接受命令的誘因（inducement），與接受命令所須付出的代價而定。就管理者而言，若其下屬接受命令的無差異區愈廣，則對其職權的行使愈有利。因此，管理者的主要責任之一，就是要擴大下屬接受上司職權的無差異區，以利於組織工作的推展。通常成員在組織層級愈高，其接受命令的無差異區愈廣。

㈢職權的情境理論

情境理論認為每一個組織成員，因為工作的關係，必須在不同時間、情境下扮演不同的角色；因此，在不同情境下職權的行使，須視其所扮演的角色而定。情境職權可分為兩種性質，第一種是危急情境的職權行使，第二種是正常情境的職權行使。舉例來說，如果銀行遇到了搶劫，當搶匪正在清點鈔票時，疏於注意行員的反應，一位職員奮不顧身的撲向搶匪，制止了搶案的發生，這就是一種情境職權的行使。搶案的防止原是銀行警衛的職責，但行員依當時的情境需要，未經授權的情形下，就行使了這種職權。同樣的，如果出納員偷偷地按了防盜警報器，召來地區的警察，也是行使了情境職權的例子。這種職權的行使，是在危急的情勢下，必須立即採取行動，促使在場行使職權，而不論其是否獲得正式授權。

正常情境的職權行使，則較為多見；舉例來說，當我們乘船的時候，必須服從船長的命令；搭乘飛機的時候，必須服從機長的命令；在擔任委員會的委員，必須服從委員會的決議；在委員會議中討論到稅法的問題時，就必須聽從財務或是會計部門專家的意見；在搭乘電梯的時候，必須聽從電梯服務人員的指引，這些都是情境職權的事例。這種職權的行使在現實生活中愈來愈多，而我們也會發現，這是來自於他們對「專業知識」的瞭解比我們多所致。

三、職權及權力的關係

職權與權力之間有相當密切的關係。從定義來看，權力則係指個人「影響」他人決策或是行為的能力；因此，前述三種不同的職權理論，事實上是反映不同的權力基礎。二者之間雖然可以相互援用，但仍有一些不同；其中職權所強調的是一種正式的、法定的權力，而權力則包括各種可能的影響力。其中的差別，或許可以從法蘭區及雷文（French & Raven，1962）所提出的「權力來源說」得知〔註一〕。法蘭區及雷文認為，權力之來源有以下五種，分別是〔註二〕：

(一)強制權力(coercive power)

此種權力的來源，是來自於下屬的畏懼。也就是說，管理者可以經由組織的授權，命令下屬停職、降職、或是取消獎金，以剝奪下屬的某些權利；或是指派給下屬某些不喜歡的工作。這些作法都可以讓員工對其有所畏懼，而願意接受管理者的指揮。

(二)獎酬權力(reward power)

這是相對於強制權力的另一種權力。此一權力強調的是管理者，可以經由組織的授權，而給予下屬所喜歡的東西，如給下屬加薪、升遷、單獨的辦公室等；或是可以除去組織加在下屬身上，但是下屬不喜歡的東西，如終止下屬的停職。

(三)合法權力(legitimate power)

合法權力就是一種為組織成員所接受的法定職權。這是根據組織正式的規章明訂，不同職位的管理者，可以獲得組織授權的範圍，而這種權力通常也包括強制與獎酬的權力。

(四)專家權力(expert power)

此類權力是來自於專門的技術、或是專門的知識而來，這種專家權力與組織的職能權力有相當密切的關係。也就是說，因為問題的複雜性與特殊性，以致於只有少數人能夠解決這種問題，所以必須依賴專家的判斷與意見。如組織碰到工程的問題，就必須聽取工程專家的意見；在遇到稅務的問題時，就必須聽取會計專家的意見。

(五)參考權力(referent power)

這是一種無形的影響能力，也是組織正式職權以外的另一種權力。這種影響力的產生，是因為個人的某種人格特質，成為其他人的學習或模倣的對象，並間接的影響到他人的行為與決策態度。

以組織來看，前三種權力所指的是組織的階層職權，也就是上司對下屬的職權；第四種權力所指的是組織的功能職權，也就是專業分工後的部門職權，這二種都是組織的正式職權。但是第五種權力則是組織內的非正式影響力。這種權力不僅存在於組織中的高階層，同時也散見於組織的各個階層。所以說，權力是一種較為廣泛的觀念，包括正式的或非正式的影響力；而職權則是一種較為狹隘的觀念，通常僅包括組織內正式的影響力。

第二節　職權的種類

組織內部正式的職權，主要有三種不同的型態，分別是：直線職權（line authority）、幕僚職權（staff authority）、職能職權（functional authority）。直線職權與直線功能不同，直線職權是管理下屬的職權；而直線部門管理者所發揮的功能，則可稱為直線功能。同樣的，幕僚職權與幕僚功能亦有不同，幕僚職權是一種輔助性的、支援性的職權；而幕僚部門管理者執行業務的功能，則可稱之為幕僚功能。如圖 7-2 是直線與幕僚組織圖。

在波特（Porter，1985）《競爭優勢》（*Competitive Advantage*）一書中，對直線幕僚部門亦做了類似的區分。波特將組織的活動可分為兩大類，第一類是主要的活動（primary activities），第二類是支援性的活動（support activities）。其中從事主要活動的部門，通常就是企業的直線部門，這些部門包括企業的生產、銷售部門。因此這些部門的主管，所發揮的就是直線的功能。而其他主管支援性活動的幕僚部門主管，所發揮的管理功能，就是一種幕僚功能。

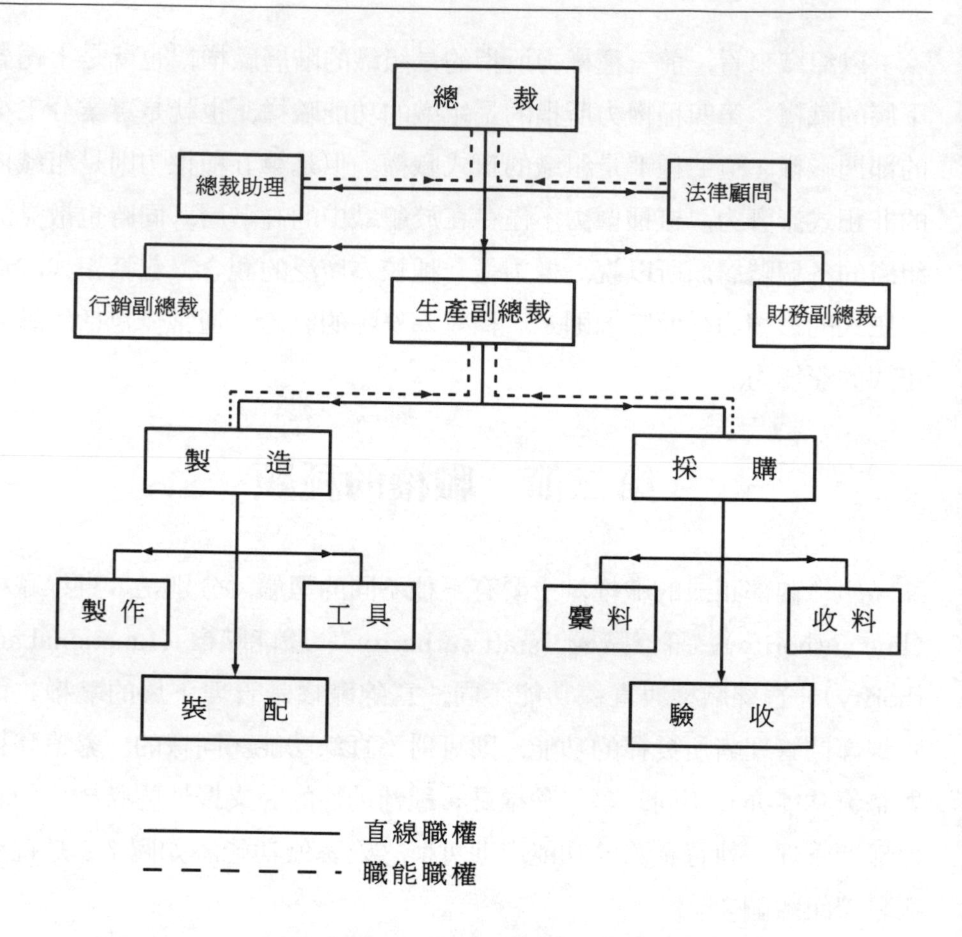

圖 7-2 直線與幕僚組織

職能職權基本上是另一種不同的分類，它也是一種職能部門的「有限」職權。所謂有限的意思是說，它不像直線職權那樣完整的職權，而只有一小部分的功能性的職權。在本節的稍後，將會對職能職權做進一步的說明。這三種職權都是組織基本架構中不可或缺的部分；在組織程序上亦各有其重要性。

一、直線職權

直線職權是管理者指揮下屬工作的職權，這種職權是順著組織中的指揮體系，由上往下的一種上司對下屬的關係。對管理者而言，他對他的直屬部屬都具有直線的職權；至於說，該管理者的部門是否是直線的功能（line function），則視該功能與組織目標之達成，是否有直接的關係。如果該部門所發揮之功能，對組織目標的達成有直接的關係，則稱該管理者所發揮的功能為直線功能。

直線職權是組織內最基本的職權，它包括指揮下屬、發布命令及執行決策的權力，故為一種直接的職權。所有的管理者均對其下屬擁有這種直線的職權。層級間直線職權的結合形成了組織的指揮鏈（chain of command）。這種關係又常稱為層級鏈（scalar chain）；主要是因為其由組織頂層而下，梯狀的構成了整個組織的職權體系。如在軍隊的例子中，團長對營長、營長對連長、連長對排長都具有直線職權，這是一種直接指揮及下達命令的權力。同樣的，在公司中如總經理對副總經理、生產副總對工廠的廠長、廠長對科長、領班對作業員等的關係，都是直線職權的說明。

二、幕僚職權

幕僚職權是一種輔助性、支援性的組織職權，它並沒有直接指揮的權力；因此，幕僚職權者對於組織的業務，通常只是在提供管理者決策上的協助、諮詢與建議。這種職權的產生，是因為管理者面對的問題日趨複雜，如果要顧及決策的周延性，就必須同時借重不同部門的專業意見，而無法單憑直線的職權來進行有效的決策。幕僚職權就在這種情形下，扮演著協助與支援的職權角色。

幕僚可依其性質分為兩類，第一類是個人幕僚（personal staff），

第二類是專業幕僚（specialized staff）；隨著兩種類型的不同，所擔負的角色亦隨之不同。茲分述如下：

㈠個人幕僚

個人幕僚之特性，在於其乃是為了協助某一較高層管理者達成所負職責而設的，此職位本身並沒有任何職權。個人幕僚並不一定是一個人，完全視高階主管職責的複雜性而定。舉例來說，在大型組織內，總經理的個人幕僚可能是一個「總經理室」的單位，下轄多位的個人幕僚；而在較小型的公司，則可能只有一、二位「總經理的特別助理」。同樣的，副總經理的祕書也是一種個人幕僚。在許多大學中，學院的辦公室都設有一位兼任行政的教師，這位教師也是扮演著院長的個人幕僚。雖然有時候，管理者會指揮其個人幕僚負責某些工作，但該幕僚所作的工作，只是管理者職權的延伸，幕僚所獲得的只是一種暫時的授權而已。

㈡專業幕僚

此類幕僚具有某方面的專門知識或技術，就其專門領域內，對直線管理者做建議及服務。它與個人幕僚不同的地方是，它所服務的對象為整個組織，而非某一管理者。通常組織內有許多這種專業的幕僚，它可能是一個部門，如人事部門、財務部門、研究發展部門等，也可能是一個專業人士，如法律顧問、稅務顧問。這些專業幕僚的功能，主要是在協助公司處理各種不同專業領域的事務。他們不僅要就本身專業範圍提供參考意見，必要的時候，還要提供各類專業有關的作業服務；舉例來說，人事部門不僅要處理人事相關的各項事務，而在其他部門需要聘任員工時，通常也會交由人事部門來處理，以便辦理新進人員的甄選。

三、職能職權

職能職權的產生，通常是來自於組織規模擴大及專業化的結果。因為規模擴大，所以會形成不同的組織階層，而專業化則會形成組織的部門。為了在專業領域發揮支援決策的功能，因此就會賦予專業部門某種職權，以便於該專業部門能夠規劃及控制專業的各項活動。這種職權與直線職權不同的是，它是超出個人直接可命令範圍外的一種功能性職權。這種職權是一種有限度的職權，通常是以專業技能為基礎，其目的在改善組織的效率。

舉例來說，公司的會計部門對於各工廠的會計室，便具有此種職權；它可以要求工廠的會計室依照會計部門的政策，來記錄或處理會計事務。同樣的，以一個採用產品別部門劃分的組織結構（如圖 7-3）來看，某些直線經理人可能對產品的部門經理人擁有職能職權。如財務副總可以要求各產品部門的會計人員，定期呈送某些會計記錄。行銷、人力資源的副總也可以要求產品部門內的相關人員，定期呈送必要的表報。在這種情形下，公司的功能部門的管理人員，都對於下屬的各部門擁有一部分職權。

職能職權的使用有兩種好處，一方面可以發揮職能部門作業的規模經濟性，二則可以發揮組織雙重控制（dual control）的功能。所謂雙重控制就是直線部門的控制，及職能職權的控制，這種控制的方式，部分學者認為可以降低組織垂直階層資訊傳輸的扭曲程度，也就是降低組織的控制失誤（control loss）〔註三〕。但這種作法，有時會干預部門經理的直線職權，損及各主管職權的完整性，甚至對命令體系造成分裂的影響。而在二種職權之間的命令，出現不一致的時候，這種分裂的現象尤其嚴重。

理論上來說，職能職權是一種有限的職權，但在實務上來看，卻往

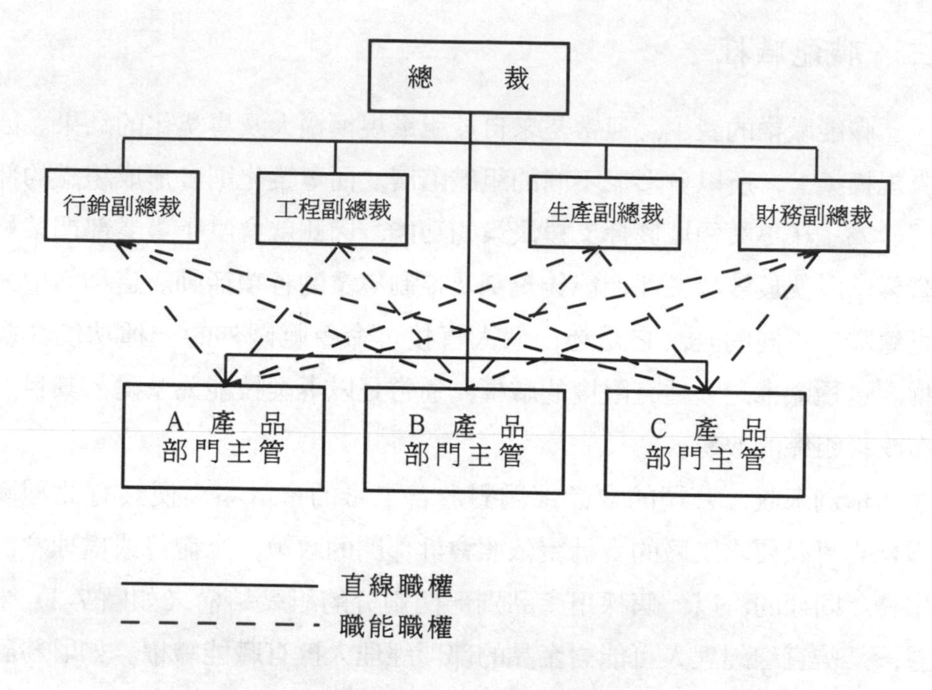

圖 7-3 直線部門的職能職權

往會發現，如果各個職能部門在爭奪權力的時候，就會出現多頭馬車的現象。由於職能職權的運用是不可避免的趨勢，但由於其可能出現的缺點，所以在運用時要較為小心。

四、直線職權與幕僚職權的衝突與解決

(一)職權的衝突

幕僚職權雖然可帶來許多利益，但可能會帶來直線和幕僚人員之間的衝突；這種衝突主要是來自於這兩類人員的處事態度不同。其形成原因主要來自兩方面，第一是這直線人員與幕僚人員在事業前程（career path）的發展途徑不同，造成了他們對組織事務的態度不同。通常直線

人員需要經過較長的升遷，需要對實務有較為深入的瞭解；所以他們的年紀通常也比較大。而幕僚部門則無須如此，通常他們在碩士畢業之後就到幕僚部門工作；所以他們都比較年輕，也比較勇於嘗試。因此幕僚部門通常沒有實務經驗，但是他們有許多改進業務的新點子；而這是幕僚部門最為直線部門詬病的地方。

這種不同的事業前程與組織生涯，對組織成員的工作態度有很大的影響。舉例來說，一般人認為直線部門人員的人格特質包括：高度的行動導向、比較重視直覺、較缺乏長期的眼光、有簡化問題的傾向、高度的自我防衛心態。而對幕僚部門人員的人格特質看法則為：對問題分析較為周詳、比較重視分析較不重視直覺、有長期導向的觀念、有將問題複雜化的傾向、在方案分析的過程中，常常會忽略成本效益的問題、慣於挑剔其他部門的錯誤。

第二是因為二種人員的組織權責不同，直線人員有決策的權力，但也需要負擔起所有的決策責任；相對的幕僚人員在提供了分析的資訊之後，卻不一定要承擔決策的錯誤結果。這使得直線主管必須要仔細的評估幕僚的建議，由於幕僚所提出的分析通常較為複雜，所以在不能確定分析報告的可信程度之前的情況下，寧可相信自己過去的實戰經驗。而幕僚人員看到直線人員的反應之後，通常會批評直線人員過於保守。直線職權與幕僚職權的衝突於焉開啟。

㈡職權衝突的改善

由於幕僚職權是一種輔助性、支援性的職權，因此，如何善用並增進其與直線人員之間的合作，就成為一個重要的課題。一般來說，改進的方式不外乎避免幕僚人員越權，或是希望直線人員在進行決策時，能將幕僚人員的意見納入考慮。詳言之，其作法可分為以下三種，分別是：

1.清楚的職位說明書

讓幕僚人員知道他所扮演的只是一種輔助性支援的功能，這樣有助於組織在正式職權爭議上的溝通。

2.鼓勵組織直線與幕僚之間的協調與溝通

如日本公司就經常會採用正式的或非正式的協調與溝通，來提昇組織決策的可行性。

3.建立一套結合幕僚建議與直線決策的正式制度

組織可以制度化的要求，直線主管在進行決策之前，必須先聽取幕僚部門的意見；或是將重要的議題，先交由幕僚部門做廣泛資訊搜尋與分析研究，研究結果再送交直線部門作為決策上的參考。這樣的作法均可彌補直線人員決策的缺陷，但又不至於影響直線的職權。

第三節 授權

授權（delegation）係上級主管將職權授與下屬，使其能夠完成某些特定活動而言。授權本身就是一種非常有挑戰性的管理活動，因為管理者可以透過授權的程序，將處理事務的職權下授給部屬；但是，事務最終的成敗之責，卻仍在管理者的身上。舉例來說，總經理交下一件新產品開發的工作，給生產部門的主管；而生產部門的主管就將產品開發的工作，轉交給部門內的技術小組負責。這個技術小組在得到部門主管的授權之後，就可以部門主管的名義，獲得其所需的人力、研究設備與相關的資源，並負有完成產品開發的責任。但如果產品開發失敗了，此一技術小組固然會受到生產部門主管的責罵。但生產部門的主管亦難辭其咎的，無法將責任完全推給這個技術小組。也就是說，上司的職權雖然可以下授，但其職責卻無法因為授權，而能夠完全的免除。

授權與分權二者之間的意義不同，授權僅是將高層次的職權授與下屬而已，但分權則不相同。分權至少有三層不同的意義，分別是：

1.決定下授的職權範圍。

2.制定明確的政策指導，作為下屬遵循的依據。

3.執行必要的控制，以掌握下屬的工作績效。

從這個角度來看，可以發現分權是一種制度化的正式授權，而授權則缺乏這種正式的、制度化的管理程序。而在沒有正式制度的規範管理者如何有技巧的處理組織的授權活動，就成為一項相當具有挑戰的工作。

一、有效的授權程序

有效的授權程序，通常必須包括以下七個步驟：

㈠事前的溝通

主管在對下屬授權之前，必須將其授權的意願明白的表示出來。在溝通過程中，下屬應該要能夠清楚的知道他們應該做些什麼，以及上司對他們的期望成果。

㈡任務分派

將上司期望其部屬從事的一些任務及活動，有系統的分派出去。也就是說，職權的下授是在協助下屬完成某些指派的工作；所以在授權之前，管理者須先行將相關的職責分配出去。

㈢授予相稱的職權

授權的目的，在於使下屬有足夠的權力，能夠代替管理者完成必要的工作。因此職責分派之後，應授與下屬完成該項職責所須的職權，以完成下屬所分配的任務。

㈣設定下屬的工作責任

管理者對在授權給下屬之後，下屬有完成該項工作的義務；這種義務只是一種操作責任（operating responsibility），不同於管理者的最終責任（ultimate responsibility）。所謂操作責任是賦予下屬完成工作的責任，在完成的過程中，亦會要求下屬以上司滿意的方式，來達成所賦予的任務；而最終責任，則是授權的管理者無法移轉的工作責任。

㈤建立開放的政策

如果在工作過程中，下屬出現了無法克服的問題；管理者必須採取開放的政策（open-door policy），使得下屬能夠從管理者手中得到協助。

㈥建立適當的控制機制

管理者在授權給下屬之後，就不宜再事事過問；但由於管理者仍負有最終的責任，因此他必須確定所有的授權工作，都順利的在進行中。由於部屬在初次接手工作時，難免會有錯誤；所以，管理者通常會設定幾個檢查點，以確定授權的各項工作是否在順利進行。

㈦採取有效的激勵措施

在下屬完成工作之後，管理者應給予下屬適度的鼓勵。由於此一工作原為管理者的職責，再加上下屬對此工作並不熟悉，所以管理者初期採取的標準不宜過高。如果能夠在初期配合各項有效的激勵措施，則下屬通常比較願意繼續承擔上司所授與的工作。

二、影響授權的情境因素

上司在決定是否要授權給下屬，基本上會受到以下四個因素的影響。這四個因素分別是：

㈠工作的性質

指的是主管工作的複雜化程度；如果管理者的工作性質愈複雜，則他愈無法獨力去處理所有的工作，因此就會適度的授權給下屬。工作的複雜程度，通常受到兩個因素的影響，一是環境的複雜性，二是組織的規模大小。

當環境的複雜化程度提高，組織所處理的各項工作，亦將隨之複雜；此時不僅所需的專門知識及技術較多，同時，所需的決策資訊量亦相對增高。因此管理者在慮及專業能力、資訊來源及決策能力的可能限制，就可能會授權給相關的下屬。同樣的，組織規模擴充之後，造成組織決策的增多；同樣的也會對管理者的專業能力、資訊來源及決策能力造成限制，因此而提昇了組織授權的程度。

㈡工作的重要性

由於工作在授權之後，管理者只能採取寬鬆的控制；這種方式比較適合不太重要的工作項目。對於重要的工作，管理者通常會採取緊密的控制方式，並注意到每一個工作步驟與程序。所以，當工作的重要性程度愈高，則授權下屬的可能性愈低。

㈢上司與部屬間的能力差距

上司與部屬間的能力差距，也是管理者考慮授權的重要因素。授權工作的完成，必須藉助下屬的工作或技術能力；如果上司個人的工作能力、技術能力較強，而下屬的能力不足，則上司通常比較不敢授權，除非是上司願意放寬自我對工作水準的要求。

㈣下屬的抗拒程度

上司希望授權給下屬，但如果下屬根本不願意接受上司的授權，那麼授權的工作就無法執行。當下屬抗拒的程度升高時，則組織授權的困難性就會升高。

註 釋

註一：除了John B. P. French and Bertran Raven提出的「權力來源說」之外，亦有其它學者提出不同的權力來源觀點，如Glueck（1977）提出六種不同的權力來源，分別是合法權力（legitimate power)、獎酬權力（reward power)、強制權力（coercive power)、專家權力（expert power)、情感權力（affection power）及敬仰權力（respect power)，詳細內容可參見W.F.Glueck：*Management*. Hinsdale，Ill.，The Dryden Press，1977，pp.184－188.

註二：五種權力的來源可參見French，J.B.P.and B.Raven："The Bases of Social Power，" in *Group Dynamics*：*Research and Theory*,Edited by Dorwin Cartwright and Alvin Zander，New York：Row，Peterson and Co.,1962，pp.607－623.

註三：所謂「控制失誤」就是組織控制在階層結構間傳輸的扭曲，它通常源自於兩種情況，一是傳輸工具本身的傳輸效率不良所致，其二則是因為組織結構與工作特性的配適（fit）錯誤所致。詳細內容可參見劉立倫、司徒達賢，控制傳輸效果——企業文化塑造觀點下的比較研究，《國科會研究彙刊》，三卷，二期，民82，頁257－275。

摘　要

所謂「職權」，代表一種經由正式途徑所賦予某項職位的一種權力；透過此種權力，管理者可下達命令並期望命令被接受。職權的來源有三種不同的理論，分別是「形式理論」(formal theory)、「職權接受理論」(acceptance theory of authority) 及「情境理論」(situation theory)。

職權與權力之間有相當密切的關係。權力之來源有五種，分別是強制權力 (coercive power)、獎酬權力 (reward power)、合法權力 (legitimate power)、專家權力 (expert power) 及參考權力 (referent power)。以企業組織的角度來看，前三種權力所指的是組織的階層職權，也就是上司對下屬的職權；第四種權力所指的是組織的功能職權，也就是專業分工後的部門職權，這二種都是組織的正式職權。但是第五種權力則是組織內的非正式影響力。

組織內部正式的職權，主要有三種不同的型態，分別是：直線職權 (line authority)、幕僚職權 (staff authority)、職能職權 (functional authority)。幕僚可依其性質分爲兩類，第一類是個人幕僚 (personal staff)，第二類是專業幕僚 (specialized staff)。職能職權的產生，通常是來自於組織規模擴大及專業化的結果。

幕僚職權雖然可帶來許多利益，但可能會帶來直線和幕僚人員之間的衝突；這種衝突主要是來自於這兩類人員的處事態度不同。由於幕僚職權是一種輔助性、支援性的職權，因此，如何善用並增進其與直線人員之間的合作，就成爲一個重要的課題。一般來說，改進的方式不外乎避免幕僚人員越權，或是希望直線人員在進行決策時，能將幕僚人員的意見納入考慮。

授權（delegation）係上級主管將職權授與下屬，使其能夠完成某些特定活動而言。有效的授權程序，通常必須包括以下七個步驟：事前的溝通、任務分派、授予相稱的職權、設定下屬的工作責任、建立開放的政策、建立適當的控制機制及採取有效的激勵措施。影響授權的情境因素包括工作的性質、工作的重要性、上司與部屬間的能力差距及下屬的抗拒程度。

問題與討論

1. 試說明職權的定義與功能。
2. 試說明職權的形式理論。
3. 什麼是職權的接受理論？又「無差異區」對管理者有什麼意義？
4. 請問巴納德認為職權接受的四個必要條件是什麼？
5. 什麼是職權的情境理論？請舉例說明之。
6. 請問權力的來源有幾種？各種不同來源的性質為何？
7. 請問組織內正式的職權有幾種？其內容為何？
8. 請問直線職權與幕僚職權衝突的原因有幾？
9. 試說明改善直線職權與幕僚職權的方法有幾？
10. 何謂授權？又授權與分權有何不同？
11. 試說明有效授權的程序。
12. 請說明影響授權的情境因素包括那些？
13. 有人認為：「狐假虎威」是組織內職權運用的正常現象，請就此一觀點進行討論。

第八章　組織人力資源

人力資源的發展與企業的長期競爭力，有相當密切的關係；本章中將就人力資源發展的幾個重要課題進行探討，分別包括：人力資源發展的意義與目的、人力資源規劃、組織任用、及生涯與前程規劃。在人力資源發展的意義與目的一節中，將對人力資源管理做一概要的說明。在人力資源規劃的部份中，則說明人力資源規劃的考慮因素、人力差距的管理、及薪資水準的規劃與設計這三個重要的課題。在組織任用的章節中，將就招募、甄選、訓練與發展、及績效評估等四個任用程序，進行詳細的說明。至於在生涯與前程規劃中，則就前程規劃的意義、個人生涯歷程、生涯規劃的步驟、及組織情境的配合問題，幾個重要的課題加以介紹說明。

第一節　人力資源發展的意義與目的

管理者在分析組織的外界與內部環境因素，在設定目標、策略及發展組織結構之後，接著就是要安置適才稱職的人員，以執行組織的工作。人力資源是組織最重要的資源之一，組織成員的才智、技能、創造力、與工作熱誠，對於組織績效的幫助相當大。近年來人力資源管理（human resources management）在組織的領域中，亦受到相當廣泛的重視。

傳統的任用功能（staffing function）主要包括招募、甄選、訓練與發展、及績效評估等四個部分，這是一個相當重要的管理職能。企業組織的目標與策略，要落實到實際執行的層面中；人力資源在組織活動中扮演的角色相當重要，也是影響組織作業成敗的關鍵因素。如果企業所規範的活動，組織的成員無法配合，或是專業能力、技術能力無法達成，則不僅會影響組織的目標達成，同時也將影響企業長期生存的能力。因此，如何招募及培養有能力的員工，投入創造性的組織活動中，實為企業必須關切的課題。

用人功能在配合組織各項工作的需要，招募及培養適用的員工之外；有另一層積極的、額外的「協助」意義。舉例來說，一位管理者在執行計畫的時候，雖然研擬了很好的計畫、設計了很好的制度、配合了適當的財務資源；但最後有可能因為用人不當，或是無法激勵員工的努力，而終歸失敗。相反的，另一個管理者雖然在規劃時疏忽，遺漏了某些重要的關鍵因素，也沒有很好的控制；但因為他能夠「適才適所」的用人，而且能夠激勵員工的「工作熱誠」。所以員工願意主動的去彌補計畫的缺失，也願意發揮自我控制的功能；結果這位管理者的計畫反而成功了。也就是說，一種好的規劃、好的制度，如果能夠配合好的下屬，則二者之間可以相得益彰；如果制度或是規劃不良，但是用人得當，仍有可能成功；但如果過於強調規劃與制度，不注意用人功能的配合，則失敗的可能性就相當高。

近年來，人力資源發展的觀點對傳統的用人功能，提供了另一種新的詮釋。而從人力資源發展的觀點來看，當員工進入組織之後，組織不僅應提供合理的薪工及福利；更應提供一個良好的生涯規劃環境，使得員工能夠在組織中成長，並規劃其未來發展的途徑。因此，還需要提供給員工適切的機會，讓他們能夠訂立實際的前程目標，並促其實現。這樣不僅對員工個人的長程發展，有實質的幫助；也可以培養員工的滿意度與忠誠感，進而提昇其生產力。

組織活動是由許多的活動構成，這些活動必須透過管理制度才能結合成有效的整體活動；在人力資源規劃與控制上，主要是透過人力資源規劃的理念及人事制度的運作，來達成規劃與控制的目的。在人力資源的規劃與控制上，其目的主要有六；其中前三者是消極性的目的，而後三者則是積極性的目的：

1.組織人力的供給符合企業活動的需要。

2.組織人力的運用達到適才適所的目標。

3.以適當的成本取得所需的組織人力。

4.建立一個創造的環境，協助組織員工得到成長與滿足。

5.開發員工的潛能，使其發揮更大的產出。

6.建立完善暢通的升遷管道，協助員工進行生涯規劃。

就上述的六個目的來看，前三個消極目的所強調的是用人功能的傳統角色；而後三個積極的目的，則是結合個人與組織需要，以人力資源發展觀點所希望達成的目的。從另一個角度來說，這種消極的目的與赫茲伯格（Herzberg）二因子理論中所說的保健因子有相當的關聯；而積極的目的，則與激勵因子有相當的關聯。保健因子是維繫組織成員繼續留在組織的必要條件；但如果希望組織員工長期的發揮更高的生產力，提昇企業整體的競爭能力，就必須借助激勵因子才能達成。

第二節　人力資源規劃

一、人力資源規劃的考慮因素

所謂人力資源規劃（human resource planning），是指在慮及組織目標與策略、組織的工作結構之後，對組織當前及未來的動態性人力需求（因為員工的不斷流入與流出，如辭職、退休、解雇等），進行組織人力供給與需求的規劃。因此規劃中應包括所需的工作技能、工作職位、專業知識、及結合個人的前程發展與組織發展的構想等各項因素。

(一)社會價值觀

社會趨勢的變化，可能會影響到組織人力的規劃；如社會價值觀改變，年輕的員工（新新人類）不再願意從事枯燥、疲累的工作，組織要如何配合這種工作的價值觀，調整組織的工作環境，以吸引年輕的員工樂意的在組織內工作，對管理者來說就是一項相當大的挑戰。又如法律環境的變動，如殘障福利法案、勞動基準法、或是公平就業法案的制定，也會對組織內部的人力需求狀態，造成一些限制。

(二)環境趨勢的變化

人力資源的規劃應配合企業的策略構想，進行長、短期人力供給與需求的規劃。在規劃的過程中，組織必須考慮外界環境的各項因素變動，如產業競爭的壓力、科技進步的狀態、教育水準、技術能力、與人口分配的特性，來規劃組織的人力目標與發展策略。換言之，在進行人力資源規劃的時候，必須同時考慮兩方面的因素，一是組織目標與策略、社會人力的供給趨勢、及其他的環境趨勢；二是評估組織內部現有的人力資源狀態，才擬訂人力資源的發展策略。

(三)組織的目標與策略

其中組織的目標與策略，主要是在協助我們瞭解組織未來的發展方向與人力需求（包括需求的技能、職位與數量）。管理者可以根據社會人力的供給趨勢，瞭解到人力發展的趨勢，及人力結構可能產生的變化。如人口的成長率、死亡率、教育程度等等。如以國內逐漸邁向高齡化的社會來說，就會使得年輕的員工供給數量減少；因此，管理者為了維持組織各項活動的正常運作，可能就會考慮員工的退休年齡是否要延長的問題，或是由機器來取代人力的問題。

分析人力資源的發展趨勢、環境的可能變動趨勢之後，就應進行評估組織的現有人力狀態，以及是否符合組織將來發展的需要。除此之外，組織亦須發展出一套人力資源發展的政策，以協助人力資源規劃的推行。

二、人力供需與管理

雖然人力資源的規劃，有助於企業對人力資源的掌握；但由於環境的變動往往難以精確的預估，所以組織經常面臨的一個問題是：人力的實際供需與預期情況不同。如何管理預期狀態與實際狀態之間的差距問題，往往是管理者工作的重要挑戰。

在人力資源的差距管理上，基本上可以採取「核心人力」與「週邊人力」的管理觀念，來發展出有效的因應策略〔註一〕。由於所有的人員進入組織之後，都需要一定的學習過程；因此培養一個具有發展潛力的長期幹部，往往需要投入許多的教育訓練成本，才能塑造出成員在組織內的共識。對於具有穩定作用的長期人力資源，企業通常不會輕易的解雇；在這種情形下，短期雇用的人力調整，就變成企業因應環境臨時性變動的重要緩衝（buffer）。習慣上，長期人力的需求，較適合從事企業核心的價值活動，因此採用內部人力培養的方式比較適宜；至於短期人力的雇用，較適合從事週邊的、較不重要的企業活動，故可以採用外部人力來因應。

這種做法是，盡可能的穩定企業的「核心人力」需求，使其吻合企業長期的需求趨勢；並配合短期雇用的人力，以因應環境變動時，對企業內部短期人力需求的衝擊。當環境變動大時，企業可以透過短期人力的招募及解雇，以符合企業的需要。長期穩定的人力及短期雇用的兼職人力配合，使得組織人力能夠同時兼具穩定性與彈性，透過短期雇用的人力調節，使得組織能夠因應環境需求的變動，並能確保相當的穩定性。日本公司在短期人力的雇用，就應用了這種觀念，而發揮了相當大的功效。

長期人力需求的規劃，往往需要先行儲備未來的經營幹部，在儲備的過程中，或可透過外部人力市場，定期招募儲備的人才；或可透過內部人力市場，訓練、培養員工所需的工作技能，以內部升遷的方式進行，這些都可以縮減人力資源供給與需求之間的差距。

三、薪資水準的規劃與設計

企業的薪資水準規劃，同時會受到外部市場的供需與內部人力供需的影響。當市場景氣時，人力市場的需求殷切，企業希望雇用有能力的員工，其薪資水準必然較高；反之，在不景氣的時候，相同的薪資水準將可以雇用到較佳的員工。而內部人力供需主要是看企業內部人力的充裕程度，通常指的就是內部升遷。如果企業有內部的人力，則無需雇用外部市場的人力，因此可以循著企業內的薪資結構體系繼續爬升。但如果內部人力培養不足，就需要借助外部市場的人力，此時就會受到整體人力市場的供給需求影響，進而影響到企業原有的薪資結構。

過去有些看法認為，薪資水準與員工工作的產出成正比，這種看法可能存在著一個迷思，就是可能會忽略了企業的價值活動與薪資水準之間的關聯。員工的工作不一定會為企業創造存在的價值，它可能會是一項無效果的作業或活動；如果員工的薪資水準連結在這種活動上，必將造成企業的浪費與無效率。因此比較正確的說法是，員工的薪資水準應與其價值活動的產出水準成正比。也就是說，薪資水準決定之前，應先決定企業的價值活動，在刪減不必要的組織活動之後；此時，企業員工的薪資水準與其個人的貢獻成正比，才能使得員工薪資的公平性得以伸張。

薪資水準設計的原則有三：

1.薪資的對內比較性與對外競爭性。

2.薪資與職位的配合原則。

3.激勵性功能。

企業對於內部的薪資結構，通常在成立之初就會有良好的規劃，理論上應該可以適用到企業的內部員工。但由於部分公司未能在內部人力需求與外部人力需求上，進行良好的規劃，而外部市場的供需變動往往超過組織內部的調薪幅度。這種結果使得外部人力市場的供需變動及薪資水準，直接的影響到了內部員工的薪資結構；進而造成「後進員工」的薪資水準超過「原有員工」的薪資水準，而引發了組織內部的不平衡及薪資結構扭曲現象。

因此企業在景氣時引進外部人力時，基本上面臨的是兩難的情境，一是高薪資員工對組織策略發展上的需要顯然有其必要，二是新進員工的薪資對原有員工所引發的組織公平性衝擊。高階管理者在面臨這種情況時，常見的處理方式是㈠不顧內部成員的反對，直接雇用高薪資的員工，或㈡將原有員工的薪資水準調升至相同的水準。前者的作法將造成組織內的不穩定現象，而後者的作法將增加企業內部的成本支出，如果再加上薪資水準的僵固性影響（一旦員工的薪資調升之後，要再調降就很困難；因此，在景氣時引進一個高薪資的員工之後，在不景氣時要調降其薪資就變得較為困難），恐怕將對企業造成長期不利的影響。

較理想的管理方式，先建立一個有彈性的內部薪資結構，並配合外部可能的變動作微幅的調整，必要時採用其他的激勵措施以協助企業雇用有能力的員工。也就是說，企業內部所遵循的薪資結構，基本上應配合市場勞務供給的上漲程度，按照上漲的幅度逐年（或半年、每季）調整，但如果外部人力需求殷切，造成短期性的人員薪資水準提高，則企業可以採用其他的福利措施作為彌補，如果是策略性的組織發展人力，則企業可以透過長期的激勵措施，提昇其薪資以外的報酬，作為整體薪資結構規劃的一部分。如以經理人報酬性認股計畫、經營分紅的方式，配合原有的薪資結構，構成一個完整的薪資方案，以提昇企業內部薪資結構的穩定性。

薪工制度的設計與員工的工作性質有關，在產出效果不明確的工作上，如人事部門、財務部門、研究發展部門或是管理部門的工作，由於不容易測量出員工的產出效果，因此在薪工制度設計時，就不能採用產出結果作為發給薪資的依據，而生產部門與銷售部門則有明確的產出結果。

第三節　組織任用

組織傳統的任用程序，主要包括招募、甄選、訓練與發展、及績效評估等四個部分，分述如下：

一、人員招募（recruitment）

在進行人員招募的程序之前，組織須先根據職位分析，編製職位說明（job description）及職位規範（job specification）。所謂職位分析，是對某一個職位進行分析，以訂明該職位的工作內容、人員的類型、應有的技能及經驗程度等等。職位分析所產生的資料，可以作為員工招募及甄選之用。企業在進行職位分析時，多採用問卷調查的方式，詳細蒐集員工的工作項目，及執行工作所需要的條件。根據這些資料，企業可以編製職位說明及職位規範。

所謂「職位說明」，是在說明員工實際的工作內容、應執行的工作、執行工作方式、及工作標準的一種正式的書面文件。職位說明並無一定的格式，但由於這是組織正式的工作溝通與協調的文件，因此在編製時，應採用明確的用語，不可含糊籠統；同時，工作的範圍也要具體、明確，不可模稜兩可。「職位規範」的編製則是在說明，擔任此一職位的員工應具備什麼樣的條件。在編製職位規範常用的方法是，由一位有經驗的員工，來說明要有效執行此一工作職務所需要的條件。

組織招雇人員，主要的來源有二：一是內部來源，就是在組織內部人力市場，物色所需的人才；這種方式下，就必須配合內部的各種訓練與發展課程，以培養員工向上發展的潛力。採用內部升遷方式的主要優點有二，一則可以保持組織內部的長期穩定性；二則可以確保選任的員工，其價值觀與組織的企業文化相吻合。第二種方式是來自外部來源，也就是來自於外部的人力市場，從組織以外物色人才。採用這種方法，可以招募較多的人才，但新進人員與組織的融合，也往往需要一段時間。外部招募有一些常用的方法，如在報紙或專業刊物上面，刊登徵才廣告、在學校散發徵才通知、經由內部員工推薦，經由就業機構的介紹(如青輔會)、或是經由人才仲介公司（head hunter）等。兩項來源各有優劣，可以適當的混合應用，以互補不足，並廣為開拓人才的來源。

二、人員甄選（selection）

人員甄選的目的，就是要從招募的人員中，挑選出與職位規範條件吻合的適任員工。一個合理的甄選情境，要讓組織的甄選小組與應徵人員雙方在平等基礎上，來討論工作的條件與執行工作的要求。通常組織的人員甄選程序，會依循以下幾個步驟進行：

(一)建立甄選標準

根據職位規範所設立的條件，進行歸納，作為選用員工的標準；如教育程度、經驗、身心狀況、性向或是特定技能等的標準。

㈡對應徵人員進行初步的篩選

根據應徵人員所寄來的申請表單，先行審閱其基本資料與興趣，並初步的剔除不合條件的應徵人員。此一過程亦包括應徵人員的參考評審，如推薦書、體檢表等相關的資料。

㈢正式面談

與應徵的人員，進行更深入的面談。在面談過程中，應慎重選用面談方式與技術，以便從較為廣泛的角度，獲得有關應徵人員的資訊。

㈣技能或性向測驗

在能力或性向測驗中，目的在評估應徵人員的能力與性向，是否能符合工作的需要。如徵選祕書，就要測驗打字速率與正確程度；徵選軟體工程師，可能就會請應徵人員撰寫程式；徵選公關人員，就要做性向測驗。管理人員的徵選，通常會比較複雜，由於管理者的工作較為複雜；因此，較難由單一的測驗得知應徵人員是否適合管理的職位。國外許多公司會採用「管理評估中心」方法，對於許多的候選人，選定一個地方，進行連續數日、不同方式的測試。

㈤甄選小組討論

在相關的測試完成之後，甄選小組必須就應徵人員的各項條件進行排序，並根據排序的結果，進行最後的討論，以選定合格的應徵人員。

組織在甄選到所需要的人才之後，通常會對新進人員進行職前訓練，這是新進人員認識工作環境的一項重要步驟，這是一種引導（orientation）新進人員的功能。在訓練過程中，新進人員會被要求去參加許多正式的活動，如熟悉組織的規章與政策、參與工作團體的非正式活動、或是跟隨一位資深的員工見習等等。這種引導的功能，不僅可以減低新進員工的緊張與焦慮、降低新進人員學習的障礙；亦可增進新進員工的人際關係，有助其工作上的協調。

因為新進員工在進入組織的時候，會面臨到比較大的心理衝擊；所以一個有規劃的組織，會協助新進人員適應組織的環境，並使得員工得到適當的協助。常用的方法有三：

(一)組織環境的適應

由於新進員工的工作技能、價值信念，與組織的其他成員並不相同；因此，在進入組織之後，馬上就會面臨一段暈頭轉向的工作「黑暗期」。他必須學習如何和上司、同儕相處，學習如何完成工作；這是對員工個人的工作理想、現實期望與工作能力，一次最無情的挑戰。尤其是對一個剛出校門的學生來說，這種衝擊更是顯得沈重，很容易就粉碎了他們在校的天真期望。因此，主管應該協助他們，使他們能夠順利的適應組織環境，並瞭解組織現實與理想之間的差距；或是在甄選時，告知新進人員實際的工作狀態。這樣員工對組織的工作，就不會產生不切實際的預期。

(二)初期工作的選擇

許多主管在招募新進員工後，為擔心新進員工對工作不熟，可能會為部門製造麻煩；因此，就先交付新進員工一些無關緊要的枯燥工作，讓新進人員逐漸的適應組織環境，並減少可能的問題發生。但根據學者的研究發現，如果一位新進人員在進入組織的初期，能夠承接一些有挑戰性的工作，則不僅能讓員工覺得受到重視，也能夠使其工作效率長期的提昇。

㈢主管指派

應該選擇績效良好、受過特殊訓練、能支持部屬的督導人員，作為新進員工的第一位上司。一些研究顯示，第一位上司對新進人員的支持、信任和期望越高，也就是在新進員工摸索的第一年中，設定一個較高的標準，則新進員工的表現通常會越好。

三、訓練與發展（training and development）

組織的訓練與發展活動，不僅有助於增強員工的工作能力，對於組織的績效亦具有直接的貢獻。其中訓練是重視員工技能的增進，故訓練的內涵往往涵蓋個人的工作技能（或專業技能），與人際溝通的技能；訓練的對象則包括管理人員與非管理人員。企業為培養組織的人力，通常會在年度中執行許多的訓練課程；有效的訓練課程對企業有以下幾種功能：

1.可提昇員工普遍的決策能力。

2.有助於提昇員工在組織內部的溝通協調能力。

3.可提昇員工的工作技能。

4.可增進員工在企業內的組織滿意程度。

5.可在訓練課程中，協助塑造出企業所希望的、特有的文化觀點。

而管理發展（management development）則是著重於管理人員技能、經驗與態度的培養與增進，其目的在確保其成為組織中的領導者。而企業採用管理發展的主要目的有四：

1.提供經理人員吸收新知的機會。

2.增進經理人員的管理技能。

3.可增進員工在企業內的組織滿意程度。

4.培養組織長期發展所需的管理人才。

訓練與發展程序，通常包括幾個重要的步驟：

㈠需求分析

在訓練與發展的需求分析的過程中，通常是沿著兩條基線在發展。第一條基線是組織工作的長、短期人力與技能的需求；因此企業會進行組織整體的分析，以規劃組織的現在和未來所需要的工作技能。第二條基線是部門技能的需求，與個人成長的需求；也就是分析部門的需要、工作團體的需要、與員工個人的需要。許多大型的企業都會定期進行企業內部「訓練需求」的調查；這些調查結果，足以反應了個人對訓練課程的需求，可作為訓練部門（通常是人事部門）安排訓練課程的參考。但由於訓練與發展課程的安排，是由兩條基線共同構成；所以必須同時結合組織需求、部門需求與個人需求，才能決定不同需求之間的平衡點。

㈡發展訓練與發展的長期規劃

將企業將來發展的目標、策略作為規劃的前提，發展出不同發展階段，企業所需具備的組織技能，以及這些階段性的技能應如何培養的問題。長期規劃是作為年度訓練與發展課程設計的指引；因此對企業的長期競爭力的培養，有相當大的影響。

㈢發展年度的訓練與發展計畫

主要根據組織的規劃，與定期對員工需求的調查分析，發展出年度的課程計畫。計畫中應明確的列示課程目標、課程內容、課程種類、預計時間等各項精確的課程資訊。

㈣選定執行的方法

由於訓練與發展計畫中，會針對不同的對象，設計出不同的課程；由於不同的課程內容，所採取的講授方式可能會不同；因此，需要慎選執行的方法。

㈤成果評估

成果的評估可作為計畫執行的回饋資訊；但這也是最困難的一個部分。許多公司會在課程結束之後，立即讓參加課程的員工，做一份課程滿意度的調查。但這只能評估立即的課程效應；無法測量員工長期能力的改進。對於那些培養員工長期能力的課程，應該在課程結束之後的一段期間，測量其工作績效的改變，作為成果評估的依據。

一般常見的訓練類型可分為四種，分別是：職前訓練（vestibule training）、實習訓練（apprentice training）、在職訓練（on-the-job-training）、停職訓練（off-the-job-training）。茲分述如下：

㈠職前訓練

也就是受訓人員，在正式派赴工作之前，先在模擬的訓練場所接受工作訓練；等到受訓人員的工作技能熟悉之後，才到實際的工作場所工作。

㈡實習訓練

是一種學徒制度的訓練過程，許多的專門技術人員，都是採取這種方式進行訓練的。如醫學院的學生在畢業之前，必須到醫院去實習；或是雕刻家、理髮師在「出師」之前，都必須經過一段時間的實習。

㈢在職訓練

也就是在工作崗位上，由有經驗的員工帶領著沒有經驗的員工，邊做邊學的訓練方式。這種方式是一般企業中較常採用的方法，因為這種方法所耗的成本不高，而且經由有經驗的同儕指點，新進人員通常比較容易學習。

㈣停職訓練

這種方法是讓受訓的員工，離開目前的工作場所，到另一個訓練的場地，去接受訓練的課程。許多公司將其年度的訓練活動，安排在一個風景優美，可以容納多人的場地；其目的主要有二：一則可以讓受訓人員有一個休憩渡假的機會，二則可以讓受訓人員避免工作的干擾，專心接受訓練的課程安排。

由於管理人員在不同的組織階層，所從事的工作不同；所以管理發展採用的方法，也並不相同。但一般常用的發展技術，有角色扮演(role playing)、個案分析（case analysis)、經營競賽（business game)。茲分述如下：

㈠角色扮演

是假設在某一個決策情境下，由參與人員分別扮演某些角色，由參與人員進行表演。訓練的導師在表演結束之後，要對角色扮演者及旁觀的人員說明，在當時的決策情境下，正確的處理方式與處理態度；並在可能的情況下，讓其他的人員也能參與表演，以提昇學習的效果。

㈡個案分析

由參與人員閱讀一個決策的個案，並就個案的問題分析、討論，以群體的智慧來激發受訓人員的創意。通常在個案分析的過程中，訓練的導師必須扮演著意見整合的工作，將不同的討論意見進行歸納，以協助受訓人員的分析與進一步討論。個案分析中是否有一個正確的解決方案，這是一個見仁見智的問題；但訓練導師通常可以將參考的解決方案，提供給受訓人員，作為受訓人員回饋的參考。

㈢經營競賽

亦稱管理競賽（management game），是管理教育教學方式中的一種。通常是採用電腦設備做為輔助教學的工具，透過模擬企業經營實況的競賽過程中所創造的情境、所產生與衍生的問題，來訓練學員；分析環境資訊、處理群體關係以及制定決策的能力。在競賽的過程中，受訓人員需組成不同的假想企業，在模擬的產業環境下激烈競爭，以追求企業之最大利潤為其持續努力的目標〔註二〕。

在競賽過程中，所有的受訓人員都要擔任企業中部門分工下的職務，因此受訓人員需要分析各種可能的數據資料，進行功能專業的判斷。而在形成企業的決策時，這些不同的專業判斷，還要經過討論磋商的集體決策程序，才能得到企業最終的決策結果。這種方式一方面可以訓練參與人員，學習功能性經理人的決策技能，另一方面也可以培養其組織內協調、整合的技能。

四、績效評估（performance appraisal）

所謂績效評估，是指根據已設定的既有標準，來評估員工的達成績效。許多學者（如 Williamson, 1970；Schein, 1985；Lee, 1985；Earley et al., 1990）認為，績效評估在組織體系中，扮演著指引組織成員努力方向，與強化組織成員認知的功能。因此，它不僅能夠提供組織成員工作成果的回饋，做為組織獎賞個別員工的依據；同時它可以清楚的指出員工努力的方向，並使得員工個別的努力與組織所期望的方向一致。再者，績效評估的結果反映了組織成員過去一段期間的工作成果，它可以提供組織成員有效的回饋，成為有效的組織控制機制。由於績效評估對組織成員的工作態度與工作方式，有明顯的引導、更正功能；因此，它也是非常有效的企業文化塑造工具。

績效評估的主要類別有三，分別是行為評估、產出評估及專業評估。其中「行為評估」，主要在評估員工的工作行為，與組織所要求的行為規範二者之間的一致程度；也就是對下屬「工作過程中的各項可能的投入」，或是下屬的行為進行監督與評估。常見的行為評估指標包括：規劃能力、協調能力、出席率、曠職率及工作態度等等。「產出評估」則是在評估員工的實際產出，是否已達到組織所要求的標準；也就是對下屬「實質有形的產出」進行評估。常見的產出評估基準包括：如生產件數、銷貨金額、不良率等等指標。而由於許多的幕僚工作，都具有「無形化」、「專業」的特質；因此「專業評估」就是在測量工作職位的「專業、無形的產出」。

由於專業的產出，具有轉換過程不確定性（Jones，1987），與轉換過程的複雜性（Thompson，1967；Ouchi，1979）的特性，使得上司往往較難以採用「行為評估」的方式來決定下屬的績效，因此戚利（Keeley）（1977）認為可以採取主觀的評估，或以專業第三者的評估意見，作為衡量工作績效的標準。在採用主觀的評估標準時，可以採用使用者滿意程度作為衡量的基礎；而在採用專業第三人的評估標準時，常見的方式是同儕評量（peer review）。

這三種不同的評估方式，分別適用於不同性質的工作。大內（1979）曾根據組織的工作技術，提出了權變的控制架構；這個架構在解釋組織的績效評估，有相當大的助益。根據大內所提出的「對轉換程序的瞭解」、「產出衡量能力」二個構面，績效評估便可適用在不同的工作技術情境下，如圖 8-1 所示。其中行為評估主要適用於，對轉換過程的瞭解程度高的工作，而產出評估則適用於，產出衡量能力高時的情境。至於專業評估則是適用在對轉換程序不太瞭解，產出衡量能力也不高的工作項目上。

		對轉換程序的瞭解	
		完　全	不完全
衡量產出的能力	高	行爲或產出評估	產出評估
	低	行爲評估	專業評估

資料來源：Ouhi, William A.: "A Conceptual Control Mechanisms," *Management Science*, Vol.25, No.9, Sep.1979, p.843

圖 8-1　不同情境下的績效評估方式

事實上顯示，很少公司是採用完全的、純然的行為評估、產出評估或是專業評估；從許多公司的績效評估表來看，可以發現大部分的組織都是採用混合的評估方式。也就是說，雖然作業員、銷售人員的績效，應該採產出評估的方式來評估；但實際上發現，大部分的公司都會把出勤率、溝通能力……衡量行為的許多項目，加在他們的績效評估表之中。因此，可以看出大部分的公司，仍希望以較為廣泛的觀點，對下屬進行全面評估。在這種情形下，績效評估所代表的意義，與工作績效之間的關聯，就變得較為複雜。

第四節　生涯與前程規劃

一、前程規劃的意義

前程規劃（career path planning）是指組織應該提供組織成員適切的協助和機會，使他們能夠訂立實際的前程目標，並能將個人的前程，與組織的目標兩者結合起來，可使員工與組織均獲得益處。如此一來將可對員工個人的工作滿足感、發展機會與工作生活品質，顯著的提昇。同樣的對組織而言，亦可提昇組織的生產力與人員的忠誠感。因此，組織在人力資源發展的程序中，如人事規劃、甄選、訓練及發展、績效評估等各項活動，就要同時兼顧組織工作需求的滿足，與員工未來發展的前程目標。

二、個人生涯歷程

主要在認識個人的生涯歷程。由於每個人的一生當中，都會歷經幾個不同的階段，每個階段各有不同的特色，也會出現不同的危機。基本上一個人的生涯歷程約可分為以下幾個階段：

㈠成長階段

這個時期約從一個人的出生到 14 歲左右；在這階段中，個人可以形成初步的職業興趣與能力。

㈡探索階段

約從 15 歲到 24 歲間。在這段期間，一個人開始探索可能的職業；並在這個階段的末期，個人開始尋找第一份工作。

㈢建立階段

這個階段約從 24 歲到 44 歲之間，是一個人的職業生涯的重心。這個階段可以進一步細分成三個小的階段；第一個部分是從 25 歲到 30 歲，是個人的嘗試階段，主要在評估個人工作的選擇是否正確。如果工作性質與志趣不合，則可能會換另一個工作。第二個部分是在 30 歲到 40 歲之間，是個人工作比較穩定的階段，重要的事業目標都在這個階段建立，並逐步付諸實施。在 40 歲與 45 歲之間則是第三個階段，這時候個人會重新檢討本身的成就，並和最初的雄心目標相比較。往往會發現自己一生的工作過程當中，並沒有想像中那麼理想，也做了許多錯誤的選擇。這個時候，個人可能會有一種「事業中期危機」（mid-career crisis）。此時，個人必須做一次抉擇，也就是選擇一份他真正想要的工作職業，或是完成個人長久以來想達成的心願。

㈣維持階段

約從 45 歲到 65 歲；這個階段的工作，通常是一個人真正想做的工作，並且願意花時間來維持此一工作職位。

㈤衰退階段

也就是 65 歲以後；此時，個人工作能力與工作熱誠均已衰退；故須將其工作的興趣逐漸移轉到，一個個人能力能夠勝任的地方。

三、生涯規劃的步驟

㈠瞭解自己的性向與專長

一個人的性向與專長傾向，可以幫助我們選擇適合的職業。性向通常包括智力、數字、及機械理解力等項目；一般常用性向測驗量表來測量性向。而專長則是一種特殊的能力。由於不同的工作，其性質與內容均不相同；因此，瞭解自己的性向與專長，將有助於幫助個人尋找到適合的職業。

㈡瞭解個人的人格導向

一個人的人格與性向，與個人將來的職業選擇、工作成就有相當密切的關係。侯蘭德（Holland, 1978）認為一個人的人格傾向，可以分為六種；不同的人格特性，適合的工作領域亦有不同。他根據「職業偏好測驗」（Vocational Preference Test，VPT），將人格導向分為六種，分別是：實際型（Realistic, R 型）、探索型（Investigative, I 型）、社交型（Social, S 型）、傳統型（Conventional, C 型）、企業型（Enterprising, E 型）、及藝術型（Artistic, A 型）。各種類型的人格特色，及其適合的職業可參見表 8-1。

㈢瞭解個人的技能

個人技能的分類，可根據美國政府所出版的「職業名稱辭典」（*Dictionary of Occupational Title*），將其分成三類，即「資料」、「人」、及「事」的技能。在三種不同的技能中，亦有技術層次上的差別；如在資料技能中，資料之「比較」較為簡單，而資料的「重組」則較為困難。同樣的，人的技能中，以「接受指示」較為簡單，但擔任「諮詢顧問」則較為困難。至於事的技能中，則以操作精密的工作，所需的技術層次最高。個人如果能夠瞭解自我的技能，則比較容易在工作領域中，認清自己現實上的限制條件，而以務實的態度，得到較高的工作績效。

表 8-1　人格導向與職業偏好的關係

實際型(R型)	擁有營建或機械方面的能力，喜歡與實體的機器或工具為伍，喜歡戶外的工作。	喜歡進行觀察、學習、分析與評估，及解決問題。	探索型(I型)
適合工作	伐木、耕種、營造工程師、機械技工	天文學家、生物學家、化學家、及大學教授	
傳統型(C型)	喜歡與實際資料為伍的工作，擁有事務或數值處理的能力，習慣在別人的指示之下，完成各種細節事項。	具有藝術、創新或直覺的能力；喜歡在非結構性的情境下工作，以發揮他們的想像力與創造力。	藝術型(A型)
適合工作	會計人員及銀行家	藝術家、廣告經理、及音樂家	
企業型(E型)	喜歡與人們相處的工作；願意基於組織的目標或經濟利益，去影響及說服人們，或是執行各種領導或管理的工作。	喜歡與人們相處的工作，喜歡幫助、協助別人，具有言談的能力與技巧。	社交型(S型)
適合工作	經理人、律師，及公關人員	臨床心理學家、外交、社會工作	

資料來源：Richard Bollers：*The Quick Job Hunting*（Berkeley，Ca：Ten Speed Press，1979），p. 5.

㈣確認未來的發展方向

個人的發展方向，基本上是一種現實與理想間，審慎評估的結果。如前所述，在個人瞭解自己的性向與專長、瞭解個人的人格導向、及瞭解個人的技能之後；他就愈清楚自己將來的發展方向。並可在許多前程的決策中，作為很好的判斷依據。

㈤書面化的前程規劃

也就是將個人的前程規劃，明確的撰寫下來，作為不同階段間，個人前程發展與前程決策參考的依據。在發展書面化的前程規劃時，個人亦應循著正確的規劃程序。也就是說，一方面要發掘跟職業前程有關的訊息，也就是取得跟各種職業有關資料；另一方面也要探索個人的性向、條件與能力。唯有在兩條基線接合的地方，才是個人未來前程發展的目標與方向。

四、組織情境的配合

一個有效的前程規劃，需要配合適當的組織情境與條件；這些條件包括以下三項：

㈠工作輪調

工作輪調不僅可以擴大員工的工作領域，亦可以讓員工在各種挑戰性的工作上輪調，並建立前程發展的方向。一個有規劃的公司，通常可以規劃工作輪調的順序，甚至發展出系統性的「工作歷程」(job pathing)。這種方法主要是在安排工作歷練的過程，逐次的讓員工經歷不同的工作職位，將有助於員工找到自己未來發展的方向。

㈡前程規劃的課程設計

組織可以透過一些課程的安排，使員工更能參與自我的前程規劃。這必須透過一個開放的組織環境，讓員工能夠瞭解前程規劃的內容，參與各項前程發展的活動，並找到自我的前程發展方向與前程目標。

㈢開放的組織文化

員工的前程發展的制度，必須在一種開放的組織文化中運作。因此，管理者須將前程規劃的理念，落實在各項的組織活動；並以個人與組織互利的觀點，讓員工參與各項與其個人發展有關的工作事務。這樣才能讓員工真正相信，組織的前程規劃具有實際的可行性。

註　釋

註一：核心人力與週邊人力的觀念，主要組織與環境之間建立一個緩衝的區間，以避免環境的人力供需變動，影響到組織內部人力資源的結構。這種觀念與 Stephen P. Robbins (1984) 所提出的緩衝 (buffering) 的觀念相同。詳細內容可參見 S.P.Robbins：*Management*：*Concepts and Practices*，Englewood Cliffs new Jersey：1984，p.61.

註二：經營競賽教學法在電腦設備之配合下，可表現出許多不同教學特色，一般認為有以下幾種特色：

1.可以建立一個拉近企業實況的學習情境。

2.提供動態學習的環境。

3.快速的學習成果回饋。

4.重視數字分析與理性的研判。

5.兼具角色扮演的效果，能夠培養參與者決策的能力。

6.協助參與者建立整體的決策觀念。

摘　要

傳統的任用功能（staffing function）主要包括招募、甄選、訓練與發展、及績效評估等四個部分，這是一個相當重要的管理職能。近年來，人力資源發展的觀點對傳統的用人功能，提供了另一種新的詮釋。而從人力資源發展的觀點來看，當員工進入組織之後，組織不僅應提供合理的薪工及福利；更應提供一個良好的生涯規劃環境，使得員工能夠在組織中成長。

在人力資源的規劃與控制上，其目的主要有六：⑴組織人力的供給符合企業活動的需要，⑵組織人力的運用達到適才適所的目標，⑶以適當的成本取得所需的組織人力，⑷建立一個創造的環境，協助組織員工得到成長與滿足，⑸開發員工的潛能，使其發揮更大的產出及⑹建立完善暢通的升遷管道，協助員工進行生涯規劃。

在進行人力資源規劃的時候，必須同時考慮兩方面的因素，一是組織目標與策略、社會人力的供給趨勢、及其他的環境趨勢；二是評估組織內部現有的人力資源狀態，才擬訂人力資源的發展策略。而在人力資源的差距管理上，基本上可以採取「核心人力」與「週邊人力」的管理觀念，來發展出有效的因應策略。

薪資水準設計的原則有三：⑴薪資的對內比較性與對外競爭性，⑵薪資與職位的配合原則及⑶激勵性功能。

組織傳統的任用程序，主要包括招募、甄選、訓練與發展、及績效評估等四個部分。在進行人員招募的程序之前，組織須先根據職位分析，編製職位說明（job description）及職位規範（job specification）。人員甄選（selection）則會依循以下幾個步驟進行：建立甄選標準、對應徵人員進行初步的篩選、正式面談、技能或性向測驗及甄選小組討論。

訓練與發展程序，通常包括幾個重要的步驟：需求分析、發展訓練與發展的長期規劃、發展年度的訓練與發展計畫、選定執行的方法、成果評估。一般常見的訓練類型可分爲四種，分別是：職前訓練（vestibule training）、實習訓練（apprentice training）、在職訓練（on-the-job-training）、停職訓練（off-the-job-training）。一般常用的管理發展技術包括角色扮演（role playing）、個案分析（case analysis）、經營競賽（business game）。

所謂績效評估，是指根據已設定的既有標準，來評估員工的達成績效。績效評估的主要類別有三，分別是行爲評估、產出評估及專業評估。這三種不同的評估方式，分別適用於不同性質的工作。

前程規劃（career path planning）是指組織應該提供組織成員適切的協助和機會，使他們能夠訂立實際的前程目標，並能將個人的前程，與組織的目標兩者結合起來，可使員工與組織均獲得益處。生涯規劃的步驟可依序分爲瞭解自己的性向與專長、瞭解個人的人格導向、瞭解個人的技能、確認未來的發展方向及書面化的前程規劃。一個有效的前程規劃，需要配合適當的組織情境與條件，這些條件包括：工作輪調、前程規劃的課程設計及開放的組織文化。

問題與討論

1.試說明人力資源發展的意義與目的。
2.何謂人力資源規劃?
3.在進行人力資源規劃的時候，需考慮那兩個因素? 其內容為何?
4.何謂「核心人力」? 何謂「週邊人力」? 二者之間如何配合，才能有效因應環境的變動?
5.請說明薪資水準設計的原則。
6.企業在引進外部人力時，可能面臨的困境為何?
7.傳統的任用程序，包括那幾個重要的部份?
8.何謂職位分析? 何謂職位說明?
9.請說明人員甄選的程序。
10.協助新進人員適應組織的環境，常用的方法有那些?
11.請問有效訓練課程的功能有幾? 又管理發展的主要目的為何?
12.請問訓練與發展程序的重要步驟有幾?
13.常見的訓練類型可分為那幾種，其內容為何?
14.何謂角色扮演? 何謂個案分析? 何謂經營競賽? 其用途功能有何不同?
15.何謂行為評估、產出評估及專業評估? 各適用於何種情況？請各舉例說明之。

16.請說明前程規劃的意義。

17.請問生涯歷程約可分為幾個階段？其內容為何？

18.請說明生涯規劃的步驟。

19.請問組織情境應如何配合，才能促成前程規劃的有效達成？

20.許多管理人員認為，人力資源發展的議題，是人事部門的問題，與直線部門的主管無關。請就此一觀點進行討論。

21.許多企業處理「問題員工」的標準作業模式，就是將「問題員工」調離開原單位，讓他去嘗試一種新的工作生活。請問這種作法有何優缺點？

22.有些管理者認為，員工訓練是弊多於利的，因為它雖然培養了員工的工作技能，但也同時提昇了員工「換工作」的能力。請就此一說法提出您的看法。

23.有人說：組織內部的人才易找，狗腿子難求；請就此一觀點提出您的看法。

第九章　激勵

本章中主要在探討影響工作績效的幾個因素，包括員工個人的因素、工作群體的因素及各種的激勵理論與方法。在第一節中，我們將討論員工個別差異與工作群體的作用，對工作績效所造成的影響；至於在第二節中，則討論幾種常見的激勵理論，包括需求層次理論、兩因子激勵理論、期望理論、激勵程序模型、公平理論、及目標設定理論等內容。至於在第三節中，則說明實務上常見的激勵原則與激勵方法。

第一節　管理的人性因素

在 1920 年左右，在美國西方電器公司的霍桑工廠進行的霍桑研究，對傳統的科學管理有相當大的影響與衝擊。在以往，人們認為「工作環境」與「工資」，是影響工作績效的二項主要因素。但是霍桑研究的結果，卻發現工作環境的改變，並不會對工作績效產生預期的影響，反而是「工作群體」的作用，對工作績效比較有影響。自此之後，人群關係的學者開始對影響工作績效的各項軟性因素，進行深入的研究。現在許多學者都同意，員工的個人認知、人格與能力、所屬的工作群體與激勵等四個因素，是影響工作績效的主要因素；這四個因素，亦常稱為管理的人性因素。對於第四個激勵因素，我們留待第二節再詳細說明，第一節中僅針對前三個因素做一些說明。茲分述如下：

一、員工的個人認知

所謂「認知」是根據個人過去的經驗、知識形成的，一種解釋環境刺激的觀念性架構。由於每個人過去的生活經驗不同，因此對同一件事情的隱含意義，看法與解釋亦有明顯的不同。舉例來說，部門經理宣布部門內要開設一些訓練課程，可能就會有部分員工會猜想，是不是因為最近的工作績效不好，所以須要再進行一些訓練；另一些員工可能會認為，這是為了幫助員工個人成長而開設的課程需要；另外有一些員工說不定會認為，這只是部門主管為了表現他重視員工訓練的表面功夫。一件簡單的事情，不同的員工可以找出不同的解釋，這通常和員工個人的認知有關。

員工個人的工作認知，會受到以下四個因素的影響，而出現不同的解釋。這些因素包括個人的需求強度、完成工作的情境壓力、個人的工作經驗、及組織內的職位。所謂「個人的需求強度」，指的是員工對某種欲望的需要程度。舉例來說，如果部門內剛好空出一個科長職缺，某甲又非常希望能夠升任科長（需求強度高）；則經理在召見他的時候，某甲通常會將此一召見，聯想到派任科長的事，這就是需求強度對個人認知的影響。

所謂「完成工作的情境壓力」，指的是個人必須要在某一時間完成某一工作，則員工在承受這種壓力下，就比較無法保持其原有認知的客觀性。舉例來說，如果生產人員知道一個月之後，工廠必須交出一批貨，而目前生產線上的人員不夠，必須馬上招募一批人，於是大家就透過各種管道去找，為了生產的順利，就無法顧及到員工的品質，以及員工的技術水準是否完全合用。

所謂「個人的工作經驗」指的是個人在過去的工作情境下，刺激與反應之間的連結關係。以經理宣布訓練課程的例子來說，如果一位員工過去碰到的主管，都只是以部門員工訓練來博取上司的稱譽，那麼他就會認為「這只是部門主管為了表現他重視員工訓練的表面功夫」。而「組織內的職位」指的是功能性的短視，就是受到部門專業的影響，傾向於以部門的角度來解釋所有的事情。

由於人類的行為，都只是在反應個人的主觀認知；而個人背景的不同，對同一件事情的認知也會不同。就一位管理者來說，他必須瞭解下屬對事情的認知，可能和他的認知不同，這樣才能進行有效的管理。

二、人格與能力

所謂人格就是個人的特徵或特質。基本上每個人都具有許多不同的特質，有一些特質屬於外顯性的特質，可以很容易的觀察到；相對的，有一些特質則屬於內隱性特質，平常不太容易表現出來。也就是說，一般我們所說的人格特質，指的是個人在大多數的情境下，所表現出來的外顯特質。如我們說這個人是積極進取的、相當穩重的、有點固執、或是興趣廣泛，都只是描述他在多數情形下，表現出來的特質。而人格的特質的差異，所表現出來的外顯行為將會不同，通常對問題的看法也會不同。

個人的能力是達成工作績效必備的條件。能力可分為二，一種是先天的能力不同，如有些員工的手部運動較為靈巧，有些員工觀察較為敏銳，有些員工的機械理解能力較佳。第二種是技術能力。這些先天的、不同的技術能力，如果加上適當的訓練，就可以應用在組織的工作活動中，而結合成工作所需的技術能力。如手部靈巧的員工可以派給精密的工作，觀察敏銳的員工可以派在品管部門，而機械理解能力較佳的個人，可以從事技術的工作。通常能力水準的不同，其工作的績效也會不同。

對管理者而言，員工的人格特質是管理者根本無法改變的事實；所以，管理者只能透過甄選的程序，來選擇適合組織價值觀的員工。但在員工的技術能力上，管理者則可透過制度化的訓練與發展方案，來培養員工的技術能力，以提昇其工作績效。

三、工作群體

組織成員所屬的工作群體，通常會對個別成員的態度、認知及價值觀造成影響，並影響其在組織內部的行為，霍桑研究的結果就是一個典型的例子。工作群體對個別成員的影響，可以透過以下二種方式：第一種方式是，形成一種群體的行為規範，並藉以約束個別組織成員的行為；第二種方式是，對群體成員的獎勵或懲罰，以使個別成員順從群體的約束。

通常工作群體的形成，是由兩個因素共同作用而成，一是工作流程的結合，也就是說，這群人必須結合在同一個、或同一類的工作流程之下；二是基於社會性的需求，也就是說，這群人之間必須有群體行為的各種特徵，包括互動的活動、或是感性的行為等等。當工作群體形成之後，群體很自然的就會發展出共同的想法與價值觀；因此，群體規範於是就形成了。群體規範是個人認同群體的具體表徵，對群體內的個人行為有相當的約束力量。這種約束力量與社會規範、風俗習慣的約束力量是一樣的。

當個別成員認同了工作群體，就會賦予這個群體一些權力，可以獎勵群體內的員工，也可以處罰群體內的員工。群體要處罰一個員工並不困難，它只要要求所有的成員，拒絕與該員工合作，就可以達到這種處罰的目的。舉例來說，當該名員工需要他人協助的時候，群體可以要求所有的人都不要幫助他，這就是一種消極的處罰；其他的處罰還包括：所有人都不和該員工說話，或是動用私刑處罰該名員工等等。同樣的，群體也可以透過友善、合作、親密的動作，讓個別成員感受到群體的讚賞。因此，工作群體對個別員工的行為，有相當大的影響。

管理者在瞭解工作群體的影響力之後，就應該妥善的運用工作群體，使其發揮正面的群體力量，以提昇組織的工作績效。

第二節　激勵理論

激勵（motivation）一詞源自於拉丁字"movere"，原為「移動」之義；而現今「激勵」可視為「一個人為解除其內在的心理緊張狀態（tension），因而引發其內在的趨力（drive），尋求目標並採取行動的過程」。從這個觀點來看，激勵可分為三個不同的階段，一是內心的緊張狀態，也就是「需要」的產生；二是採取一種目標導向的行動；三是希望能夠解除內心的緊張狀態，這是希望能夠「得到滿足」，也是行動的目標。通常有效的激勵過程中有三個必備的要素，分別是能力（ability）、努力（effort）、及欲望（desire）；其中欲望是對某一特定目標的預期，能力是個人的能力水準，努力指的是個人投入的程度。也就是說，激勵的過程是先有個人的「欲望」產生，之後再配合個人的「能力」，加上適度的行動「努力」，以滿足原有的欲望的一套程序，這三個要素共同運作就構成了激勵。基本的激勵過程如圖 9-1。

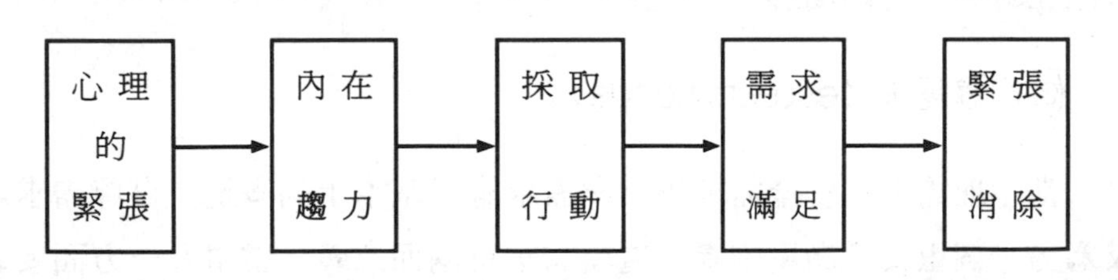

圖 9-1　激勵過程

一、馬斯洛的需求層次理論（Maslow's Need Theory）

馬斯洛認為人均存在有五個不同層次的需求，說明如下：

㈠生理需求（physiological needs）

需求層次的底部就是生理需求，這是支持生活所必須具備的需求項目；包括食、衣、住、行各類項目。一個人缺乏了這些基本的生活需求，可能很容易就被生理需求所激勵。研究指出，生理需求的滿足通常跟金錢有關，指的是金錢所能買到東西。

㈡安全需求（safety needs）

當生理需求基本上滿足之後，安全的需求就開始顯現。安全需求指的是免於危險或侵害、追求保障的需求。

㈢社會需求（social needs）

在人的生理需求和安全需求，得到了基本的滿足之後，社會需求便成為重要的激勵因素。人們皆希望能夠獲得別人的愛、接納及友誼；也希望能有機會對別人付出這些，並感受別人對他的需要。這是希望建立自己在群體中的歸屬感。

㈣自尊需求（esteem needs）

當生理需求、安全需求和社會需求有了基本上的滿足，自尊需求就成為另一個重要的激勵因素。這項需求有兩面意義，當事人一方面要感覺到自己的重要性，另一方面也希望得到別人對他的賞識，來支持其個人的感覺。所以它包括自信、受尊重、被肯定、被賞識等等，各種內在的或外顯的表徵。

㈤自我實現需求（self-actualization needs）

在這一層次，一個人希望能完全實現他的潛力。他所重視的是自我滿足，自我發展和創造力的發揮。這種需求包括了成長、發揮個人潛力及自我實現。

馬斯洛認為，人的需求是像一個層級的形式，要先滿足了低層的需求，當某一需求滿足後，則下一個高層的需求就會出現。個人的需求是由低層次（生理、安全需求）向高層次（社會、自尊及自我實現）移動的。若某一需求已經滿足，則這項需求就不再能夠激勵個人；他會轉向追求其他高層需求的滿足。圖 9-2 顯示馬斯洛的需求層次。

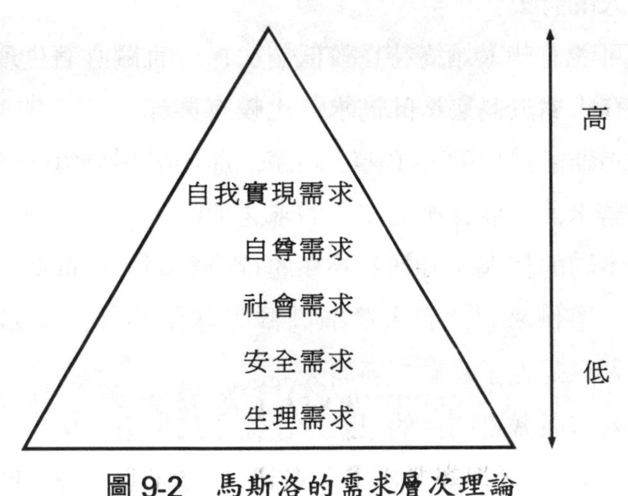

圖 9-2　馬斯洛的需求層次理論

但值得注意的是，馬斯洛並不認為一項需求必須百分之百滿足之後，另一層次的需求才會顯得重要。他認為「社會中大多數的成員，他們的各項需求都僅有部分滿足，同時也都有一部分不滿足。因此，需求層次更確切的說應該是：自較低層而上，滿足程度的百分比逐漸減小。

讓我隨意用些數字來說明，譬如一般人的生理需求可能滿足了百分之八十五，安全需求滿足了百分之七十，社會的需求滿足了百分之五十，自尊需求滿足了百分之四十，自我實現需求的滿足只有百分之十。」〔註一〕

馬斯洛的這一套概念，在說明每個人都有需求；因此，管理者要激勵員工，就必須瞭解員工的需求。且不論管理者採取什麼樣的方式，都必須以滿足員工的需求作為假設的基礎。但管理者在應用馬斯洛的理論時，須注意以下四件事情：

第一、各層次的需求間，其實並沒有清楚的劃分界限，各需求之間也可能會有重疊。當一個需求的強度，超過了另一個需求的強度時，它就左右了個人的行為。

第二、可能有些人始終待在較低層次，一直關心著生理需求和安全需求。但也有人對於高層次的需求，比較有興趣。

第三、馬斯洛提出的各項需求順序，並不適用於每一個人；如有些人的社會的需求，可能會排在安全需求之前。

第四、不同的個人，雖然其外顯的行為相同，但這並不表示他們的需求也相同。舉例來說，有人參加高爾夫球俱樂部，是為了自尊的需求；但有些人只是為了喜歡打高爾夫球。

在討論需求與激勵關係的理論中，除了馬斯洛所提出的需求層次理論之外，還有麥克克里蘭（McClelland，1961）所提出之三需求理論(Three Needs Theory)。在這個理論下認為，工作情境下有三種主要需求或動機，分別是：

1.成就需求：是一種追求卓越、達成標準、獲取成功之趨力。

2.權力需求：是一種希望別人依其意願行事之需求。

3.歸屬需求：是一種追求友善的、親密的人際關係之需求。

具有高度成就需求的個人，通常具有做事的高度企圖心，也就是將事情做得更好的欲望。他們比較喜歡工作環境具有個人責任、回饋與適量之風險；這三個因素對高成就需求者有相當大的激勵功效〔註二〕。權力需求強烈的個人，則希望獲得高的階級、希望影響他人、喜歡接受挑戰、重視影響力與權力。而具高度歸屬需求的個人，則希望追求友誼、合作、與互信互諒的人際關係。

二、赫茲柏格的兩因子激勵理論（Herzberg's Two-Factor Theory of Motivation）

(一)二因子激勵理論

1950 年代後期，匹茲堡心理研究所的赫茲柏格和他的研究人員，曾作過一次研究調查；研究中共訪問了匹茲堡地區的 11 個產業中的 200 多位的專業人員。在訪問的過程中，赫茲柏格和他的研究人員請他們列舉，工作中有那些因素使他們愉快或不愉快；之後，赫茲柏格便提出二因子的激勵理論。在理論中有兩種因子，第一種是能夠防止員工不滿的因素，叫做「保健因素」（hygiene factor），或稱維持因子（maintenance factor）；第二種是能帶來員工滿足的因素，叫做「激勵因素」（motivators）。

赫茲柏格發現，工作中的許多因素，包括金錢、地位、保障、工作環境、政策及行政、人際關係等。這些因素並不能激勵人員，只能夠防止員工的不滿。它們並不會使員工的工作績效變好，但是可以防止員工不滿，避免了消極的怠工所造成的損失。因此，這些因素可稱之為「保健因素」，其作用只是在防止員的激勵發生。而另外一些與工作本身有關的因素，則會對工作的滿足產生正面的影響，造成工作績效的增加，赫茲柏格稱之為「激勵因素」或「滿足因素」。這些因素包括工作本身、賞識、進步、成長的可能性、責任及成就等。

兩因子理論雖然對組織的各項因素，進行性質上的分類，對組織的激勵有相當大的幫助；但仍面臨以下兩個主要的批評：

第一、研究的樣本僅限於工程人員和會計人員，而且選擇的是匹茲堡地區的產業；其研究結果是否能夠代表全體的工作人員，仍有相當的爭議。也就是說，這個理論是否能夠一般化（generalize）仍有爭議。

第二、二因子的分類仍有相當的爭議。舉例來說，「金錢報酬」對白領階級可能是「保健因子」，但對藍領階級來說，可能會是一個「激勵因子」。而且對許多人來說，這些保健因子的激勵效果，與激勵因子的激勵效果，其間好像也沒有什麼太大的差異。

㈡二因子理論與需求層次理論

從二因子理論來看，保健因子所強調的是一種生理的、安全的或是社會性的需求；而激勵因子比較強調自尊與自我實現的需求。因此，赫茲柏格的二因子理論，可以結合了馬斯洛的需求層次理論；二者之間的關係可以顯示如圖 9-3〔註三〕。雖然赫茲柏格的二因子理論，對馬斯洛的需求層次理論，有相當的補足；但兩個理論都沒有說明「需求滿足」和「目標達成」之間的關係，也就是說，二種理論在激勵程序的解釋上都不完整。

三、期望與期望值理論（Expectancy Valence Theory）

此一激勵理論是由弗洛姆（Vroom，1964）所提出，理論中是將期望理論的概念與學習行為合併。其基本概念可以表示如下：

$$激勵 = \Sigma 期望值 \times 期望$$

在弗洛姆的理論中認為，個人的激勵乃是「期望值」（valence）與「期望率」（expectancy）共同作用的結果。其中「期望值」是個人對某種事物的主觀偏好程度，或是欲望的強烈程度；而「期望」則是採取某一個行動成功的機率。由於一個人採取某種行動，可能會出現多種不同的結果；因此在弗洛姆的理論中會出現一個加總符號Σ。簡單的說，一個人的激勵就是完成目標後，實際或自覺可能獲得的報償結果。

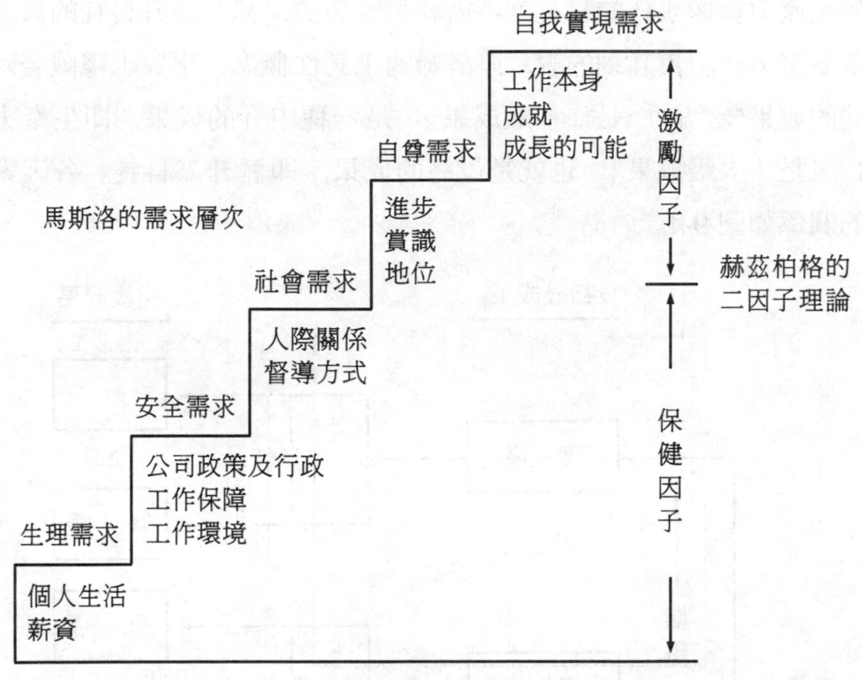

圖 9-3　需求層次理論和二因子理論的比較

除了前述的期望值與期望之外，在弗洛姆的理論中，還有一個非常重要的概念，那就是工具性（instrumentality）的觀念。所謂工具性概念指的是「一項行動」是達成某一「預期結果」的工具。舉例來說，部門經理告訴部門內的員工說，公司希望部門的生產力能夠再提昇，同時公司已經同意在部門內的現有兩位科長之外，再多增加一位科長的職缺。這番話對部門員工的意義可能並不相同。部門內的某甲要不要努力？端視他對該項升遷的認知而定。假如他認為生產力的提昇與升科長，有相當密切的關係（這就是工具性的概念）；而且他也希望能晉升為科長，他就會「非常的」努力工作。反之，如果他根本對升科長沒有興趣，或是只想要工作的愉快就可以了，那麼他就不需要努力的提昇個人的生產力。像現任的科長就不需要那麼努力，只有想升科長的員工才需要多努力些。更詳細的說，弗洛姆的工具性概念，事實上隱藏著兩個不同的成果概念。一是「初級成果」：是一種中介的成果，即生產力提昇；二是「次級成果」：也就是最終的成果，即晉升為科長。各因素之間的關係如圖 9-4。

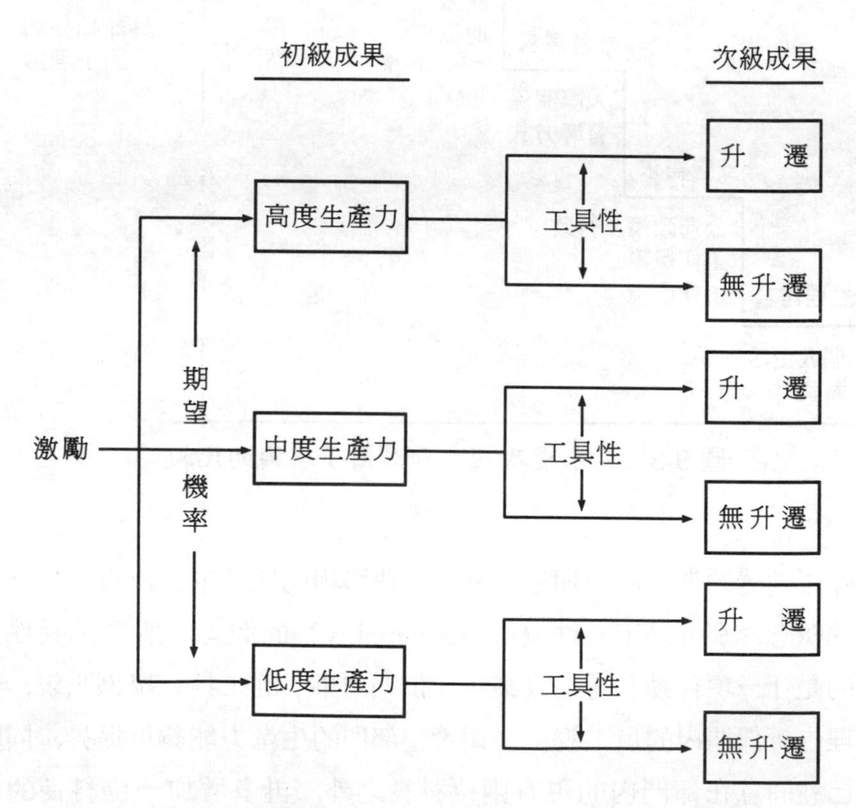

圖 9-4　弗洛姆的期望值、期望機率與工具性概念的釋例說明

在弗洛姆的理論中，用了一種嚴謹的理論觀點，來幫助管理者瞭解個別員工的激勵。模型中既重視員工個人的差異，亦有操作方便的優點；因此它受當前研究學者的重視程度，遠超過其他的激勵理論。

四、波特及羅勒的模型（Porter and Lawler's Model）

波特及羅勒兩人曾根據激勵的期望理論，而提出其動態的激勵程序理論，如圖 9-5。程序理論中認為，一個人是否會受到激勵，主要是受到報償吸引性與努力的工具性關係所影響。而個人是否能達成預期的工作績效，又受到個人的能力、努力程度與工作方法的影響。在達成工作績效之後，個人可以獲得「直接」的內生報償（intrinsic rewards）與「間接」的外生報償（extrinsic rewards）。所謂內生報償是一種自行由心裡滋生對自己的報償，例如，成就感；所謂外生報償是指由外而來的報償，如加薪、升遷等。之後，個人會將「實際」得到的報償，與其「應得」的工作報償進行比較，以瞭解報償的合理、公平程度；如果一個人不能得到他認為應該得到的報償，那麼他的滿足便將受到負面的影響。而如果個人已獲得足夠的報償之後，相同報償的吸引性就自然會降低。簡單的說，二人所提出的模型變數關係，可表示如下：

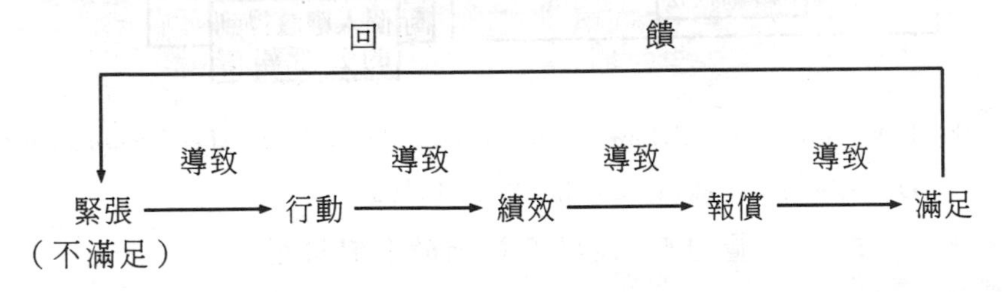

之後，羅勒又對前述的模型，作了一些修正，他提出兩種類型的期望：一是 E→P（努力與績效之間的工具性期望），二是 P→O（工作績效與獲得報償之間關係的期望）。後來有學者提出了一個很簡單的方法，把三項觀念整合成一個公式，用來算出一項所謂的努力指數或激勵指

數。公式的計算如下：

E → P × P → O × 期望值 ＝ 激勵指數

（0 至 1） （0 至 1） （0 至 1） （0 至 1）

舉例來說，假定某甲認為「努力」和「績效」有非常直接的關聯，在 E→P 的關係為 0.95；他認為「高績效」有助於「升遷」，P→O 的關係為 0.75；如果他個人對升遷的「期望值」（欲望的強烈程度）也很高，高達 0.95 的數值。因此某甲的激勵指數計算約為 0.95×0.75×0.95＝0.677。

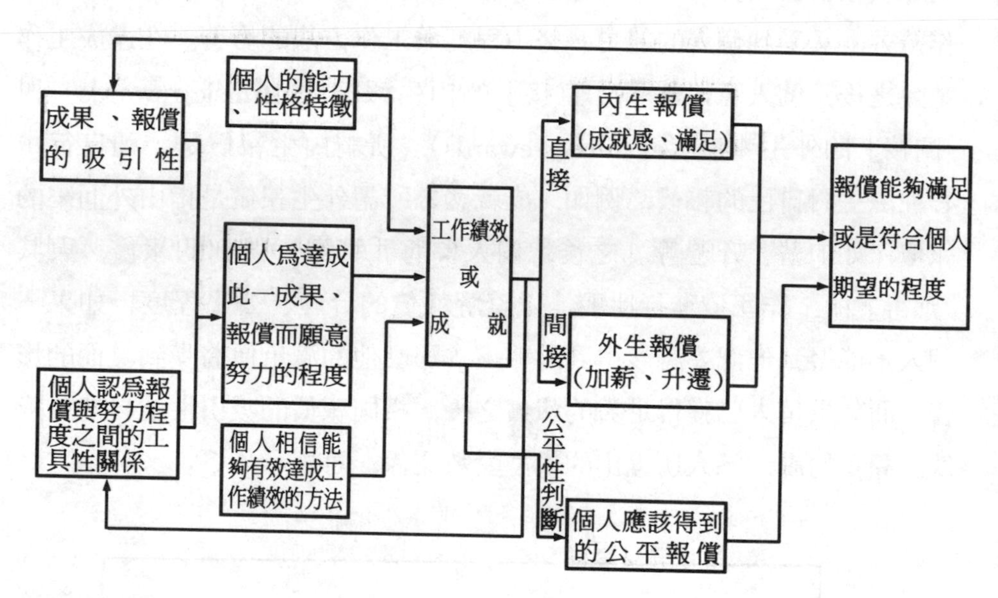

資料來源：L.W.Poter and E.E.Lawler：*Managerial Attitudes and Performance*, Richard D, Irwin, Inc., Homewood Ill. 1983, P.168

圖 9-5 波特及羅勒的激勵模型

五、公平理論（Equity Theory）

公平理論也稱作社會比較理論（social comparison theory），是由巴納德的觀念擴充而成。巴納德認為員工常會將他們從公司得到的，與他們付出給公司的進行比較。公平理論則認為員工不只會比較自己的情況，而且也會和別人比較；如果發現所得不相等時，人們就會認為不公平，並會採取適當的方法來改正這種認知的不平衡。人們選擇的比較對象有三——他人、系統及自己。「他人」意指同公司做類似工作的人、鄰居、或朋友等，個人可藉著口語、報紙、雜誌、視訊等有關薪資方面的報導，來進行與他人比較的程序。「系統」意指公司的薪資政策、薪工程序及管理系統；通常人們拿現有之系統與過去之系統比較。「自己」指與個人在不同情況下的投入，所獲得的報酬之間的比較；這種報酬通常是以過去的投入/報酬，與現在的投入/報酬來進行比較。

舉例來說，某甲的公司獲利成長了10%，因此某甲認為他非常努力，至少較部門內的其他人要努力些，因此下個年度薪水似乎至少也應該加10%，即3,000元，而他的主管卻告訴他要加他3,500元，因此，某甲非常的高興。可是後來有一天，某甲發現部門同事某乙也加薪3,500元。他就開始有點不是那麼高興了；等到他知道部門內其他的員工，「至少」都加薪3,500元時，他就非常的光火。因為他覺得他對公司的貢獻要比部門內的其他人都多，但是加薪卻是部門內最少的。當人感覺自己沒有受到適當的報償時，緊張便產生了。這種緊張可能造成員工遲到早退，或者換到別家公司工作。事實上，一些研究也發現，以員工感覺是否得到了公平待遇，來預測他的曠職和離職，似乎有相當的準確性。

當員工在與他人比較之後，發現所得到的結果不公平時，他可能會採取五種方式，來降低這種心理的緊張狀態。這五種方式是：

1.扭曲自己或他人之投入或產出，以降低認知的差距。

2.促使他人改變投入或產出。

3.促使自己改變投入或產出。

4.選擇另一個社會比較的對象。

5.辭職。

有些研究還發現了一個有趣的現象，就是許多人在自己得到了些金錢的報償，往往會多做些工作，至少初期的一段時間會如此。當事人用這種方式，來表示出他應當拿到這份較高的薪水。但過不久之後，他就會重新評量他的本領和工作，而開始覺得他確實值得公司付這麼高的薪水，然後他的生產量就降回到原來的水準了。這說明了金錢通常只是一項短期的激勵因素，是管理者在激勵過程中可用的許多工具之一。

六、目標設定理論（Goal-Setting Theory）

1960 年代末期，洛克（E. Locke）提出目標設定理論。理論中認為，朝向特定目標工作的企圖心，就是激勵人們工作的主要因素。明確的目標可以讓員工知道他們應該完成的工作，以及他們需要付出多少的努力。一個困難的目標，較一個簡單易於達成的目標，要更有挑戰性，因此，它對員工的激勵程度更高。通常容易的目標，較可能被員工接受；但如果員工願意接受困難的任務，他就會付出高度的努力，直到目標達成。因此，它也會比簡單的目標，更能導致較高的績效。

在員工執行工作的過程中，尚須適時的提供各種回饋資訊；由於回饋資訊的提供，可使人們瞭解距離達成目標的差距，它可以引導員工後續努力的行為與方向。通常如果能夠適時提供員工回饋資訊，將有助於員工工作績效的提昇。

在設定困難的目標時，雖然可以得到較高的產出績效；但在目標接受初期，員工的抗拒也比較大。因此如果能讓員工參與設定自己的目標，當員工在心理上接受這個目標後，即使目標的困難程度相當高，但員工也會激發起內心的衝力，努力去完成它。但這並不是說，讓員工參與所有目標的設定，他們就會更加努力。在某些情況下，參與目的設定是會導致較好的績效；但是在另一些情況下，由上司指派任務，效果反而較好。讓員工參與設定工作目標，最大的優點，就是能夠增加員工對目標的認同感，獲得內心的激勵，並肯為目標的達成付出最大努力〔註四〕。

第三節 激勵的原則與方法

一、激勵的原則

㈠個別差異原則

個別員工的人格、態度、價值觀差異，會造成其工作需求不同；因此，管理者對下屬所採取的激勵措施，應考慮這種個別差異的現象。

㈡績效報償連結原則

期望理論說明了個人對「績效與報償」之間的關連，是促使其努力工作的原因；因此，管理者最好能夠強化這種關連性。通常的作法有二，一是採用制度化的方式，以員工的工作績效，來決定獎酬的數額；二是當員工績效良好時，管理者能夠立即給予員工獎酬，亦可強化員工的認知。

㈢動態激勵原則

在馬斯洛的需求理論及弗洛姆的期望理論中，有一個重要的觀點，就是動態性的需求滿足。當員工的某一類需求滿足之後，管理者就必須結合組織的情境，激起員工的另一種需求，讓員工能夠持續發揮工作的努力。

㈣工作激勵原則

根據麥克克里蘭所提出之三需求理論，組織內部不同的工作職位，因其不同的工作特性，而對員工有不同的激勵效果。如在分權程度高的部門，可安置高成就動機的個人，並由員工進行自我的控制。如在人事部門可安置歸屬需求較強的員工等等。

㈤目標激勵原則

根據目標設定理論的觀點，訂定明確、合理的目標，並給予適當的回饋資訊，對員工就是一種非常重要的激勵。適度困難的目標，可以激發員工的努力。至於目標的設定的參與程度，可由當時的情境與工作性質，由管理者裁量決定。

㈥公平報償原則

根據公平理論的觀點，激勵的有效性與激勵的社會公平性，有密切的關係。因此，有必要檢討制度的公平性，以免減低了個人努力的動機。

㈦激勵工具多樣化原則

要同時重視貨幣性因素，與非貨幣性因素的激勵效果，雖然高層次自我實現的需求，是發自個人內心的前進動力；但也不要忽視物質誘因的重要性。在許多時候，員工的對於貨幣性的報償，仍然有相當程度的偏好。所以要結合不同性質的激勵工具，以激發員工的工作動機，並提昇其工作績效。

二、激勵方法

(一)貨幣性激勵方法

主要包括薪資、獎金、福利三類項目。在薪資的計算主要有兩種方式，分別是計時制（time rate system）及計件制（piece rate system)。計時制是以工作時間之長短，做為薪資計算之標準，其計算所採用的單位有小時、日、週、月、年。如職業球員的薪資是以年薪計算，經理人員的薪資可能是以年薪計算，也可能是以月薪計算；工廠的操作員按照勞基法的規定，有最低薪資的基準，因此也是採用月薪制的計算方式；但臨時工的工資，則是以工時為計算工資的單位。計件制主要是採用完工數量，作為衡量薪資的依據；如果員工生產的數量多，則其薪資也相對的高。這種制度比較適合能夠計算數量的工作，許多外包的工作，如家庭代工，都是採用這種方式計算工資。

獎金是一種物質的獎勵措施，因此它的計算通常與工作行為、工作績效的引導有密切的關係。獎金的類別有許多，如不休假獎金、出勤獎金、績效獎金、年資獎金、意外損害減少獎金等等，不同的獎金制度，可以配合公司的需要，適當的混合使用。另外有些公司會採用獎工制度(incentive system)，這是結合了薪資與獎金的一種制度，也是計件制薪資制度的延伸。這些獎工制度中較常見的有泰勒（Taylor）的差額計件制（Different Piece Rate)、甘特（Gantt）的工作薪獎制（Task and Bonus System)、及愛默生（Emerson）的效率薪獎制（Efficiency Bonus Plan)。另外值得一提的是史坎隆計畫（Scanlon Plan)，該計畫鼓勵員工有效參與管理，設定成本降低的目標，提出各種改進意見，設法努力降低生產成本。如果能夠將人工成本降低至原設定的標準以下，則員工將可按所降低成本的一定比率獲得獎金。

福利措施包括各種員工福利與保險的措施，如意外、疾病、殘廢、死亡等保險給付、生育之津貼給付、退休給付等等。有些公司還會定期的讓員工認股，這種作法一方面可以讓員工對公司有認同感，另一方面可以讓員工獲得認股價格與市價之間的差額，成為另一種變相的福利措施。

(二)非貨幣性激勵方法

非貨幣性激勵方法，主要在提供員工一個有希望的工作環境，以激發員工內在的驅力，為自我的成長與實現而努力。這些方法包括獎懲制度、工作環境、組織升遷、員工發展、工作內容設計、目標設計、發展非正式群體等不同的方法。其中非貨幣性的「獎勵」措施，主要有口頭嘉獎、頒發獎牌、頒發獎狀及公開表揚等方法。而「懲戒」的措施，則包括口頭警告、公開處分、調職、降職等各種措施。基本上，懲戒是一種消極性的避免措施，獎勵比較具有積極性的意義。

「工作環境」是員工實際工作場所的設施條件，如冷氣、空調、光線、空間設計等等，這些都對員工的工作績效有相當的影響。在一個灰暗的工作場所，做一些枯燥的例行性工作，會讓員工覺得未來是沒有希望的，這也是梅耶在紡織部門的研究發現。好的工作環境，並不表示員工的工作績效就會提高，但可以讓員工覺得工作是一件相當愉快的事情。工作環境的維持，正如同二因子理論內容所說的，它只是一種必要的保健因子。

「升遷」指的是工作職位或職務的擢升；在任何組織中，升遷都是一項相當有效的激勵措施。升遷不僅表示的是工作績效受到肯定的程度，同時也是個人實現事業生涯的重要步驟。升遷制度的合理、公平程度，可以激發員工內在的努力動機，對員工的工作滿足有相當重要的影響。所謂「員工發展」指的是組織有系統的給予員工訓練，培養其必要的工作技能，協助員工成長；及並協助員工進行個人的生涯規劃，與其個人在組織內的事業前程規劃。當組織的員工能夠逐漸的成長，將可誘發其內在高層次需求的驅力，激發其工作的動機，有助於提昇工作的績效。

「工作內容設計」主要在設計出一個具有挑戰性的工作職位與內容，使得員工覺得工作有挑戰性，而激發其內在的工作驅力；這是結合麥克克里蘭的「三需求理論」，與洛克的「目標設定理論」觀點，所發展出來的激勵方法。在「目標設計」上主要是採用「目標設定理論」的觀點，認為明確、合理、參與的工作目標設計，是激勵下屬工作的最佳方法；它能夠激發下屬「自尊」與「自我實現」的高層次內在需求，因此也是一種有效的激勵方法。至於「發展非正式群體」則是一種結合個人自尊需求與社會需求的一種方法，組織內的非正式群體，並不一定都會對正式的組織結構造成負面的影響，適當的運用非正式群體，可以讓員工在工作群體中得到另一種不同性質的激勵，有助於工作績效的提昇。

註　釋

註一：A. H. Maslow:"A Theory of Human Motivation," *Psychological Review*, July, 1943, pp.388-389.

註二：三需求理論的內容，詳見 D.C. McClelland: *The Achieving Society*, D. Van Nostrand Company, Inc., Princeton, N.J., 1961.

註三：圖 9-3 的觀念主要是引自 F. E. Kast and J. E. Rosenzweig: *Organization and Management: A systems and Contingency Approach*, New York: McGraw-Hill, 4th eds., 1985, p.293. 但在圖形的表現上，則略做修改。

註四：S. P. Robbins: *Management: Concepts and Practices*, Englewood Cliffs new Jersy: 1984, p.315.

摘 要

自從霍桑實驗之後，許多學者都同意，員工的個人認知、人格與能力、所屬的工作群體與激勵等四個因素，是影響工作績效的主要因素；這四個因素，亦常稱爲管理的人性因素。員工個人的工作認知，會受到以下四個因素的影響，而出現不同的解釋。這些因素包括個人的需求強度、完成工作的情境壓力、個人的工作經驗及組織內的職位。所謂人格就是個人的特徵或特質；個人的能力則可分爲二種，一種是先天的能力，另一種是技術能力。組織成員所屬的工作群體，通常會對個別成員的態度、認知及價值觀造成影響，其影響途徑包括：形成一種群體的行爲規範，並藉以約束個別組織成員的行爲；或對群體成員的獎勵或懲罰，以使個別成員順從群體的約束。

激勵的過程是先有個人的「欲望」產生，之後再配合個人的「能力」，加上適度的行動「努力」，以滿足原有的欲望的一套程序，這三個要素共同運作就構成了激勵。

馬斯洛的需求層次理論（Maslow's Need Theory）認爲人有五個不同層次的需求，分別是：生理需求（physiological needs）、安全需求（safety needs）、社會需求（social needs）、自尊需求（esteem needs）及自我實現需求（self-actualization needs）。

麥克克里蘭（D. McClelland）所提出之三需求理論（Three Needs Theory）則認爲，工作情境下有三種主要需求或動機，分別是：成就需求、權力需求及歸屬需求。

赫茲柏格的兩因子激勵理論（Herzberg's Two-Factor Theory of Motivation）發現，工作中的許多因素，包括金錢、地位、保障、工作環境、政策及行政、人際關係等。這些因素並不能激勵人員，只能夠防止員工的不滿。因此，這類因素可稱之爲「保健因素」或「維持因素」。而另外一些與工作本身有關的因素，則會對工作的滿足產生正面的影響，造成工作績效的增加，赫茲柏格稱之爲「激勵因素」或「滿足因素」。這類因素包括工作本身、賞識、進步、成長的可能性、責任及成就等。

弗洛姆的激勵理論中則認爲，個人的激勵乃是「期望值」(valence)與「期望率」(expectancy)共同作用的結果。其中「期望值」是個人對某種事物的主觀偏好程度，或是欲望的強烈程度；而「期望率」則是採取某一個行動成功的機率。

波特及羅勒兩人曾根據激勵的期望理論，而提出其動態的激勵程序理論。程序理論中認爲，一個人是否會受到激勵，主要是受到報償吸引性與努力的工具性關係所影響。而個人是否能達成預期的工作績效，又受到個人的能力、努力程度與工作方法的影響。

公平理論也稱作社會比較理論(Social Comparison Theory)，是由巴納德的觀念擴充而成。巴納德認爲員工常會將他們從公司得到的，與他們付出給公司的進行比較。公平理論則認爲員工不只會比較自己的情況，而且也會和別人比較；如果發現所得不相等時，人們就會認爲不公平，並會採取適當的方法來改正這種認知的不平衡。洛克(E. Locke)所提出的目標設定理論認爲，朝向特定目標工作的企圖心，就是激勵人們工作的主要因素。

激勵的原則包括：個別差異原則、績效報償連結原則、動態激勵原則、工作激勵原則、目標激勵原則、公平報償原則及激勵工具多樣化原則。激勵方法則可分爲：貨幣性激勵方法及非貨幣性激勵方法兩大類。

問題與討論

1.請問影響工作績效的主要因素包括那幾個？其內容為何？
2.請問影響員工個人的工作認知的因素有幾？其內容為何？
3.何謂人格？又個人的能力可分為幾種？
4.請問造成工作群體形成的因素有幾？其內容為何？
5.何謂激勵？又基本的激勵過程為何？
6.請說明馬斯洛的需求層次理論。
7.請說明赫茲柏格的兩因子激勵理論。
8.請說明弗洛姆的期望與期望值理論。
9.請說明波特及羅勒的激勵程序理論。
10.請說明公平理論的內容。又員工如果發現所得到的結果不公平時，他為了降低這種心理的緊張狀態，可能採取的方式有幾？
11.什麼是目標設定理論？試說明之。
12.請說明各種激勵的原則。
13.什麼是貨幣性激勵方法？通常包括那些？請就內容說明之。
14.非貨幣性激勵方法通常包括那些？試說明之。
15.有人認為：金錢是一種好的激勵工具，且大多

數的員工都會屈服在此一激勵工具之下。請您
就此一說法提出說明。

第十章　領導

領導行為對組織成員的行為有相當重要的影響；本章中將分別討論領導的涵義及領導理論的演進。在領導的涵義中，主要在釐清領導的意義、管理者與領導者的差別、及領導者的權力來源等重要觀念。至於領導理論的三種不同看法，則包括領導者特質理論、領導的行為理論、及領導的權變理論。在領導者特質理論中，討論的是領導者的先天特質，故又常稱為偉人理論；此一部份將於第二節中詳細說明。在領導的行為理論下認為，有效的領導行為可以經由後天的學習或訓練的；在第三節中將說明四種廣為人知的行為理論，如領導行為連續帶理論、管理格矩理論等。至於領導的權變理論，則認為行為理論的有效性，須配合情境的因素，才能發揮領導的功效。在第四節中，我們將對兩種較為重要的權變理論：情境模式及徑路—目標理論，做一簡要的說明。

第一節　領導的涵義

一、領導的意義

由於組織的各項活動必須透過群體的共同努力才能完成；因此，各階層管理者的領導行為，就顯得相當重要。由於領導問題之重要，所以許多學者曾對領導提出不同的說明，如泰利（Terry，1960）認為領導(leadership）是「影響他人的自願努力，以達成群體目標所採之一種行動」；又如覃納朋等人（Tannenbaum et al.，1961）等人認為領導是「經由人際關係的活動，來影響他人的行為，使其達成既定目標的一種程序」。基本上學者認為，有效的領導通常應包括兩個因素，一是領導者對追隨者的影響，二是在這種影響下，追隨者達成了特定的目標。因此我們可以根據前述的說明，將領導定義為「一種影響他人的行為，以達成特定目標的程序」。

這個定義，至少包含二層重要的意義：第一、領導是在影響他人的行為；第二、領導的目的，是在達成某種特定的成果。因此，領導基本上是一種有意圖的理性程序。

由前述的定義來看，領導能否發揮作用，通常必須看所領導的對象（也就是追隨者）的反應，及其接受的程度。因此領導的本質，乃是領導者與追隨者之間的互動過程。在互動過程中，雙方的影響力並不對等，雖然追隨者也會影響領導者，但這種影響力量通常較小，往往都是領導者在影響著追隨者。

稍後由於情境理論的發展，使得學者對於領導行為的研究，提出了一些修正。認為在不同的情境下，領導行為與領導效能會隨之改變；而有效的領導行為必須結合情境的因素，才能發揮影響追隨者的力量。因此，荷塞與布蘭查（Hersey & Blanchard，1977）認為領導（L）是領導者（l）、追隨者（f）及情境（s）三個變數的函數，即 $L=f(l,f,s)$，也就是由三者共同互動的結果〔註一〕。但這種說法只是對領導的定義，做了「情境」上的限制而已，並未改變領導的本質。

二、管理者與領導者

就定義來說，領導是一種影響他人行為的過程；它並不限定在那一類的組織，也不限定在那一種的職位。領導行為可以透過正式的職權體系，也可以透過非正式的影響關係。根據定義只要有影響他人行為，以達成某種目標的過程出現，就有領導行為發生。

從這個觀點來看，領導者並不等於管理者。管理職位是經指派而得，主管的影響力主要源於正式授權的法定地位；對管理者來說，領導是在指引員工達成組織的目標。領導者則不相同，他們的地位有些是經由正式的授權，有些則是由工作群體自然形成，其影響力也不限於正式的法定職權。

一位擁有組織正式職權與影響力的領導者，就是組織正式的領導者，也就是管理者。如果一個領導者的影響力，不是來自於正式的職權體系，而是來自於個人的特質、能力、或其他的專業技能，那麼他就是非正式的領導者。但這種說法並不表示，「管理者」必然就是「領導者」。要知道領導的先決條件，是要能夠「影響他人的行為」；如果一位管理者無法影響下屬的行為，或是下屬不受管理者的引導，那麼他就不是一位領導者。

對組織管理來說，我們關心的是，如何讓組織內的每一位管理人員，都能成為成功的領導者。由於正式的領導者，所憑藉的是組織所賦予正式職權的影響力；而非正式的領導者，所憑藉的是個人的特質與能力，使得追隨者樂意接受他的領導。二者之間其實有互補的作用。亦即在正式職權無法規範的範圍，管理者仍可以透過個人的影響力，來促使下屬完成組織的目標。如果一位管理者，除了具備這種正式的職權影響力之外，還能夠以個人的特質與能力，來影響下屬；則其在組織目標的達成上，成效必將十分顯著。而這種擁有「正式的」與「非正式的」雙重影響力的領導者，也正是組織所希望的管理者。

三、領導者的權力來源

在領導的過程中，所強調的影響行為的能力，這種影響的作用，就是一種權力（power）。管理者應該瞭解，影響部屬行為的能力，有多種不同的來源。在第七章中，曾提及法蘭區及雷文兩位學者所歸納的五種權力型態，而這種不同型態的權力，正是影響力的不同來源：

1.強制權力：領導者可以處罰不服從命令下屬的權力。

2.獎酬權力：領導者對於遵照命令或要求的追隨者，能夠給予獎賞的一種權力。

3.法定權力：組織根據管理者的不同職位，正式賦予其執行工作的權力；如總經理、經理、科長等正式職位所擁有的權力。法定職權通常包括強制的權力與獎酬的權力。

4.專家權力：由於個人的特殊技能或專業知識，使得他人願意接受其影響的一種力量。

5.參考權力：這是一種基於領導者個人的人格特質，使得追隨者願意服從他的領導，接受其影響的一種力量。我們常聽說的個人獨特的魅力（chrisma），就是這種力量的具體表現。

也就是說，權力的來源是多方面的，它可以從正式地位的職權產生，也可以從某些技能或個人的特質產生。管理者應該瞭解，組織的正式職權所涵蓋的，通常僅限於法定權力、獎酬權力、與強制權力的範圍。而專家權力與參考權力，則是基於個人的技能與人格特質所產生的力量，並非正式的職權體系所能賦予的。因此，一位成功的管理者，除了要善用正式職權體系所賦予的權力之外；還需要培養非正式的專業技能與人格特質，才能成為發揮領導的雙重影響力。

有關領導理論的研究，大致可分為三種不同的類別，分別是領導者的特質理論（trait theory）、行為理論（behavioral theory）、及情境理論（situational theory）。早期的特質理論，主要在找出有效的領導者的特質；而行為理論之研究，所重視的是領導者所外顯的領導型態，也就是在找出一種有效的領導型態。至於情境理論，則認為領導是一種複雜的影響程序，有效的領導是由領導者、追隨者、領導情境等，諸多因素共同作用所得出的結果。

就理論的發展來說，三種不同的理論，重視的內容有明顯的不同。如特質理論重視的是個人特質；行為理論則將其延伸到了領導的方式與歷程。至於情境理論則進一步的延伸到情境因素，並認為應根據不同的情境，來選擇適切的領導方式。

第二節　領導者特質理論

在 1940 年代到 1950 年代期間，許多早期的心理學家在探討領導理論時，多將研究的重心，集中於探討領導者的「人格特質」。希望能夠發現一組可辨認的領導者特徵或特質，來協助我們找到有效的領導者。這些學者的研究，多致力於尋找成功的領導者所具有異於常人的特質，包括生理、人格、智慧及人際關係各方面。如史托克帝爾（Stogdill, 1948）曾歸納 12 個領導特質的研究，發現其中大部分的學者研究都認為，領導者之「身高」應高於追隨者。又如馬宏尼等人（Mahoney, Jerdee & Nash, 1960）的研究認為，成功的管理者的教育程度通常比較高、較具有說服力、有自信，通常也比較聰明。由於這類研究在找出天生的領導者；所以，領導者特質理論亦被稱「偉人理論」（great man theory）。

較具代表性的是奇瑟里（Ghiselli, 1963）的研究。在研究中，他對美國地區 90 個不同的行業（包括運輸、財務、保險、製造、公用事業、通訊工業等），超過 300 位以上的管理者，進行問卷的研究。根據研究結果，Ghiselli 歸納出 6 種與管理效能有關的、最重要的人格特質，分別是監督能力（supervisory ability）、智力（intelligence）、成就欲望（achievement desire）、自信（self-assurance）、自我實現的需求（self-actualization）、及果斷力（decisiveness）。

其中「監督能力」是一種指導他人工作，組織並整合他人行動，以達成工作群體目標的能力，這也是最重要的領導特質。「智力」是一種思維、抽象的觀念和能力；它是領導者判斷與學習的基礎。「成就欲望」是指個人對組織職位及完成挑戰性工作的熱切追求程度。「自信」指的是個人對自我的信心；而「自我實現的需求」是一種在工作中追求自我肯定的期望。而「果斷力」是一種個人對決策的堅定程度。這6種人格的特質，就清楚的刻畫出有效領導者的輪廓。

這種人格特質的領導理論，在1950年代以後，逐漸在領導理論的研究被淘汰。主要的原因有四，第一、它忽略了追隨者的角色與反應；由於領導是影響追隨者行為的一種程序，因此，領導效能能否發揮，須考慮追隨者的態度與反應。第二、這些人格特質在不同的情境下，所發揮的影響力並不相同；因此，我們很難歸納什麼樣的人格特質，才是導致領導者成功的真正因素。第三、各種人格特質或屬性，其相對重要性如何決定，也是一個相當困擾的問題。第四、最重要的是，各種不同的研究結果，所發現的人格特質，結果也並不一致。

第三節　領導的行為理論

支持行為理論的學者認為，領導效能並非取決於領導者的個人特質，而是取決於他怎樣去做——也就是他的行為。行為理論不同於特質理論的是，後者認為領導者是天生的，因此組織只能選擇具有領導特質的個人，來擔任組織中的管理工作。而行為理論則認為，有效的領導行為可以經由後天的學習或訓練，就可以使管理者培養出有效領導的行為，並成為有效的領導者。以下我們就分別介紹較為重要的領導行為理論。

一、Tannenbaum & Schmidt 的領導行爲連續帶理論

覃納朋與史密特（Tannenbaum & Schmidt, 1958）曾將領導行為看成一條連續帶（continuum），如圖 10-1〔註三〕。連續帶左邊的管理者，可稱為威權的領導者（authoritarian leader）；而連續帶右邊的管理者，則稱為民主的領導者。其中威權式領導方式，是指所有政策均由領導者決定，甚至執行的程序步驟及技術，亦由領導者決定；他和下屬較少接觸，而且會採取較為嚴格的控制。而民主式的領導方式，是指各項政策均由群體共同討論後才決定，在過程中，領導者採取鼓勵與協助態度，而且下屬在執行工作的程序步驟與採用技術，有相當的自由選擇空間。這種領導者通常容許下屬發表意見，也會採取比較寬鬆的控制。

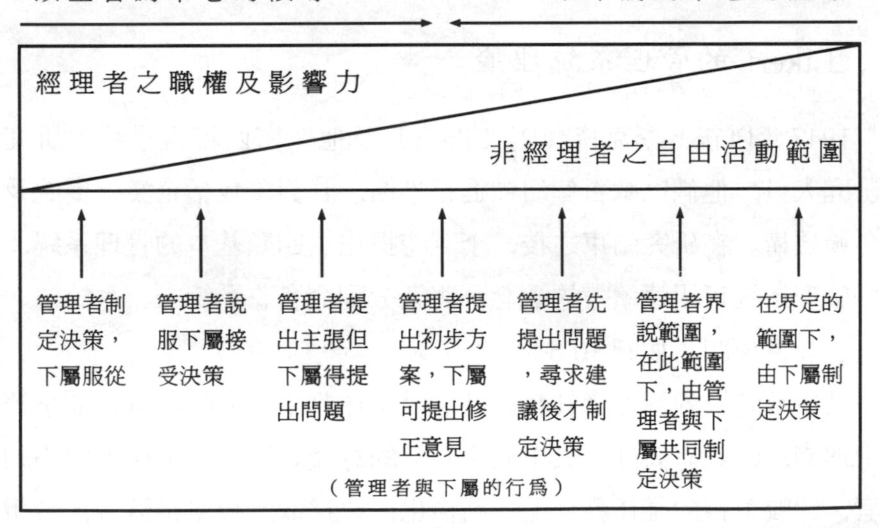

資料來源：R. Tannenbaum and W. H. Schmidt: "How to Chooce a Leadership Pattern," *Harvard Business Review*, March-Arpril, 1958, p.56.

圖 10-1 領導行爲的連續帶

這種分類基本上與懷特與李佩特（White & Lippett）在 1953 年所提出的三種領導方式（威權式，authoritarian；民主式，democratic；及放任式，laissez-faire）相當接近。在懷特與李佩特的分類下，放任式的領導方式是指，下屬或工作群體有完全之自主權與決策權，領導者儘量不干預其運作。領導者僅負責提供下屬各項工作所需之資料或資訊；所有的工作進行完全由下屬或工作群體自行負責。

在連續帶的兩端之間，可以找出多種不同程度的組合方式；而覃納朋與史密特二人也認為，一位明智的管理者會考慮相關的因素，在兩個端點間，選擇一種最適合的領導方式。

稍後覃納朋與史密特（1973）又對原有的理論又做了一些修正，並特別強調組織環境與組織成員相互依存關係的重要性。二人提出了如圖 10-2 的模型；使得領導行為連續帶的模型，所涵蓋的範圍更為廣泛。

二、Likert 的管理系統理論

1947 年以後，李克特（R. Likert）及他在密西根大學社會研究所的研究人員，他們以數百個組織進行推演，其對象包括企業、醫院及政府各種機構。在研究結束之後，李克特提出了四類基本的管理系統，這四個管理系統可用連續帶的觀念，將其分別命名為系統一、系統二、系統三、及系統四，如圖 10-3。

其中系統一的管理者具有高度「以工作為中心」的意識；而系統四的管理者，則具有高度「員工為中心」的意識。所謂以工作為中心的領導者，比較重視的是任務分配的結構化，會採取比較嚴密監督，希望員工依照組織的規定行事；而以員工為中心的領導者，則較為重視下屬的行為反應，會運用群體來達成目標，在工作過程中，也會給員工較大自由裁量範圍。根據研究的結果，李克特（1961）發現系統四的管理者通常部門的工作績效比較高，而系統一的管理者，其部門的工作績效通常比較低。採取「員工為中心」的領導者，其部門績效比較好；而採取「工作為中心」的領導者，其部門的績效比較低。

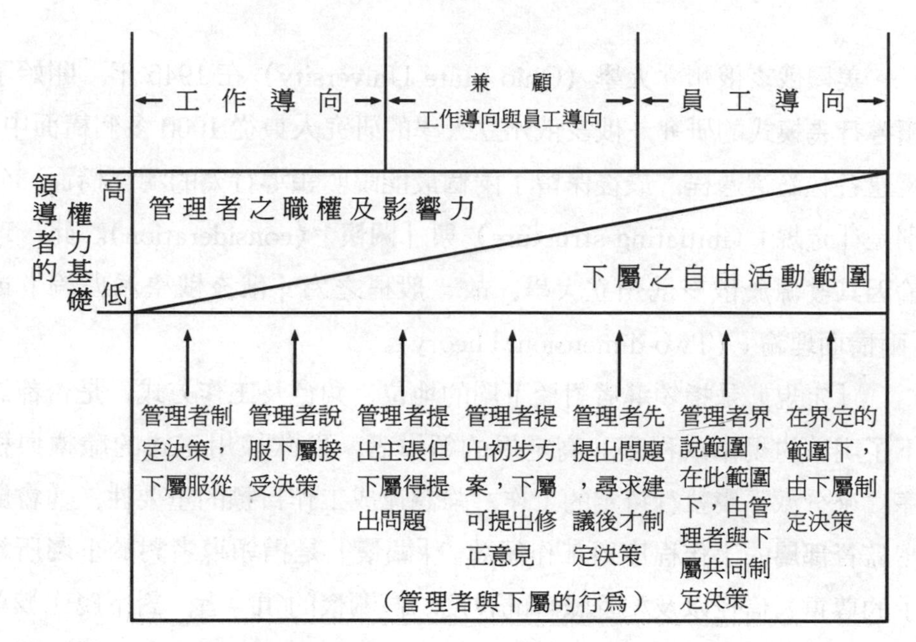

資料來源：Robert Tannenbaum and Warren H. Schmidt, "How to Choose a Leadership Style," *Harward Business Review*, May-June, 1973, pp. 162-180.

圖 10-2　管理者的領導型態與權力基礎

系統一	系統二	系統三	系統四
剝削式的集權領導	仁慈式的集權領導	諮商式的民主領導	參與式的民主領導

資料來源：Likert, Renis: *New Patterns of Managent*, McGraw-Hill Book Company, New York, 1961.

圖 10-3　李克特的四種管理系統

三、俄亥俄州立大學的兩構面理論（Two-dimension Theory）

美國俄亥俄州立大學（Ohio State University）在 1945 年，開始了領導行為模式的研究。俄亥俄州立大學的研究人員從 1000 多個構面中，經過各種篩選過程，最後保留了兩個最能說明領導行為的獨立構面，分別是「定規」(initiating structure) 與「關懷」(consideration)。此一理論因其發源於俄亥俄州立大學，故一般稱之為「俄亥俄學派理論」或「兩構面理論」(Two-dimension Theory)。

「定規」是指領導者對於下屬的地位、角色及工作方式，是否都訂下了明確的規章或程序。高定規的領導者，喜歡採用正式的職權與程序，來分派下屬執行特定的工作，強調達成工作目標的重要性，並會嚴密監督部屬的工作程序與工作績效。「關懷」是指領導者對於下屬所給予的尊重、信任以及相互瞭解的程度。高關懷的領導者，對下屬比較尊重，願意協助部屬解決個人問題，也較為友善易於接近。這兩個構面可構成一領導行為座標，各依其高低程度，可分為四個象限；也就是如圖 10-4 所顯示的四種領導方式。

一些研究顯示，高定規及高關懷行為的領導者，較低定規、低關懷的領導者，往往能夠使得部屬達成更高的績效及更大的滿足。

四、Blake & Mouton 的管理格距理論（Managerial Grid Theory）

布萊克（Robert R. Blake）與莫頓（Jane S. Mouton）在 1964 年提出了「管理格距理論」模式中，曾採用「關心生產」（concern for production）及「關心人員」（concern for people）二個構面，來說明領導者的不同型態。二人並以九種不同程度的座標方式，來表現上述兩構

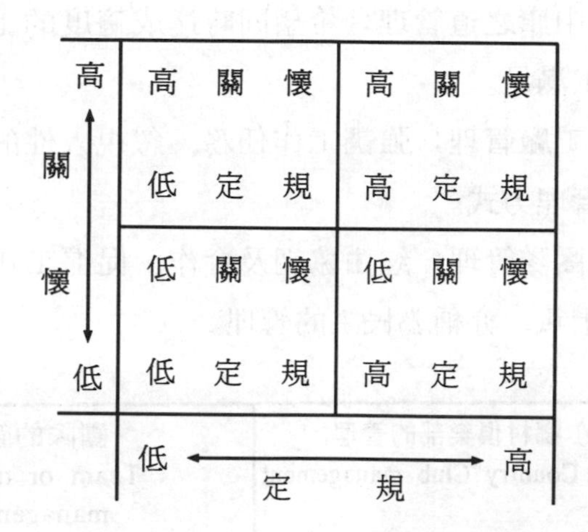

資料來源：R. M. Stogdill and A. E. Coons, eds., Leader Behavior, Its Deseription and Measurement, No. 88, Columbus, Ohio：*Bureau of Business Research*, The Ohio State Univ., 1957.

圖 10-4 兩構面理論的領導行爲座標

面的各種組合方式，並繪製出 81 個方格，因此才稱為「管理格距」，如圖 10-5 所示。所謂「關心人員」的領導者所強調的是人際的關係，重視員工的需求。「關心生產」的領導者，比較關心工作的任務及技術，視員工為達成工作目標的手段。

在圖中所顯示的 81 個可能組合關係中，最具代表性者，為其中五個組合，所在位置分別為：(1,1)，(9,1)，(1,9)，(5,5) 及 (9,9) 之領導方式。分述如下：

(1,1) 型：為赤貧或是放任的管理：維持組織成員的在職，以最起碼的努力來進行工作，也就是多一事不如少一事，只要不出錯即可。

(1,9) 型：鄉村俱樂部管理：重視員工滿足感，塑造友善的氣氛，認為只要員工心情愉快，其工作績效必然會提高。

(5,5) 型：中庸之道管理：希望同時達成適度的工作效率，及維持適度的員工滿足。

(9,1) 型：工廠管理：強調工作任務，忽視人性的因素，是一種勞力壓榨的管理方式。

(9,9) 型：團隊管理：經由協調及合作，促進工作效率及維持高水準的員工士氣，亦稱為民主的管理。

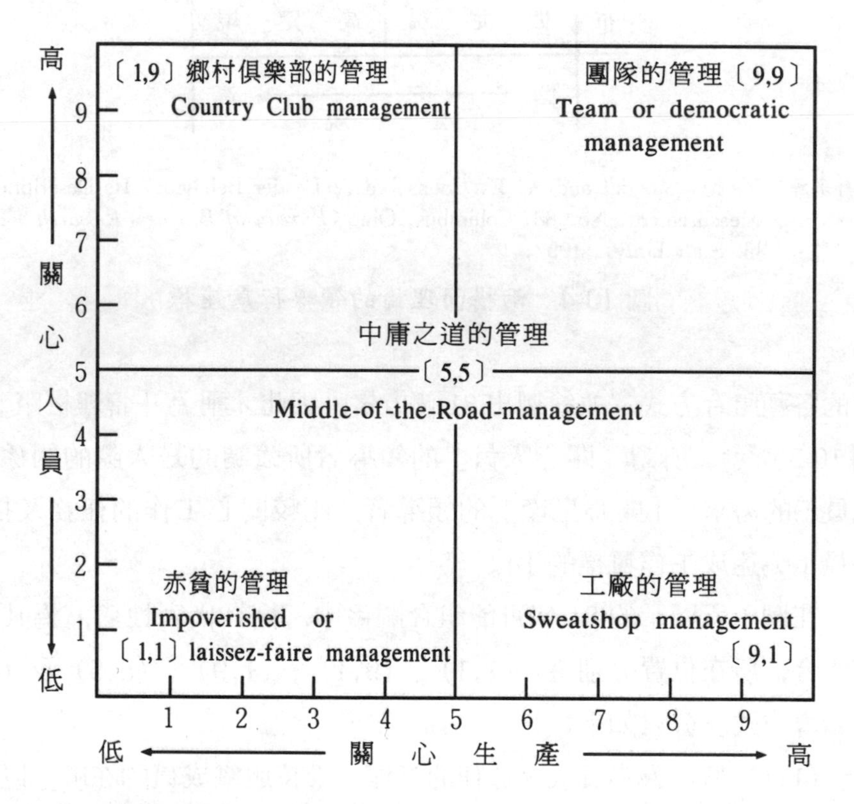

資料來源：Robert R. Blake and Jane S. Mouton, *The New Managerial Grid*, Houston: Gulf Publishing Company, 1978.

圖 10-5 管理格距

一般來說，員工導向的領導者，較能提高組織的生產力及員工的滿足感；而生產導向的領導方式往往會降低員工的生產力與滿足。布萊克與莫頓二人認為，(9,9) 型領導乃是最有效的方式，他既不偏於工作，也不偏於人員，而是兩方面兼顧；而且達到極高水準。在這種領導方式下，將可激發人員之工作熱誠，認真負責以及創造能力。

但此一結論和俄亥俄大學的研究結果相同，都有類似的「情境因素」困擾。亦即是說，在不同的環境下，採用相同的領導行為，可能會導致不同的領導結果。這是領導行為理論所無法克服的問題；也是領導的權變理論出現的主要原因。

第四節　領導的權變理論

由於領導的行為理論，在不同情境出現了適用上的問題；因此，1960年代的後期，學者便開始著重於情境因素的探討。當時研究的重點，是在設法找出獨立的情境因素，並探討其對領導效能的影響。在領導的權變理論中，較為重要的理論有二，分別是費德勒的「權變模式」(Contingency Model) 及霍斯 & 米契爾 (Mitchell) 的徑路—目標理論 (Path-goal Theory)。二種模式說明如下：

一、Fiedler 的「權變模式」(Contingency Model)

費德勒 (Fred E. Fiedler) 根據多年的經驗研究，提出了領導效能的權變模式〔註四〕。模式中認為，領導方式是否能夠獲致領導效能，須視當時的情境而定；因此，他認為有效的管理者，應該是一位具有適應性的個人 (adaptive individual)。他認為領導的情境因素主要有以下三種：

1.領導者與下屬關係 (leader-member relationship)

是表示領導人是否與其下屬融洽相處，以及下屬成員對領導者的信任和忠誠程度。如果雙方的關係良好，則領導人便容易控制情勢。

2.任務結構（task structure）

這表示下屬所擔任的工作性質，是否清晰明確、結構化（或程式化）、與例行化；如果任務結構是模糊而多變化的，則領導者對下屬的控制較為困難。

3.領導者之職位權力（position power）

這表示領導者所擁有之獎懲力量，以及他自其上級與整個組織所得到的支持程度。如果領導者的職位權力較強，則對下屬有較高的控制能力。

這三個情境構面可各自分為兩種程度，如高低、強弱等，則可形成8種（2×2×2）的可能組合如圖10-6所示。費德勒認為這8種可能的組合，對於領導者的有利程度並不相同。在與下屬關係良好，任務結構化程度高，領導者的職位權力堅強的情境下，是一種最有利的情境；相對的在與下屬關係惡劣，任務結構化程度低，領導者的職位權力軟弱時，則為最不利的情境。

費德勒將領導方式也進行了分類，區分為「任務導向」與「關係導向」兩種方式。並認為在最有利的領導情境，和最不利的領導情境，都以採用「任務導向」的領導方式，其領導績效較佳；至於處於中度有利的領導情境，則以採用「關係導向」的領導方式所獲效能較高。這顯示領導情境的不同，有效的領導方式亦會不同。

由於領導方式，與適用情境有密切的關係；因此，我們一則可以透過改變領導的方式，來提昇領導的效能。二則是可以透過改變領導的情境，如改善與下屬關係，改變工作的結構化程度，或是改變領導者的職位權力，使其適合某一領導型態，以提昇領導的績效。

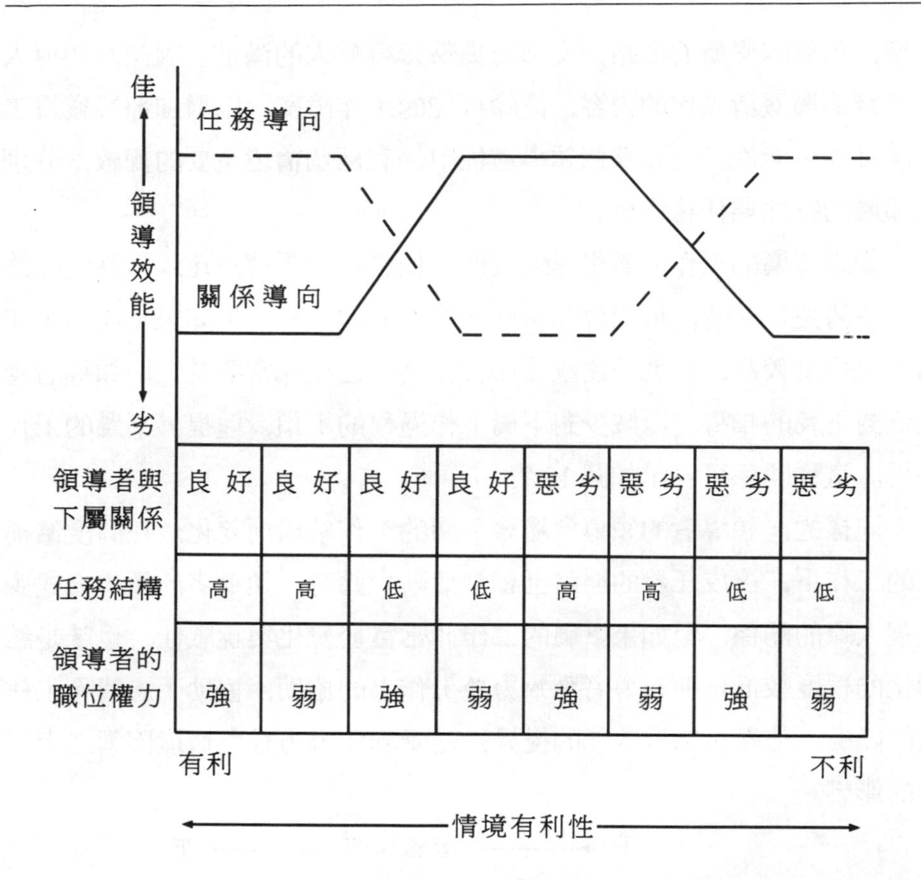

資料來源：Fred E. Fiedler, "The Contingency Model-New Directions for Leadership Utilization," *Journal of Contemporary Business* (Autumn, 1974) ,P. 71.

圖 10-6 情境因素、任務導向、關係導向與領導效能之間的關係

二、House & Mitchell 的徑路—目標模式（Path-goal Theory）

霍斯及米契爾在 1974 年提出的「徑路—目標理論」，理論中認為領導者的主要任務有二，一是設定達成任務的獎酬，協助部屬達成工作目的，並獲致工作的滿足；二是為部屬提供一條途徑，協助下屬辨認達成

任務，和獲取獎酬的徑路，使部屬更易獲得個人的滿足。因此，領導人必須替部屬澄清工作的內容，清除可能的工作障礙，以增加部屬獲得工作滿足的可能性。而在整個領導過程中，有兩個情境重要的變數，分別是部屬的特性與任務性質。

如果部屬的工作結構化程度較低，任務不夠明確，達成任務的徑路非常不清楚；此時，他們會非常歡迎領導者的指導。但如果下屬的工作結構化程度較高，也就是達成任務的徑路，已經非常清楚；則領導者應減低對下屬的指導，以減少對下屬工作過程的干預，並提昇下屬的工作滿足。這種關係可表示如圖 10-7。

同樣的，領導者的領導會隨著下屬的工作結構而變化。在高度結構化的工作下，達成任務的徑路已相當清晰；此時，領導者的領導方式應重視人際的關係，但如果下屬的工作非常富於變化與挑戰性，也就是結構化的程度較低；則領導者應致力於工作上的協助，協助下屬清除工作上的障礙。這顯示領導效能的提昇，是受到領導方式與情境因素二者互動的影響。

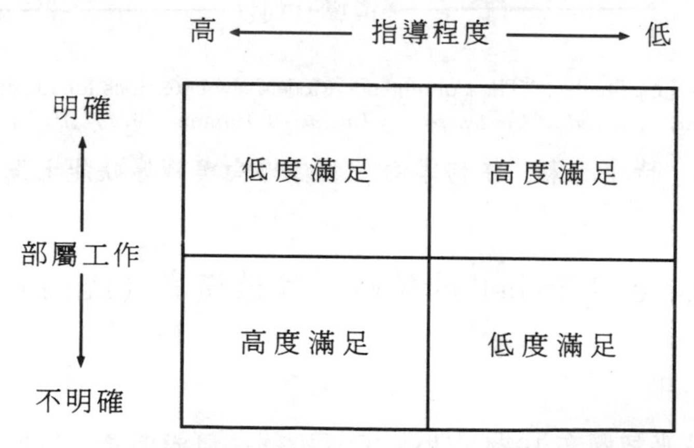

資料來源：R.J.House and T.Mitchell: "Path-Goal Theory of Leadership," *Journal of Contemporary Business*, Autumn, 1974, pp.81-97.

圖 10-7　領導的徑路—目標理論

三、Reddin 的三構面理論（Three-dimensional Theory）

雷丁（William J. Reddin）在 1970 年提出了三構面理論（簡稱 3-D theory），這個理論結合了布萊克與莫頓的管理格距理論，與費德勒的「情境理論」觀點。在模式中，他採用了三個構面，分別是：(1)任務導向（task orientation，簡稱 TO），(2)關係導向（relationships orientation，簡稱 RO），與(3)領導效能（leadership-effectiveness）。就「任務導向」構面與「關係導向」構面來說，基本上與布萊克與莫頓所提出的「關心生產」及「關心人員」構面相近。在雷丁的三層面理論中，首先提出了四種基本的領導型態，如圖 10-8 所示。

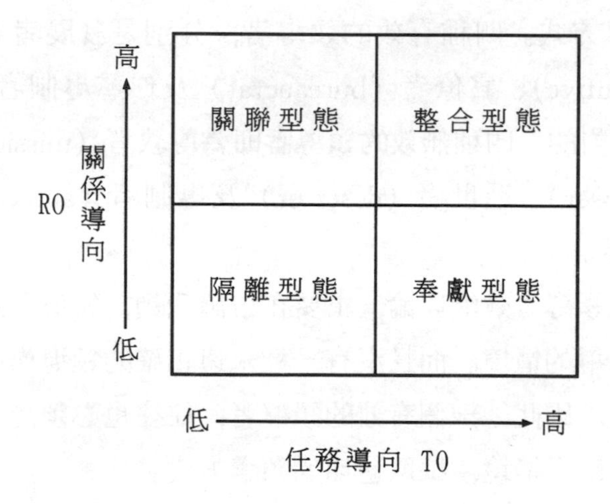

資料來源：W. J. Reddin, *Managerial Effectiveness*, N.Y.:McGraw-Hill, 1970.

圖 10-8　三構面理論下的四種基本領導作風

這四種不同的領導型態，可說明如下：

1.隔離型態（separated style）：這種領導者，既不重視工作導向，也不重視人際關係，和所屬人員似乎各不相干，一切照規定行事。

2.關聯型態（related style）：這種領導者較重視人際的關係，希望群體能和睦相處，但不重視工作和任務。

3.奉獻型態（dedicated style）：這種領導者一心達成任務，全心全意奉獻給職位。

4.整合型態（integrated style）：這種領導者能兼顧人際的需求，及任務目標的達成，能透過群體之合作以達成目標，故屬於整合性質。

在四個基本的領導型態之後，雷丁又加入第三個「領導效能」的構面；此時，管理格距理論的觀點，才又向情境觀點推進了一步。雷丁認為這四種基本的領導型態，都可能發生效能，也都可能缺乏效能，所以，「效能」本身就是一個單獨的構面。因此，雷丁又分別對每一種領導型態的有效與無效，分別給予不同的名稱，以代表有效的領導方式，與無效的領導方式。四種有效的領導者，分別是發展者（developer）、執行者（executive）、官僚者（bureaucrat）及仁慈專制者（benevolent autocrat）；相對的，四種無效的領導者則為傳教者（missionary）、妥協者（compromiser）、遁世者（deserter）及專制者（autocrat）。其關係如圖 10-9 所示。

三構面之領導者效能理論，主要在告訴我們，領導方式的效能，主要是決定於領導的情境。而且沒有一種永遠正確的領導作風，可以適用在所有的情境。因此，一個有效的領導者，往往也必須是一個有效的適應者，需隨時配合情境，採取適切的領導方式。

之後，俄亥俄州立大學的領導研究中心（Center for Leadership Research），又發展出領導的壽命週期理論（Life Cycle Theory of Leadership）。此一理論認為領導者的領導行為，應隨著成員的漸趨成熟，而逐漸調整。壽命週期模式中並提出了四種基本的領導型態，分別是「高任務導向、低關係導向」、「高任務導向、高關係導向」、「低任務導向、高關係導向」、「低任務導向、低關係導向」〔註五〕。此一理論基本上是延續「任務導向」與「關係導向」的方式，但對情境理論有進一步的補充。

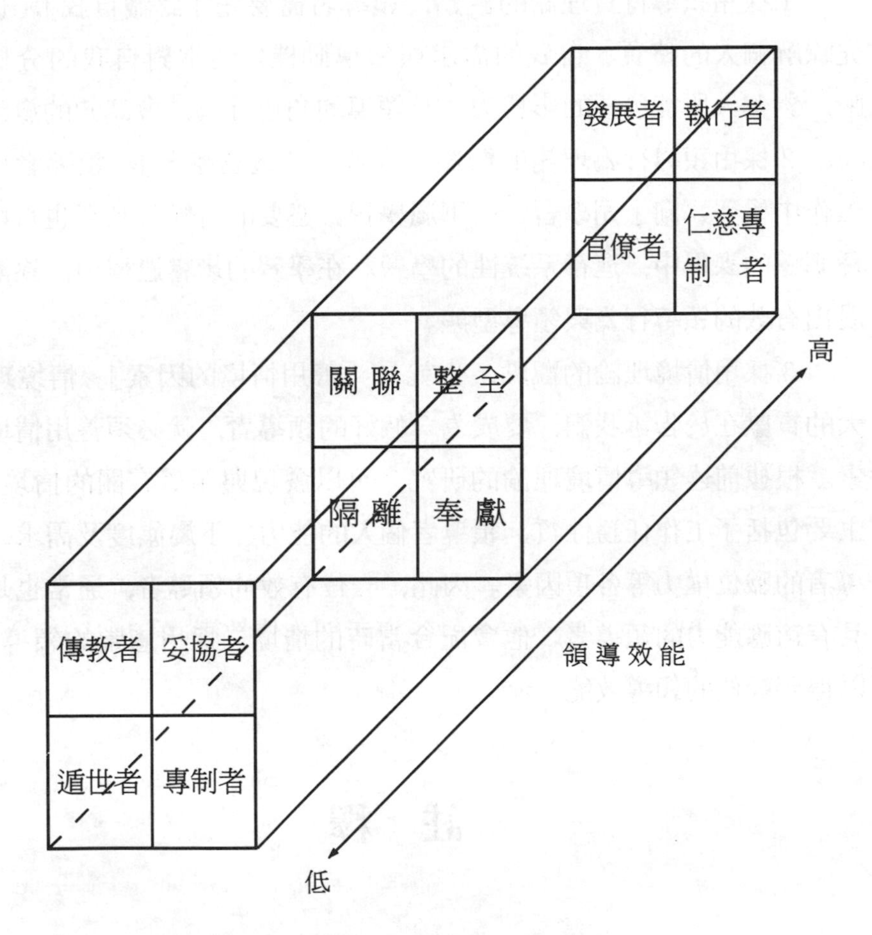

圖 10-9　三構面之領導者效能模式

*第五節　如何成為一位有效的領導者

如何成為一位有效的領導者，我們或許可以從不同的領導理論探討。過去這些領導的理論，提出了三種不同的有效途徑，可以作為有效領導者的建議方向：

1.採用領導特質理論的觀點，領導者需要先「認識自我」。也就是先瞭解個人的特質、自我的需求與領導動機；通常對自我的分析愈清晰，對個人所能發揮的影響力、及領導的角色行為，會認知的愈清楚。

2.採用領導行為理論的觀點，也就是「透過學習」。領導者可以在工作中學習、向上司學習、向下屬學習；必要的時候，甚至也可以在各種訓練的課程中，進行系統性的學習。在學習的影響過程中，逐漸的發展出有效的領導行為與領導型態。

3.採用情境理論的觀點，也就是「善用情境的因素」。情境理論最大的貢獻在於告訴我們，要成為一個好的領導者，就必須善用情境的因素。根據前述領導情境理論的研究，可以發現與領導有關的情境因素，主要包括了工作任務性質、領導者個人的能力、下屬態度及需求、及領導者的職位權力等各項因素。因此，一位有效的領導者，通常也是一位具有適應能力的領導者；他會配合當時的情境，採用適當的領導型態，以得到較佳的領導效能。

註　釋

註一：許士軍對領導一詞，亦採用類似的定義，可參見許士軍，《管理學》，台北：東華書局，民國 77 年 3 月，八版，頁 337。

註二：參見 J.B.P. French and B. Raven：" The Bases of Social Power," in *Group Dynamics*：*Research and Theory*, Edited by Dorwin Cartwright and Alvin Zander, New York：Row, Peterson and Co.,1962, pp.607-623.

註三：二人原著中亦包括環境的部份（組織環境與社會環境），此處為表達方便起見，僅列示與領導行為相關的部份。

註四：根據 Stephen P.Robbins 的說法，費德勒的權變模式，也是領導理論中第一個全面性觀點的權變模型（The first comprehensive contingency model)。

註五：領導的壽命週期理論內容，可參見 P. Hersey and K.H. Blanchard：*Management of Organizational Behavior：Utilizing Human Resources*, Prentice-Hall, Inc., Englewood Cliffs, N.J., 1982。在 p.282 中，二人並將上述的關係，以圖形表達「領導風格」與「組織成員成熟程度」的關連曲線，可作為這種理論的具體說明。

摘要

所謂領導，是指一種影響他人的行為，以達成特定目標的程序。這個定義，至少包含二層重要的意義：第一、領導是在影響他人的行為；第二、領導的目的，是在達成某種特定的成果。因此，領導基本上是一種有意圖的理性程序。

一位擁有組織正式職權與影響力的領導者，就是組織正式的領導者，也就是管理者。如果一個領導者的影響力，不是來自於正式的職權體系，而是來自於個人的特質、能力、或其他的專業技能，那麼他就是非正式的領導者。

領導者的權力來源包括：強制權力、獎酬權力、法定權力、專家權力及參考權力。也就是說，權力的來源是多方面的，它可以從正式地位的職權產生，也可以從某些技能或個人的特質產生。

有關領導理論的研究，大致可分為三種不同的類別，分別是領導者的特質理論（trait theory）、行為理論（behavioral theory）、及情境理論（situational theory）。早期的特質理論，主要在找出有效的領導者的特質；而行為理論之研究，所重視的是領導者所外顯的領導型態，也就是在找出一種有效的領導型態。至於情境理論，則認為領導是一種複雜的影響程序，有效的領導是由領導者、追隨者、領導情境等，諸多因素共同作用所得出的結果。

韋納朋與史密特（1958）曾將領導行為看成一條連續帶（continuum），在連續帶的兩端之間，可以找出多種不同程度的組合方式，而一位明智的管理者會考慮相關的因素，在兩個端點間，選擇一種最適合的領導方式。

李克特提出了四類基本的管理系統，這四個管理系統可用連續帶的觀念，將其分別命名爲系統一、系統二、系統三、及系統四。其中系統一的管理者具有高度「以工作爲中心」的意識；而系統四的管理者，則具有高度「員工爲中心」的意識。所謂以工作爲中心的領導者，比較重視的是任務分配的結構化，會採取比較嚴密監督，希望員工依照組織的規定行事；而以員工爲中心的領導者，則較爲重視下屬的行爲反應，會運用群體來達成目標，在工作過程中，也會給員工較大自由裁量範圍。

俄亥俄州立大學的兩構面理論（two-dimension theory）認爲最能說明領導行爲的獨立構面，分別是定規（initiating structure）與關懷(consideration)。「定規」是指領導者對於下屬的地位、角色及工作方式，是否都訂下了明確的規章或程序。高定規的領導者，喜歡採用正式的職權與程序，來分派下屬執行特定的工作，強調達成工作目標的重要性，並會嚴密監督部屬的工作程序與工作績效。「關懷」是指領導者對於下屬所給予的尊重、信任以及相互瞭解的程度。高關懷的領導者，對下屬比較尊重，願意協助部屬解決個人問題，也較爲友善易於接近。

布萊克與莫頓的管理格距理論（Managerial Grid Theory）採用「關心生產」(concern for production）及「關心人員」(concern for people）二個構面，以九種不同程度的座標方式，來表現上司各種不同的領導方式。一般來說，員工導向的領導者，較能提高組織的生產力及員工的滿足感；而生產導向的領導方式往往會降低員工的生產力與滿足。

費德勒的「情境模式」（contingency model）認爲，領導方式是否能夠獲致領導效能，須視當時的情境而定。他認爲影響領導的情境因素主要有以下三種：領導者與下屬關係（leader-member relationship）、任務結構（task structure）化程度及領導者之職位權力（position power）。Fiedler將領導方式也進行了分類，區分爲「任務導向」與「關係導向」兩種方式。並認爲在最有利的領導情境，和最不利的領導情境，都以採用「任務導向」的領導方式，其領導績效較佳；至於處於中度有利的領導情境，則以採用「關係導向」的領導方式所獲效能較高。

霍斯與米契爾的徑路—目標模式（path-goal theory）中認爲領導者的主要任務有二，一是設定達成任務的獎酬，協助部屬達成工作目的，並獲致工作的滿足；二是爲部屬提供一條途徑，協助下屬辨認達成任務，和獲取獎酬的徑路，使部屬更易獲得個人的滿足。因此，領導人必須替部屬澄清工作的內容，清除可能的工作障礙，以增加部屬獲得工作滿足的可能性。而在整個領導過程中，有兩個重要的情境變數，分別是部屬的特性與任務性質。

雷丁的三構面理論（three-dimensional theory）中的三個構面分別是：⑴任務導向（task orientation，簡稱 TO），⑵關係導向（relationships orientation，簡稱 RO），與⑶領導效能（leadership effectiveness）。就「任務導向」構面與「關係導向」構面來說，基本上與 Blake and Mouton 所提出的「關心生產」及「關心人員」構面相近。

領導的壽命週期理論（Life Cycle Theory of Leadership）。此一理論認爲領導者的領導行爲，應隨著成員的漸趨成熟，而逐漸調整。壽命週期模式中並提出了四種基本的領導型態，分別是「高任務導向、低關係導向」、「高任務導向、高關係導向」、「低任務導向、高關係導向」、「低任務導向、低關係導向」。

問題與討論

1.試說明領導的意義。
2.請問領導者的權力來源基礎有幾？試說明之。
3.請問領導理論有幾？請簡要說明其內容。
4.請簡要說明領導行為連續帶理論。
5.請簡要說明李克特的管理系統理論。
6.請簡要說明俄亥俄州立大學的兩構面理論。
7.什麼是管理格矩理論？請簡要說明之。
8.請說明費德勒的情境模式中的三個情境因素為何？
9.請簡要說明徑路－目標模式。
10.試說明雷丁的三構面理論。
11.採用領導特質理論的觀點，試說明如何才能成為一位有效的領導者？
12.採用領導行為理論的觀點，試說明如何才能成為一位有效的領導者？
13.採用情境理論的觀點，試說明如何才能成為一位有效的領導者？
14.有人認為：領導者必須具備勇氣、正直、以身作則的人格特性；請討論是否同意此一看法。

第十一章　組織溝通

第一節　溝通的意義及程序

所謂溝通是指一人將訊息傳達給他人的過程。有效的溝通，不只是在單方面的傳達訊息，亦須考慮到接收者是否對傳達的訊息已經全盤瞭解；也就是說，「傳達」與「瞭解」是溝通過程中兩個必須具備的條件。「瞭解」與「同意」並不相同，接收者「瞭解」傳送者表達的訊息，並不表示他必須同意傳送者的觀點，「同意」與否則是雙方「立場」的問題。

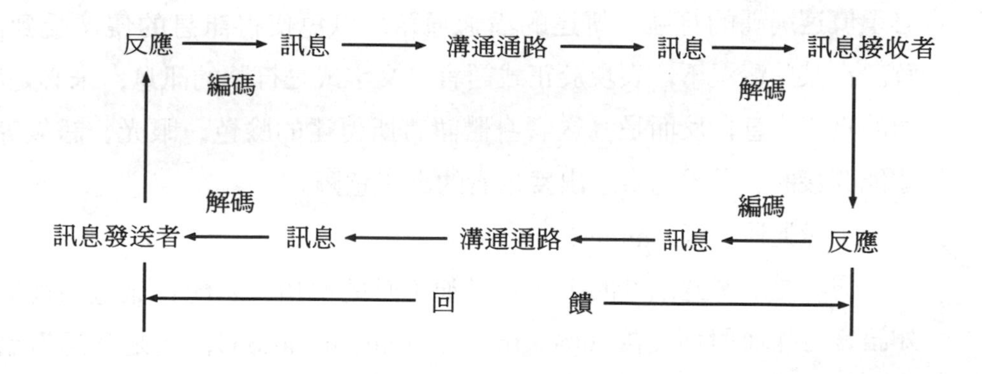

圖 11-1　雙向溝通環路模式

一個完整的溝通過程，須包括七項要素，分別是：溝通來源

(communication source)、編碼(encoding)、訊息(message)、通路(channel)、解碼(decoding)、溝通接受者(communication receiver)、及回饋(feedback),如圖 11-1 所示。各要素之間的內容可說明如次:

1.溝通來源(communication source)

稱為「發送者」(sender),或「發動者」(initiator)。溝通的目的,通常是發送者意圖(intent)要將某些事物的意義傳達給其他人。這個目的在經過思考的醞釀過程後,成為編碼的來源。

2.編碼(encoding)

將發送者的想法或觀念,轉換為語言、文字、符號或表情姿態。語言、文字符號或姿態的選擇,這往往和文化背景與習俗有密切的關係。相同動作或事物在不同文化系統間,可能有不同的意思;因此,須以接收者瞭解的意義來進行溝通。

3.訊息(message)

訊息是發送者將編碼的語言、文字、符號、或表情姿態,透過溝通的通路,傳達給接收者的實質內容。訊息本身是編碼過程的產物,因此必須慎選編碼的符號、傳達的溝通通路,以免使得訊息的傳達受到曲解。在某些情況下,表現於正式語言、文字或是符號的訊息,未必是溝通的真正信息;反而是發送者身體語言所傳達的臉色、眼光、語氣等,才能間接的、微妙的表示出發送者的真正意圖。

4.溝通通路(channel)

通路是指傳遞訊息的工具。溝通工具的使用,須配合訊息的性質;如語言可採面對面交談(face-to-face communication),或是透過電話;而文字可採公文、函件等通路傳達。不同通路其傳達訊息的效果往往不同,如面對面交談的效果,可能較電話的效果為佳;而電話的效果,可能又較公文為佳。再者,使用不同通路所需的成本,與訊息傳達過程中,扭曲的程度亦有不同。因此,在溝通通路的選取,不僅須配合訊息的性質，亦須考慮成本與效果的因素。在組織的溝通通路，常會採取多種不同的方式，以降低傳達過程中，訊息被曲解的可能性。

5.解碼（decoding）

是將發送者所傳達的語言、文字、符號或動作等，轉換成接收者所能瞭解的內容。解碼的過程中，如果接收者的個人認知差異或是文化背景不同，往往會曲解了發送者傳送訊息的原意。

6.溝通接收者（communication receiver）

溝通接受者為訊息傳送的對象，他必須去瞭解，並解釋訊息所隱含的意義。這種瞭解與解釋，經常是根據自己過去的生活經驗，所形成的參考架構來解釋；如果來自不同的文化背景，則其參考架構往往會不同，故易造成訊息解釋的歧異，而扭曲了傳達的訊息。

7.回饋（feedback）

回饋是接收者對訊息瞭解程度的具體反應；它是由發送者傳回接受者的反向過程。回饋通常有多種的表達方式，如語言（簡單的點頭）、文字（回函），或是肢體表情等等均可顯示其對訊息瞭解的程度。

回饋資訊的價值主要來自於兩個方面，一是能夠增強訊息傳送者的原有信念，使其對原有的概念或想法更具信心；二是改正發送者原有的認知，避免了因為認知錯誤所導致的惡果。所以，回饋資訊根據其本身的價值，可分為兩種不同的型態，一種是矯正性的回饋（corrective feedback），另一種是增強性的回饋（reinforcing feedback）。而允許訊息回饋的溝通方式，通常稱為雙向溝通（two-way communication），如口語溝通、電話聯繫等；至於無須獲得接收者訊息回饋的方式，則稱為單向溝通（one-way communication），如公司政策、規章、命令等。通常單向的溝通較為單純，也比較省時省事；而雙向溝通的動態程度與正確性雖比較高，但是所耗的時間與成本均相對較高。

第二節 組織溝通

一、基本的溝通型態

前述的溝通型態主要是描述二人溝通的情境，但在實際的組織環境下，經常會出現多人溝通（或是群體溝通）的情境。信息在群體間的溝通，通常會出現其他不同的溝通型態；根據學者的研究發現，以雙向溝通中的五人團體為例，常見的五種溝通網路為：鏈型（chain)、Y型(Y)、輪型（wheel)、環型（circle)，與全通路型（all channel)，其型態如圖 11-2。

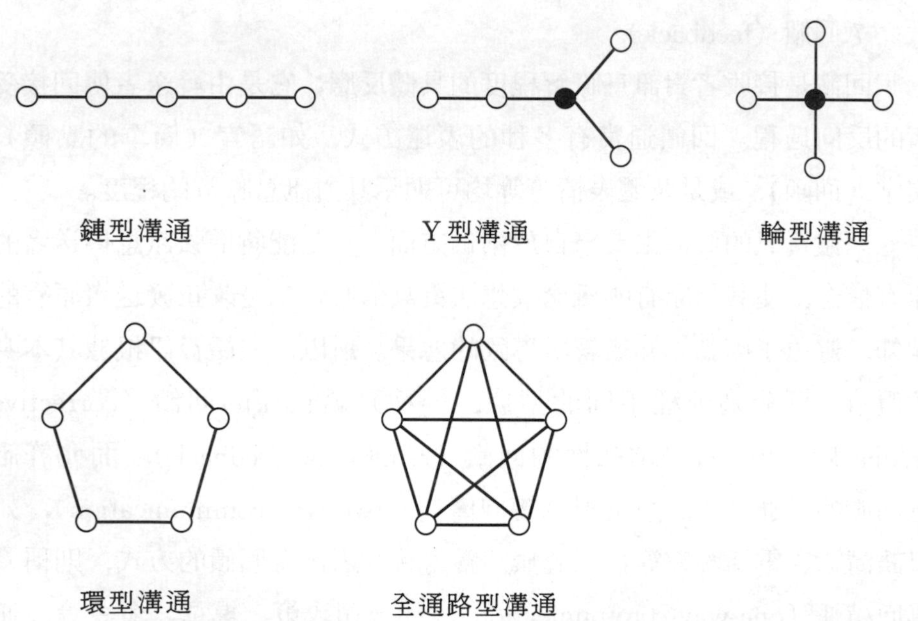

資料來源：Stephen P. Robbins：*Management*：*Concepts and Practices*, Englewood Cliffs new Jersey, 1984, p.367.

圖 11-2 群體溝通型態

這五種溝通型態，各有其利弊；其中「鏈型溝通」是正式組織最典型的一種溝通型態；從最高階層而至最低階層的指揮鏈（chain of command），就是這種溝通方式的代表。「環型溝通」是同一階層的或水平的溝通型態，環路中的每一個個體都可以擔任溝通者的地位，並沒有明顯的領導者。在「Y 型溝通」中，可以發現組織的部分成員，只與群體中某一成員進行溝通，與其他成員不直接發生溝通的關係。這種溝通型態，經常出現在專業幕僚部門或是個人幕僚的編組。「輪型溝通」的領導者居於溝通的中心，並由他和其他四位成員進行溝通，而四位成員之間則不發生直接的溝通行為。這種溝通型態的各成員對領導者的依賴程度較高，且各成員之間也相當獨立，沒有工作的往來關係。至於在「全通路型溝通」中，群體成員相互之間的溝通管道非常暢通，各成員彼此傳送資訊，也相互接收資訊，這是網路組織所特有的溝通型態。這種溝通方式亦常見於非正式的溝通網路(informal communication network)，亦稱為“grapewine”(喻其像葡萄藤一樣，不循著正式的管道任意的向四處傳播)〔註四〕；這是有別於正式組織溝通的非正式訊息傳播方式。全通路型溝通在訊息的傳布非常的有效率，但由於溝通過程中常會出現各種可能的干擾，所以也會降低了溝通的正確程度。

在組織內成員間所進行的溝通，可依其經由之途徑不同，區分為「正式溝通」與「非正式溝通」兩種方式。前者係經由組織的正式職權體系而進行，後者則經由正式層級系統以外的途徑進行。說明於次：

二、正式溝通

組織的正式溝通，可分為縱向溝通（vertical communication)、平行溝通（horizontal communication）與斜向溝通（diagonal communication）三種型態。所謂縱向溝通，係指溝通的資訊，經由組織正式的溝通流程，也就是指揮鏈，傳達給訊息的接收者。古典理論認為，溝通應遵循組織的指揮層級系統，嚴禁組織成員跳過組織層級，或是橫向的與不同部門人員進行溝通。因此，垂直的縱向溝通是最傳統的溝通型態。縱向溝通可根據其資訊流動的方向，進一步區分為：下行溝通（downward communication）與上行溝通（upward communication）兩種不同的類型。所謂平行溝通則是跨越指揮鏈的水平溝通方式，此一方式亦可稱為橫向溝通（lateral communication）或跨越溝通（cross communication）。至於斜向溝通，指的是資訊在組織「不同層級」的部門間或個人間流動，這通常是幕僚的職能職權運作的結果。茲分別說明如下：

㈠下行溝通

係指資訊的傳達，循著組織的職權體系，由組織的較高管理階層而至較低階層；通常是上級主管對下級人員所做的溝通，這是傳統組織中最具代表性的溝通方式。這種溝通常見的方式，包括公司政策、計畫、規定、公司的出版品、年報等。下行溝通較常採用的是單向溝通方式；因為這種溝通方式缺乏回饋，所以在層層轉達結果，因為層級傳輸之間訊息的扭曲，而造成偏離的結果。

㈡上行溝通

上行溝通係指下級人員以口頭或書面等方式，向上司提供決策所需的資訊。通常下屬會遵循組織的層級，以書面或口頭的報告方式，提供其作業上所遭遇的問題、個人的心理感受，以及工作建議及創見等訊息。雖然上行溝通甚為重要，但在溝通時，常會因沒有正式職權的配合，而不如下行溝通暢達。所以為解決上行溝通的困難，組織往往需配合開放的組織氣候，採取若干的配合措施，才能有效的推動上行溝通。常見的上行溝通方法，可分為口語與書面兩種類型，在口語方面包括面對面的討論、面談、正式會議、社交集會等不同的方式，在書面方面則包括文書、備忘錄、報告、表式、建議箱、意見箱、動員月會、態度調查表，及申訴制度等不同的方式。

縱向溝通是組織內最正式的、也是最重要的溝通方式。但這種溝通需要在層級間逐一的傳送，訊息在傳輸的過程中，可能會因為兩項因素的干擾，而影響溝通的效果。第一個影響的因素是，訊息在溝通通路傳輸過程的耗損。由於任何的傳輸媒介都有其限制，無法百分之百的傳達原有的訊息；因此，傳輸的過程愈長，訊息在傳輸媒介中自然的耗損就愈多。第二個影響的因素是傳輸過程中人為的扭曲，傳輸的過程愈長，經過愈多的管理階層，訊息愈容易受到知覺的謬誤、語意誤解，及與資訊負載問題的影響，而出現訊息傳輸的曲解及修飾現象。

㈢平行溝通

平行溝通是不同的指揮體系與部門間，職位相當的人員所進行的溝通。這種溝通跨越了部門與指揮鏈，因此可以彌補縱向溝通的不足。當組織規模擴大，溝通的速度和正確性都會相對的降低；而這種組織的平行溝通，可以簡化溝通的流程，節省溝通的時間，並提高工作效率。

組織內的平行溝通，主要是因為工作流程的結合，使得不同的部門必須進行協調與聯繫；其溝通協調的方式主要是採取正式的書面記錄，如文書、備忘錄、報告副本、召開會議、表單等。雖然不同部門的人員常會以電話進行溝通聯繫，但在重要事項的確認上，多會作成電話記錄，作為協調之後的正式書面記錄。所以要採取這種慎重的處理方式，主要是因為這種正式的溝通，須跨越不同的部門與職權體系；為避免部門觀點與利益不同，對溝通結果的解釋產生爭議，所以必須經過正式的確認程序。

平行溝通常見的優點，包括可以：⑴透過工作程序，可以結合組織的價值活動，如產銷協調就是最好的例子；⑵可縮短複雜問題的決策時間，如客戶對產品品質的抱怨，就可以直接的傳達給製造部門，以迅速的改善產品品質；(3)可以增進不同部門間組織成員的瞭解與合作，有助於培養團體合作的精神；及(4)不同部門間組織成員的互動關係，可以滿足組織成員的社會需要。縱向溝通與水平溝通的關係可參見圖 11-3。

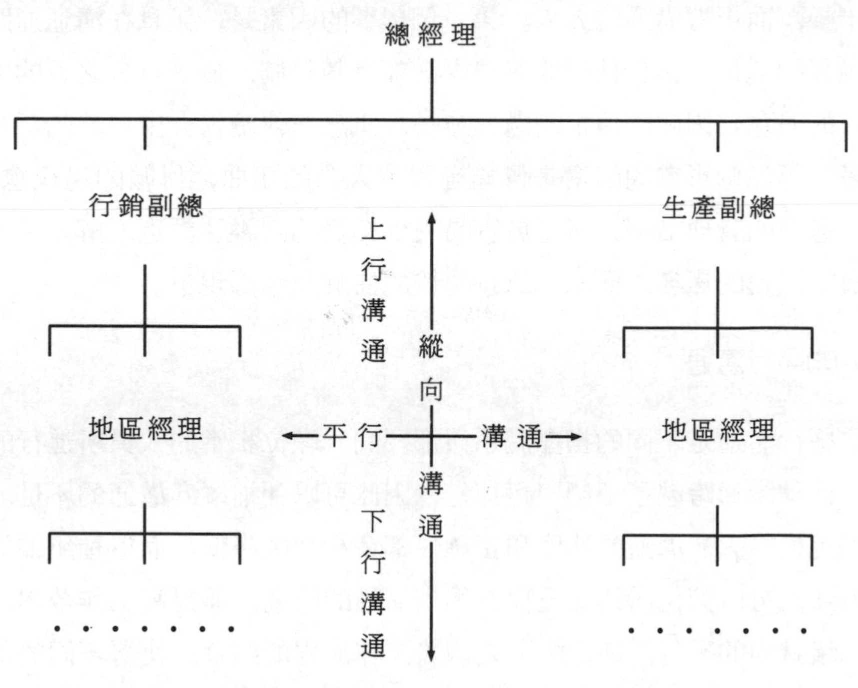

圖 11-3　縱向溝通與橫向溝通

(四)斜向溝通

斜向溝通資訊在組織「不同層級」的部門間或個人間流動，通常是幕僚部門與次一個層級直線部門進行的溝通。在這種溝通方式中，幕僚部門可以根據幕僚的職權，提供直線部門幕僚的協助，或是要求直線部門中的某些幕僚人員，提供幕僚部門所需的訊息。如地區的銷售經理請企劃部門提供市場潛量的預測，或是財務部門要求生產工廠的成本會計人員，提供產品成本的相關計算資料等等，都是斜向溝通的例子。

三、非正式溝通

所謂非正式溝通，係指經由正式組織途徑以外之資訊傳輸程序；非正式溝通和正式溝通不同之處，是因其溝通對象、時間、方式與內容各方面，通常是未經計畫且相當難以辨認的。由於非正式溝通不必受到規定手續或形式的種種限制，所以在傳輸方向與傳輸內容的管理，就變的相對的困難。非正式溝通方式中常見的型態，根據戴維斯（1972）的研究，發現有四種不同的非正式溝通型態，分別是集群連鎖（cluster chain）、閒談連鎖（gossip chain）、機率連鎖（probability chain）、及單線連鎖（single strand）。四種不同的類型，如圖 11-4。

所謂「集群連鎖」是在溝通過程中，訊息傳送的核心人物會故意通過某些人，或是故意的漏掉某些人；也就是訊息在傳輸的對象上，具有某種程度的選擇性。舉例來說，有一天經理將小李叫進辦公室，告訴他說公司決定在部門內增加一個科長的職位，並說他決定讓小李晉升為科長。但經理同時也交代小李，這件事情在一個月內必須保密，不能讓其他人知道。小李在離開經理的辦公室之後，心裡的得意真是無法形容。他非常希望能把這個好消息告訴所有的人，但是經理交代必須保密一個月；所以小李決定告訴他最可靠的朋友——小朱，並且要小朱替他保密一個月，而小朱通常也能夠做到保密一個月的要求。這種非正式溝通便有高度的選擇性，此一溝通的核心為 A。

「閒談連鎖」是由單一的溝通核心向四處傳達相關的訊息；此一溝通核心通常是訊息的權威來源，所擁有的是獨家的消息或是新聞。而「機率連鎖」的溝通方式，資訊是以一種隨機傳輸的方式傳達，碰到什麼人就轉告什麼人，完全不選擇對象，也沒有一定的路線。至於「單線連鎖」就是由一人轉告另一人，每次都只轉告一個人，這是一種比較少見的溝通方式。組織中最常見的是集群連鎖的溝通方式，這意味著非正式溝通的傳輸對象，是相當有選擇性的。

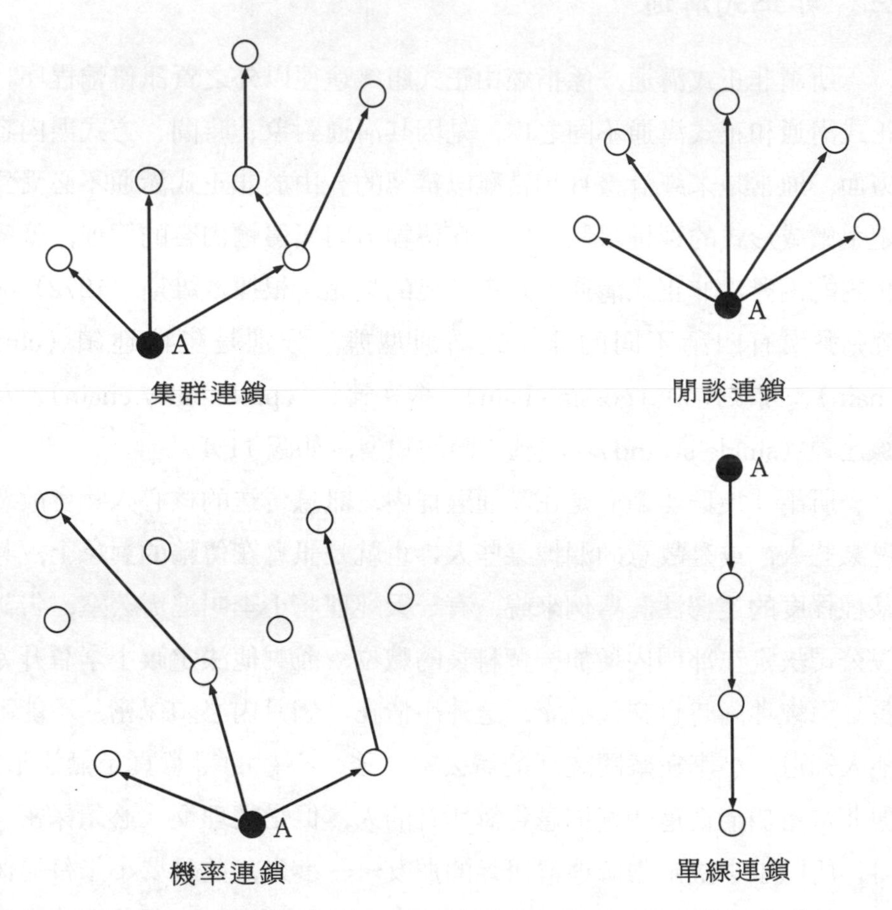

資料來源：K.Davis：*Human Behavior at Work*，6th ed.,McGraw－Hill Book Company, New York，1981，pp.261-273.

圖 11-4　非正式溝通之類型

傳統的管理及組織理論中，認為非正式的溝通會影響組織的正式職權體系與組織溝通，故應將其消除或減少到最低程度。但是，現在的管理學者都知道，非正式溝通的產生和蔓延，可能是因為組織成員的社會性需求，或是他們得不到他們所關心的消息。如果管理者愈封鎖組織成員所關切的消息，則背後流傳的謠言愈加猖獗。要避免不必要的猜測，管理者應使組織的訊息流通，保持在一種開放的環境之下，則非正式溝通的負面影響，自然可以減少。

溝通網路的分類方式，除了採取正式與非正式的溝通型態說明之外，還有另一種以網路的集中程度為劃分基礎的分類，將網路分為集中網路（centralized network），與分散網路（decentralized network）兩種類型。在集中的溝通網路下，訊息的傳送必須經過溝通網路的核心，並由溝通網路的核心分配及傳送訊息。如正式溝通網路中的輪型溝通網路，或是非正式溝通的閒談連鎖型態，都是屬於這種集中網路的溝通方式。而分散網路則表示其每個成員在溝通過程中都有相同的機會，來分配訊息與傳送訊息。像正式溝通網路中的環型溝通、全通路型溝通，就是典型的分散網路。

一般而言，分散網路的成員因為擁有的權力與參與程度較高，所以具有較高的工作滿足；而集中網路的成員，則因為受支配的程度較高，所以工作的滿足程度較低。但這兩種網路型態僅是網路連續帶的兩端，從各種不同的溝通網路來看，我們可以發現大部分的網路，都同時兼具分散網路與集中網路的部分特性。也就是說網路的成員一方面接受別人傳輸過來的訊息，一方面也可以自己決定訊息傳遞的下一個對象。

在集中網路下，組織須慎選網路的核心分子；因為網路核心必須處理及分配組織的訊息。因此，網路核心的良窳，可以影響許多組織成員的效率。相對的，在分散網路下，組織成員的地位與權力比較接近，且網路成員各自處理及分配資訊，所以，比較不會受到前述的影響。

四、溝通的方法

組織溝通與訊息傳達，可以使用不同的溝通媒介與工具。一般而言，溝通的方法可以分為三種不同的類別，分別是：口頭溝通（verbal communication)、書面溝通(written communication),與非口頭溝通(nonverbal communication)。不同的溝通方法,分別說明如下:

(一)口頭溝通

許多管理者都認為口頭溝通比書面溝通好,它不僅速度快、較節省時間,使溝通者得到較佳的瞭解,有助於獲得立即的溝通回饋;因此,它成為組織中普遍的溝通方式。常見的方式有面對面交談、電話晤談、討論、廣播、演講、耳語及會議等。在這些方式之中,以面對面交談最為有效,它能使雙方都有直接反應的機會。近年來由於電訊傳輸科技的進步,可以結合影像、聲音,與數位電訊傳輸,使得遙遠地方的不同對象,可以突破距離的限制,以面對面的方式進行溝通。

(二)書面溝通

常見的書面溝通有備忘錄、報告、海報張貼布告、書信、便條、內部刊物、公司手冊等。書面溝通的優點在於較具體、可長期的保存,適用於比較正式情況下的溝通,尤其對於訊息溝通時期長、人數多的溝通過程,採用書面溝通可降低訊息被曲解的可能性。當溝通的內容較為複雜,或需要做詳細的說明時,通常都會採用書面溝通的方式;而書面溝通的內容,也比較會引起訊息接收者的重視。

書面溝通方式,通常是單向的溝通,接收者對於無法將其意見回饋給訊息傳送者;所以,溝通過程中,往往無法獲得立即有效的回饋,也無法確定接收者是否收到或是否瞭解。由於環境的複雜性與動態性,以至於書面溝通的內容往往較為複雜,反會降低了接收者閱讀的興趣。再者,如果下屬呈送的書面訊息過長,則主管通常會要求下屬,先進行簡短的口頭說明,之後才閱讀書面報告。所以,為了獲致溝通的最佳效果,大多數管理者會適當地合併利用口頭的與書面的溝通,以期提昇溝通的效能。

㈢非口頭溝通

有些溝通方式是採用非言辭的方式來傳遞訊息；常見的工具是圖像符號、肢體語言及言詞語氣。組織常用一些符號，來傳達某些訊息，如禁煙符號、工廠採取的顏色管理，豐田式管理的看板。有些組織以辦公室的大小、私人升降梯、盥洗室、停車場，以象徵個人的地位。這些都是非口頭的圖像符號溝通方式。

肢體語言與言詞語氣的溝通方式，是訊息傳送者藉著口頭溝通的語氣、面部表情、眼神、舉止、態度等來傳達或強調溝通的訊息。許多的口頭溝通，都會配合非口頭的肢體語言與言詞語氣，來豐富溝通的內容，並達成溝通的目的。

第三節　溝通的障礙

溝通是一複雜的訊息傳輸過程，過程中同時包括了人的因素（訊息傳送者、編碼、解碼與訊息接收者）、工具性的因素（溝通通路與訊息回饋）。前者主要是溝通過程的個人障礙，而後者則是溝通過程的組織障礙。而影響溝通的各項障礙因素，亦來自於這兩方面；茲分述如下：

一、溝通的個人障礙

這種障礙主要是來自於知覺上的誤謬；所謂知覺是個人受到外界刺激之後，用以解釋刺激的一種內在作用。在溝通過程中可能產生的知覺誤謬，主要來自以下幾種情境：地位差距、選擇性知覺、個人的過去經驗、情緒影響及語意的障礙等。

其中「地位差距」指的是，因為職位權力上的差距，使得下屬往往會過度的解釋上司傳達的訊息，或是淡化部分嚴重的結果。所謂「選擇性知覺」是指訊息接收者選擇性的接收對自己比較重要，或與自己的經驗、需要較為吻合的訊息。所謂「個人的過去經驗」指的是，溝通的雙方因為過去的工作經驗，或是生活經驗不同，造成其對訊息的解釋不同。在實際的生活中，不同專業領域的溝通就常會出現這種現象；一些專業名詞對某一領域可能意義甚為簡單，但對其他人來說，則經常是相當難於瞭解的。像醫生看病時對病人解釋病情時，所使用的醫學名詞，就是一個典型的例子。

「情緒」的影響是說，在溝通的當時，訊息的傳送者或訊息接收者，受到個人情緒的影響，而無法完全注意到訊息的所有涵義，或是只注意到一部分傳達的訊息，而使溝通效果受到影響。舉例來說，訊息接收者在盛怒之下，他所接受到的訊息意義，恐怕是相當的不完整，會影響到溝通的效果。同樣的，一個被快樂沖昏了頭的訊息接受者，常會過於樂觀的來解釋訊息，而影響了溝通的效果。

至於「語意的障礙」則是說，相同的語言或文字，但在溝通雙方所認知的意義不同。舉例來說，經理向小王說：「有空的時候，把桌上的資料整理一下送過來給我。」小王聽到之後，認為經理說的是「有空的時候」；所以就繼續做他現在的工作，等工作做完之後，才開始整理資料。但沒想到資料一送進去，就看到經理的臉色非常難看，只冷冷的說了一句：「怎麼現在才拿來！」也就是說，經理和小王兩個人對「有空的時候」這句話的語意解釋不同；經理的「有空」其實是「馬上」，而小王的「有空」，則是真的等到自己「有空」。

在溝通過程中常見的知覺謬誤有兩種，分別是刻板印象（stereo type）與暈輪效果（halo effect）。所謂刻板印象，是個人對某些事物持續的偏差的概念與判斷。舉例來說，一般人認為年紀大的人，比較不能接受創新的觀念。如果一位年輕的工程人員，有一個創新的構想要提給他的上司；但他一看上司的年紀，至少要大出他 20 歲，他的熱情馬上就減少了一半。這就是一種刻板印象，這位年輕的工程師在還未提出構想之前，就已經認為他的年長上司「比較不能接受創新的觀念」。同樣的在招募新進人員的時候，公司的主管認為某一個學校畢業的學生比較好，某一個學校畢業的學生比較差，也是刻板印象的一個例子。

第二種知覺謬誤是暈輪效果，就是執著於他人的某項特徵，而做了誇大錯誤的評估。舉例來說，在溝通過程中，某乙接收到某甲傳送過來的訊息之後，由於某乙一直認為某甲是一位勤奮的工作夥伴，所以他也就相信訊息所傳達的所有內容。這種因為「勤奮」的特徵，所以導致某乙認為，某甲所作的一切都是正確的，就是典型的暈輪效果。

二、溝通的組織障礙

溝通的組織障礙主要來自於四個方面，一是溝通網路的設計不良；二是傳輸工具與時間壓力；三是資訊傳輸層級的設計；四是資訊回饋機制設計不良。分別說明如下：

1.溝通網路的設計不良

組織內部的溝通網路設計不良，將會使得過多的資訊傳送到無關的職位；不僅會增加資訊傳送的成本，也會造成各工作職位出現資訊負載過重（information overload）的現象，降低其工作效率，甚至造成錯誤的判斷。管理者被包圍在過多的資訊之中，不僅無暇處理資訊，對各種資訊的真偽輕重，可能亦無法分辨。因此在設計溝通網路時，應考慮資訊傳送的成本與個人合理的處理能力；並減少不必要的訊息傳送，僅傳送到「確實」需要訊息的決策個人。

2.傳輸工具與時間壓力

組織的各種溝通工具，其傳送的成本與傳送效率均有不同。舉例來說，假設組織面對的是，一個需要快速反應的複雜決策問題；這時候，它必須選擇一種成本較高，但溝通效率較佳的工具。如果它採用一種傳輸速度較慢，或是較可能受到干擾的溝通工具；那麼訊息接收者在接獲訊息時，所剩下的決策反應時間就相當有限，因此無法進一步的評估資訊的可靠性。這種情形下，溝通的有效性將會大打折扣。

3.資訊傳輸層級的設計

由於傳輸的過程愈長，訊息在溝通通路中的自然耗損，與層級間的人為的扭曲程度都會增強。如果組織的訊息傳輸層級較多，要避免層級傳輸的無效率現象，就必須重新設計資訊傳輸的節點，及選擇更有效的溝通媒介。

4.資訊回饋機制設計不良

訊息的回饋機制是確定溝通的雙方，對訊息的瞭解是否一致的重要關鍵。如果訊息傳送者無法得到適當的回饋訊息，他就無法確定訊息是否已經確實傳送到接收者手中，也無法確定接收者是否會採取適當的行動。同樣的，如果訊息接收者無法將訊息回饋給傳送者，那麼他就只能憑個人的瞭解，來解釋訊息的涵義；因此可能會出現誤解訊息的現象，而導致錯誤的行為。資訊的回饋機制設計，可經由兩種方式：一是慎選溝通的工具，有些工具僅具有單向溝通的功能，如書面溝通；為避免單向溝通可能出現的問題，可同時配合其他的溝通工具同時並用，或是選用具雙向溝通功能的工具。二是培養開放的組織溝通環境，在開放的溝通環境下，組織的溝通會較為順暢，而且能夠彌補單向溝通的回饋不足。但如果組織的溝通環境相當嚴苛，則下屬通常比較不敢去質詢上司所傳達訊息的可靠性，則回饋的功能就無法彰顯。

第四節　有效溝通的重要原則和方法

溝通程序的主要目的，是在傳送某些訊息，並希望訊息接收者能夠採取適當的行動。因此有效溝通的過程，並不只是在「傳送訊息」及「接收者對訊息的瞭解」而已，更包括了「引導」訊息接收者採取「適當行動」的過程。而訊息接收者會不會採取行動，主要決定於二個因素，分別是：訊息接收者對於訊息的瞭解，及其接收訊息之後的行動能力。根據這兩個因素，可以發展出以下的溝通應注意事項：

一、訊息的瞭解

要增進訊息接收者對傳輸訊息的瞭解，有幾項重要的原則，分述如下：

㈠對訊息傳送者而言

1.在訊息編碼時，應採用適當的言語；同時在表達的語詞、手勢上亦應適切，以協助溝通過程的順暢進行。

2.溝通過程中，要選擇適當的溝通通路。不同的溝通工具各有其限制與效用，故應在溝通工具上進行選擇，以達到較佳的溝通效果。對於簡單而明確的訊息，可採用口頭溝通的方式；至於複雜的訊息，則以備忘錄、公文或報告一類的書面溝通方式為宜。必要時訊息的傳送，還可以同時並用口頭溝通及書面溝通配合的方式進行。

㈡對訊息接收者而言

在訊息接收與解碼的過程中，應仔細的傾聽、瞭解訊息的完整內容，並適時的提供訊息的回饋。同時在接收過程中，應避免加入個人的價值判斷，以免造成溝通過程中的干擾。

㈢對溝通的雙方而言

1.要從溝通過程的另一方觀點，來說明及解釋訊息的意義；這種設身處地的，從他人的觀點來傳輸及瞭解訊息，是溝通能否成功非常重要的環節。

2.溝通過程中應避免溝通的雙方，受到不穩定情緒的干擾，而造成了訊息的曲解，影響到溝通的效果。

3.有計畫的安排組織成員參加溝通的訓練或課程，以學習實際溝通的技巧。

4.溝通的雙方要發展出傾聽的技術。這是說訊息傳送者要學習如何傾聽回饋的訊息，而訊息接收者也要學習傾聽傳送的訊息。這種技術的培養，在複雜的組織溝通過程中尤其重要。因為組織的溝通，往往需要經過傳送、回饋、再傳送、再回饋的重複過程；如果溝通的雙方不瞭解傾聽的技巧，可能會造成溝通過程的誤解，而影響溝通的效果。

(四)在訊息回饋機制的設計上

1.組織應發展出開放的、良好的溝通環境與信任氣氛。溝通雙方的彼此相互信任，不僅有助於溝通流程的順暢進行，亦有助於回饋資訊的傳輸。這種信任與開放的關係，不僅有助於組織的和諧；亦可彌補單向溝通的不足，提昇組織的溝通效能。

2.要建立一套制度化的回饋機制。組織可以建立輔助的回饋功能，以提昇訊息回饋的效能；如許多公司都有員工申訴的制度，這種制度通常能夠回饋一些重要的管理資訊。同樣的，組織也可以建立一套控制查核的制度，以確認訊息的回饋功能是否正常的運行。

3.要適度的運用組織的非正式溝通功能。非正式溝通通路，不僅傳遞的速度較快，且往往可以傳達更多重要的訊息；因此，組織應適度的「管理」正式溝通網路，並讓非正式通路上傳輸的「有意義」訊息，能夠作為正式溝通通路以外的回饋訊息。這樣就能夠彌補正式溝通網路的不足，而發揮回饋機制的效能。

二、行動能力

所謂行動能力指的是訊息接收者處理訊息，與採取行動的能力。在溝通過程中，要有效提昇訊息接收者的行動能力；除了要使其具備決策的技巧與工具外，更應使其獲得足夠的、適量的決策資訊。要提昇訊息接收者的行動能力，主要可透過兩種方式，分別是正式溝通網路的設計，與通路訊息的管理。

所謂溝通網路的設計是指，組織應設計出一個適當的溝通網路，包括網路的溝通節點與訊息流程，來引導組織資訊的流動，協助訊息接收者獲得所需的資訊，這樣將有助於提昇訊息接收者的行動能力。

至於通路訊息的管理，主要在「管理」正式溝通網路中所傳輸的訊息，使其能夠符合組織的理性；也就是要確保組織正式溝通的訊息，與組織規劃的策略、計畫方向一致。因此，組織為避免衝突的訊息，在正式溝通的通路流動；通常會採取兩種不同的方式：㈠定期檢查正式通路的資訊傳輸情形；或㈡設置一個部門，來協調不同的資訊來源，以降低資訊之間的衝突程度。這樣可以避免下屬因為無所適從，而影響其行動方向的不良後果。

註　釋

註一：Stephen P. Robbins：*Management*：*Concepts and Practices*, Englewood Cliffs new Jersey：1984, p.368.

摘 要

所謂溝通是指一人將訊息傳達給他人的過程。有效的溝通，不只是在單方面的傳達訊息，亦須考慮到接收者是否對傳達的訊息已經全盤瞭解。一個完整的溝通過程，須包括七項要素，分別是：溝通來源（communication source）、編碼（encoding）、訊息（message）、通路（channel）、解碼（decoding）、溝通接受者（communication receiver）及回饋（feedback）。

常見的五種溝通網路爲：鏈型（chain）、Y 型（Y）、輪型（wheel）、環型（circle）與全通路型（all channel）。這五種溝通型態，各有其利弊；其中「鏈型溝通」是正式組織最典型的一種溝通型態。「環型溝通」是同一階層的或水平的溝通型態。在「Y 型溝通」中，可以發現組織的部分成員，只與群體中某一成員進行溝通，與其他成員不直接發生溝通的關係。「輪型溝通」的領導者居於溝通的中心，並由他和其他四位成員進行溝通，而四位成員之間則不發生直接的溝通行爲。至於在「全通路型溝通」中，群體成員相互之間的溝通管道非常暢通，各成員彼此傳送資訊，也相互接收資訊，這是網路組織所特有的溝通型態。

組織的正式溝通，可分爲縱向溝通（vertical communication）、平行溝通（horizontal communication）與斜向溝通（diagonal communication）三種型態。縱向溝通可根據其資訊流動的方向，進一步區分爲：下行溝通（downward communication）與上行溝通（upward communication）兩種不同的類型。所謂平行溝通則是跨越指揮鏈的水平溝通方式，此一方式亦可稱爲橫向溝通（lateral communication）或跨越溝通

(cross communication)。至於斜向溝通，指的是資訊在組織「不同層級」的部門間或個人間流動，這通常是幕僚的職能職權運作的結果。

所謂非正式溝通，係指經由正式組織途徑以外之資訊傳輸程序；非正式溝通和正式溝通不同之處，是因其溝通對象、時間、方式與內容各方面，通常是未經計畫且相當難以辨認的。非正式溝通方式中常見的型態，根據戴維斯（1972）的研究，發現有四種不同的非正式溝通型態，分別是集群連鎖（cluster chain）、閒談連鎖（gossip chain）、機率連鎖(probability chain）及單線連鎖（single strand)。

一般而言，溝通的方法可以分爲三種不同的類別，分別是：口頭溝通（verbal communication)、書面溝通（written communication）與非口頭溝通（nonverbal communication)。

溝通的障礙因素，常來自於溝通的個人障礙或溝通的組織障礙。溝通的組織障礙主要來自於四個方面：一是溝通網路的設計不良；二是傳輸工具與時間壓力；三是資訊傳輸層級的設計；四是資訊回饋機制設計不良。

問題與討論

1.試說明溝通的意義及程序。
2.請問基本的溝通型態有幾？各有何種特色？
3.組織的正式溝通，可分為幾種？其內容為何？
4.組織為什麼會出現斜向的溝通？
5.何謂非正式溝通？其類型有幾？
6.請問溝通的方法有幾種？試各舉例說明之。
7.造成溝通的知覺誤謬的情境有幾？試簡要說明之。
8.溝通過程中常見的知覺謬誤有兩種，分別為何？試說明之。
9.溝通的組織障礙有幾種？試簡要說明之。
10.要增進訊息接收者對傳輸訊息的瞭解，其原則有幾？試說明之。
11.何謂訊息接收者的行動能力？又如何提昇訊息接收者的行動能力？
12.有些管理人員認為，現在的下屬理解能力較差，而且也缺乏耐心；所以現在組織內的溝通愈來愈難了。請就此一說法進行討論。

第十二章　控制

組織控制是確保組織目標達成，不可或缺的關鍵因素。全章計分五節，分別討論與組織控制有關的重要概念，包括控制的定義與程序、組織控制的型態、控制的人性因素、有效控制的原則、及組織控制的技術。在控制的定義與程序一節中，主要在說明控制的意義與控制的要件，這是對基本的控制程序做一說明。在組織控制型態一節中，則提出常見的控制型態分類，包括行為、產出、派閥的控制型態。在控制的人性因素一節中，主要在說明組織控制可能引發的行為後果。我們除了在第四節中，提出一些可供管理參考的控制原則之外；也在第五節中，提出常見的十餘種控制技術，以期能增進讀者對控制實務的瞭解。

第一節　控制的定義與程序

一、控制的定義與重要性

當組織建立其目標之後，為確保組織之運行與員工之努力方向與組織所設定的方向一致，組織必須建立一套有效的機制，以監督和協調各類功能及活動，因而產生控制的觀念。因此，控制就是一種監督與協調的程序，以確保組織的各項活動能依既定的計畫完成，此一程序亦包括修正執行偏誤的回饋機制。所以，控制的功能，與組織目標的達成有相當密切的關係。

控制功能的重要性有三，一是控制必須配合規劃而存在，亦即規劃是控制的前提；二是控制重視「計畫」與「執行」之間的連結關係；三是控制包括「執行結果」的回饋，而這種回饋可以引導企業及組織成員，朝既定的方向前進。

二、控制要件與程序

安東尼，帝爾頓與貝德福（Anthony Deardon & Bedford, 1993）認為，一個良好的控制程序中應具備四個重要的要件，分別是：偵測因子（detector）、評估因子（assessor）、影響因子（effector）、及溝通網路（communication network）。

所謂偵測因子指的是觀察各項活動的工具或方法（device）；而評估因子則是評估各項活動績效優劣的基準（standard）。影響因子指的是一種修正錯誤行為的工具，並引導各項活動走向預期的方向；至於溝通網路則是在上述的三個要件中，協助傳輸必要的資訊，做為各種決策之用。控制像其他的管理功能一樣，包含了各種步驟所形成的程序。通常，在控制程序中具有五個重要的步驟：

(一)建立績效標準

績效標準是組織目標的具體表示，也是控制的依據。績效標準的選擇，必須考慮兩個層面的問題，一是選擇適當的績效衡量項目；二是要設定各績效項目的達成水準。在組織上所設定的績效目標，通常可以包括主要目標與次要目標；這些目標的績效標準，有些是具體可衡量的標準，常見的如貨幣性的成本、收益、實體性的生產數量、時間性的工作小時等；有些則於定性的（qualitative）標準，如組織成員的滿意度、或是產品品質提昇等。

績效水準的設定，可採單一的標準，如設定單一的產量標準、材料標準、或是產品不良率標準；亦可設定多重的定量性標準，亦可同時結合定量標準與定性的標準，作為績效衡量的依據。

(二)績效衡量

在衡量工作績效時，必須同時考慮兩個因素，一是慎選績效衡量的方法，這些方法必須儘可能的符合經濟性、客觀性與公平性。在定量的績效標準上，通常比較能夠符合上述條件；但在定性的標準上，則往往會出現較多的爭議。如在員工的績效衡量項目中，包括一項「協調溝通能力」；則上司對下屬的「協調溝通能力」看法，與下屬本身所覺得的「協調溝通能力」，必然會有所不同。

要避免因為採用主觀衡量工具所引發的問題，就必須採取其他的方法，來降低衡量工具的主觀性。舉例來說，在許多美商的企業中，在員工的績效評估過程中，通常會要求主管在評估之後，再與下屬共同討論績效評估的結果。這種作法可以使得一種主觀的評估方法，經由雙方共同的討論，而增強了工具的客觀性與公平性。

第二個要注意的因素是，績效衡量的時間。衡量時間的決定，通常須同時考慮衡量的系統性與階段性。所謂系統性指的就是制度化的衡量；而階段性則指的是，在階段性的工作績效出現時，才進行績效的衡量。所以組織常採用定期的績效衡量方式，來評估績效，就是這個道理。

(三)實際績效與標準的比較

在比較的過程中，是由偵測因子所偵測得到的實際績效，與評估因子本身所設定的標準進行比較，藉以得知實際執行的成效。將實際績效與標準進行比較，目的是在選定控制的績效項目，並採取適當的行動。由於績效標準只是預期規劃的目標水準，與實際的執行結果之間，往往會有許多的差異。因此在進行比較、及採取改正行動時，通常需要考慮到成本與效益的關係；故常會運用重要性原則，作為績效項目選擇的依據。也就是說，如果績效標準是多重性的，則我們通常會選擇其中幾個較為重要的項目，作為選擇性控制的依據；而在選定項目的績效比較上，我們通常也會設定一個容忍的差異區間，唯有在「差異」超出一定的範圍時，才會採取適當的改正行動。

㈣資訊回饋

理想的控制系統應能提供適時的回饋，以協助管理者掌握執行的情況，及採取適當的改正行動。資訊回饋的效率，通常與所選定的溝通工具有關；至於溝通工具的選擇上，可參見第十一章組織溝通第二節的內容。

回饋的資訊應同時包括有利的差異與不利的差異。或許有人認為有利的差異，並不需要管理者採取改正的行動，因此它的重要性不如「不利的差異」；管理者應集中精神於不利的差異事項，並採取適當的改正措施。這種看法並不正確，並可能會導致組織資源與作業的無效率。舉例來說，如果組織設定的績效標準過低，以致於在執行的過程中出現有利的差異，試問這種設定標準過低的現象，是否是一個需要改正的現象呢？

也就是說，在實際績效與標準績效的比較中，組織應分析各種差異出現的原因。對於不利的差異，組織應分析不利差異出現的原因，是因為不可控制的因素造成？是因為標準設定的過高？還是因為執行不力所造成？這三種不同的原因，對管理者的涵義並不相同。同樣的對於有利的差異，也要分析有利的差異形成原因，是因為不可控制的因素造成？是因為標準設定的過低？還是因為執行得當所造成？這三種不同的差異原因，所傳達的資訊意義並不相同。

資訊在組織的溝通通路中傳遞，會根據差異產生的原因，回饋到三個不同的地方；第一是回饋到「計畫擬訂與績效設定」的部門，以改正或調整原先的計畫或設定標準；第二是回饋到「資源投入」的部門，以改正或控制資源投入的標準；第三是回饋到「執行」的部門，以改正執行的方式、程序，或是修正執行過程的偵測方式。

㈤改正的行動

相關的部門在接收到回饋資訊後，須配合差異產生的原因，採取適當的改正行動。不可控制的外力影響有許多，如嚴重地震造成廠房受損，機器無法運轉，無法生產出貨，所導致的銷量銳減問題；或是工會臨時決定採取大規模的罷工行動等等。這種無法預期的現象所造成的結果，管理者最多僅能預估事件發生的可能機率，在組織規劃活動中預為考量，而無法採取任何的組織行動，來避免事件的發生。

如果發現差異的產生，是因為績效標準設定失當的問題，則計畫擬訂與績效標準設定的部門，應採取適當的改正行動。但如果發現是執行過程失當所導致的問題，則執行部門往往應採取適當的改正行動。因為組織的環境日趨複雜，各項作業亦甚為繁瑣；因此在實際的問題中，常常會發現差異產生的原因，是多個層面的共同作用的結果。舉例來說，生產數量不足，可能是一開始在規劃的過程中，對原料來源的估計就不夠正確，所以設定了錯誤的生產績效標準；再加上在生產過程中，對原料、人工與機器使用的控制不當，而導致整體生產出現了問題。因此，對於組織績效的差異出現，應詳細分析其出現的原因，並分由適當的部門採取改正的行動。

控制要件與控制程序之間，可以結合成圖 12-1 的關係。

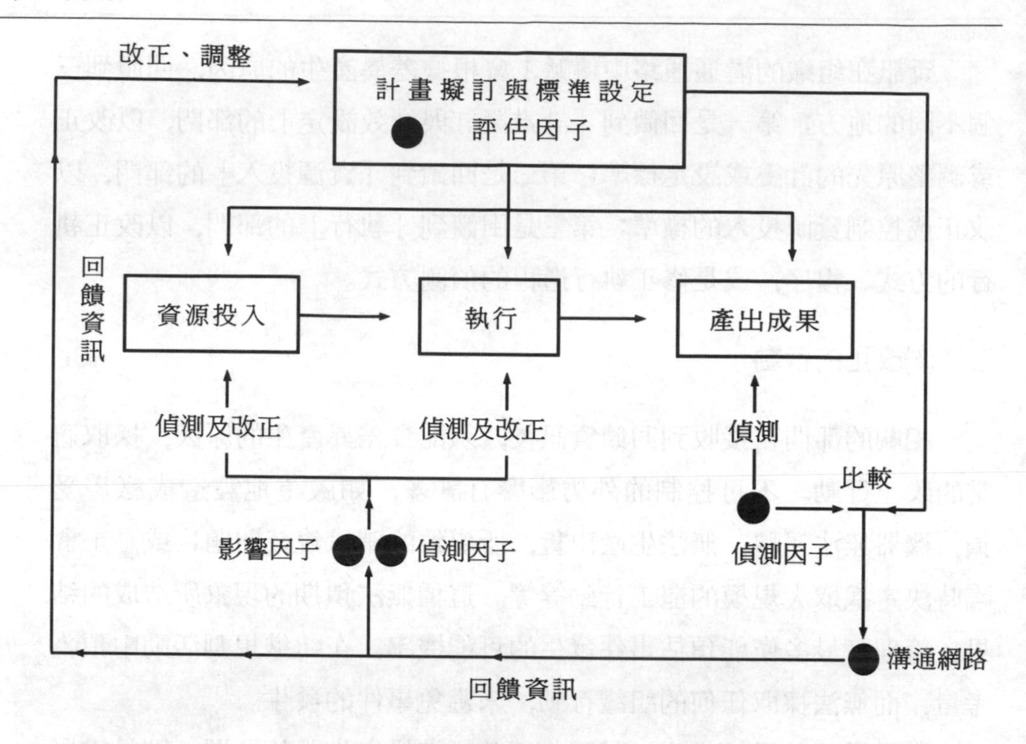

圖 12-1　控制要素與控制程序關係圖

第二節　組織控制的型態

組織的控制型態，可根據不同的構面，形成不同的分類。一種常見的分類是採用「控制程序」作為區分依據的控制型態分類：投入控制(input control)、程序控制（process control)、與產出控制（output control)〔註一〕。三種不同的控制，分別說明如下：

1.投入控制（input control)

投入控制是在資源投入之前的控制行動，其目的是在確保資源的投入，與預期的規劃方式一致，以便於在主要活動開始之前，便能採取適當的預防行動。這種控制方式，與事前的規劃關係最為密切；它是一種未來導向的控制型態。常見的投入控制包括目標、政策、計畫、作業規定、預算、工作說明、購料驗收、生產排程等等。

2.程序控制（process control）

程序控制是一種監督執行過程的控制，以防止偏差出現，對主要作業活動造成不利的影響。這種控制活動的執行，主要是由管理階層擔任，且比較強調直接監督。

3.產出控制（output control）

這種控制方式是在產出結果完成之後，才進行的控制。早期的控制活動，多屬於這種事後的產出控制；也就是在實際績效與預期標準出現差異之後，才採取某些控制行動。這種控制的主要缺點，是缺乏控制的即時性；因此，許多組織會在採行此一方法時，會採取其他輔助的控制機制，以形成有效的控制網路。常見的產出控制方法，如成品的品質檢驗、成本的差異分析、財務審計、績效評估、或是目標管理等等。

大內（1979）曾根據「對轉換程序的瞭解」及「衡量產出的能力」兩個構面，進行組織控制的分類；之後，大內並根據不同的情境，提出三種不同的控制，分別是行為控制（behavioral control）、產出控制（output control）與派閥控制（clan control）。三種不同控制型態的關係如表 12-1。

大內採用了威廉遜交易成本的觀點，認為這三種不同的控制型態，各自適合於不同的情境。其中行為控制主要適用在「對轉換過程的瞭解」程度高時；而產出控制適用在「產出衡量能力高」的情境。至於派閥控制則適用於「成員的產出績效難以衡量」，且其「採用的科技亦相當複雜」；以致於無法以「行為控制」及「產出控制」，來衡量組織成員績效的情境。

大內所提出的行為控制，指的就是「程序控制」；而「產出控制」指的是對有形、可客觀衡量的產出進行控制。至於派閥控制，大內

(1979) 認為，派閥指的是具有共同價值觀的一群人；所以「派閥控制」是指組織內部一種非正式的社會控制機制。而大內 (1979) 也認為，在某些時候或場合，它亦可稱為文化。為此一架構對組織控制的發展有相當重要的影響。當組織採用派閥控制，此時組織所能操縱的變項，則為「人員選任」；希望能夠選擇具有高度承諾感、高水準的、及與組織相同價值觀的成員，以期能夠保證得到高水準的產出。而為確保組織的價值信念，能夠持續的影響組織成員，組織內部的社會化 (socialization) 亦變得相當重要。組織在選擇了適合的人員後，就能夠確保組織成員的行為，不至於偏離組織發展的方向，並符合組織的要求。

表 12-1 決定組織控制的情境

		對轉換程序的瞭解	
		完全	不完全
衡量產出的能力	高	行為或產出衡量	產出衡量
	低	行為衡量	儀式或典禮，「派閥」控制

資料來源：W. G. Ouchi, "A Conceptual Framework for the Design of Organizational Control Mechanisms," *Management Science*, Vol. 25, No. 9 (Sep.1979), p. 843.

除了前述的分類之外，戚利 (Keeley, 1977)、李 (Lee, 1985) 亦曾提出另一種，不同於以往的專業控制 (professional control) 型態。這種控制型態，主要適用於專業化的工作或部門。專業部門的員工，其「產出」經常是一種「無形化」的服務；如醫生的醫療服務、教師的教學服務、律師的法律服務、或是人事部門的服務等等，都有這種無形化的傾向。

當產出有無形化的傾向時，就較難使用客觀的標準來衡量。戚利

(Keeley, 1977) 認為，在這種情形下，上司通常會採用主觀的評估標準，或以第三者的意見為準的評估方式；而李（Lee, 1985）則認為，面對專業員工產出的無形化的情形，應由「有經驗」的上司，採用專業評估的方式來判斷下屬績效。在實務工作上，專業工作中常常採取的一種方式是「同儕評核」(peer review)；在這種方式下，是由具有相同專業水準的其他人士，來評估某一特定專業人員的工作績效，此為專業控制的典型事例。

第三節　控制的人性因素

控制強調的是對工作的監督與衡量；因此，它對許多員工來說，負面的意義遠超過正面的功能。事實上控制的型態與採用的強度，受到管理者對人性假設的影響甚深。當管理者對人性的假設趨於悲觀，就可能採用經常性的直接監督方式，來管理下屬；相對的，管理者對人性的假設趨於樂觀，就比較可能信任下屬，由下屬採取自我控制的方式，來管理其工作的進行。

麥格雷格（McGregor）在「企業的人性面」一書中，提出了人類行為的兩種假設；X 理論與 Y 理論的假設。其中 X 理論假設認為員工是被動的，需要管理者使用強制的威嚇手段，才能提昇其工作的效率；相對的 Y 理論則認為，員工可以自動自發的追尋組織目標的達成。在 X 理論中認為，員工天性不喜歡工作，會逃避工作；因此必須使用強迫、控制、及懲罰的手段，才能使人努力工作，達成組織目標。而 Y 理論中認為，員工在設定目標後，能夠進行自我指導及自我控制；他們也願意去尋求責任。接受 X 理論的觀點，會對員工採取嚴格的控制手段；而在 Y 理論的觀點下，則會對員工採取更為信任的觀點，並將員工視為組織的人力資源〔註二〕。

除此之外，控制工具的採用，也常常會引發一些反功能的（dysfunctional）行為現象，這些現象包括：

一、造成績效目標低估的現象

績效目標對大多數的管理者來說，有三重不同的意義；它既是工作挑戰的目標亦是工作壓力的來源，更重要的它也是績效評估的根據。在許多時候，管理者希望以較低程度的努力，不要面對過多的挑戰，而得到較佳的績效評估結果。在這種情形下，他可採取的最簡單作法就是，儘可能的降低部門的績效標準。這樣的作法立即的效果是：工作不必太努力、壓力也不會太大、而工作績效評估的結果卻相當的不錯；「部門」所有的問題一次就都解決了，可是「組織」的問題，卻一次全都出現了。這是一種可能存在的反功能的行為現象。

二、導致部門目標與組織目標的衝突

如企業採用利潤目標作為控制的手段，則各部門為達成其部門的預算目標，將可能會拒絕一些「夾縫中」的投資方案。這些投資方案的報酬率，雖未達部門的要求，但仍有可能會超出組織整體的報酬率。所以拒絕這些方案，雖然對部門來說是有利的，但其實對組織來說是不利的。這就是部門本位主義的作祟，所引發的個別目標與整體目標的衝突問題。

三、出現預算虛估的現象

管理者為確保部門目標的達成，提昇其工作績效，因此會採用一些手段，來爭取組織的資源。這些手段包括：故意隱瞞一些重要的資訊，以獲取較多的資源分配；或是故意高估各項支出，以減低預算刪減所造成的可能衝擊。

四、造成組織部門間的衝突

組織的各個部門各有其績效目標，如生產部門的產量目標、品管部門的品質目標、與銷售部門的銷售目標三者之間，可能會產生衝突。如果銷售部門希望提供較佳的產品給客戶，則會要求生產部門提高產品的品質，造成生產部門的成本升高。同樣的，如果品管部門的努力執行活動，可能會使得生產部門剔退的不良品增多，造成銷售部門無法如期的供貨給客戶的窘境。

五、引發虛飾（window dressing）的行爲

也就是管理者採取一些手段，使得控制衡量的期間，部門能夠符合預期的績效目標。舉例來說，銷售部門如果在前二個月的目標不如預期，則部門為了達到當季的銷售目標，可能會在第三個月放寬銷售的條件與對象。這種作法的優點是，可以立即提昇部門的銷售績效，而且也沒有銷貨無法收現的問題。根據商業銷售的付款習慣，收款問題通常會延至第四個月、第五個月才告出現。所以銷售部門的管理者，可以每三個月就「創造」一些數字，以避免部門的績效受到影響。

六、造成資源誤置（miss-allocation）的現象

這種現象的出現，主要是因為所有的控制工具，都必須選擇重要的績效項目，作為評估績效的依據。這種項目的選擇，對管理者的努力有積極的引導作用。管理者可能會只注意那些短期的、選擇的重要評估項目，而忽略了其他的長期影響因素。舉例來說，生產部門為達成短期的生產目標，及成本控制目標，可能會強迫員工加班、或是縮短員工的休息時間，這種作法雖可立即的提昇員工的生產量，或是達到成本降低的目標，但是會造成員工內心的不滿，最後造成長期生產績效的降低。如

果短期評估項目的設置錯誤，則其引發的資源誤置問題就更為嚴重。

第四節　有效控制的原則

如果控制工具能夠遵循某些控制的原則，則降低可控制所帶來的負面影響。就控制本身而言，一個好的工具，通常必須掌握以下四項要素，分別是績效標準（criteria）、衡量（measurement）、回饋（feedback）及獎酬（reward）。因此，我們可以根據這四項要素，分別發展出必要的控制原則。

一、績效標準的原則

(一)可測量性原則

也就是發展出可以測量具體績效標準，可以增加衡量過程的客觀性，降低衡量標準不一致所導致的爭議。

(二)關聯性原則

由於績效標準的設置，有誘導員工工作努力的作用；因此，標準的設置必須與其工作的內容，有相當重要的關聯，才不會誤導員工努力的方向。

(三)完整性原則

績效標準的設定，除了要能夠符合關聯性原則之外，應能涵括員工的各項重要的工作項目，以避免產生資源誤置的誘導作用。

(四)挑戰性原則

績效標準的設置，能夠引導下屬工作的努力，及激發其工作的潛力；所以，在達成目標上應具有適度的挑戰性。由於我們通常不知道下屬的工作潛力，能到達什麼水準；所以，實務上常常採用「逐次提昇標準」的方式，來測試下屬的工作潛力，並才決定績效目標設置的挑戰水準。

(五)公平性原則

標準設定之後，應具有一體適用的公平性；這樣才能提昇下屬對績效標準的信任程度。

(六)可接受性原則

績效標準是用以衡量下屬的工作結果，因此，下屬的接受性與績效標準的有效性之間，有相當重要的關聯。標準的可接受性是一個較為複雜的原則，通常會受到前述五個原則的影響。實務上常見的一種作法是，讓下屬共同參與績效標準的設定；經由「參與」標準設定的過程，以同時檢定前述五個原則的合理性，並提昇績效標準的可接受性。

二、衡量的原則

(一)工具性原則

指的是衡量工具應該具有相當程度的效度（validity）與信度（reliability）。所謂效度指的是測量工具本身的有效性；而信度指的則是，不同時點下測量工具的可靠程度。舉例來說，作業員的生產績效，通常有明確的工作數量；如果我們採用「由領班主觀判斷」作業員生產績效的衡量方式，其工具的有效性就會受到挑戰。原因有二，第一是主觀判斷並不是一種測量生產數量的最佳工具，最佳的工具是記錄員工的生產數量；第二是這種測量方式，常常會受到領班個人的心情、好惡的影響，而在判斷時出現不穩定的現象。所以這種測量工具，在測量員工的生產數量時，它的效度與信度都不好。所以在實際應用時，必須配合績效測量的項目，採用適當的測量工具。

㈡系統性原則

也就是績效衡量時，須考慮衡量的定期性與階段性。所謂定期性是以一種系統化的制度方式，來進行績效衡量；也就是說，組織必須要有一套制度，定期的進行績效衡量的工作。至於階段性則是說，在定期衡量績效目標的時候，通常也應該是在階段性的工作績效出現，才進行績效的衡量。

㈢多重工具原則

所有的衡量工具都有其限制與適用條件；因此在採用時應儘可能配合多種衡量工具，截長補短的來測量績效的各個項目。

三、回饋的原則

㈠迅速回饋原則

迅速的回饋有助於下屬立即改正其工作的偏差，提昇其工作績效，有助於改善下屬對控制工具的觀感。如果衡量工具只是在測量下屬工作的績效，並不提供回饋資訊給下屬，協助改正其工作績效；則下屬會認為這只是一種上司監視下屬的工具，對他的工作執行並沒有任何的幫助。這樣會降低員工對衡量工具的信任程度；進而造成對整個控制機制的反感。因此，有必要迅速的提供回饋資訊，以幫助員工改善其工作績效。

㈡重要性原則

這也是一種例外管理的原則，也就是設定一定的資訊回饋閥限（threshold）標準。如果實際績效與績效標準的差異，到達此一回饋的標準，就立即的回饋資訊給相關的人員；如果差異的程度未達此一標準，則無須回饋任何的資訊。這樣可以讓訊息接收者，集中精神在重要的項目，不至於被太多的資訊淹沒，而降低決策的品質與效能。

四、獎酬的原則

㈠即時性原則

獎酬制度可以影響員工的努力。因此採取「即時的」獎酬，可以正向的增強員工，在「工作績效」與「獎酬」關聯的認知與信念。這樣才能發揮獎酬制度，引導員工努力的功能。

㈡合理性原則

雖然組織的獎酬，會同時考慮多種不同的因素，而不完全只考慮工作績效的因素。但要發揮引導員工努力的作用，就必須讓獎酬與工作績效之間，產生有相當合理的關係。這樣獎酬才能發揮影響因子的作用，而願意改善工作的績效。

除此之外，控制系統還必須兼顧以下二個重要的原則：

一、經濟性原則

控制系統的採用，通常需要耗費成本，所以在設置控制系統時，應具備成本效益的觀念。通常愈複雜、愈精密的控制工具，所耗費的成本愈高，但是否有其必要，則須仔細的加以評估。

二、情境原則

通常不同的控制型態，適合在不同的控制情境下；大內所提的控制分類，所表達的就是這種觀點。因此，管理者應具備這種控制的情境觀點，也就是在不同的前提下，採用不同的控制方式，以充分發揮控制機制的功能。

第五節　組織控制的技術

本節中將討論幾種常見的控制方法。各種控制的方法可分為三類，第一類是生產及作業控制（production and operations control）；第二類是財務控制（financial control）；第三類是其他的控制方法。在「生產及作業控制」中，常見的方法包括：製造資源計畫（manufacturing resource planning）、甘特圖、里程碑排程（milestone scheduling）、要徑法（critical path method，CPM）、計畫評核術（program evaluation and review technique，PERT）、品質管制（quality control，QC）、ABC 存貨控制（ABC inventory control）、及經濟批量模式（economic order quantity model，EOQ）。其中計畫評核術、要徑法、里程碑排程、與甘特圖是網路分析的技術；而 ABC 存貨控制、經濟批量模式則為存貨控制（inventory control）的模式。

而在「財務控制」中，較常見的方法包括預算控制（budgetary control）、責任會計（responsibility accounting）、標準成本（standard cost）、差異分析（variance analysis）、損益兩平點分析（break-even point analysis，BEPA）投資報酬（return on investment，ROI）分析、

及比率分析（ratio analysis)。其中差異分析與標準成本制度有相當密切的關係，而投資報酬分析，則為比率分析中的一個重要的部分。至於在「其他的控制方法」中，較常見的方法則包括直接監督（direct supervision)、正式化（formalization)、工作流程設計、目標管理（management by objective，MBO)、及績效評估（performance appraisal)。

這些不同的方法，茲簡述如下：

一、製造資源計畫（MRP Ⅱ）

MRP Ⅱ是由物料需求規劃（MRP)，結合了行銷、財務、與人事等各項功能發展而成的。早期在物料需求規劃的階段中，它應用了物料管理中兩項基本的技巧，一是從毛需求（gross demand）計算出淨需求(net demand)；二是如何從前置期（lead time）逆推至開工的時間〔註三〕。

在計算物料需求時，MRP 應用了獨立需求（independent demand）與相依需求（dependent demand）的觀念，計算出各個相關零組件的實際需求數量。因此在估計需求量時，我們需根據主日程表（master production schedule，MPS）及材料清單（bill of material，BOM)，逐層的計算各附屬物項的淨需求。至於在開工時間計算上，則是應用了各工作項目的結合關係，逐一的計算各單項零組件的開工時間。

在 MRP 中需要輸入的資料共有三種，分別是「主日程表」、「產品結構檔」(production structure file)、及「存貨記錄檔」。其中主日程表中則應包括各獨立需求項目的預測，及配件的外部訂單；所謂產品結構檔也就是材料清單，在說明產品是由哪些項目所組成的。所以，物料需求規劃是經由對最終產品需求的預測，逐層的演算以得知對各項物料的需求。由於各物料需求的品項繁多，所以通常會配合資訊系統的使用；以加速處理的速度，及減少人為計算的錯誤。

製造資源計畫是一種整合性的製造資源資訊系統，它可模擬一企業的環境。它整合了各階層、功能的管理者而產生一整合的規劃控制系統。它除了包括物料需求計畫的原有功能之外，也結合了產能需求規劃、產品銷售預測、財務規劃、及績效衡量等各種相關的系統。系統的複雜性與功能，均遠較以往更為強大。

二、甘特圖

甘特圖表，是一種有用的規劃及控制技術。其基本觀念，是把一段時間內的預定工作進度與實際工作進度，具體的表示在一張圖表上，作為工作進度控制之用。如表 12-2。

表 12-2　甘特圖表——實際進度與預計進度比較表

工作指令編號	七月（01　06　11　16　21　26　31）	
A010	製造　裝配　底漆　面漆	預計進度
	製造　裝配　底漆	實際進度
A012	製造　裝配　底漆　面漆	預計進度
	製造	實際進度
B012	製造　裝配　底漆　面漆	預計進度
	製造	實際進度
C015	製造　裝配　底漆　面漆	預計進度
	製造　裝配	實際進度

表 12-2 中共有四個不同訂單的工作指令，每一個訂單均需進行四項作業，分別是製造、裝配、底漆、及面漆四項作業，其工作時程亦明顯的不同。由表可知，有些工作進度超前，如 A010 工作指令的「製造」；但大多數的作業活動，進度都落後了。因此，從甘特圖中管理者就可以知道，那些工作指令需要加快速度，及那些工作程序需要加緊控制。

三、里程碑排程

里程碑排程是用長條圖來掌握工作的進度，管理者可以知道計畫的那一部分是超前、準時、落後。這種排程的技術，在運用上和甘特圖很相似，但甘特圖較適合用於生產活動，而這方法卻可適用於任何工作。美國太空總署（NASA）在進行阿波羅計畫時，便是採用里程碑排程作為進度控制的工具。

表 12-3 中，在 6 月份的時候，可以看出目前仍有三個里程碑，第一個里程碑是在 2 月開始，排定於 9 月底完成，目前仍落後一個月。第二個里程碑是在 3 月開始，預定 11 月完成，目前超前一個月。第三個里程碑也是 3 月開始，預定 10 月完成，目前進度與預期進度完全吻合。管理者根據工作項目的預期進度與實際進度，瞭解專案進行的情況，而可以作有效的控制。

表 12-3　里程碑排程釋例說明

	月份											
編號	1月	2月	3月	4月	5月	6月	7月	8月	9月	10月	11月	12月
1		■■■■■■■■■■□□□□□□□□□□□□										
2			■■■■■■■■■■■■■□□□□□□□□□□□□									
3			■■■■■■■■■■□□□□□□□□□□□□□□									

四、要徑法

網路分析的技術主要可分成兩種：計畫評核術（program evaluation and review technique，PERT）與要徑法（critical path method，CPM）。其中計畫評核術係美國海軍專案計畫處於 1958 年首度應用在北極星飛彈的發展專案上。

要徑法是 1960 年代間，杜邦公司的工程師發展出來的衡量方法。要徑法是網路分析的技術之一，通常網路分析可分成五個步驟：一、列出專案的所有活動；二、確定各項活動間，先後的順序關係，並估計各項活動完成所需時間；三、根據活動的順序關係繪出網路圖；四、找出專案工作的要徑；及五、計算各不同徑路之寬裕時間（slack）。

在網路圖中，各某項活動開始或結束的時點，我們稱為事件（event），並用圓圈表示。而各項活動（activity）則用箭頭表示，代表其為一項需要消耗時間的任務。箭頭上方標示之數字，即為活動預估所需時間；而每一個活動都需要給它一個代號。在畫出網路圖之後，就需要進一步的找出專案工作的要徑。所謂「要徑」是指，在這條徑路中的所有活動，均容許有任何遲延發生，必須嚴格的加以控制。如果要徑的活動失去控制，將會影響到整個專案的完成時間。同時要徑上所有活動所需時間的總和，即為個案起碼需要耗用的時間。

在計算出要徑的工作時間之後，我們還要計算各徑路之寬裕時間。所謂寬裕時間是指，某一路徑（或活動）所能延誤的時間，而不至於影響整個專案工作的完成。

五、計畫評核術

計畫評核術是由美國海軍專案計畫局（Special Projects Office）所發展出來的技術；在 1958 年間曾應用到北極星飛彈系統的規劃及控制

上。PERT 應用的技術，與要徑法的網路分析技術相當接近，也需要畫出網路圖。在畫出 PERT 網路之後，管理者便需要估計各項活動完成的時間。在 PERT 分析對時間的分配型態，假定其為 beta 分配，因此，在活動的期望時間估計上，可經由樂觀時間、最可能時間、悲觀時間，來進行估計。其估計方式如下：

$$t_e = \frac{t_o + 4t_m + t_p}{6}$$

其中 t_e = 期望時間

t_o = 樂觀時間

t_m = 最可能時間

t_p = 悲觀時間

PERT 的發展與要徑法幾乎是在同一個時期；其目的也是在強迫管理者進行規劃。近年來 PERT 有結合了成本控制的觀念，發展出 PERT/cost，使得計畫評核術的發展更趨於完整。

六、品質管制

品質管制首先要先建立品質標準，之後再進行產品檢驗；在進行產品檢驗的工作時，是依據已經建立的品質標準，實際製造的產品品質與其進行比較。多數公司都會訂有一些正式的檢驗程序，經由這些程序，檢驗人員可以依據既定的標準來衡量或測驗貨品的品質。

在管制程序中，常見的工具包括抽樣允收計畫（sampling acceptance plan）及管制圖（control chart）。抽樣允收計畫是一種進料管制工具；在允收計畫中，我們可以根據允收機率與進貨批量的實際不良率，畫出不同的作業特性曲線（operating characteristics curve，OC 曲線）。管制圖是一種製程管制的工具；管制圖可分為計量性管制圖（如 X-R 管制圖）與計質性管制圖（如不良數或不良率管制圖）。管制圖的類別雖然不同，但其基本的製作過程相當類似，並根據品質的控制中心線與控制的上下區間（控制上限與控制下限），來進行品質控制的工作。

在抽查的過程中，如果發現產品品質不合標準，便需要採取適當的改正措施，並追查差異產生的原因。這種檢驗的結果，通常必須做成正式的檢驗報告，以告知相關的部門。

七、ABC 存貨控制

ABC 存貨控制制度乃是根據各種存貨，相對的使用量與使用金額，將存貨劃分為 A、B、C 三個等級。其中 A 級的存貨是金額最大的項目，通常其單價最高；B 級的存貨則次之；至於 C 級的存貨，是屬於用量最多，但是單價最低的項目。基於重點管理的原則，因此，我們可以將存貨控制的重點，集中在 A 級的存貨。

如甲公司的存貨項目共有 1,200 種，全年使用額為＄2,000,000。其中有 200 種的存貨項目（占全部存貨項目的 16.7%），全年使用額卻高達＄1,300,000（占總金額的 65%）；因此，我們可以將這些存貨項目歸類為 A 級存貨。將全年使用額占總額 20% 的 400 種項目（占存貨總數的 33.3%），劃歸為 B 級存貨項目；最後才將占全年使用額的 15% 的 600 項存貨項目（存貨項目 50%）劃為 C 級。如此一來，我們就可以將管制的注意力集中於 A 級的存貨項目，不需將注意力平分到每一個存貨項目上。

八、經濟批量模式

一種常見的存貨控制方法是採用「經濟批量模式」；此一模式在協助我們找出最佳的訂購數量。依這個訂購數量來訂購產品，則年度中存貨的總成本可以降至最低。在經濟批量模式下認為，存貨的成本主要有兩項，一是存貨的存管成本（carrying cost），如存貨的倉儲、維護、及機會成本，二是存貨的訂購成本（ordering cost），如洽詢、協調、訂購等活動所耗的成本。這兩種成本基本上呈反向的關係。也就是說，訂購數量少，雖可以降低存貨的存管成本；但是每單位的訂購成本，卻會因為分攤數量少的關係，而大幅提昇。同樣的，大量訂購雖可以獲致數量折扣，降低訂購成本；但存貨的存管成本，卻會因為資金積壓、損壞、維護等活動而大幅提高。有關經濟批量模式的公式及詳細說明，可參見第三章「決策」的內容。

九、預算控制

預算為財務控制的工具，是一種以貨幣方式表達的計畫；它表達了組織的未來支出、收入，和預期利潤的具體數字；預算訂定了達成目標的基本計畫，明確表達資源的運用，不僅有助於規劃功能的達成，也是一種明確的控制工具。預算根據其控制目的不同，可分為不同的種類，常見的分類約有下列數種：

(一)綜合預算(comprehensive budget)

企業中會根據財務資源的性質將預算區分為收入預算、費用預算、利潤預算、現金預算、及資本支出預算五大類。其中收入預算、費用預算、利潤預算三者是屬於業務預算（operating budget）的範圍；而現金預算、及資本支出預算，則為財務預算（financial budget）的範圍。這些不同部門之間的預算，編製流程關係如圖 12-2（詳細說明可參見第四章的內容）。

(二)彈性預算(flexible budget)

彈性預算是假定的不同生產水準、或銷售水準，來編製不同的預算金額。由於變動費用會隨著業務量變動；而固定費用則不受業務量影響；彈性預算是運用這種特性，來編製不同業務水準的預算額度。應用彈性預算時，許多公司會分別就高的業務水準，中度業務水準，及低的業務水準編製三套預算，以作為管理者執行與控制的依據。

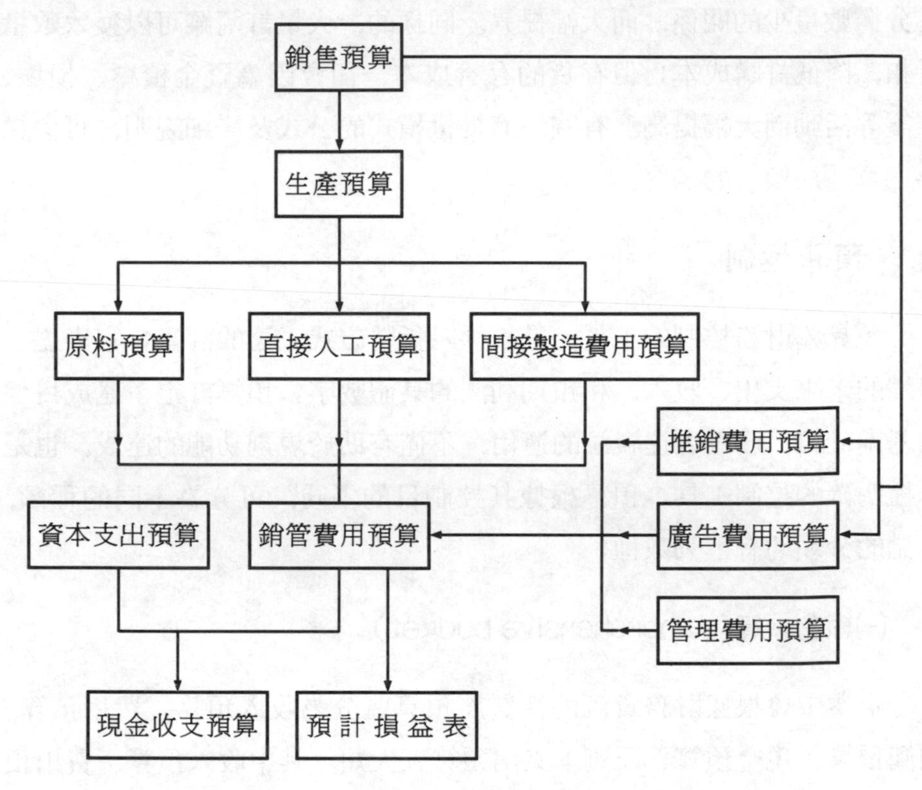

圖 12-2 不同部門之間的預算流程

㈢零基預算(zero-basis budget)

零基預算是要求基層的決策單位，員責這個單位的業務支出水準與活動範圍；並在每一個新預算編製期間，說明每 1 元支出的確實理由。好像從新出發點開始一樣，這就是零基的觀念。

零基預算觀念之下，有三個基本的步驟：第一、根據業務活動執行的不同方式，發展出不同的「決策案」(decision packages)；第二、根據預算期間對組織的利益貢獻，將不同的替代決策，排列出優先順序；第三、選定組織執行的決策方案，並作為分配組織資源的依據。

由於採用零基預算時，須對組織的目標、作業活動與財務資源，進行詳盡的分析；因此，這種預算制度，可以有效的將規劃及預算結合在一起。但這種零基預算制度，由於編製的過程中，需要耗費較多的時間、人力及金錢。所以在採用之前，應謹慎的評估。

十、責任中心

責任中心制度是結合「正式組織結構」的職權體系與「績效評估」的一種制度。其目的將組織的財務目標，逐級轉化成部門的財務目標；並經由各部門的努力而達成組織的目標，並激勵各級主管做到「全員經營」境界。在責任中心下，有幾個重要概念，分別是：

1.獨立的組織部門觀念：明確的組織權責區分。

2.分權的觀念：責任主管享有獨立自主的控制權力、可以制定適宜的控制制度，並確保部門績效的達成。

3.可控制成本與收益的觀念：是一種財務績效的觀念，係指企業組織中的責任部門，其法定職權足以控制部門的責任成本或責任收益的產生，即部門的可控制成本與可控制收益。

4.責任績效評估的觀念：根據部門的責任績效，對部門主管進行客觀的財務評估。

一般而言，責任中心是一個正式的組織單位，雖然在理論上責任中心可以小至個人，但仍以組織部門為實施依據。就責任範圍而言，則可以是成本、收益、利潤、資本運用的比率（或為投資效能，簡稱ROI），以及扣除正常、預期的資本報酬後的利潤淨額（簡稱 RI）等。根據責任中心的職權與責任，一般可將責任中心，分成下列幾種不同的適用類別：

1.「成本中心」：採實際成本或是標準成本，適用具有生產功能的部門。

2.「費用中心」：或稱任意費用中心，discretionary expense center，適用在服務性的部門。

3.「收益中心」：適用於具有銷售功能的部門。

4.「利潤中心」：適用於同時能夠控制收益與成本、費用的部門。

5.「投資中心」：適用於有權決定投資及評估投資效益的利潤中心。

6.「超額盈餘投資中心」：是另一種型態的投資中心，主要在評估超過正常投資報酬的部分。

組織的成本中心或費用中心，是在產品品質、或是產品收益被管制在某一水準的情況下，以降低成本或追求較低幅度之成本上升為唯一標的；而收益中心則在既定之成本下追求收入之最大；利潤中心同時包含成本中心及收益中心的功能，追求最低之成本及最大之收益；投資中心或超額盈餘投資中心則比利潤中心更為積極，其績效衡量除利潤外，並進行投資報酬的控制，並求最大之投資報酬率。由此觀之，可以清楚的瞭解到，責任中心與責任會計的控制目的。

十一、標準成本與差異分析

成本中心為規劃生產成本及控制成本之用，須建立一套成本標準，做為成本比較分析之依據，此即標準成本。在標準成本制度下，通常須設定三種不同的成本標準，分別是材料標準、人工標準及製造費用標準。因此，實際成本與標準成本之間的差異，就是管理者採取控制行動的依據。在材料標準的應用上，常用的分析方式，是根據差異產生的來源，將其區分為「數量差異」與「價格差異」；在人工標準的應用上，根據差異產生的來源，常用的方式是將其區分為「用量差異」與「工資率差異」。至於在製造費用差異的分析，可採取「兩段差異分析」或是

「三段差異分析」的方式；找出製造費用差異的真正來源，作為管理者採取控制行動的根據。其中「材料數量差異」的計算與「人工用量差異」的計算方式相似，其公式為：

(實際數量－標準數量)×標準成本

而「材料價格差異」的計算亦與「人工工資率差異」相似，其公式為：

(實際價格－標準價格)×實際用量

舉例來說，如果在標準成本下，公司生產一個單位的產品需要兩磅的原料，原料每磅的價格標準為$10。而在第一季結束時，公司發現共計生產了5,000個單位的產品，但是總共耗用了11,000磅的原料，原料總成本為$104,500。在標準成本制度下，公司預計生產5,000個單位的原料成本應為$100,000($10×5,000×2)，但是實際的支出卻為$104,500。在採用公式進行分析時可以發現，不利的成本差異是由兩個不同的原因共同構成，一是「不利」的材料用量差異，共計$10,000，二是「有利」的價格差異，共計$5,500。因此，相互抵銷的結果，就出現了$4,500的原料成本不利差異。所以管理者應該對生產的效率多加注意，以避免不利差異的繼續發生。

管理者可根據上述的公式，找出成本差異的原因。如果是因為原料實際價格與標準價格的不同，所造成的成本差異，就應該控制原料採購的價格；如果是數量不同所造成的差異，就應該控制原料使用的數量。差異的原因分析，同時也指出了管理者控制行動的方向。

至於製造費用的差異上，則較為複雜。因為間接製造費用是由許多項目共同組成，因此，當差異產生時，管理者往往須進一步分析差異的項目，才能採取適當的控制行動。有關製造費用差異的分析，如果讀者有興趣，可參閱成本會計中，標準成本與差異分析的章節，此處不加贅述。

十二、損益兩平分析

損益兩平分析是另一種常用的控制技術。在進行損益兩平分析時，須使用銷售價格、變動成本、與固定成本的資料。其中銷售價格與變動成本，是用以計算邊際貢獻與邊際貢獻率。而固定成本與邊際貢獻，則用以決定損益平衡點的數量與銷售額。損益兩平分析的邊際貢獻的觀念，對實際銷售數量與銷貨額的規劃，有相當的幫助；因此它亦是一項相當有用的控制工具。有關損益兩平分析的公式及詳細說明，亦可參見第三章「決策」的部分。

十三、投資報酬分析

投資報酬率是一種財務控制的技巧；它測量了公司使用資產的效率。投資報酬率的計算公式，是以「利潤」除以公司「使用的資產」。此一公式亦稱為杜邦方程式；它可拆成兩個不同的比率，一個是銷貨利潤率，一個是資產周轉率。其間的關係如圖 12-3 所示。

因此，如果一個組織的投資報酬率低，則其原因便可能是來自於銷貨利潤率低，或是資產的周轉率較低。投資報酬的應用範圍非常廣泛，它不僅可以應用到整個公司，它也可以應用到某一個特定的產品部門，來測度部門的營運績效。管理者把實際成果和預期相比較，便可以找出問題之所在，作為控制的依據。

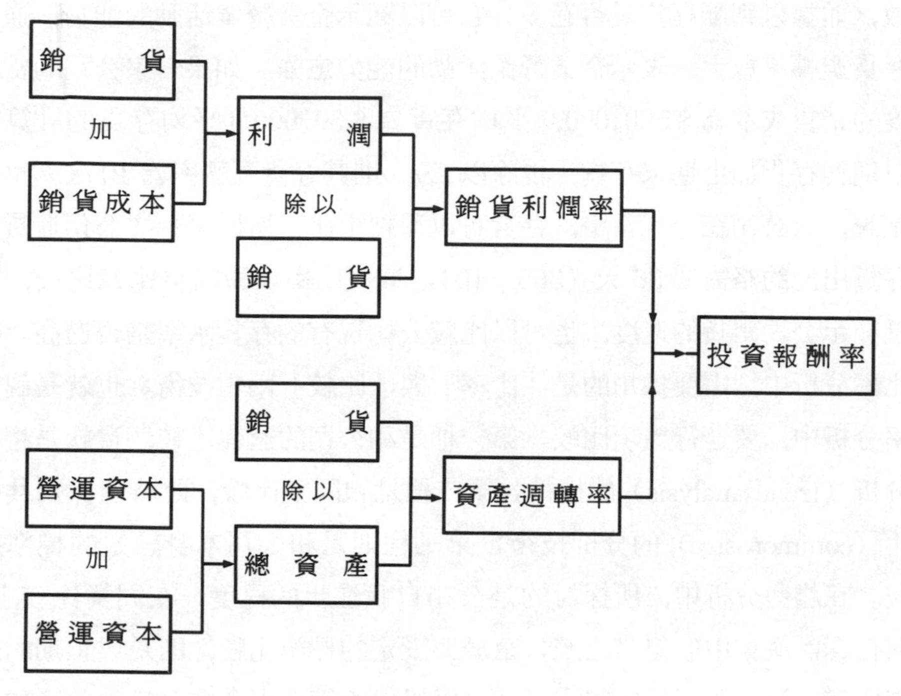

圖 12-3　投資報酬率的計算方法

十四、比率分析

所謂比率分析就是將財務報表中，相關的兩個項目相除以計算比率；各比率代表的意義並不相同，因此管理者可以根據比率本身的變動情形，發掘出造成比率異常的真正原因。舉例來說，如每股盈餘(EPS) 係由「稅後淨利」除以「流通在外的普通股股數」計算而得，可以顯示公司普通股的每股獲利能力。當每股盈餘愈大時，表示企業的實際獲利能力較高，因此股票的價值將會愈高。也就是說，每股盈餘為＄3.00 的公司，較每股盈餘為＄2.50 的公司，其普通股的獲利能力較高，經營績效也比較好。

又如存貨週轉率（銷貨成本/平均存貨）是顯示企業存貨週轉的次

數，並據以判斷存貨是否過多；它可以顯示企業營業活動的能力，通常存貨週轉率愈大，表示企業營業活動的能力愈強。如果一家公司的當年度的銷貨成本為＄500,000，平均存貨為＄50,000（平均存貨的計算是以期初存貨加上期末存貨，再除以二），則其存貨週轉率為10次。也就是說，該公司在一年當中，存貨可以週轉十次，所以每一次公司進貨到存貨出清約略需要36天（365÷10）。這個比率在和同業比較之後，可以顯示公司銷貨的速度，也可以比較公司現有的存貨水準是否過高。在比率分析中，需要採用的是「比率」與「比較」兩項技術。也就是說比率分析中，要進行幾項比較：第一種是和公司的過去比較，這就是趨勢分析（trend analysis）的技術；第二種是和同業比較，此時須採用共同比（common-size）的分析技術；第三種則是和公司本身設定的標準比較。在趨勢分析中，所探討的是公司自我進步的程度；在同業比較上，則在探討產業中的優劣比較；至於與設定的標準比較，則是與預期的規劃比較。這些不同的比較方式，可以提供給管理者一些訊息，並可作為績效評估的依據。由於財務比率分析的技術，其複雜程度較高，讀者可參見財務分析的書籍。

十五、其他的控制方法

除了前述的一些控制方法外，還有一些常見的控制方法，如直接監督、正式化、工作流程設計、目標管理與績效評估等控制技術。其中直接監督、正式化與工作流程設計三種方法，是過程控制（行為控制）常用的方法；而目標管理與績效評估二種方法，則是產出控制使用的方法。這些不同的方法，在本書的其他章節，都有相當清楚的說明，讀者可自行參閱。

註　釋

註一：投入、程序與產出控制，主要是依控制程序進行區分；這種分類亦有學者稱其為事前控制、事中控制及事後控制。

註二：參見 D.McGregor,：*The Human Side of Enterprise*，McGraw-Hill Book Company，New York，1960.

註三：有關 MRP Ⅱ的說明，詳見生產管理書籍的相關內容，可參見林英峰著，《現代生產與作業管理》，三版，自刊本，第二十八章：物料需求規劃；或參見賴士葆編著，《生產/作業管理：精要與個案》，臺北：華泰書局，民國76年9月，頁241－255。

摘　要

控制就是一種監督與協調的程序，以確保組織的各項活動能依既定的計畫完成，此一程序亦包括修正執行偏誤的回饋機制。一個良好的控制程序中應具備四個重要的要件，分別是：偵測因子（detector）、評估因子（assessor）、影響因子（effector）、及溝通網路（communication network）。通常，在控制程序中的五個重要步驟分別是：建立績效標準、績效衡量、實際績效與標準的比較、資訊回饋及改正的行動。

組織的控制型態，可根據不同的構面，形成不同的分類。一種常見的分類是採用「控制程序」作爲區分依據的控制型態分類：投入控制（input control）、程序控制（process control）、與產出控制（output control）。這種分類亦可稱爲事前控制、事中控制、及事後控制。

麥格雷格提出了人類的行爲的兩種假設：X 理論與 Y 理論的假設。其中 X 理論假設認爲員工是被動的，需要管理者使用強制的威嚇手段，才能提昇其工作的效率；相對的 Y 理論則認爲，員工可以自動自發的追尋組織目標的達成。接受 X 理論的觀點，會對員工採取嚴格的控制手段；而在 Y 理論的觀點下，則會對員工採取更爲信任的觀點，並將員工視爲組織的人力資源。

控制工具的採用，也常常會引發一些反功能的（dysfunctional）的行爲現象，包括：造成績效目標低估的現象、導致部門目標與組織目標的衝突、出現預算虛估的現象、造成組織部門間的衝突、引發虛飾（window dressing）的行爲及造成資源誤置（miss-allocation）的現象。一個好的控制工具，通常必須掌握以下四項要素，分別是績效標準（criteria）、衡量（measurement）、回饋（feedback）及獎酬（reward）。

控制的方法可分爲三大類，第一類是生產及作業控制（production and operations control)；第二類是財務控制（financial control)；第三類是其他的控制方法。在「生產及作業控制」中，常見的方法包括：製造資源計畫（manufacturing resource planning)，甘特圖、里程碑排程(milestone scheduling)、要徑法（critical path method，CPM)、計畫評核術（program evaluation and review technique，PERT)、品質管制(quality control，QC)、ABC 存貨控制（ABC inventory control)、及經濟批量模式（economic order quantity model，EOQ)。

在「財務控制」中，較常見的方法包括預算控制（budgetary control)、責任會計（responsibility accounting)、標準成本（standard cost)、差異分析（variance analysis)、損益兩平點分析（break-even point analysis，BEPA)、投資報酬（return on investment，ROI）分析、及比率分析（ratio analysis)。而在「其他的控制方法」中，較常見的方法則包括直接監督（direct supervision)、正式化（formalization)、工作流程設計、目標管理（management by objective，MBO)、及績效評估(performance appraisal)。

問題與討論

1. 試說明控制的定義與重要性。
2. 請問在安東尼等人的模式中，控制要件有幾？其意義為何？
3. 控制程序包括那幾個重要的步驟？
4. 何謂投入控制、程序控制、與產出控制？
5. 控制的反功能現象包括那些？試簡要說明之。
6. 試說明績效標準的原則。
7. 試說明衡量的原則。
8. 試說明回饋的原則。
9. 試說明獎酬的原則。
10. 組織控制的方法可分為幾類？試各舉例說明之。
11. PERT 分析對時間的分配型態的假設為何？又如何估計期望時間？
12. 何謂品質管制？在管制程序中，常見的工具為何？試簡要說明之。
13. 何謂 ABC 存貨控制？試舉一例說明 ABC 存貨控制如何應用。
14. 何謂預算？又預算控制的主要方式為何？
15. 依據責任中心的職權與責任，責任中心可分為幾類？試簡要說明之。

16.何謂杜邦方程式？它是如何計算而得？

17.我們常發現：有些管理人員喜歡當「好好先生」，不去糾正、改正下屬的錯誤；請討論為什麼他們會這麼做？

18.請分別就學生與學校的立場來看，如何才能針對學生的學習過程，設計出一個有效的績效評估制度。

第十三章　管理資訊系統

本章主要在說明管理資訊系統的重要性，以及設計管理資訊系統應注意的重要課題。全章計分為四個小節，分別討論資訊與決策、管理資訊系統的意義與目的、管理資訊系統設計、及管理資訊系統的其他課題。在資訊與決策一節中，我們將討論三個子題，即資訊之意義、資訊與決策能力、及改善資訊過量的方法。在管理資訊系統的意義與目的一節中，將討論管理資訊系統之意義及性質、管理資訊系統的目的、及電腦科技的發展三個子題。在管理資訊系統設計的章節中，主要是說明一般管理資訊系統建立的重要步驟。至於在管理資訊系統的其他課題上，主要是討論資訊管理的新課題，以及資訊系統對組織的影響。

第一節　資訊與決策

資訊（information）是組織的重要資源，能夠協助管理者發展規劃、制定決策、與執行控制。決策是各項組織活動的核心；組織垂直的分化（階層化）事實上就是決策的分工過程。在第三章曾提及理性決策的程序，可歸納為七個步驟，分別是：⑴發掘並界定問題；⑵探討問題背後的原因；⑶搜集和問題有關的相關資訊；⑷提出問題解決的方案；⑸各種可行方案的比較分析；⑹選擇最佳的解決方案；及⑺執行該項最佳之可行方案。在這決策過程中，每一個步驟都需要適切的資訊，來協助管理者進行判斷與選擇。由此可以得知資訊與決策之間關聯的密切程度。

一、資訊之意義

資訊是一種「與決策問題有關的知識」；而從決策的觀點來看，資訊必須具有決策上的價值。所謂資訊的決策價值，可以從兩個方面來解釋，其一是資訊要有決策的攸關性（decision relevancy），亦即資訊要與決策的目的有關，要能夠協助決策；其二是從決策結果的差異性來看，這是說「有這種決策資訊」與「沒有這種決策資訊」之間，所得到的決策結果是不是會有差別？

資訊要符合決策的攸關性，通常應具備兩個條件；第一個條件是資訊的型態需配合決策目的，因此它們不只是一些單純的數字或事實。這些未經處理的數字或事實，我們稱之為「資料」（data），而非資訊。資料只是一種未經處理的資訊；通常需要經過一定的選擇和處理過程，才能轉換為資訊。第二個條件是要能夠與決策者的「決策模型」（decision model）結合。每一個決策者在進行不同的決策時，都會根據個人的決策模型需要，來蒐尋不同類別的資訊。決策時如果提供給決策者一些無關的資訊，那麼對決策就不會有任何的幫助，甚至可能出現負面的不利結果。這兩個條件說明了決策攸關性的資訊，必須是「資訊」的、且「攸關」於決策目的、決策模型的。

至於在決策的差異性上，所涉及的範圍就比較複雜。它是說，在原有的決策資訊量，新增加其他的資訊，是否會提昇決策的績效？這是個經常會被忽略的問題；但是它對資訊的效用、與決策效能的提昇，均有相當重要的意義。也就是說，我們常見一種有趣的決策邏輯，就是許多人認為，如果我們能夠提供給決策者愈多的資訊；那麼決策者在進行決策時，考慮的層面可能就較廣，那麼決策的效能就會比較好。這種邏輯可能與決策模式的建構觀念不相吻合；因為模式的建構是希望以簡馭繁，以簡化的、較少數的決策變項，來達到分析與預測的目的。對多數的決策者來說，通常過於複雜的決策模式，都是不太好用的。

在這個問題上，似乎存在有一個相當微妙的支點。因為如果所提供的決策資訊廣度不夠，決策的結果可能就會不夠周延；可是如果資訊太多，反而可能會影響決策的效能。而決策差異性的觀念，主要就在協助我們尋找決策的支點。也就是說，資訊的增加應該會提昇決策的效能；但如果新增資訊之後，發現決策結果與原來的決策結果差異不大，那麼這種資訊就是「可有可無」的。也就是說，雖然某些資訊和決策的結果有關，但是由於這種資訊對決策影響的程度相當有限，通常在決策時可以不必考慮。這種決策的差異程度，有助於我們找出一個決策的平衡點，以避免所有的人被太多的資訊淹沒。

二、資訊與決策能力

資訊對決策差異性的影響，述及了「適量資訊」的問題；而資訊的適量與否，與個人的決策能力有相當的關係。過量的資訊（information overload）所造成的影響，與資訊不足所產生的問題是一樣的。第一個影響是，如果決策者的能力不夠，不知道什麼資訊才是與決策有關的；那麼過多的資訊，只會使得決策者暈頭轉向，不會對決策有任何的幫助。第二個影響是，可能會對決策績效產生相當的衝擊。根據過去學者的研究發現，資訊的適量性對決策績效有相當重要的影響。如米勒（Miller, 1956）研究人類處理資訊的能力上發現，人類在短期內記憶所能保留，及有效處理的符號或資訊數目是從五個到七個，顯示人類在判斷/決策的處理上，有其能力上的限制。

夏羅德等人（Schroder et al., 1967）等人曾提出互動的複雜理論（interaction complexity theory），理論中認為個人資訊處理能力，會受到環境的複雜性（environmental complexity）與個人的概念結構（conceptual structure）的影響，而出現不同的水準。結果發現：(1)一個人的資訊處理能力是其概念水準的函數；具有抽象概念（abstract conceptual structure）的個人，通常能夠處理較多的資訊量，而固結結構（concrete conceptual structure）的決策者所能處理的資訊量比較少。(2)對大多數人而言，在某一最佳的環境複雜性之下，資訊處理水準可以達到最大的程度，「減少」或「增加」環境複雜性，均會導致個人有效的資訊處理能力降低。也就是說，在相同環境複雜性下，概念水準高的決策者，可以較概念水準低的決策者，達到更高的處理水準；而且在較高的環境複雜性之下，概念水準高的決策者，其資訊的處理能力也比較高。所謂抽象水準，指的就是將複雜的實務現象，轉換成為簡單的概念（或觀念）的能力，這樣就可以濃縮決策過程所需的資訊，並提高決策的效能。

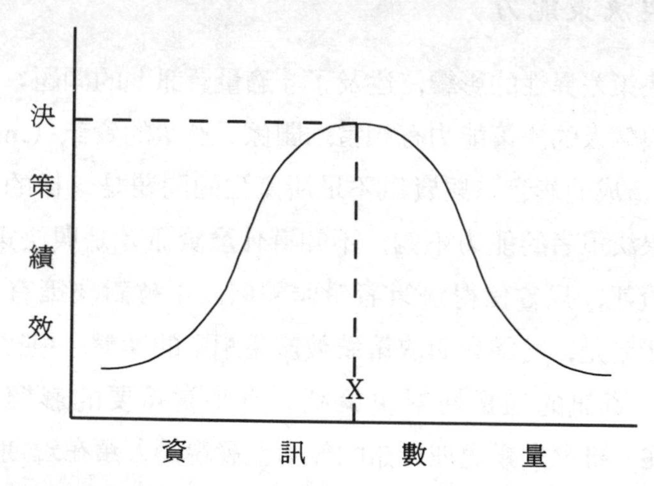

資料來源：D.A.Wilson："A Not on 'Environmental Complexity and Financial Reports'" *The Accounting Review*, July, 1973, p.587.

圖 13-1　決策績效與資訊數量關係圖

其他的研究，如傑柯比（Jacoby）（1974）等人的研究，曾探討產品包裝說明所傳遞的訊息過多，是否會混淆消費者，使得消費者購買了非心目中的理想產品。研究結果發現，當傳遞的訊息逐漸增多時，消費者初期的決策正確性有顯著的改善；但是當傳遞的訊息不斷增加後，則可發現決策的正確性有降低的趨勢。這顯示了受試者的正確選擇總數，與資訊線索數可能呈現著∩形的關係（如圖 13-1 所示）。而凱瑟(Casey)（1980）以122位授信的主管進行研究，請他們依所提供的資料來預測倒閉的公司。結果也發現這些主管的預測正確率，與資訊負荷量呈現著∩型的關係。這種曲線的關係存在著一個最佳的資訊數量點 X，可以使得決策的績效最高。

三、改善資訊過量的方法

要解決資訊過量所造成的困擾，組織通常可以有以下五種作法，分述如下：

(一)設計合理的組織結構

也就是透過組織內部的垂直分化，在階層中進行決策的分工；因此每一個組織成員，都只需要處理決策問題一小部分。這種理性的設計不僅可以讓組織成員能夠集中精神，來處理決策問題的小部分；亦可以縮減資訊需求的廣度，降低決策時資訊過量的壓力。而資訊在組織內由下往上，逐級的篩選、過濾過程中，可以適度的縮減資訊傳遞的數量，並簡化資訊傳遞的內容，使得決策者不會受到過多的資訊影響。這是傳統的組織設計時，經常採用的一種方法。

(二)擴大授權的幅度

也就是主管有系統的採取授權措施，將一個重要決策分解成幾個次級的、重要程度不同的決策，並將較不重要的次級決策職權，授與下屬。這樣就可以集中精神，注意重要的次級決策，這樣可以降低資訊需求的數量，但可增進了資訊需求的深度。

㈢善用專業幕僚的分析功能

就是在建立一種完全幕僚的制度（complete staff work）。先由幕僚人員對重要的問題進行完整的分析，再將分析的結果與建議，交回相關的決策部門或是人員；決策者可以根據幕僚分析的結果，來進行個人的決策。這樣也可以降低決策者處理的資訊數量，避免了資訊過量的困擾。

㈣運用資訊處理與分析的工具

亦即借助一些分析工具，如電腦的軟體、或是各種數量化的分析模式，來幫助我們進行分析與決策。一些資料分析、計算的電腦軟體，如統計分析軟體、試算表軟體、資料庫軟體等，都可以簡化資料處理的過程。而另一些數量化的模式，如經濟採購量模式、資本預算評估模式等，也都可以用「結構化」的方式，把一個複雜的問題，用簡化的、少數幾個變數來表示，並幫助決策者進行決策。這種工具的運用，使得決策所需的資訊減少了，複雜的計算過程亦交由其他的工具去處理，等於是無形間的擴大了決策者的資訊處理能力。

㈤建立一個管理資訊系統

也就是運用電腦的工具、結構化的例行決策模式、與不同層級人員的資訊需求，設計出一套管理的資訊系統，以協助各階層的決策者進行決策。這樣的系統有幾個好處，一是善用電腦工具的優勢；二是將一些例行性的決策，結構化的納入電腦中，而擺脫了個人資訊處理能力的限制；三是組織有系統的協調不同層級的資訊需求，有助於資料的管理與資訊效用的提昇。以下僅就管理資訊系統做一說明。

第二節　管理資訊系統的意義與目的

由於環境的快速變化，組織所面對的問題亦日趨複雜，因此須採取有效的管理工具，來協助各級管理者獲得決策所需要的資訊。因此，管理資訊系統的設計，是在協助組織蒐集、選擇、分析各種與決策相關的資訊，並適時、適所的提供給管理者使用。明確的說，管理資訊系統是一套蒐集完整的資料（comprehensive data），以功能管理者（functional managers）的決策需要，來組織（organize）及彙整（summarize）資料，並將工作所需的資訊提供給管理者的系統（Griffin，1993）。

一、管理資訊系統之意義及性質

組織的決策可依階層的不同，區分為策略規劃、管理控制及作業控制三類不同的決策。這三種不同的決策所需的資訊亦有不同，在策略規劃決策所需的資訊，主要是一些形成組織目標、發展策略、與發展政策的資訊，為高階管理者所需的外界資訊。管理控制決策所需的資訊，則是在協助管理者制定決策，及協助其有效利用組織的資源，其為中階層管理者所使用的內部資訊。至於在業務控制決策所需的資訊，則是基層管理者在執行作業管理的過程中，所需要的資訊；這種資訊通常是能夠量化的內部資訊，為基層管理者決策所需。

協助策略規劃決策、管理控制決策需要而設計的資訊系統，可稱為管理資訊系統（management information system，簡稱 MIS）；至於在協助作業性決策所需，而設計之資訊系統，則為「作業資訊系統」（operation information system）。作業資訊系統，包括的範圍相當廣，如會計、財務、存貨管制、生產排程等等都是這種系統；因為這種系統重視的是作業層面的實用性，所以亦可稱為應用系統。上述三種不同階層的系統，構成了組織之整體資訊系統的架構。

管理資訊系統的建立，不必然與電腦化的資訊系統發生關聯。但由於近年來環境的快速變遷，各項規劃與決策的問題日趨複雜；因此往往需要借助電腦科技（包括硬體及軟體），來設計整個管理資訊系統的工作內容和流程。這種以電腦為基礎的資訊系統（computer-based management information system），正是目前管理資訊系統的討論主題。

二、管理資訊系統的目的

組織建立管理資訊系統的目的，主要有四：

1.可以縮短環境資訊蒐集的時間，使得企業有較為充裕的策略規劃時間，來因應環境的衝擊。採用管理資訊系統，可以有系統的蒐集環境的資訊，監測環境變動所帶來的影響，作為企業的預警系統，以協助管理者有效的因應環境變動。如長期監測人力市場的變動、技術變革的程度、社會價值觀的改變等各種環境因素，將有助於高階管理者保持一種高度的環境警覺性。

2.有系統的蒐集組織內部的資訊，可以⑴適時的提供管理者決策攸關的資訊；或是⑵協助管理者進行決策之前的分析工作；有助於提昇管理決策的品質與效能。舉例來說，管理者在決定生產政策與存貨管理政策的平衡問題時，要考慮缺貨成本、存貨管理成本、存貨持有成本、經濟生產量、生產穩定性等種種問題，然後會決定維持多少的產能水準與存貨水準。在決定一種平衡的策略時，就需要前述的各種決策資訊；如果沒有這些資訊，管理者的決策品質就會相對降低，可能也會影響到決策的效能。

3.管理資訊系統可以將組織內部例行性、單純的決策活動，以結構化的方式來建立決策模型，以作為協助管理者決策的工具。舉例來說，以員工出勤的管理系統，電腦自動彙計各個單位員工平時的出勤狀況；當部門的缺勤率超過設定的比率時，如部門人數的2%時，則電腦會自動列印報表，提供給管理者進行決策的參考。又如存貨管理模式的設計，存貨持有超過一定的數量，如500單位時，則電腦自動出現警示的訊號，以提醒管理人員。這些都是將一些結構化的決策，建構在電腦系統之中，由電腦自動的檢測分析，並提供管理人員決策參考之用。

4.可以提昇資訊蒐集的規模經濟性，與資訊使用的效用。在沒有管理資訊系統的規劃與設計之前，過去不同部門可能會需要同樣的資料，它們會各自蒐集所需的資訊，因此會出現資訊重複蒐集的現象。而在電腦化的管理資訊系統，不僅不會出現此一現象，同時還具有(一)資料蒐集的規模經濟性；及(二)透過部門間資料的結合與重組，可以提昇資訊的效用。

三、電腦科技的發展

電腦的演進在短短不到四十年的時間，挾其優勢的資料處理、儲存、及存取能力，不僅在管理資訊系統中扮演著非常重要的角色；亦已深入人類社會生活中的每一個領域，直接的對人類的生活產生了莫大的影響。

(一)第一代電腦：真空管

電腦的過去發展可分為五個階段，第一代電腦是以真空管為主的電腦，其時間約在1944年至1959年間。在1944年5月，美國哈佛大學的艾肯（Aiken）發展出第一部利用繼電器電路控制、大型的電動計算機，這部機器能做一些數學及邏輯運算，這部機器稱為哈佛馬克一號(Havard Mark I)。之後在1945年賓夕法尼亞大學的默克禮（Mauchly）及艾克特（Eckert）則以19,000個真空管，配合著繼電器，製造出第一部電子的計算機，並稱其為 ENIAC（Electronic Numerical Integrator and Calculator）。這部機器重達 30 噸，占地約 1,500 平方英呎。第一代電腦的主要缺點是，體積龐大、彈性小、記憶容量有限，且在運作時，需要許多的冷氣。

(二)第二代電腦：電晶體

第二代電腦是電晶體為主的電腦，時間約在 1959 年至 1965 年間。當時因為電晶體的技術已日趨進步，並於 1960 年間，取代了當時的真空管，成為電腦的主要零件。此時不僅電腦的體積已相對的縮小，而電腦的計算與處理能力均較為提昇，所應用的軟體技巧亦較為複雜。

(三)第三代電腦：積體電路

第三代電腦是出現在積體電路（IC）的時代，時間約在 1965 年至 1970 年間。積體電路的發明及應用，縮小了硬體的體積；除此之外，第三代的電腦也應用了分時（time sharing）的觀念、配合較為有效的輸入、輸出、和隨機存取的設備，而顯著的提昇了電腦的效能。

所謂「分時」的觀念，就是由許多使用者共用一大型資料處理系統，每一使用者只負擔他所使用這一部分之費用。因此，在這種系統下，使用可以享用大型電腦系統，而不必由一個人單獨負擔此筆設備支出及維持費用。而且使用者只要負擔少數費用，可以有較多程式可供應用，亦有助於程式之發展。

(四)第四代電腦：中大型積體電路

第四代電腦是中大型積體電路（MSI & LSI）的時代，時間約在 1970 年至 1980 年間。第四代電腦除了有更大的輸入、輸出能力之外；在處理方式，並已從批次（batch）處理方式，進步到線上互動式（interactive）的處理方式。

(五)第五代電腦：超大型積體電路

第五代電腦是超大型積體電路的時代，時間是從 1981 年迄今。由於半導體科技的快速發展，能將 32 位元大型電腦系統的主要功能，濃縮到五個四分之一平方吋的超級矽晶片內，於是超大型積體電路（VLSI）出現，並大幅的降低了 32 位元電腦的價格。現在人們只要花過去四分之一不到的費用，就可以享受超過目前電腦一百倍的功能。在第五代電腦之後，體積微小的個人電腦、筆記型電腦與掌上型電腦，已成為電腦市場最熱門的產品。而且這種電腦科技的發展趨勢，還在持續的躍進當中。這種科技的進步，配合專家系統的發展（有關專家系統的部分，可參見本章第四節的內容說明），逐漸發展成能夠處理法則（rule）的人工智慧（artificial intelligence，AI）電腦。此時再配合分散式資料庫管理的觀念、及電腦網路的發展，對公司的管理資訊系統發展，有非常大的影響。

(六)第六代電腦：神經電腦

而第六代的電腦則是神經電腦（neurocomputer），這種電腦是以模擬人腦結構的類神經網路（neural networks），配合第二代的專家系統（expert system），與模糊（fuzzy）資訊的處理技術發展而成。在這種電腦中應用了「生物計算」的技術；所謂生物計算是一種能像生物一樣學習、記憶，具有彈性生物機能的模型。由於類神經網路延伸了生物計算的觀念，可以架構出一部像人類神經系統的電腦。所以日本自 1982 年起推動了為期十年的第五代電腦的研究計畫之後，又自 1992 年起，又推動了為期十年的第六代電腦開發計畫。而這種發展趨勢，正受到世界的電腦專家注意。

第三節　管理資訊系統設計

管理資訊系統（MIS）和電子資料處理（EDP）所談的內容並不相同。EDP 主要是將過去人工的資料處理過程，改由電算機來處理；它可以運用電腦優越的處理及儲存能力，提昇資料處理的效能。基本上，EDP 指的是作業階層的資料處理。而 MIS 是組織整體的資訊系統，包括組織不同的階層的資訊需求，當然也包括資料蒐集與處理。所以 EDP 只是 MIS 的一個部分。一般管理資訊系統之建立，可以分為以下七個步驟：

一、產業競爭環境分析

產業內競爭環境的分析有助於我們瞭解產業內的競爭狀態；如果企業處在一個比較動態、競爭的產業環境中，則資訊的蒐集、處理與分析，就應該要更有效率，也更應該「即時的」提供各階層經理人員決策所需的資訊。在管理資訊系統設計時，由於「成本」與「效率」（或即時性）之間常常會出現抵換（trade-off）的現象；也就是說，處理速度較快的高速電腦，其成本也會較高，因此，要得到高效率的資訊，通常也必須付出高的代價。企業沒有必要一味的以高成本來追求高效率，除非是這種高效率的資訊，是塑造產業內競爭優勢的關鍵成功因素。對產業競爭環境的瞭解，將有助於我們在制度設計時，釐清制度的輪廓與架構。

二、組織結構與作業流程分析

應對企業內的各部門組織，與企業經營的業務流程進行瞭解；在此之前，應先健全（或合理化）公司的組織結構，以便進行組織內各種處理流程上的分工。因此，在設計制度時，亦應瞭解企業內相關作業在公司各部門間的流程與協調程序，這樣才能設計出合理的管理資訊系統。

三、發掘重要決策問題

首先要分析管理者的工作情況、作業性質及其管理責任；在瞭解一管理者所負的工作責任之後，應更進一步的分析管理者的工作，列出其主要責任範圍（key result area）內，所必須進行的、具有關鍵重要性的決策問題。

四、決策資訊的規劃

表 13-1　三類決策之資訊需要比較

資訊特質	策略規劃	管理控制	作業控制
來源	外在	人事及財務記錄	內部作業
準確性	不要求	要求	要求
範圍	總體性	詳盡	詳盡
頻率	定期	經常	隨時
時間涵蓋	長期	中期	短期
組織	鬆弛	結構化	高度結構化
更新程度	不常	每月或每週	每週或每日
用途	預測	控制	行動

資料來源：許士軍，《管理學》，臺北東華書局，民國 77 年 3 月，八版，頁 202。

由於策略規劃決策、管理控制決策、及作業控制決策，所面對的問題不同，因此決策的資訊需求亦有顯著不同。通常策略規劃所需資訊，是總體性的外界資訊、涵蓋的時間較長；管理控制決策所需的資訊便比較具體些，他們需要對編製預算、規劃營運資金、衡量估計及改進經營績效等有用的資訊。而作業控制決策所需的資訊，則多為內部的資訊，短期性的、需要迅速反應的精確資訊。許多的作業決策的資訊，甚至可以用數學的模式來處理；如生產排程，存貨控制，員工效率的衡量等。一般而言，管理控制決策所需之資訊，通常是介於策略規劃資訊，與作業控制資訊之間；這三類決策之資訊需要的差異，可參見表 13-1 的比較。

由於三個管理層次有其不同的觀點和興趣；因此，大部分的決策資訊都必須經過適當的修改、設計，才能適應各管理層次的需要。

五、資訊系統的規劃與選擇

在分析決策所需的資訊之後，下一個步驟就是決定資訊系統之輪廓。基本上，資訊系統只是一種有組織的資訊提供方法，能在適當的時候提供一致性的資訊，以協助組織的規劃、控制和各項作業職能，進行有效的決策。在決定資訊系統的輪廓時，決策者通常需要配合資訊的專家，共同決定以下的項目：資料庫的型態、資料來源、資訊報告的內容、報告的形式、報告的時機、資訊取得、儲存與提供之媒介與方法、以及資料處理的系統。也就是說，要將各種資訊需要轉變為一種系統化的結構，如圖 13-2 所示。

六、管理資訊系統的設計

管理資訊系統設計，主要包括三個部分，分別是：㈠制度整體架構設計；㈡細部結構設計；及㈢正式書表化（documentation）。其中「制度整體架構設計」，是在決定管理資訊系統應包括的內容與結構。而「細部結構設計」則是將整體架構的各個重要功能，落實到日常的作業活動。因此在「細部結構設計」時，通常須將各重要功能的詳細執行程序加以說明，以協助相關人員瞭解各項作業的作用與意義。

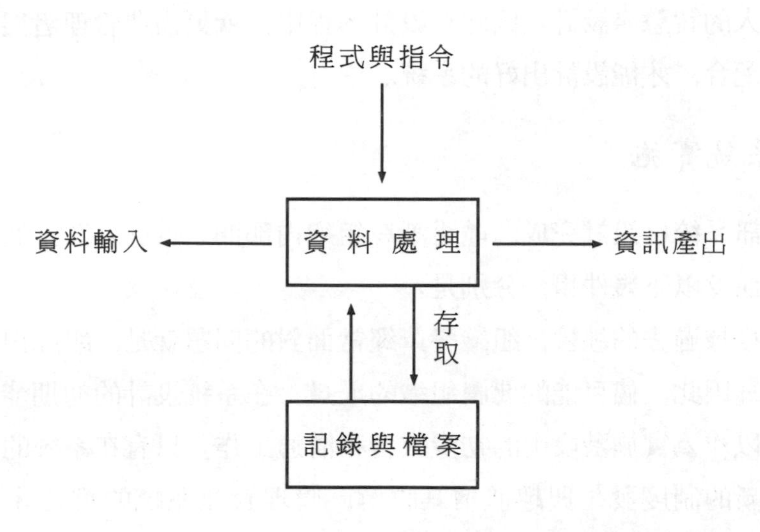

圖 13-2　資料處理系統基本結構

至於「正式書表化」，則是將系統的各種設計與功能，正式的撰寫成系統手冊，以作為各級管理人員遵循的依據。書表化的目的有三：㈠是可以建立共同的作業標準，以作為作業活動間協調與整合的依據；㈡是經由書面化的說明，不僅可以累積過去的經驗，減少組織嘗試錯誤的機會，更重要的是㈢它可以幫助「組織學習」(organizational learning)，並降低新進人員的學習障礙與學習成本；也就是說，組織可以經由不斷的累積各部門或個人的經驗，而獲得快速的成長，並使得組織內的各項活動，變得更有效率、效能。

管理資訊系統設計的工作，是將系統的規劃與選擇付諸實施。通常規劃的過程愈詳盡，則系統設計工作的執行，就將會較為順利。而具體之系統設計，除了設備硬體的選擇與連結問題之外，還包括系統軟體的設計。在管理資訊系統中，硬體設備與軟體設備必須相互的配合，才能發揮系統的效用；通常硬體的架設比較容易，但軟體的設計則較為困難。由於軟體設計是將硬體設備有效連結起來的一種資訊流程，需要高度依賴人的智慧來設計；因此在設計過程中，就更需要管理者與資訊專家共同配合，才能設計出好的系統。

七、系統實施

資訊系統已設計完成，並逐漸在組織內部開始推展。在推展的過程中，要注意以下幾件事，分別是：

1.根據過去的經驗，組織變革經常面對的問題就是，組織內部員工的抗拒。因此，儘可能的要讓組織的成員，在系統設計的初期能夠參與工作，以作為實施階段中的初步教育和溝通工作。只有在系統的使用者對此一新的制度發生興趣並增其瞭解，管理資訊系統的推行才可能成功。

2.要舉辦各種訓練活動，以增進員工對系統的熟悉。當組織成員愈熟悉此一系統，系統成功的機會就愈大。

3.最重要的，就是要瞭解系統的設計，本身就是一個動態的改進過程；所以應當持續的檢討和改進，以提昇系統的實用效能。

除了前述的五個系統設計與推動的步驟之外，高階管理者的推動與支持，也是一件影響系統成功與否的關鍵因素。因為資訊系統的設計，如果是由高層次的概念和高層管理者開始；則公司就可以採取由上而下的整體設計，並為各級管理者提供一個非常實際，而且有潛力的管理資訊系統。所以由上而下的設計理念，是管理資訊系統設計中，非常強調的一個觀點。

*第四節　管理資訊系統的其他課題

一、資訊技術的發展

1.人工智慧、專家系統的發展

從 80 年代起，就有不少學者提出語音、影像、視覺、繪圖處理技術、圖形使用者界面（GUI）、多工即時系統、平行處理技術等各項的新技術，使得軟硬體製作上的複雜程度增加了許多。而人工智慧在第五代的電腦發展過程中，扮演著相當重要的角色。人工智慧的研究主要集中在四個方向：專家系統（expert system）、機器人（robotics）、自然語言(natural language)、及視覺語言(vision system)(Elliott & Kielich, 1985)。其中專家系統基本上扮演著，類似某一專門領域的專家角色，可協助使用者解決結構不良（ill-structured）的決策問題。

專家系統中主要包括三個部分，第一個部分是知識庫（knowledge base），這也是專家系統的主要核心；第二個部分是推論引擎（inference engine），第三個部分是人機界面（man-machine interface）。這三個部分使得專家系統不僅能夠處理，過去電腦所不能處理的符號邏輯(symbolic logic）問題，而且能夠重組知識、改變決策法則，具有學習的功能。

專家系統的發展，對決策支援系統（DSS）的達成有很大的影響。它不僅可以擷取專家的知識，作為決策支援之用；亦可借助專家系統來訓練新進人員，使其達到專家的水準。而組織中卓越的員工，其知識與經驗將成為組織學習過程中，最重要的資產。

2.網路（network）與通訊的發展

在當前的資訊環境下，常見的通訊工具有四，分別是：電子郵件(electric mail, E-mail)、檔案傳輸（file transfer protocol, FTP)、遠程存取（remote access)、及線上交談（on line interactive message)；這些通訊的軟體都要透過網路來傳輸。現在有許多的公司，員工上班的第一件事，就是打開電腦的電子信箱，查看各方所傳來的訊息。這種電子郵件在網路中傳輸的例子，改變了組織以往資訊傳輸的型態，使得資訊的橫向的整合也變得更為容易。

更重要的是，不同網路間可以相互的連接，而連結不同電腦網路的網路，我們稱其為網際網路。如BINET，WWW等網路。我們可以透過網路的連結，直接擷取國外不同網路下的重要資訊。這種科技的發展趨勢，使得管理資訊系統的發展，變得更為動態，也更為複雜。

二、資訊系統對組織的影響

資訊系統對組織的影響可分為三個方面，分別是對組織績效的影響、對組織結構的影響、及對組織成員的行為影響。茲分述如下：

(一)在組織績效上

企業在引進電腦系統時，通常是認為電腦系統能夠提昇組織的效率與效能。在評估資訊系統對組織績效的影響，通常有兩種方式：其一是採取成本效益分析的方式，探討資訊系統所帶來的效益是否大於所花費的成本；其二是採用經濟效益的評估方式，以財務的指標，如投資報酬率、盈餘成長率，來探討資訊系統的使用，能否改善這些財務的指標。克勞斯敦與崔西（Crowston & Treacy，1986）曾歸納1975年至1985年間，十一篇探討資訊系統與組織績效之間關係的文章；結果發現，學者的研究都認為資訊系統的採用，確實對組織績效的提昇有相當的幫助。

(二)在組織結構的設計上

資訊系統的採用，對組織結構的影響可分為兩方面：一是組織必須增加一個「管理」管理資訊系統的部門；二是可能會使得中階層管理者的存在功能受到挑戰，減少了組織中間的層級，而使得組織結構趨向於扁平化。

㈢在組織成員的行為上

資訊系統對組織成員的行為影響可以分為兩個方面；一是提昇工作效率所帶來的正面效果；二是造成員工的疏離感（isolation)。在工作效率的正面效果上，學者的研究多發現，使用資訊系統後，員工的生產力得以發揮，因此，員工逐漸變得樂意使用新的科技。但不利的是，資訊使用得程度愈高，則人際之間的協調與溝通就愈少，因此，員工的疏離感就愈高。

摘要

資訊是一種「與決策問題有關的知識」；而從決策的觀點來看，資訊必須具有決策上的價值。所謂資訊的決策價值，可以從兩個方面來解釋，其一是資訊要有決策的攸關性（decision relevancy），亦即資訊要與決策的目的有關，要能夠協助決策；其二是從決策的差異性來看，這是說「有這種決策資訊」與「沒有這種決策資訊」之間，所得到的決策結果是不是會有差別。

資訊要符合決策的攸關性，通常應具備兩個條件；第一個條件是資訊的型態需配合決策目的，因此它們不只是一些單純的數字或事實。第二個條件是要能夠與決策者的「決策模型」(decision model) 結合。

資訊對決策差異性的影響，述及了「適量資訊」的問題；而資訊的適量與否，與個人的決策能力有相當的關係。過量的資訊（information overload）所造成的影響，與資訊不足所產生的問題是一樣的。

要解決資訊過量所造成的困擾，組織通常可以有以下五種作法：1. 設計合理的組織結構。2. 擴大授權的幅度。3. 善用專業幕僚的分析功能。4. 運用資訊處理與分析的工具。5. 建立一個管理資訊系統。

管理資訊系統的設計，是在協助組織蒐集、選擇、分析各種與決策相關的資訊，並適時、適所的提供給管理者使用。協助策略規劃決策、管理控制決策需要而設計的資訊系統，可稱爲管理資訊系統（management information system，簡稱 MIS）；至於在協助作業性決策所需，而設計之資訊系統，則爲「作業資訊系統」(operation information system)。

組織建立管理資訊系統的目的，主要有四：1. 可以縮短環境資訊蒐集的時間，使得企業有較爲充裕的策略規劃時間，來因應環境的衝擊。2. 有系統的蒐集組織內部的資訊，可以(1)適時的提供管理者決策攸關的資訊。(2)協助管理者進行決策之前的分析工作，有助於提昇管理決策的品質與效能。3. 管理資訊系統可以將組織內部例行性、單純的決策活動，以結構化的方式來建立決策模型，以作爲協助管理者決策的工具。4. 可以提昇資訊蒐集的規模經濟性，與資訊使用的效用。

一般管理資訊系統之建立，可以分爲以下七個步驟：產業競爭環境分析、組織結構與作業流程分析、發掘重要決策問題、決定所需的決策資訊、資訊系統的規劃與選擇、管理資訊系統的設計、系統實施。

資訊系統對組織的影響可分爲三個方面，分別是對組織績效的影響、對組織結構的影響、及對組織成員的行爲影響。

問題與討論

1.何謂資訊？又資訊與資料有何不同？
2.試說明資訊與決策能力之間的關係。
3.要改善資訊過量所造成的困擾，組織可以採取的作法有幾種？請分別簡述之。
4.何謂管理資訊系統？它與作業資訊系統有何不同？
5.組織建立管理資訊系統的目的有幾？請簡要說明之。
6.請問第一代至第六代的電腦發展，在科技的使用上有何不同？
7.管理資訊系統建立的步驟有幾？請簡要說明之。
8.管理資訊系統設計，主要有幾個部份？
9.請問資訊系統的發展，對組織可能造成的影響有那些方面？請就各種可能的影響分別說明之。

第十四章　組織變革與發展

本章中主要在討論以下三個課題，分別是組織變革與發展、組織衝突、及工作壓力。在組織變革與發展中，將探討組織變革的意義、程序、組織發展、組織發展的技術、及組織變革的抗拒與因應之道。在組織衝突的部分，則分別探討了組織衝突的意義與成因、衝突與績效之間的關聯、及如何管理組織的衝突。至於在工作壓力上，主要探討工作壓力的意義與特性、影響工作壓力的因素，以及如何對工作壓力進行有效的管理。

第一節　組織變革與發展

一、組織變革的意義

所謂組織變革（organizational change），就是組織因應外在環境變化，而進行的內部調整過程。組織生存在變動快速變遷的環境之中，為了持續的生存，通常需要快速的、有計畫的調整組織的活動，以因應各種問題所帶來的可能衝擊。覃納朋與戴維斯（Tannenbaum & Davis, 1969）認為，由於環境中多項快速變動的因素，對組織的發展造成了相當重大的衝擊，這些因素包括五項：一是知識、技術的領域呈現爆炸性的擴張現象，使得組織必須持續的進步與發展，才能趕上時代的腳步；二是新產品的快速出現，使得企業必須持續的追求產品的創新與發展；三是都市化造成教育程度提高，所導致的人口素質改變；四是個人工作價值的改變，員工追求工作的自主與自我實現；及五是企業國際化的結果，由於國際環境的錯綜複雜，使得企業必須強化其環境因應的能力。這些因素的共同作用，導致了組織需要採取有計畫的變革，來迎接環境的挑戰。

二、組織變革的程序

組織變革的程序可根據盧溫（Kurt Lewin）（1958）所提出的過程，可分為三個階段，分別是：解凍（unfreezing）、變革（change）、與再凍結（refreezing），此一模式可稱之為「盧溫模式」（Lewin model）〔註一〕。

(一)解凍階段

這個階段在引發改變的動機，創造改變的需要，並為改變做好準備工作；因此在過程中，需要刺激個人或群體去改變原來的態度、信念、與行為。這是將組織、或個人的價值、信念與行現狀打破，使其成為可以進行組織變革的狀態。在這個階段中，讓被改變的對象，會出現一段期間的無所適從；因為原有的思考模式與架構，已經被變革推動者摧毀，而新的思考模式與架構，卻仍未建立。

舉例來說，新兵入伍或是學生初次住校，都會面臨這種解凍的階段，也會出現一段期間的適應期。新兵在入伍的這段期間中，其個人過去的思考架構、生活習慣都必須進行重大的改變；學生在初次住校時，也必須從過去自我的、依賴父母的生活習性，改變為重視規律、群體和諧的生活方式。甚至我們也可以發現，學生如果過去習慣於接受「老師講授」的教學方式；在突然面對另一位老師改用「個案教學」的方式教學時，通常也會出現一段相當不適應的動亂期。

㈡變革階段

這是使個體接受新的刺激而發生改變的過程；此時要為這些受改變對象，發展新的價值、信念、與態度模式。這種改變可經由模仿其他成員的行為，或是經過重複的嘗試，對組織成員產生內化作用，而順利的讓組織成員學習新的價值信念與行為模式。

㈢再凍結階段

組織成員在改變原有的價值信念與態度行為後，形成了新的價值信念與思考模式與架構之後；變革推動者要進一步的考慮，如何讓改變後的思考模式與架構，能夠持續的保持下去。這種改變與穩定的過程，必須配合其他的制度；以增強其對新的行為模式的認知，並能夠有效的整合到原有的組織活動之中。

如果組織成員經過組織變革的過程之後，無法將新的思考模式與信念架構結合到工作流程之中，可能的原因有二：一是現有的工作環境對思考模式與信念架構，有非常重大的影響力；因此工作環境也必須配合，進行必要的改變。二是缺少再凍結的過程，管理者誤以為變革之後，員工的思考模式與信念架構，就會隨之改變，而忽略了其他誘因的配合問題。在許多情形下，組織變革的效果不彰，是由於上述二個因素共同作用的結果。

三、組織發展

而組織發展（Organization Development，簡稱 OD），就是組織面對環境變動，所採取一套長期性、系統性的問題解決與組織革新的程序。這一套程序不僅需要改變組織的制度與作業程序，也需要改變現有的組織氣候。組織發展是一種新興的科學，它結合了各種行為科學的理論與技術，如激勵理論、衝突理論、溝通理論、群體動態的理論，乃至於社會學的理論；以計畫性的技術與方案，來改變或更新組織的制度，以提昇組織的效能。

組織發展可以適用在各種改變導向的活動，可應用於組織內各種管理系統的改變。它不僅可以提昇組織成員問題解決的創造性，更可以強化組織成員管理組織文化的能力。所以，馬古利斯與奈雅（Margulis & Raia）（1978）認為，組織發展除了是一種計畫性的改變過程，一種問題導向的解決程序之外；它也是一種系統導向的整體思考途徑。從這個關係來看，組織發展就是「管理」組織變革的計畫性過程。

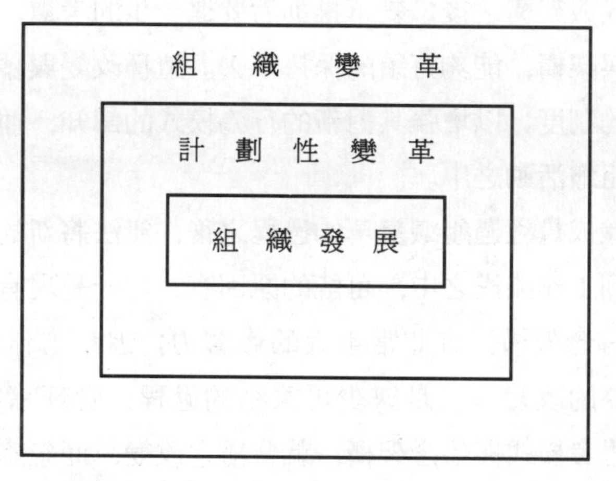

資料來源：吳定，《組織發展：理論與技術》，民國 73 年 8 月，天一圖書公司，臺北，臺灣，頁 44。

圖 14-1　組織變革、計劃性變革與組織發展關係圖

組織變革包括兩類，第一類「計畫性的變革」（planned change），第二類是「回應性的變革」（reactive change）。前者是一種管理組織變革的長期性策略與方案；而後者則是迫於環境的壓力，組織對不同的問題逐一作出改變反應。而從計畫性的變革程序可以發現，並不是所有的

變革程序，都需要涉及組織氣候的改變。舉例來說，如採購流程的改變，或是領料流程的改變，都不涉及組織氣候的改變；但如果是組織部門的裁併，就對組織氣候、人員士氣有相當的影響。這些變革都是一些計畫性的變革，但只有後者與組織發展有關。因此吳定（民國 73 年）認為，組織變革包括了計畫性的變革的概念，而計畫性的變革又包括組織發展的概念；三者之間的關係可顯示如圖 14-1。

四、組織發展的技術

組織發展是一個相當專業的範疇，它是一種長程的計畫，目的在改進團體與個人的互動程序。在組織發展的過程中，通常需要經由行為專家的顧問（或稱變革推動者，change agent），對組織的問題進行深入的分析之後；並選擇適當的干預技術（intervention），來對組織進行系統性、結構性的改變。干預技術的適當使用，對組織發展的效果有相當重要的影響力。一般來說，組織干預技術的類型，可根據其適用的對象分成三類：第一類是在改變組織成員「個人」的干預技術，如敏感性訓練（sensitivity training）、會心團體訓練法（encounter groups）、工作豐富化（job enrichment）、或是目標管理（MBO）等技術。第二類是在改善「工作群體」的干預技術，如第三者干預（the third party intervention）、角色分析技術（role analysis technique）、或是人際溝通分析（transactional analysis）的技術。第三類則是改善「組織」制度運作與作業活動的干預技術，如調查回饋法（survey feedback）、面對會議法（confrontation meeting）等不同的技術。

五、組織變革的抗拒與因應

組織變革需要改變組織的現狀，因此往往會遭遇到變革對象的抗拒。一般來說，抗拒組織變革的原因通常是來自四個方面：第一種是來自於不同價值信念的衝擊所造成，如革新派與保守派的價值衝突；第二種是因為組織內部溝通不良所致，如組織成員因為無法得到足夠資訊，而拒絕接受變革。第三種是因為個人權益受損所致，如權力結構的重整，與利益分配方式的改變，會造成既得利益者全力反彈；第四種是對作業流程變動的心理恐懼所致，如組織電腦化在處理流程上，與人工作業的處理不同，常會造成組織成員的抗拒。

組織的成長過程中，組織變革的發生是持續性的過程；因此組織成員的抗拒亦成為一個值得持續注意的問題。變革推動者與管理者的努力重點，而應設法降低組織成員的抗拒心理與抗拒強度，以促使組織的變革計畫能夠順利的推動。

組織變革的因應方式，須配合組織成員抗拒的原因，採取有效的解決措施。因此在第一種情形下，組織通常可以透過讓組織成員參與變革的設計，以促成組織成員主動的瞭解，並接受不同的信念價值。在第二種情形下，組織須設計出良好的溝通管道；並在變革過程中，讓資訊暢通的在組織內流通，以減少誤解所導致的抗拒心理。在第三種情形下，組織可以透過協商的方式，讓不同的利益群體共同協商，以減少權力、利益重分配過程所造成的抗拒心理。在第四種情形下，組織可以透過教育的過程，讓員工瞭解新的作業流程，對組織現有作業有多大的影響；同時並經由適當的員工訓練，以協助員工適應新的組織流程。這樣就可以降低組織變革所引發的抗拒心理。

除此之外，另外有一項值得注意的因素就是，高階層管理者須表達明確支持的態度。組織的任何變革，如果沒有高階層管理者的參與與支持，這些變革的效果通常無法彰顯；許多推動組織變革的管理者，往往在缺乏高層的支持與協助下，而成為變革過程的犧牲者。所以高階管理者的支持，往往是組織變革是否能夠成功的關鍵因素。

第二節　組織衝突的管理

在組織發展的過程中，必然會出現組織的變革，這種變革往往就是造成組織衝突的原因。事實上，造成組織衝突的成因有許多，組織發展只是其中的一個可能原因（或只是一個充份條件，而非充要條件）。組織衝突本身並非只有絕對的負面意義；有時候適度的衝突更有助於激發組織的創造力。以下我們分就組織衝突的個別部份討論之。

一、組織衝突的意義與成因

所謂「組織衝突」，是指組織內的個人、工作群體、與部門互動的過程中，因為相互的矛盾與差異，而導致的干擾與對立狀態。造成組織衝突的原因有許多，常見的原因有以下幾個：

(一)資源競用

各部門在達成目標的過程中，須使用到有限的組織資源；而不同部門對於目標達成的優先性，與資源分配的順序，看法並不完全一致。也就是說，組織內的各個部門、工作團體，乃至於個人，經常會因為在人力、資金、與物力資源的需求不同，因為資源競用而出現內部的衝突。

(二)目標不同

在組織中的各個部門與個人，其目標並不相同；而這種目標完全不同的團體，在工作的過程中，出現衝突的可能性最高。舉例來說，銷售部門希望生產部門隨時備有存貨可供銷售，但是生產部門則希望維持生產的穩定，而財務部門則希望降低資金積壓的成本。又如銷售部門希望生產部門能夠生產全線的產品，以提昇產品銷售的綜效；但是生產部門則希望發揮生產上的規模經濟性，而且產品的式樣不要太多。這些例子都說明了組織內的各個部門之間，確實會存在著一些分歧的目標；而這些目標的歧異性，造成組織內部存有潛在的衝突。這種目標的衝突，當然可能也會出現在個人目標與部門目標上。

(三)價值互異

這是導致組織內個人衝突的主要因素；個人的價值觀會直接影響到組織成員的工作態度，而造成工作上衝突。這種價值觀的差異，主要來自於三個方面，一是個人人格的差異，二是來自於文化背景的差異，三是來自於專業背景的差異。在個人的人格差異上，主要是受到個人過去的成長過程的影響。而文化背景的差異，則是受到個人的成長環境薰陶而成；「代溝」的產生，主要就是因為這種差異造成。至於在專業背景的差異，則是因為專業的訓練不同，所造成的信念差異；不同的專業人員，有時會出現看法、角度不同，就是因為專業背景的不同所致。

在專業背景的差異，可能會引發另一種個人內心的衝突；舉例來說，如果公司的主管人員要求會計人員，採用一些較具有爭議的方法，來編製財務報表，以使得公司的財務狀況看起來較為理想。會計人員就立即會面對兩種不同要求的衝突，在專業的職業道德（professional code）要求會計人員，必須允當的表達公司的財務狀況；但是來自主管的壓力，則是希望會計人員表示其對組織的忠誠。這種兩難的困境，經常會出現在專業人員的工作。

(四)溝通扭曲

溝通扭曲是因為組織溝通通路的障礙，造成訊息傳送者傳送的訊息內容，與訊息接收者所接收到的訊息內容不同所致。這種扭曲可能是來自於兩個原因，一是因為溝通通路選擇的不當，致使溝通受到噪音的干擾；二是因為傳達過程中，不同的組織成員刻意的扭曲所致。

㈤侵犯職權

這是組織部門職權需要面對的一個重要問題。在組織設計上，幕僚人員是直線人員的專業顧問；因此，直線主管可根據當時實際的情況，決定是否接受專業部門所提出的建議。在這種情形下，幕僚人員的意見常常會遭到忽視。但由於幕僚部門認為他們的專業程度比較高，因此常會透過不同的管道，來表達其專業的意見。這種作法，就會使得幕僚專家與直線人員之間常常處於爭論之中；且會造成直線人員厭惡幕僚部門侵越直線部門的權力。這種職權侵犯的現象，亦普遍存在於組織的直線與專業部門之間。

從前述衝突的原因來看，組織內的衝突有許多不同的型態；它包括了個人內心的衝突（如專業與忠誠的衝突)、組織成員間的衝突（如價值觀不同的衝突)、個人和工作團體之間的衝突（如個人目標與群體目標的衝突)、及部門與部門間的衝突（如資源競用、目標不同、侵犯職權的衝突)。

二、組織衝突與組織績效

組織的衝突會造成內部的不和諧現象；因此，在過去的觀點都認為，衝突是組織內部一種反功能的（dysfunctional）的病態現象。而衝突一詞亦與爭議、破壞、缺乏理性等字眼所具備的意義相同。在這種觀點下，管理者的主要責任，便是避免組織出現任何的衝突。

由前述衝突發生的可能原因來看，組織衝突實為組織內部一無法避免的必然現象；因此，如何進行組織衝突的管理，乃成為一個相當重要的課題。衝突本身雖對組織的和諧，會造成負面的影響；但是如何善用衝突所帶來的衝力，則是管理者應該學習的技巧。也就是說，如果管理者能夠有效的管理組織的衝突，則這些衝突的發生對組織長遠的發展，可能會相當有利。如果管理者無法運用組織衝突所引發的衝力，則這些衝突只會造成組織的動盪與不安；因此，它對組織是相當不利的。在前者的情形下，衝突的「功能性」意義較強；而在後者的情形下，衝突的「反功能性」意義較為強烈。

組織衝突的產生，通常是顯示組織內部出現了另一種需要；且這種需要與現有的組織功能與作業，有相當程度的不協調。因此，衝突的另一層意義，就是它通常能夠導致一些革新與改變。再者，在衝突的過程中，往往也會出現一些雙方爭議的資訊，這些資訊有助於組織進行問題的診斷與分析。所以，適度的組織衝突可以激發組織成員的創造力，有助於組織的革新與進步。組織衝突的水準與組織績效存在一種曲線的關係；適度的衝突有助於組織績效的提昇，但是過與不及，都會對組織的績效產生負面的影響。二者之間的關係如圖 14-2。

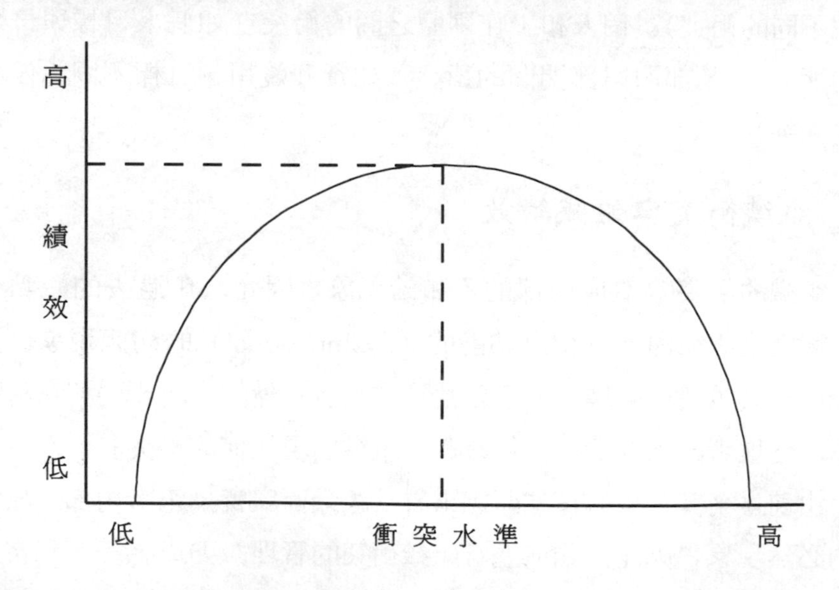

資料來源：龔平邦著，《管理學》，三民書局，二版，民國 82 年 10 月，頁 556。

圖 14-2 衝突水準與組織績效關係圖

三、組織衝突的管理程序

組織的規劃與控制機制，亦適用於組織衝突的管理程序。由於組織衝突的適度性，與組織績效、組織的創新動力之間有密切的關係；因此，衝突的管理程序中，需包括幾個控制的要素，分別是：評估因子、溝通因子、抑制因子及激發因子。這些因子與規劃活動的結合關係，可顯示如圖 14-3〔註二〕。

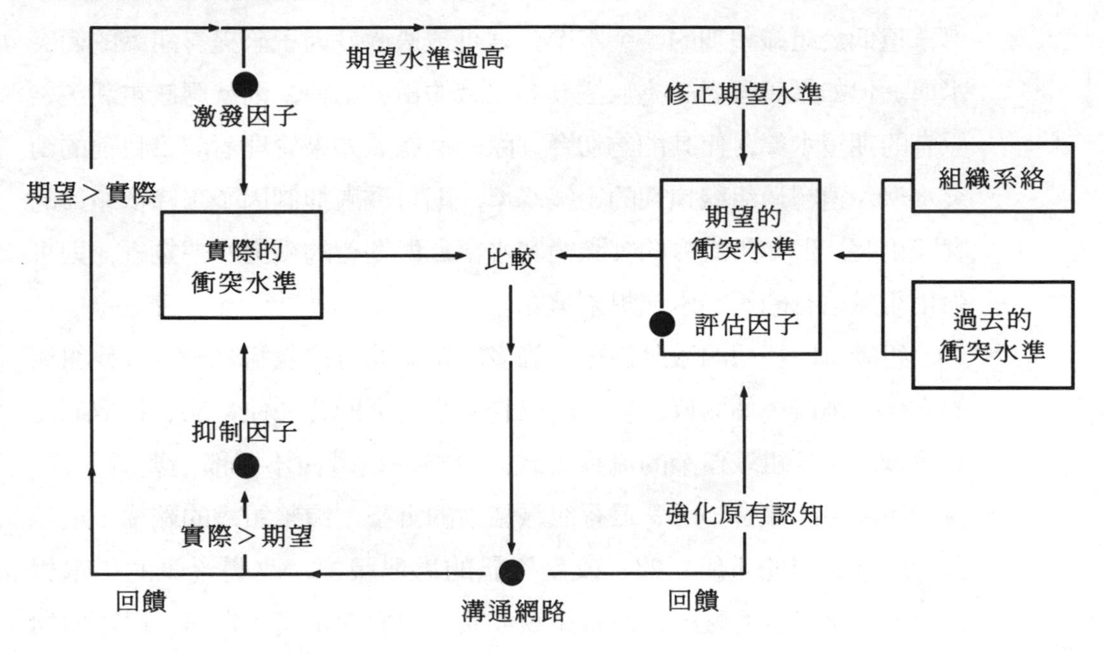

圖 14-3　組織衝突的管理程序圖

在這個模式下，管理者必須先規劃出一個適合的衝突水準；並以這個期望水準，來作為控制組織實際衝突水準的依據。管理者在設定適當的衝突水準時，通常會考慮兩個因素，一是組織過去的衝突水準，二是組織系絡（organizational context），也就是組織的結構、各種制度所形成的組織狀態。如果組織過去一直處在較為開放的環境，部門之間能夠忍受較高程度的衝突；此時，組織就可以設定一個較高程度的衝突水準。而較高的衝突水準，將為組織帶來較高程度的變革衝力；但如果組織不能承受這種高程度的衝突的話，則其帶來的動盪傷害，恐怕也不是組織所能承受的。

組織的評估因子、溝通網路，所扮演的角色與控制機制的評估因子、溝通網路功能相同。至於組織的抑制因子、激發因子所扮演的角色，則是在修正組織實際的衝突水準。如果管理者認為目前的衝突水準，遠低於組織預期的衝突水準，則可透過激發因子來提昇組織的衝突水準。但如果管理者認為無法升高組織的衝突水準，則就應該重新調整原有的期望水準，使其能夠切合實際的狀態。如果管理者認為目前的衝突水準，遠超過組織預期的衝突水準，則可透過抑制因子來降低組織的實際衝突。但如果組織的實際衝突水準，與期望的衝突水準接近，則可強化組織原有的衝突水準規劃信念。

組織可以採用的激發因子有許多，常見的方法包括：一、改變組織的文化，創造一個開放環境，並宣告組織衝突的合法性；二、採取制度的變革，改變組織作業的流程方式，以增進組織內不同部門與個人間，接觸與衝突的機會；三、進行組織結構的重整，調整組織的職權，或是進行組織部門的重組；四、改變資訊的處理職權，改變資訊的傳遞對象，與資訊接收的職權，使得組織成員必須面對不同的資訊，以不同的資訊來重新思考；及五、引進一位價值觀不同的專業經理人，來推動組織的變革，以加劇變革的衝擊。

至於組織採用的抑制因子，則可透過解決「衝突產生的原因」，而降低組織衝突的程度。常見的技巧包括：一、擴張組織的資源，讓資源競用的部門都能夠獲得所需的資源；二、尋求共同的目標共識，讓衝突的部門能有機會，在目標擬定的過程中表示意見，並以此作為部門日後協調的依據；三、培養組織成員共同的價值觀，共同價值觀可以彌補組織程序的不足，協助組織內部協調的順利進行；四、改善組織的資訊溝通狀態；及五、以明確的職權劃分，清楚的說明部門職權與工作流程，以降低直線與幕僚的衝突。

除此之外，管理者還可以透過四種方式，以暫時性的降低組織的衝突。第一種方式是採用正式的職權，對衝突的問題直接進行裁示，以暫時的解決造成衝突的議題。第二種方式是採用第三者介入的協商方式，要求雙方各讓一步，以暫時的降低組織衝突。第三種方式是創造出另一個更具爭議的共同課題，以移轉組織成員的注意焦點。第四種方式則是讓衝突的雙方，暫時的離開衝突的環境（如休假），或是離開衝突的課題（換人接辦），也可以暫時的降低衝突的強度。

第三節　壓力管理

一、壓力的意義與特性

壓力是環境特質對個體所造成的心理威脅。一般來說，壓力的型態與方式有許多種，因其對象與情境而有不同，如組織的壓力、生活的壓力、工作壓力等。在組織中，由於員工的工作壓力對組織績效的影響較大，因此受到較高程度的重視。以下就針對工作壓力的部份加以探討。

所謂工作壓力則是工作環境的各項因素，對組織成員造成的不適應狀態。這種不適應會造成生理與心理的異常現象，如緊張、血壓升高、生理的疲累等等現象。而造成個人不適應的環境特質，可稱為壓力因子(stressors)（McCormick & llgen，1985)。從這個觀點來看，我們可以發現工作壓力其實是一個組織內部的普遍性課題；而組織變革與發展，往往也是造成員工工作壓力的重要來源。因此，在組織發展與變革之後，再討論工作壓力的管理亦有其必要性。一般來說，工作環境的壓力通常有以下四個特性：

(一)壓力的普遍性

即在工作環境中，到處都可發現到壓力的存在。簡單的說，就是組織成員會在不同的時間、不同的地點、不同的事件上，發現到工作壓力的存在。舉例來說，如上司的要求過多、同儕的配合不好、工作場所的光線不佳、空調不好溫度過高、工作責任過於沈重、甚至於填寫過多的表單，都可能造成工作的壓力。

(二)壓力的個別性

也就是說同一壓力因子，不同成員在不同時間、不同地點，所感受的壓力程度不同；這表示工作壓力的感受，與個人過去的工作地點、生活經驗、工作經驗有相當密切的關係。舉例來說，公司調整工作的休息時間，或是改變上下班時間，對有些成員來說，可能會覺得有些負面的壓力；另一些成員，可能覺得並沒什麼壓力，還有一些成員，可能覺得這樣反而有助於工作效率的提昇。

(三)壓力的適度性

所謂適度性指的是，壓力本身並沒有好壞的問題。它既不完全是好的，也不完全是壞的；完全是看當時的工作環境下，組織成員所能夠承受的程度而定。也就是說，適度的壓力可以激發個人的工作努力。工作壓力過低，則員工的進取心與奮鬥的意志，會消磨殆盡；相對的，工作壓力過高，所導致的是員工身心俱疲，離職率增高。這種壓力程度與工作績效之間的關係，可參見圖 14-4。

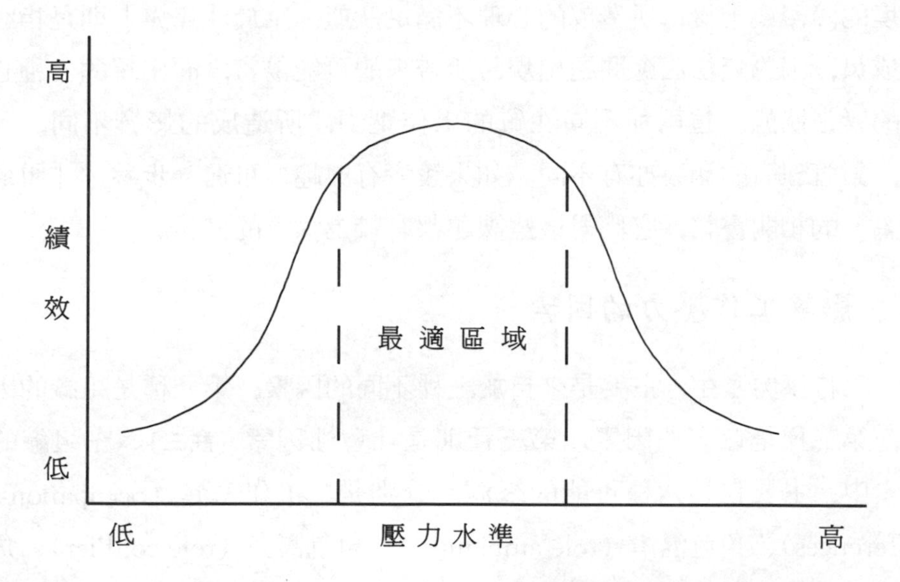

資料來源：Kast & Rosenzweig, *Organization and Management：A Systems and Contingency Approach*, McGraw-Hill Book Inc., p. 655.

圖 14-4　壓力水準與組織績效關係圖

㈣壓力的配適性

亦即工作壓力的產生，必須配合組織的文化、氣候與系絡。也就是說，有一家公司略為提高員工工作的績效標準，結果員工的工作壓力增加，所以離職率增加了；但另一家公司採取相同的方式，則可能發現對員工並沒有什麼影響；而另一家公司則發現，員工的生產力果然提高了。也就是說，相同的一件事，對不同的公司，可能會造成不同的影響。因此，壓力本身如果能夠配合公司的組織環境，則功能性的影響就會增強；反之，則反功能性的影響就會增強。

不同性質的工作壓力，會出現不同的行為反應。從管理的觀點來說，較為重要的工作壓力有兩種，分別是挫折（frustration）與焦慮（anxiety）。其中「挫折」是組織成員在從事目標導向的活動時，受到環境的障礙或干擾，所造成的心理不滿足狀態。至於「焦慮」則是指組織成員，因為無法因應問題出現，所帶來的可能傷害，而出現的一種心理的緊張狀態。這兩種不同性質的工作壓力，所造成的影響不同，因此，對管理者的涵義亦有不同。如果讀者有興趣，可進一步參考「組織行為」的相關書籍，它們對這些課題都有較為深入的描述。

二、影響工作壓力的因素

工作壓力產生，主要是來自於三種不同的因素，第一種是組織的因素，第二種是個人的因素，第三種則是社會性因素〔註三〕。在組織的因素中，主要包括六種可能的來源，分別是：工作差異（occupational differences）、角色混淆（role ambiguity）、角色衝突（role conflict）、角色失當（role overload or underutilization）、管理責任（responsibility for people）、及缺乏參與（lack of participation）。

所謂「工作差異」指的是，不同性質的工作，其面對的工作壓力不同；一般而言，擔任外部聯繫、內部協調整合工作的管理者，所面對的工作壓力程度比較高。至於「角色混淆」、「角色衝突」與「角色失當」三者，則可由角色系統的關係來說明。凱茲 & 肯恩（Katz & Kahn, 1978）認為在角色系統中，主要是由角色傳送者（role senders，或 role set）與角色接受者（role receiver，或 focal person）所共同構成，其關係如圖14-5〔註四〕。角色傳送者指的是，與某一角色有直接或間接關連的所有人，均可稱為角色傳送者。他們會將角色的期望（role expectation），透過某些工具，傳送給角色的接受者；而角色接受者在接收到角色期望之後，經過角色接受的內化過程之後，就會表現出適當的角色行為（role behavior）。角色接收者所表現的角色行為，對角色傳送者的角色期望，會產生回饋的效果。

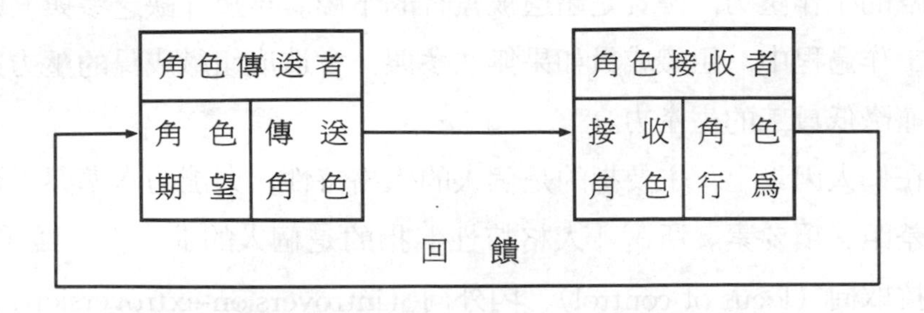

資料來源：D.Katz and R.L.Kahn：*The Social Psychology of Organizations*. 2nd ed., John Wiley & Sons, Inc., New York, 1978, p.196.

圖 14-5　角色系統關係圖

「角色混淆」指的是角色接受者，不知道如何才能表現適當的角色行為。這種情形的發生，可能是來自於兩個方面，一是混淆的角色期望訊息，同時傳送到角色接受者的手中，使得角色接受者不知道如何做才是對的；二是角色行為的標準不清楚，以致於角色接收者，雖然知道應該怎麼做，但是卻不知道應該做到什麼程度才對。

「角色衝突」指的是兩個以上的角色期望，同時傳達到角色接收者的手中，由於這些不同的期望彼此的內容衝突，因此就會出現角色衝突的現象。舉例來說，以一位中階層管理者來說，如果上司對他的期望，與下屬對他的期望不同，或是與他個人自我的期望不同；這個時候就會造成這位中階層管理者的角色衝突。

「角色失當」則是說角色傳送者所傳送的角色期望過低，或是遠超出角色接受者所能夠承受，就會出現角色失當的現象。「大材小用」顯示的就是角色期望過低的一種失當現象；同樣的，許多父母「望子成龍」，這經常也是角色期望過重的失當現象。

「管理責任」指的是一個人的工作內容，必須為他人的工作負責，則其工作壓力會較被監督的個人為高。許多學者的研究也發現，管理者所面臨的工作壓力，確實是超過被監督的下屬。至於「缺乏參與」則是說，工作過程中，組織成員如果無法參與，會造成組織成員的壓力與緊張，並降低員工的生產力。

在個人因素上，主要指的是個人的人格特性，與能力水準與工作要求的差距二項要素。所謂「人格特性」指的是個人的進取性、競爭性、內外控取向（locus of control）、內外向（introversion-extroversion）、及僵固的程度（degree of rigidity）等等特質。至於個人的「能力與工作要求的差距」上，則是說個人具備的能力水準，與工作要求的水準之間的差距；通常差距愈大，組織成員所感受的工作壓力愈大，反之，則工作壓力較低。

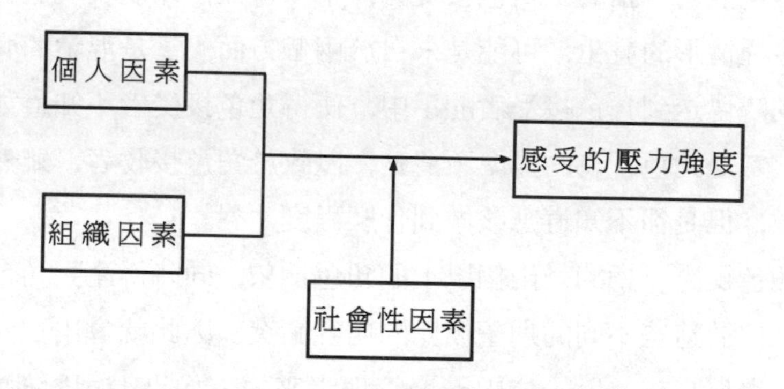

資料來源：Richard M. Steers, *Introduction to Organizational Behavior*, 3rd., Scott, Foresman and Company, p. 513.

圖 14-6　工作壓力的影響因素及其關係圖

至於社會性因素，指的是個人所獲得的社會性的支持，這些支持可能是來自於同儕、朋友、或是其他的參考團體。社會性因素所扮演的是一種「緩衝」的角色。也就是說，一個人在面對高的工作壓力時，如果能夠得到其他人的精神支持，則其感受到的工作壓力就不會那麼嚴重。組織因素、個人因素及社會性因素，三者之間的關係，可表示如圖

14-6。

三、工作壓力的管理

適度的工作壓力，對組織績效有功能性的幫助；而如果工作的壓力水準不當，則可能會出現反功能性的負面作用。壓力水準過低，可能會使得組織成員缺乏進取心，導致組織的無效率；而壓力水準過高，則會出現幾種常見的組織病徵，如離職率過高、出勤率降低、員工出現酗酒、濫用藥物的現象、員工躲避責任，或是破壞公物的現象等。

一般來說，組織可以採取以下幾種方法，來協助組織成員與組織的壓力水準，達到理想的配適狀態。這些方法包括：

(一)改進組織選任的程序

這是要選任那些能夠承受工作壓力的組織成員，以解決「工作差異」與「壓力的個別性」所造成的工作壓力問題。不同性質的工作，所面對的工作壓力不同；因此，如果能夠在員工選任的程序中，測量員工對工作壓力的承受程度，可能有助於選任適合的員工。許多公司在選任員工時，會採用性向測驗來測試員工工作的適合程度，如果能夠加入工作壓力的承受程度，將可幫助組織選任到更為適合的員工。

(二)提供適當的工作訓練

提供組織成員適當的工作訓練，不僅有助於提昇其工作水準，亦可縮小其「能力與工作要求的差距」。再者，工作技能的訓練，亦有助於組織成員提昇其工作壓力的承受程度。

(三)改善工作的設計

組織可以透過工作輪調的制度，使得員工不會長期的處在同一種性質的工作壓力下；以紓緩單一的工作壓力來源，所造成的不利影響。同樣的，管理者也可以透過適時的「調整」下屬的工作內容，來達到相同的效果。

(四)提供員工參與決策的機會

讓員工能夠參與組織的部份決策，可以讓員工瞭解影響他們權益的決策是怎樣形成的。這種作法，不僅可以降低員工的焦慮感，降低其工作壓力，亦可提昇其工作的滿足程度。

(五)建立開放的溝通網路

開放的溝通網路有助於資訊的流通，降低組織成員工作過程中可能出現的不確定性，亦可適度的降低工作壓力。

(六)協助組織內部形成不同的工作群體

如前所述，社會性因素具有紓解工作壓力的作用。因此，如果能夠在組織內部，發展出具有向心力的工作群體；則不僅可幫助組織成員滿足個人社會性的需求，亦可適度的降低其感受的壓力水準。

(七)提供心理諮詢的服務

公司可以設置心理諮詢的部門，或是與外界的諮詢專家簽約，提供員工心理諮詢的服務，以協助組織員工紓解工作的壓力。

(八)定期舉辦研討會議

組織可以由人力資源發展的部門，擬訂出一套「工作壓力適應」的實施計畫；定期的聘請專家進行演講，以協助組織成員發展出一套個人適應工作壓力的方式。

註　釋

註一：吳定，《組織發展：理論與技術》，臺北：天一書局，民國73年8月，頁45－46。

註二：圖14－3組織衝突的管理程序主要觀念，是引自R. N. Anthony, J. Dearden & N. M. Bedford：*Management Control Systems* 一書中，控制機制中的控制要件（或控制因子）觀念，並配合組織對衝突的管理程序，所繪製而成。在功能意義相同的因子上，其名詞定義上僅可能的採取與安東尼等人的相同定義。在功能性質不同的因子上，則另行提出較為恰適的名詞為說明。

註三：參見Steers, R. M.：*Introduction to Organizational Behavior*, 3rd eds., Scott, Foresman and Company, 1988, pp. 493－520.

註四：原圖中尚包括組織因素、角色接受者的個人屬性及人際關係的因素三個部份，但由於本章主要在表達角色的關係，因此，將這三個因素暫時略過。讀者有興趣可自行參閱原書內容。

摘要

所謂組織變革（organizational change），就是組織因應外在環境變化，而進行的內部調整過程。組織變革的程序可分爲三個階段，分別是：解凍、變革、與再凍結，此一模式可稱之爲「盧溫模式」（Lewin model）。

組織發展就是組織面對環境變動，所採取一套長期性、系統性的問題解決與組織革新的程序。組織發展可以適用在各種改變導向的活動，可應用於組織內各種管理系統的改變。組織變革包括兩類，第一類「計畫性的變革」（planned change），第二類是「回應性的變革」（reactive change）。

組織發展是一個相當專業的範疇，它是一種長程的計畫，目的在改進團體與個人的互動程序。干預技術的適當使用，對組織發展的效果有相當重要的影響力。一般來說，組織干預技術的類型，可根據其適用的對象分成三類：第一類是在改變組織成員「個人」的干預技術。第二類是在改善「工作群體」的干預技術。第三類則是改善「組織」制度運作與作業活動的干預技術。

抗拒組織變革的原因通常是來自四個方面：第一種是來自於不同價值信念的衝擊所造成。第二種是因爲組織內部溝通不良所致。第三種是因爲個人權益受損所致，如權力結構的重整，與利益分配方式的改變，會造成既得利益者全力反彈。第四種是對作業流程變動的心理恐懼所致。

所謂「組織衝突」，是指組織內的個人、工作群體、與部門互動的過程中，因爲相互的矛盾與差異，而導致的干擾與對立狀態。造成組織衝突的原因有許多，常見的原因包括：資源競用、目標不同、價值互異、溝通扭曲、侵犯職權。由於組織衝突的適度性，與組織績效、組織的創新動力之間有密切的關係；因此，衝突的管理程序中，需包括幾個控制的要素，分別是：評估因子、溝通因子、抑制因子及激發因子。

工作壓力產生，主要是來自於三種不同的因素，第一種是組織的因素，第二種是個人的因素，第三種則是社會性因素。工作環境的壓力通常有以下四個特性：壓力的普遍性、壓力的個別性、壓力的適度性、壓力的配適性。

一般來說，組織可以採取以下幾種方法，來協助組織成員與組織的壓力水準，達到理想的配適狀態。這些方法包括：1. 改進組織選任的程序。2. 提供適當的工作訓練。3. 改善工作的設計。4. 提供員工參與決策的機會。5. 建立開放的溝通網路。6. 協助組織內部形成不同的工作群體。7. 提供心理諮詢的服務。8. 定期舉辦研討會議。

問題與討論

1.何謂組織變革？又組織變革可分為幾類？
2.請問組織變革的程序有幾？其內容為何？
3.何謂組織發展？
4.何謂計畫性的變革？何謂回應性的變革？
5.組織干預的技術，可分為幾種類型？各類型下請各舉一例說明之。
6.抗拒組織變革的原因可分為幾種？
7.如果組織成員抗拒變革，組織因應的有效措施為何？
8.請問何謂組織衝突？又造成組織衝突的原因為何？
9.請簡要說明組織衝突與組織績效之間的關係。
10.請簡單的說明組織衝突的管理程序。
11.在衝突的管理程序中，組織可以採用的激發因子有那些？
12.在衝突的管理程序中，組織為降低衝突的水準，可以採用的抑制因子有那些？
13.何謂工作壓力？其特性為何？
14.工作壓力產生的因素有幾？請簡述之。
15.工作壓力的組織因素中，常見的可能來源包括那些？

16.工作壓力的個人因素上，常見的可能來源包括那些？

17.組織在工作壓力的管理上，可以採取的方法有幾？請就各種方法說明之。

18.由於衝突會造成組織內的不安定，所以許多管理者都希望能夠避免出現組織衝突；請您就這種說法，提出個人的看法。

19.假設您是生產部門的經理，如果兩位生產線上的領班，為了工具放置的地點，出現一些無意義的衝突，而且有愈演愈烈的趨勢；請問您會怎麼辦？

20.有人說：員工抗拒變革是自然的事情，只要是不嚴重，管理者是無需理會這種雞毛蒜皮的小事的。請就此一說法提出您的看法。

第十五章　管理者與外界環境

從系統的觀點來看，組織與環境之間的關係非常密切；因此，管理者需瞭解環境變遷，對管理實務的影響。本章計分為五節，分別討論五個重要的課題，包括環境對管理的影響、管理倫理、國際企業、文化差異的適應、及國際化管理的因應。這些章節內容分別探討管理倫理層面的問題，與國際化的競爭環境造成各種衝擊。對於競爭環境變動趨勢的瞭解，將有助於國內企業在升級成為國際企業的過程中，減少可能的負面衝擊。

第一節　環境對管理的影響

一、管理與社會

企業組織並不是一個孤立的活動個體，它在人類社會中扮演了非常重要的角色。企業組織的成立主要是為了增進人類社會的福祉；因此，企業組織供應社會所需的產品與勞務。而管理活動承擔了組織的創造、成長與生存的責任；因此管理的主要責任，就是要協調組織的各種基本要素、分配與運用資源、創造產品的價值或效用，以滿足組織產出的使用者，與組織成員的需要。

所有企業都要進行資源的交換活動，這種交互影響的互動關係，會影響到社會中相關的團體和個人。企業與社會之間的互動關係是多方面的。例如企業活動還有助於增進就業機會；又如消費者從企業購買產品與勞務，而企業則從消費者的購買行動獲得必要的收益；政府控制企業活動，而企業所繳納的租稅，則成為公共財政的重要支援。這些都說明了這種複雜的關係。

二、環境因素的重要

組織環境是指環繞與滲透組織的各種勢力與狀態。組織的生存與成長，有賴於和環境保持一種良好的互換關係；組織必須配合環境的改變，而及時調整組織目標及其內部結構與功能。因此環境因素，對於組織的成敗，有相當重要的影響力。現代的管理理論，是建立在開放性系統的基本構架之上，而開放系統則強調了環境與組織、及組織內各子系統之間的相互依賴關係。

組織的環境通常可分為兩類，分別是一般環境與作業環境。所謂組織的一般環境，通常包括政府的、經濟的、科技的、社會文化的、法律的、甚至包括國際環境等各項因素。作業環境則是指組織賴以生存的特定環境，組織通常比較重視作業環境，因為它們可以提供組織賴以生存的資訊與各項資源。作業環境通常包括：競爭者、潛在競爭者、顧客、供應商、法規制定者、工會、及其他的利益團體或交換團體等。

三、環境與策略

在組織環境的分類上，曾有學者提出不同的分類看法，如艾莫利與崔斯特（Emery & Trist, 1965）曾使用兩個構面：環境的動盪性（environmental turbulence）與環境的穩定性（environmental stability），來分析環境因素。在這兩個構面下，環境可以分為四種不同的型態：

1.平靜/隨機的環境（placid-randomized environment）

環境的各項因素雖然存在，尚未形成一股集體的力量，因此對組織的影響不大。企業處在這種環境之下，可以不必注意環境的反應，因此，也沒什麼行銷的策略。

2.平靜/群集的環境（placid-clustered environment）

環境的各項因素已經形成一股集體的力量，但由於在群集的初期，環境因素仍未發揮重要的影響力量，因此對組織的影響不大。但因企業已經可以預見環境因素可能會發揮群集的力量，所以開始重視行銷策略與產品的品質管制。

3.動態/群集的環境（dynamic-clustered environment）

這個階段環境的複雜性與動態性都已提高。不僅環境因素已能揮發作用，會對組織產生重要的影響；而且也會出現許多競爭者，其競爭行為亦將趨於強烈。此時，企業仍可預測環境的變動方向，並採取適當的競爭策略，和競爭對手在同一個生存環境中競爭。

4.動亂的環境（a turbulent field）

由於這是高度不確定的環境，組織已無法預測這種環境的可能變動，所以也就沒有辦法進行任何的規劃活動，只能因應環境的變動，隨時進行動態的調整而已。

凱茲與肯恩（Katz & Kahn，1978）亦曾就過去學者的研究歸納，將環境分成五個部分及四個構面。這五個部分是，社會價值、政治規範、經濟、資訊及地理情況等；四個構面則為穩定的或動亂的（stability-turbulence）、一致的或多元的（uniformity-diversity）、群集的（有組織的）或散漫的（clustered or organized-randomized）、及稀有的或充裕的（scarcity-munificence）。二者之間的組合，便可以形成二十種可能的環境分類情況，這對環境提出了相當完整的說明。

四、環境與組織結構

閔茲伯格曾以作業環境的（穩定—動態）及（簡單—複雜）兩個特

性，將環境區分成四種不同的類型，分別是：穩定/簡單的環境，動態/簡單的環境，穩定/複雜的環境，動態/複雜的環境四類〔註一〕。他認為在「穩定/簡單」的環境下，組織可以採行嚴謹的傳統科層組織結構，以法規與標準作業程序來執行組織的任務。在美國特許經營的麥唐納快餐店，肯塔基炸雞店，以及大多數的罐頭製造公司，都是在這類環境中經營。它們都有著以下的特色：著重顧客市場一定的區隔、生產有限的產品線、供應商的來源供應不虞匱乏、和同種競爭的情況並不強烈、工會和政府規章對它們的影響也較少。

在「動態/簡單」的環境下有中度的不確定性，組織或是採取簡單結構，或是採取修正的科層組織結構。在這種環境下，只有少數的某些部門需要法規章則，其他的則需要較多的彈性以因應迅速變動的環境情況。服裝製造業、唱片或錄音磁帶生產者就是這類環境下的組織。這些組織有類似的特性，如面臨很少的競爭者、較少的供應商、較少規章限制、有限的分配通路或銷售網等；但是它們所面對的競爭狀態也較為強烈，包括競爭對手的價格調整、式樣改變、偏好改變，而需要它們迅速的改變其作業環境。

在「穩定/複雜」的環境下，可採行適當分權結構，依不同的產品而聚合其活動，以配合複雜的環境因素；或是採用專業式組織結構，將組織內的專業人員適度的編組，形成部門，藉以完成組織的工作任務。如汽車製造公司、學校、醫院，就是這種環境的例子。在汽車製造公司來看，車型的設計與訂價，往往需要配合市場的特定區隔。組織也同時要應付許多的供應商、政府、顧客集團與競爭者。而學校、醫院是專業化的大型組織亦復如是，學校必須同時提供不同的知識，以符合不同的知識需求，醫院必須同時設立各種專科，發展出各種醫療的技術，來治療人體可能出現的各種疾病。這些都顯示它們面對環境的複雜性。因為環境的複雜性，所以組織必須發展出複雜的技術來因應；但由於環境變動的相當緩慢，所以組織技術的改變並不劇烈。

至於在「動態/複雜」的環境下，因為環境的高度不確定性，市場的快速改變，所以組織必須不斷的創新。科學儀器工業公司、電子工業公司就是這種環境下的例子。它們都面臨了科技創新、顧客市場迅速改變、供應商多變和競爭者強烈競爭等環境因素。所以它們會採行專案化結構（adhocracy）的組織，這是一種有機的、自由的、動態的組織結構。這種結構的正式化程度最低，甚至沒有組織圖與職位說明書；有高度開放的溝通網路，且不羈於形式；組織的協調與聯繫相當靈活；組織的分權程度較高，且具有較高的管理自主權。

前述的分類，所顯示的意義是，在穩定的環境中，組織設計比較適合採用機械式的組織；而在不穩定環境中，組織設計則比較適合採用有機式的組織。

所謂機械式組織的結構，是一種比較像是科層組織的結構，它的特色包括：具有高度的專業分工、正式化的工作職務（規定了每個人的權力、義務、與執行工作的技術方法）、固定的組織任務、正式的職權體系、強調正式組織的縱向溝通、重要的決策資訊與決策權力集中於高階層、重視組織內部的職權關係；在本質上，這是一種封閉系統的組織觀念。

而有機式組織的結構，則和機械式的結構正好相反，它比較適合在動態、複雜的環境採用，專案化結構（adhocracy）的組織，就是這種組織的極端型態。就種組織的特色包括：各種任務之間是高度的相互依賴、重視目標與任務之間的連結關係、重視組織的非正式職權、重視組織縱向與橫向的溝通網路、重要的決策資訊與決策權力分散在整個組織、重視組織內與外界的關係；在本質上，這是一種開放系統的組織觀念。

除此之外，亦有其他的學者提出環境與組織管理之間的關係。如錢德勒在《策略與結構》(*Strategy and Structure*) 一書中，雖然並未對環境進行分類；但他從歷史的角度來看環境的變化，則對環境變動、企業策略與組織設計之間的關係，做了相當清楚的描述〔註二〕。

在環境變動的階段過程中，錢德勒將其分為五個階段；分別是工業革命、人口及所得的增加、人口的遷移、需求或資源的成長減緩、及新需求或新科技的出現。因為環境出現這樣的變化，企業為了因應環境的變化，就會發展出五種環境適應的策略；其重點分別是：家庭工業化、規模擴大、地理區域擴大、垂直整合及多角化。在執行這些不同的策略時，組織會因應實際的需要，逐次的發展出組織內部協調、整合的機制，因此就會出現「結構追隨策略」的現象。其詳細內容可參見下表：

表 15-1 環境、策略與組織之間的關係

環境階段	策略重點	組織設計
一、工業革命	家庭工業化	簡單的組織結構
二、人口及所得增加	規模擴大	組織的垂直分化與水平分化
三、人口遷移	地理區域擴充	地區分部的組織
四、需求或資源之成長減緩	垂直整合	事業部的組織及中央統合單位
五、新需求或新科技出現	多角化	事業部的組織及總管理處

從以上學者的觀點分析，可以發現在艾莫利 & 崔斯特的環境分類中，提出了環境狀態對組織策略的影響；在閔茲伯格的環境分類中，則述及環境狀態與組織結構的影響；而錢德勒則連結了環境變動、企業策略與組織設計之間的關係。這些學者的觀點雖然出自不同的角度，但都明確的指出，環境對企業組織的管理有非常大的影響力量。

第二節　管理倫理（管理的道德與價值觀）

倫理觀念是人類在道德判斷與價值觀點的集合。在制定決策和商業活動上，經理人的倫理觀念，對決策方案的選擇有很大的影響。管理倫理（managerial ethics）一詞的意義是，經理人對其行為及決策制定的對錯問題，進行深入的省思。這種現象的產生主要是因為企業在經濟利益的追求，和社會福利目標的追求之間，經常會出現決策選擇上的矛盾。管理倫理與企業道德問題、企業社會責任之間有密不可分的關係。二者之間的共同點是，都需要涉及到價值的判斷；唯一的不同是，企業的社會責任重視的是組織的政策與活動，而管理倫理則較偏重於經理個人的決策及行為。但由於企業社會責任的決定與承擔，往往需要經過股東、經理人進行協商之後才會決定；所以在企業決定的社會責任背後，實際上已經隱含了管理者的倫理觀。

由於組織系統的日趨開放，環境對組織的影響程度亦日漸增強；因此，企業的價值必須適度的配合社會進行調整，不能再存有「企業自我」為中心的想法。企業組織的管理者，特別是高階管理者，必須結合組織與環境之間的關係；來調整企業內價值判斷，和企業外價值判斷之間的差距，並成功的扮演一種介乎二者之間的邊際人角色。在調和內在價值與外在價值的過程中，管理者需要同時兼顧企業的經濟效益，與企業的社會責任。而企業的經濟效益，主要是由組織員工的效率和員工需求的滿足程度共同構成。而企業經濟效益的達成程度，與企業社會責任的履行程度，共同構成了人們對企業的評價基準。

一、管理倫理的抉擇準則

管理者經常會面對管理倫理的抉擇問題，如在申請設廠時，是否要私下招待政府官員出國訪問，或是按照正常程序申請？或是為提昇組織成員的向心力，要不要操縱、欺騙部分的下屬，製造出虛假的不利情境，讓組織成員產生憂患意識，以凝聚組織的向心力？這些都是管理者可能面對的問題，需要管理者以「適當」的道德判斷準則，來幫助其進行兩難的抉擇。

從規範性的倫理（normative ethics）觀點來看，有三種不同的理論可以幫助管理者進行道德的抉擇，分別是：實用論（utilitarian theories）、道德權利論（theories of moral rights）、及正義論（theories of justice）。其中實用論是由邊沁（J. Bentham）和密爾（J. S. Mill）在十八、十九世紀間發展出來的；道德權利論則是由霍貝斯（Hobbes）和洛克（Locke）於十六世紀中發展出來的；而正義論的觀點，則來自於柏拉圖（Plato）和亞里斯多德（Aristotle）的觀念與思想。

「實用論」的觀點認為，道德選擇的準則，應該以多數人的利益為依歸。如果決策所產生的結果對大多數的人有利，那麼這個決策就是道德的。也就是說，決策程序的各個步驟是否合乎倫理規範，端視決策的結果是否合乎眾人的利益而定。這種觀點最大的好處，是在於簡化了決策的複雜性，只以決策影響的利益作為判斷的依據。但這種觀點有一個爭議就是，許多不道德的決策與判斷，就會假借這種理論，來掩飾道德上的瑕疵。如在銷售房屋時，銷售公司為創造良好的銷售績效，故意隱藏房屋的缺陷，不告知購屋者，雖然房屋銷售的績效不錯，但這明顯違反了道德。

「道德權利論」認為，在決策的過程中，只要不侵犯到受決策影響個人的基本權利，就不違反道德的標準。在這個觀點下認為，決策的結果是否有利？是否會損及多數人的利益？完全是另一個層面的問題，與道德的判斷無關。這種個人的權利，可以包括法律保障的人權，及社會規範、習俗的個人權利。舉例來說，在社區的委員會議中，如果討論要在社區的某一路口設立路障，以阻絕其他的車輛進入社區。此一決議過程是否會違反道德，就要看會議進行的過程，與程序的合法性而定。在路口設立路障之後，不僅進入社區的車輛會受到影響，居民進出社區的方式也會受到影響。如果委員會議中，主席禁止部分持反對的委員發言，不讓他們表達立場與意見，則此一決策只是多數暴力，是違反道德的。再者，如果委員會議決議之後，未讓社區內受到路障影響的居民，有充分發言的討論機會，表示他們的意見，這也是違反道德的。由此可知，道德權利論主張的是一種不侵犯基本權利決策過程。

「正義論」認為管理者應該秉持著公正無私的態度，來進行各項的決策。一般認為正義觀點下，可以包括三種不同的正義，分別是分配正義（distributive justice）、程序正義（procedural justice）和補償正義（compensatory justice）。其中，分配正義要求的是資源分配的公正無私，包括分配的過程與分配的結果；程序正義所要求的是，決策的過程規則要能夠公正無私，並且一致地、公平地執行。而補償正義則是說，如果員工受到不公平的待遇，則管理者應予以補償。

在這三種不同的倫理觀之下，管理者很難找出一個適用於各種決策情境的道德選擇模式。但由於這三種倫理觀，所探討的道德角度並不完全相同；因此，管理者可在不同的決策情境下，選用不同的道德基準。這樣的作法固然可提供管理者一種權變的選擇觀點；但同樣的，這樣也可能會為管理的道德瑕疵，提供各種不同的、很好用的藉口。

二、組織倫理觀的塑造

由於企業文化對於管理者的倫理觀，有相當程度的影響；因此，高層管理者可透過對組織文化的管理，來影響管理者的倫理觀。在塑造組織的倫理觀時，可以透過兩個方式，第一種方式是採取「外塑」的方式，也就是經由建立組織的道德內規，要求組織成員在處理日常事務、或進行各項決策時，必須遵守某些道德規範與行為準則。第二種方式則是採取「內省」的方式，也就是在可能的場合中，經由組織成員自行討論的機會，探討到決策問題的道德層面，在討論的過程逐漸的影響到組織成員的道德行為〔註三〕。在第一種方式下，公司可以擬定具體的道德政策或行為規範手冊，發給組織的所有成員；在手冊中，清楚的告訴組織成員，什麼樣的行為是可以鼓勵的，什麼樣的行為是應該禁止的。而在第二種方式下，則可透過道德個案的討論，或是角色扮演的方式，來培養組織成員的道德信念。

三、企業的社會責任

近年來，企業的社會責任（social responsibility）觀念，已成為企業文化的重要課題。社會責任觀念最早是源於鮑文（H. R. Bowen, 1953），鮑文在《企業家的社會責任》（*Social Responsibility of the Businessman*）一書中認為，企業的管理者有義務去追求「利於社會目標與社會價值」的政策；進行「有利於社會目標與社會價值」的決策；及採取「有利於社會目標與社會價值」的行動〔註四〕。這說明了企業的社會責任，就是要考慮企業經濟利益以外，各種社會層面的問題。

雖然過去學者在企業的社會責任上，有過相當多的爭議；如弗列德曼（M. Friedman）、萊維特（T. Levitt）等人均曾提出反對企業社會責任的意見。但近年來的趨勢，人們逐漸認為社會責任為組織對環境的最基本反應；認為組織應在促進企業本身利益之際，同時也改進整體社會的福利。在這種觀念下，企業組織不只是投資者的私產，也是屬於社會機構的一環。所以，管理者不能只追求企業的利潤，亦應兼顧各項社會的責任，如改進生活品質、改善失業狀態、維持生態平衡等各項基本義務。

曾有學者提出不同的社會責任模式，主要的有海伊和葛雷（R.

Hay & E. R. Gray）依歷史演變發展出「社會責任的三階段模式」(three-phase model of social responsibility）〔註五〕、及卡羅爾（A. B. Carroll）所提出的「四部分模式」(four-part model)〔註六〕。在三階段模式下，海伊和葛雷認為第一個階段約在十九世紀和二十世紀初，是利潤極大化的階段，當時企業的主要目標就是追求利潤的最大。

而第二階段是信託管理的階段，此時認為企業的管理者不僅要對股東負責，同時要對在利益關係人（stakeholders）負責，這些利益關係人包括顧客、員工、供應商、債權人和企業所處的社區。此時，管理者的責任已逐漸擴及股東以外的其他團體。

第三個階段是在一九六〇年代以後，主要是對生活品質的關切。因為許多社會問題的產生，如就業機會、種族歧視、企業污染、產品安全、城市犯罪行為，導致了生活環境的日趨惡劣。於是人們希望企業能夠在解決社會問題的過程中，扮演更積極、重要的角色。此時企業的責任，則更延伸到利益關係人以外的社會群體之中。

在卡羅爾的四部分模式中認為，企業的責任可分為四種，分別是經濟的責任、法律的責任、道德的責任、及自願承擔的責任。其中經濟責任就是獲利的責任，也是企業的主要責任；而法律責任指的是，企業必須遵守相關的法律；道德責任則認為，企業除了要在獲利、守法之餘，還要兼顧社會一般接受的道德規範；至於自願承擔的責任則是指，廠商基於大眾利益所舉辦的自願性活動。企業的社會責任指的就是，企業的「道德責任」與「自願承擔的責任」。雖然這些自願承擔的責任，並不在法律規範的範圍，也不受社會輿論的壓力；但從實際的例子來看，則可發現有愈來愈多的廠商，正不斷的投入這類的公益活動。

廠商在回應企業的社會責任的呼籲，除了要有系統地參與重要的社會問題之外，亦必須選擇適當的回應策略，並有效的執行。在策略的選擇上，威爾遜（I. H. Wilson）曾提出四種可能的策略，包括被動反應策略（reactive strategy）、防禦策略（defensive strategy）、調適策略（ancommodative strategy）和主動策略（proaction strategy）〔註七〕。這四種策略基本上是一個連續帶，從社會的角度來看，最消極的是被動反應策略，而最理想則是主動策略。但大多數的廠商，多採取防禦策略及調適策略；它們會略為調整組織的行動，並接受這種不可抗拒的責任趨勢。由於企業的社會責任涉及道德的層面，因此，如果企業未能採取有效的因應策略，則可能會對企業形象造成無法彌補的傷害，並使得社會責任成為企業永遠擺脫不掉的惡夢。

*第三節　國際企業

二次大戰結束之後，國際貿易便日趨蓬勃；而近年間，各企業更競相在他國投資，設置分支機構或是子公司。企業國際化的腳步愈來愈快，對管理者的衝擊也愈大；舉例來說，過去組織的規劃、控制等各項活動，都只需要考慮國內的環境即可，但現在管理者必須要同時考慮，不同國家的政治因素、經濟環境、乃至於文化背景各項因素。這對管理者的職能與工作，都產生了相當深刻的挑戰。

一、國際企業的定義

所謂國際企業（multinational corporation，MNC）就是把經營的總部設在母國（home country），而將其獨資成立的分支機構（branches）、或獨資成立的子公司（subsidiaries）設在子國（host country）的大型企業集團。這種國際性統合的生產與行銷系統，對子公司的所有控制是以投資公司所占股權的多寡為依據。這種企業集團的各個分支機構、或關係機構，通常擁有以下五項共同的特徵〔註八〕：

1.應有一家母公司，母公司的所有權與經營權，均由某一國籍的人士擔任。

2.按照股權比率的相對多寡，來決定對子公司組織控制的歸屬權。

3.這些子公司擁有共同的股東。

4.所有的單位享用共同的組織資源，如資金、資訊、專利、商標名稱、及管理系統。

5.所有的單位都遵循共同的組織哲學。

二、進入國際市場的策略

企業在成長的過程中，要成為國際性的企業，通常會經過不同的國際化階段；而介入國際業務的程度不同、方式不同，所面對的風險亦不相同。由於進入國際市場所需面對的風險太高，失敗的代價亦頗為慘重。因此，企業會逐次選擇各種不同的方法，進入國際市場，並成長為國際企業。進入國際市場常見的策略，有以下幾種：

(一)進出口貿易

就是出口貨物給外國代理商和經銷商，或是自國外進口貨物；這是進入國際企業最常採用的方式。採取這種方式，所面對的風險較低，主要是匯率變動的影響，其他的因素均可適度的預先規劃。

(二)授權經營(licensing)

即授權給另一國家的公司使用某些公司特有的技術、商標、或是專利權；而獲得授權的公司則必須逐年付出一筆使用的權利金。這種方式可以在先期進入國外市場時，免於投入大筆資金及人員，並有助於擴展國外市場的經營。這種授權經營的方式下，有兩種方式較為重要，分別是經銷權（franchising)、生產合約（contract manufacturing)。

經銷權（franchising）的授權方式下，授權的公司會提供一套，業經證實且成效甚佳的標準產品、或是銷售、管理的系統，協助被授權公司有效的經營。這種經銷權在國內的速食業、或是便利商店上，運用的相當成功。

生產合約（contract manufacturing）的方式下，公司與將生產該公司產品的權利，授權給外國的製造商，並由該製造商生產產品，供應國外市場；而授權的公司仍掌握著產品促銷及配送的工作。國際性的出版公司較常採用這種方式，來經營國內教科書的市場。

(三)承包合約(management contract)

即廠商與外國公司或政府簽約，在一定的時間內可以承攬某項工程或是某項計畫；通常這種承包合約中，會包括當地技術人員的訓練，亦便於這些技術人員能夠順利接管整個工程。與承包合約較為相似的另一種方式是技術移轉合約（turnkey contract），這種方式又稱為整廠輸出。在技術移轉合約下，公司還必須設計並建造一套完整的作業系統；並將這整套系統，移轉給當地受過訓練的技術人員操作。如承攬臺北市捷運工程木柵線的馬特拉公司，就是採用這種技術移轉合約的方式。系統設計完成、人員訓練完成之後，則交由捷運公司接手後續的營運。

(四)外國分公司(foreign branches)

即在國外設置分公司，以延伸公司的銷售與服務能力。由於分公司只是母公司的延伸，所以在經營策略上、自主能力上都必須在總公司的節制之下。但由於分公司的設置，有助於總公司直接瞭解市場的反應；故此一策略有助於總公司在未來直接介入國外的市場。但相對的，其成本代價也相對較高。如許多外國銀行在臺灣設置分行，外國的製藥公司在臺灣設置分公司，都顯示這是一種經常採用的途徑。

㈤合資(joint ventures)

即一家（含）以上的本國公司與一家（含）以上外國公司上的公司共同出資，成立另一家公司，以經營某一特定的市場。合資企業可根據契約內容規範的詳細程度，分成兩種不同合資的方式，分別是：契約合資（contratual joint venture）和權益合資（equity joint venture）。

契約合資是兩家或以上之公司在合資契約中詳細的規定出資各方，在經營過程中的每一個階段，所擁有的權利與義務。煉油業就是一個很好的例子，從探勘、開採、製造、加工、乃至於行銷，所有過程中的權利義務，都會包含在契約的條款中。權益合資則是根據合資各方所擁有的股權，來決定盈餘分配的比率；因此，出資的各方所考慮的是資金的運用，與資金的相對風險。

㈥獨資子公司(wholly owned subsidiaries)

即由母公司獨力集資，在國外成立另一家百分之百擁有股權的子公司；成立獨資的子公司，是一種直接面對當地經營風險、對企業資源影響程度最大的方式。

影響國際企業的環境因素亦遠較國內企業為複雜，一個國際公司轄下的各個單位，不僅在經濟環境、社會文化環境、政治/法律環境、技術環境有明顯的差異；甚至在不同國籍的員工價值觀和行為模式上，也都會出現差異。這種價值文化差異，與行為模式的差異，是國際公司經常需要面對的問題；這也是比較管理（comparative management）中相當重要的課題〔註九〕。

第四節　文化差異的適應

國際企業管理中，有一個相當重要的課題，就是在不同的文化背景下，管理實務上的差異。過去曾有學者發展出不同的比較管理模型，以解釋不同國家背景下管理實務的差異，及影響組織績效的各種可能變數。如法馬及利區曼（R. N. Farmer & B. M. Richman）曾於 1965 年提出比較管理的模式，如圖 15-1。他們認為外部環境，如教育、社會、法律/政治、經濟環境，會影響企業管理的方式，並影響企業的管理效率與經營績效。在他們二人的觀點下認為，各國的環境因素互異，

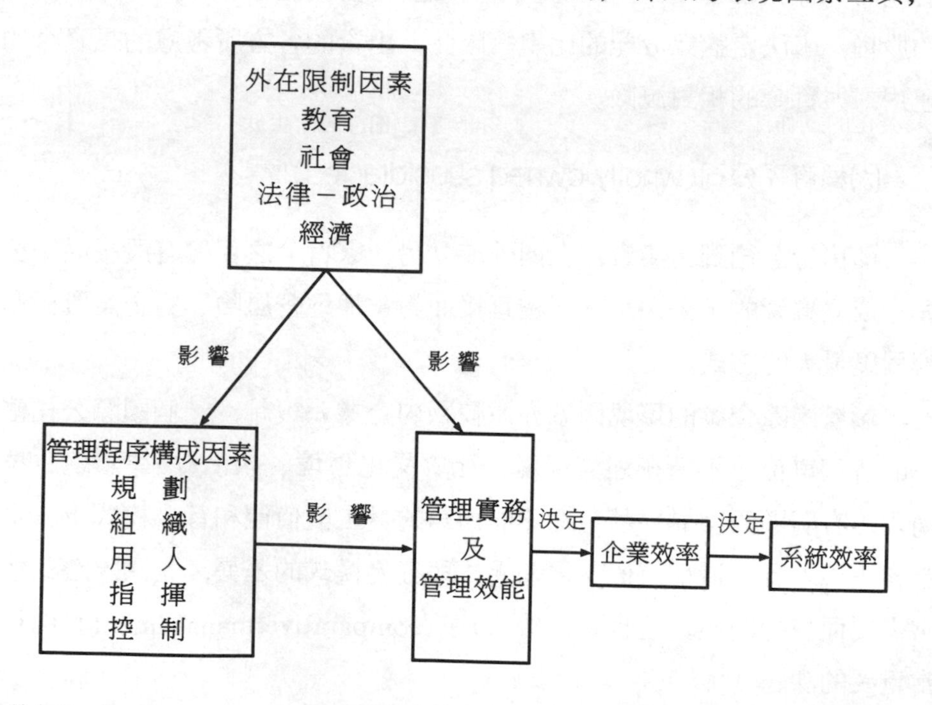

資料來源：R. N. Farmer and B. A. Richman, *Comparative and Economic Process* (Homewood, III.: Richard D. Irwin, 1965), p. 35.

圖 15-1　法馬及利區曼的比較管理研究模型

因此企業管理的方式亦有不同；而這些差異對不同國家的企業經營，會造成相當重要的影響。

過去學者的研究也發現，不同的文化背景的管理者，所採用的管理實務有相當的差異。如威廉·大內（Ouchi, 1981）曾對美式管理與日式管理提出相當深入的說明。在《Z 理論》（*Theory Z*）一書中，威廉·大內提出兩個模型：美式模型（A 型管理）與日式模型（J 型管理)。這兩種模型中，可以發現有七個主要的差異，包括員工任職期的長短、決策方式、責任承擔、考核與升遷速度、控制方法、事業歷程、及對員工關懷的程度，七項差異如表 15-2 所示。

表 15-2 A 型和 Z 型組織的特徵比較

A 型組織	Z 型組織
1.短期的雇用契約	1.長期的雇用契約
2.專業化的工作生涯	2.非專業化的工作生涯
3.重視個人決策	3.重視集體決策
4.評估活動頻繁	4.評估活動不頻繁
5.正式而明顯的評估	5.非正式而不明顯的評估
6.快速的升遷過程	6.緩慢的升遷過程
7.關心組織成員與工作有關的活動	7.關心組織成員的完整生活

威廉·大內認為日本企業的管理方式使他們較美國企業占有更大的競爭優勢。在進一步的觀察中，他更發現有一些卓越的美國企業，則同時兼具 A 型管理與 J 型管理的特色。根據這種發現，威廉·大內發現有一套融合 A 型管理於 J 型管理的 Z 型管理方式，而採用 Z 型管理的公司，都是美國文化下的卓越組織。Z 型管理中具有七項特質，包括終身雇用、緩慢的升遷過程、適度專業化的事業歷程、採用含蓄而正式的控制標準、集體決策、個人責任、及對員工的全面關懷。這七項特質中，分別包括了美式管理及日式管理的不同特質。這種現象說明了兩件事，

其一是不同的文化背景下，所發展的管理實務並不相同；其二是不同文化背景，所發展出來的管理實務，具有管理的共通性，美國公司應用日式文化的管理實務，並發展成Z型管理，就是一個最好的說明。

而這種參與式決策，不僅見於日本企業與Z型企業，亦可見於多數歐洲國家中。在許多的歐洲國家中，法律明定公司各層次的管理決策，必須要有工人的參與；這個現象就是大家熟悉的「工業民主」。

而巴斯卡與阿索斯（Pascale & Athos, 1981）在《日本式管理的藝術》（*The Art of Japanese Management*）一書中，提出了7S（策略strategy、組織結構structure、系統systems、技術skills、風格sytle、用人staff、和中心目標superordinate goals）的分析模型。在書中，二人認為美國公司與日本公司的主要差異並不在於策略、組織結構、與系統；而是在於另外四個「軟性」的因素：技術、風格、用人和中心目標。由於日本人相當重視集體合作和人際間的協調、適應；所以日本人在這些方面較具有優勢。7S分析模式的內容可參見表15-3。

表15-3　7S分析模式

策略：	一種行動計畫或方針，以協助管理者分配資源、把握時間，以達成企業特定的目標。
組織結構：	指一份組織圖的內容（如部門、分權等）。
系統：	規定的報告或是例行的程序。
用人：	構成企業之人員統計特性（如：工程師、企業家、企管碩士等）。
風格：	完成目標過程中，關鍵主管的行為特徵，也可指組織的傳統作風。
技術：	重要人員或整個企業的獨特能力。
中心目標：	組織灌輸給成員的重要觀念，以影響組織成員的行為舉止。

資料來源：Richard Tanner Pascale & Anthony G. Athos, *The Art of Japanese Management* (New York: Warner Books, Inc., 1981), p. 125.

但在他們的研究中也發現，一些卓越的美國企業，例如：IBM、實驗、3M、惠普、達美航空和波音公司等，它們在另外四個軟性的因素上，也表現的相當好。此一結果顯示，不同文化之間的管理實務，確實具有某些共通性。

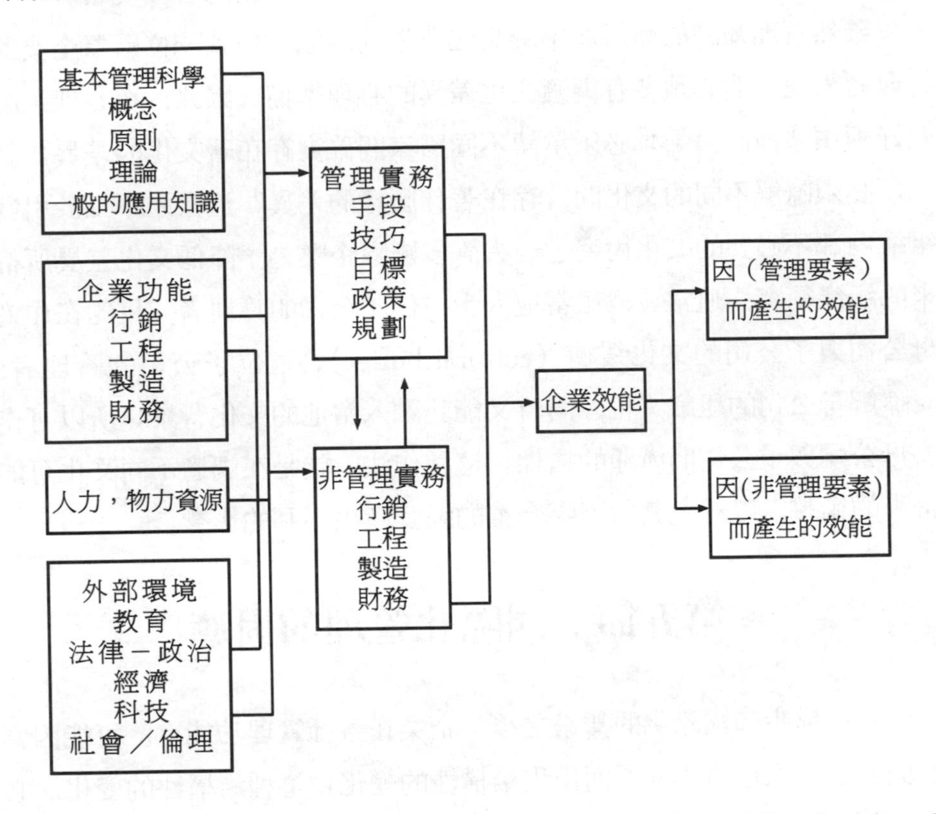

資料來源：Harold Koontz, "A Model of Analyzing the Universality and Transferability of Management", *Academy of Management Journal*, Vol.12, No. 4 (Dec. 1969), p. 427.

圖 15-2　企業效能影響因素模型

這種發現與孔茲（Koontz, 1969）的觀點一致。孔茲認為管理本身有所謂的「管理要素」（management fundamentals），這些要素和深受環境因素影響的「管理實務」（management practice）可以分開；他並認為管理要素是可以在不同的環境下移轉的。孔茲所提出的模型可參見圖15-2。從以上的研究可以發現，管理的知識是可以在不同文化背景下移轉；且不同文化背景下的企業，也可能發現通用的管理要素。

雖然管理知識的應用並不受文化背景的限制，但就一位國際企業的管理者來說，他必須要有調適文化差異的心理準備。因此，在心理上應做好兩項準備，第一：必須承認不同國家間確實存在著文化的差異；第二：必須瞭解不同的文化間，存在著什麼樣的差異？這樣才不至於引發組織內部不必要的文化衝突。過去許多國際企業為了降低文化差異所帶來的組織衝突，通常會選派當地人士擔任子公司的管理者，目的在作為母公司與子公司的文化緩衝（cultural buffer）。這位子公司的管理者，既瞭解母公司的組織文化，同時又能夠融入當地的文化背景；所以可作為母公司與子公司間溝通的橋樑。這種作法，就是在調適不同文化可能帶來的衝擊，以避免其對國際企業的經營產生不利的影響。

*第五節　國際化管理的因應

當組織步向國際化的舞臺之後，企業在各種管理功能上，可能因為所面對的國家環境不同，而出現結構性的變化；這種結構性的變化，必然會對國際公司各個子公司的管理實務，產生相當大的影響。但有趣的是，這些單位卻必須享用共同的組織資源，如資金、資訊、專利、商標名稱、管理系統等，也必須遵循共同的組織哲學。處在這種複雜的國際環境下，一個分權管理的國際公司，其所面臨的最重要課題是，如何在眾多子公司的管理實務差異之中，找出企業共同遵循的基本原則與基本經營理念。以便讓所有的子公司能夠依循，同時又不致危及組織的分權狀態。

要達成這個目標，管理者必須認清一些事實，就是組織的管理職能在國際化的環境下，可能會因為地區的不同，而必須做適度的調整。舉例來說，在組織的規劃作業上，首先必須決定產品標準化的程度。因為在全球產銷的企業體系下，如果要求產品的標準化，就表示應由單一的生產地區，供應國際間的需要；反之，則表示允許在當地設廠，並生產當地所需之產品。

其次，國際公司亦需要協調不同地區事業部的發展策略。也就是說，在分權的組織架構下，母公司要採用一種很微妙的作法；間接的來協調不同事業部間，可能出現的策略衝突。這通常可以透過兩種方式，第一種方式是培養出國際企業的共同文化，來影響經理人的價值觀，並間接的影響其策略的選擇。第二種方式則是建立重大資本計畫的核准程序；因為大部分的策略性行動，都與資本支出計畫有關。如果能夠監控到資本計畫的投資過程，則亦可間接的管理各個子公司的發展策略。

企業在國際化的過程中，組織的結構會因當時管理的需要而改變。就國際企業來說，因為國家地區的環境差異，所以通常會採用地區事業部的組織結構，或是採用矩陣式的組織結構。而在運作的過程中，在配合組織高度的分權，讓子公司能夠獨立的應付環境的挑戰與刺激。

同樣的，國際企業在子公司的人事管理上，亦須儘可能的符合當地的社會規範。如日本人習慣於接受群體獎賞而不接受個人獎賞，這種文化背景的許多差異，均須納入人事管理的考慮。而在人力資源管理上，應從全球的角度進行人才的培訓與開發。也就是說，應該有一套全球輪調的人力發展方案，讓經理人先期在不同的子公司間進行輪調，之後才回到母公司任職，以培養其全球管理的觀點。

國際企業的經理人，其個人的領導行為往往必須適應當地的文化背景，並做適度的調整。如在歐洲採行工業民主的國家，傾向於採用集體決策；而日本企業在決策之前，往往希望先凝聚組織內部的決策共識，這些都會對管理者的領導行為產生影響。

至於在組織控制上，由於國際企業的分權程度甚高；因此對子公司的控制，多半是採用財務上的投資報酬率進行控制，這是一種以產出為衡量標準的控制方式。但除了財務的報酬率指標之外，國際公司還可採取兩種不同的控制方式，第一種是派閥控制（clan control），亦稱文化控制，即以共同價值觀作為控制的手段；威廉·大內在「Z 理論」一書中曾提到，採用 Z 型管理的美國公司，都有這種共同的價值觀。第二種是採用雙重控制（dual control），也就是增加指揮鏈以外的幕僚層級控制。這種方式是由母公司的職能幕僚，來控制子公司的職能幕僚；也就是說，子公司的幕僚必須定期呈送相關的資料，給母公司的幕僚部門，並由母公司的幕僚部門進行管理與分析。在雙重控制下，直線主管仍循著原有的指揮鏈，逐級的傳遞資訊；但幕僚部門則循著幕僚體系，定期的傳送經營的資訊。兩種控制程序的同時運作，故稱雙重控制；這種方式，許多學者認為可以降低組織的控制失誤〔註十〕。

註釋

註一：參見 H.Mintzberg：*The Structuring of Organizations*, Englewood Cliffs, N.J.：Prentice-Hall, 1979, pp.285-287.

註二：詳見 A.D. Chandler, Jr.：Strategy and Structure, *MIT Press*, Canbridge, Mass., 1962.

註三：塑造組織文化的兩種方法：外塑及內省，詳細的討論與說明可參見劉立倫、司徒達賢，控制傳輸效果—企業文化塑造觀點下的比較研究，《國科會研究彙刊》，三卷，二期，民 82，頁 259-260。

註四：參見 H.R. Bowen：*Social Responsibilities of the Businessman*, New York：

Harper & Row, 1953.

註五：R. Hay and E.R. Gray:"Social Responsibilities to Managers", *Academy of Management Journal*, Vol.17, No.1, March, 1974, pp.135-143.

註六：A.B. Carroll: A Three-Dimensional Conceptual Model of Corporate Performance," *Academy of Management Review*, Vol.4, No.4, Oct., 1979, pp.497-505.

註七：引自 Edmund R. Gray & Larry R. Smeltzer 原著，劉明德等譯，《管理學：競爭優勢》，初版，臺北：桂冠圖書公司，1993 年 12 月，頁 101。

註八：引自 R.M. Hodgetts 原著，*Management: Theory, Process and Practice*, 3rds.，許是祥譯，《企業管理：理論、方法與實務》，第六版，中華企管叢書，民國 76 年 3 月，頁 713。

註九：比較管理主要在探討不同國家的管理實務與管理效率問題，希望能透過國家的研究比較，以瞭解各國管理實務的異同，並尋求適當的解釋。讀者可參見許士軍，《管理學》，台北：東華書局，民國 77 年 3 月，八版，頁 451-458 的內容說明。

註十：可參見 P.B.Evans:"Multiple Hierarchies and Organizational Control," *Administrative Science Quarterly*, Vol.20, Jun.1975, pp.250-259.

摘要

組織環境是指環繞與滲透組織的各種勢力與狀態。組織的生存與成長，有賴於和環境保持一種良好的互換關係；組織必須配合環境的改變，而及時調整組織目標及其內部結構與功能。組織的環境通常可分爲兩類，分別是一般環境與作業環境。所謂組織的一般環境，通常包括政府的、經濟的、科技的、社會文化的、法律的、甚至包括國際環境等各項因素。作業環境通常包括：競爭者、潛在競爭者、顧客、供應商、法規制定者、工會、及其他的利益團體或交換團體等。

艾莫利與崔斯特（F. E. Emery & E. L. Trist）曾使用兩個構面：環境的動盪性（environmental turbulence）與環境的穩定性（environmental stability），來分析環境因素。在這兩個構面下，環境可以分爲四種不同的型態：平靜/隨機的環境（placid-randomized environment）、平靜/群集的環境（placid-clustered environment）、動態/群集的環境（dynamic-clustered environment）及動亂的環境（a turbulent field）。

閔茲伯格認爲在穩定/簡單的作業環境下，組織可以採行嚴謹的傳統科層組織結構，以法規與標準作業程序來執行組織的任務。而在動態/簡單的作業環境下有中度的不確定性，組織或是採取簡單結構，或是採取修正的科層組織結構。在穩定/複雜的作業環境下，可採行適當分權結構，依不同的產品而聚合其活動，以配合複雜的環境因素，或是採用專業式組織結構，將組織內的專業人員適度的編組，形成部門，藉以完成組織的工作任務。至於在動態/複雜的作業環境下，因爲環境的高度不確定性，市場的快速改變，所以組織必須不斷的創新。

所謂機械式組織的結構，是一種比較像是科層組織的結構，它的特色包括：具有高度的專業分工、正式化的工作職務（規定了每個人的權力、義務、與執行工作的技術方法）、固定的組織任務、正式的職權體系、強調正式組織的縱向溝通、重要的決策資訊與決策權力集中於高階層、重視組織內部的職權關係；在本質上，這是一種封閉系統的組織觀念。而有機式組織的結構，則和機械式的結構正好相反。這種組織的特色包括：各種任務之間是高度的相互依賴、重視目標與任務之間的連結關係、重視組織的非正式職權、重視組織縱向與橫向的溝通網路、重要的決策資訊與決策權力分散在整個組織、重視組織內與外界的關係；在本質上，這是一種開放系統的組織觀念。

管理倫理（managerial ethics）一詞的意義是，經理人對其行爲及決策制定的對錯問題，進行深入的省思。管理倫理與企業道德問題、企業社會責任之間有密不可分的關係。

從規範性的倫理（normative ethics）觀點來看，有三種不同的理論可以幫助管理者進行道德的抉擇，分別是：實用論（utilitarian theories）、道德權利論（theories of moral rights）、及正義論（theories of justice）。由於這三種倫理觀，所探討的道德角度並不完全相同；因此，管理者可在不同的決策情境下，選用不同的道德基準。

社會責任觀念最早是源於鮑文（H. R. Bowen, 1953），鮑文在《企業家的社會責任》（*Social Responsibility of the Businessman*）一書中認爲，企業的管理者有義務去追求「利於社會目標與社會價值」的政策；進行「有利於社會目標與社會價值」的決策；及採取「有利於社會目標與社會價值」的行動。這說明了企業的社會責任，就是要考慮企業經濟利益以外，各種社會層面的問題。

所謂國際企業（multinational corporation, MNC）就是把經營的總部設在母國（home country），而將其獨資成立的分支機構（branches）、或獨資成立的子公司（subsidiaries）設在子國（host country）的大型企業集團，並以國際觀統合的生產與行銷系統，這種企業通常擁有以下五項共同的特徵：1. 應有一家母公司，母公司的所有權與經營權，均由某一國籍的人士擔任；2. 按照股權比率的相對多寡，來決定對子公司組織控制的歸屬權；3. 這些子公司擁有共同的股東；4. 所有的單位享用共同的組織資源，如資金、資訊、專利、商標名稱、及管理系統；及 5. 所有的單位都遵循共同的組織哲學。

進入國際市場的常見策略包括：進出口貿易、授權經營 (licensing)、承包合約（management contract)、外國分公司（foreign branches)、合資（joint ventures）及獨資子公司（wholly owned subsidiaries)。

法馬及利區曼（R. N. Farmer & B. M. Richman）的比較管理模式認爲，外部環境，如教育、社會、法律/政治、經濟環境，會影響企業管理的方式，並影響企業的管理效率與經營績效；而這些差異對不同國家的企業經營，會造成相當重要的影響。

威廉·大內（W. G. Ouchi）則指出美式管理模型（A 型管理）與日式管理模型（J 型管理）在以下七個構面上有顯著差異，包括員工任職期的長短、決策方式、責任承擔、考核與升遷速度、控制方法、事業歷程及對員工關懷的程度。

巴斯卡與阿索斯（R. T. Pascale & A. G. Athos）在《日本式管理的藝術》（*The Art of Japanese Management*）一書中，提出了 7S（策略 strategy、組織結構 structure、系統 systems、技術 skills、風格 sytle、用人 staff、和中心目標 superordinate goals）的分析模型。他們認爲由於日本人相當重視集體合作和人際間的協調、適應；所以日本人在這些方面較具有優勢。

孔茲認爲管理本身有所謂的「管理要素」(management fundamentals)，這些要素和深受環境因素影響的「管理實務」（management practice）可以分開；他並認爲管理要素是可以在不同的環境下移轉的。

處於複雜國際環境下的國際公司，其所面臨的最重要課題是，如何在衆多子公司的管理實務差異之中，找出企業共同遵循的基本原則與基本經營理念。以便讓所有的子公司能夠依循，同時又不致危及組織的分權狀態。在組織控制上，由於國際企業的分權程度甚高；因此對子公司的控制，多半是採用財務上的投資報酬率進行控制，這是一種以產出爲衡量標準的控制方式。但除了財務的報酬率指標之外，國際公司還可採取兩種不同的控制方式，第一種是派閥控制（clan control），亦稱文化控制。第二種是採用雙重控制（dual control），也就是增加指揮鏈以外的幕僚層級控制。

問題與討論

1. 組織的環境通常可分為幾類？各對組織的重要性有何不同？
2. 艾莫利與崔斯特將環境分為四種不同的類型，試簡要說明之。
3. 環境與組織結構之間的關係為何？試說明之。
4. 機械式組織與有機式組織，二者在組織結構上有何差異？
5. 試以錢德勒的觀點來說明環境、策略與組織之間的關係。
6. 何謂管理倫理？它與企業道德問題有何不同？
7. 何謂實用論、道德權利論、正義論？試簡要說明之。
8. 何謂企業的社會責任？
9. 試簡要說明海伊和葛雷二人所提出的「社會責任的三階段模式」。
10. 何謂國際企業？其共同特徵為何？
11. 試簡述進入國際市場的策略。
12. 請問文化差異對不同國家的管理實務有沒有影響？管理者應該如何因應這種差異？
13. 請問就一個分權化的國際企業來說，它應如何管理眾多管理實務差異的子公司？

14.有學者認為，企業應善盡其社區一份子的責任，為社區的繁榮、進步、安定與和諧貢獻力量；亦有學者認為，企業的主要責任就是有效的運用資源，為股東謀取最大的福利。請就此二種不同的觀點進行討論。

第十六章 管理的未來與展望

本章內容共分為兩個部分，第一個部分是在說明環境變動的重要趨勢，及這種變動對管理的衝擊與影響。第二個部分則就如何做一個成功的管理者，提出一些建議；這對有心成為一位優秀管理者的個人來說，可以作為其未來努力的參考依據。

第一節 未來環境的重要發展趨勢

由於環境的變動，會對組織產生了相當重要的影響。因此，管理者須注意環境未來可能變動的趨勢，以並預為因應。這些未來的重要趨勢包括許多，如社會價值觀的轉變、網路組織的興起、服務業發展的衝擊等資訊世界的趨勢、全球企業的風潮。茲分別簡述如下：

一、社會價值觀的轉變

在《蘋果戰爭》一書中，約翰·史考利（John Sculley）提到，他曾聽到著名的人類學家馬格麗特·米德（Margaret Mead）的演講，而發現到戰後的新生代對消費市場的影響力。這些二次世界大戰以後出生的美國人，面對的是一個經濟起飛的時代，有大量的零用錢可以支用，但是他們的父母卻沒有太多的花錢經驗。因此，百事可樂便製造出一個可以吸引他們的生活方式，並以「百事新生代」的促銷活動震驚了飲料的市場〔註一〕。這是因為戰後的新生代，他們的生活經驗與他們的父母大不相同，因此，價值觀也有相當程度的差異。

事實上，戰後的新生人類在行為模式與傳統模式有相當程度的差異。根據詹志宏（民 78）所編著的《趨勢報告》一書所說，在二次大戰後至 1964 年間出生的人們，尚可稱之為「舊人類」；在 1964 年以後出生的人們則可稱之為「新人類」〔註二〕。基本上，舊人類仍具有必要的工作價值觀，也認為工作的優先性應高於遊戲與享樂；但是新人類則是屬於享樂主義的遊戲人，不太願意承受過多的壓力，希望能夠在輕鬆、自在的工作環境下，同時追求工作地位的成長，與遊戲享樂的滿足。

以國內的環境來說，企業中充滿著許多「新人類」與「新新人類」，已是個不爭的事實；這種發展趨勢對組織的管理有相當重要的涵義。管理者應如何面對這種不同生活價值的組織成員，並達成組織預期的目標，便成為一個相當值得深思的課題。

二、網路組織的興起

約翰·納斯比在《大趨勢》一書中，曾採用「內容分析」的方式，長期的追蹤社會變遷，並提出改變人類世界的十個重要的趨勢〔註三〕。其中與組織管理有關的兩個趨勢，正逐漸在組織發揮影響力；這兩個趨勢分別是「權力的集中到分散」及「階層結構到網狀結構」，而網路結構正式權力分散的組織結構。所謂「網路」指的是「最高主管及最高管理當局指派一群經理人組成的團隊」〔註四〕。這種組織與傳統組織最大的不同是，傳統的階層結構是一個具有垂直權力及功能權威的系統，而網路組織則是一種社會性架構，也就是一種能夠主動運作的有機體〔註五〕。

換句話說，網路是一個主動採取行動的機動性組織，也是分權的、水平的、彈性的有機組織；因此，更能適應環境的競爭。並許多公司都採取了網路組織的結構，如蒙特婁的加拿大皇家銀行、美國最大的徵信公司——鄧普徵信所（Dun & Bradstreet）的歐洲分公司、費城的大陸貨運公司（Conrail）、奇異公司等公司。它們都逐漸將組織的階層權力釋放出來，改以一種更有彈性、更機動的公式，來因應競爭環境的快速變遷外，網路結構亦可發展成為虛擬組織（Virtual Organization），並賦予組織結構更大的彈性〔註六〕。

管理者必須瞭解的是，由於環境的快速變遷，一種有機的、高授權程度的、水平決策型態的組織結構正在興起。這種組織雖然反應了環境適應的需要，但對管理者而言，如何「建立」並「管理」這種有機的組織，可能才是最重要的課題。

三、服務業發展的衝擊

服務業的發展其實並不是一個新奇的課題，但是服務業的許多特性，卻對組織管理有相當大的影響。服務業本身是第三級的產生〔註七〕，提供的是無形的消費性財貨，它具有不可見性（intangibility）、易逝性（perishability）、同時性（simultaneity）及不可預測性（unpredictability）〔註八〕。因此，在這種無形財貨的管理上，便成為相當具有挑戰性的工作。

對服務業而言，最重要的資產並非是固定設備與存貨，而是「人」與「資訊」。因此，必須以全新的觀念來管理組織的成員與資訊。在組織成員的管理上，或可由學者的觀點看出它與過去的差異，如葛納（Alan Gartner）與里斯門（Frank Riessman）就曾提出，服務業的重要原則包括參與、個人的成長、以人為中心的計畫、分層授權、持續的教育、追求高品質的生活、積極的消費者主義、員工自治、生態保護、重視理性及以消費者為中心的工作〔註九〕。

同樣的，克里夫蘭（Harlan Cleveland）也指出資訊和其它工業產品不同的地方是，在使用時它可以不斷的擴充，也可以濃縮精簡、取代性強（可以取代資本、人力或任何實質原料）、流通性強、傳播迅速(以致於很難嚴守祕密)、並可以跟別人分享（並非交換）〔註十〕。

這些資產與過去工業時代的實體資產不同，但是它們的力量更為強大，且可塑性也更高，因此用「資源」來形容它們並不為過。在面對這種趨勢下，管理者有必要學習管理組織內部「軟性資產」；因此，此一衝擊亦對管理者具有相當重要的意義。

除此之外，還有一些重要的、全球性的環境趨勢可能會影響企業未來的發展；這些趨勢如資訊世界的發展〔註十一〕、全球企業的風潮〔註十二〕等。而一些地區性的發展趨勢，也可能會影響臺灣地區的企業與組織管理發展，如國內的企業購併風潮、亞太地區的興起（包括亞太營運中心的發展）等，都是可能影響國內企業能否成功的跨越二十一世紀的重要影響因素。而管理者也必須對這些因素所帶來的衝擊，給予相當的注意。

第二節　如何做一個成功的管理者

管理者除了要注意環境發展的趨勢預為因應之外，對於當前環境的衝擊與變動，亦須正確的、適度的反應，才能提昇組織的經營效能。由於管理的工作錯綜複雜，作為一個成功的管理者，在因應環境帶來的各種衝擊時，往往須要具備多種不同的技能，才能有效的執行管理的工作。由於管理者角色的複雜性，使得我們很難完全瞭解，一位好的管理者到底需要具備哪些條件；但從過去的管理經驗歸納，仍可歸結出好主管所應具備的幾點特色：

一、具備技術性的技能

技術性技能是應用於功能性作業或業務工作上，所須要的知識和能力。有了這種技術性的技能，主管就能夠瞭解：

·員工應該做什麼事？

·這些事情應該如何執行？

·這些事情的預期成果是什麼？

·工作過程中，員工可能面臨的主要困難是什麼？

主管在瞭解下屬的作業活動之後，就能夠指導員工，協助員工解決工作上的困難，並協調下屬的活動，形成整體的作業績效。這種技術能力的發展，對組織內所有階層的管理者都有幫助。但就實務上來說，基層主管通常需要之技術能力程度較高；而高層主管在技術知識和能力上，僅需具備一般概念。

二、具備人際關係的技能

人際關係技能，主要是主管的溝通、激勵的能力；其中溝通能力的技能，主要在幫助管理者將自己的觀念、想法清楚的表達並讓他人瞭解；而激勵的技能則是指他對於下屬所能發揮之影響作用。

(一)溝通能力

主管與下屬間工作溝通，可以透過以下三種作法來改善：

1.以書面化、正式的說明，下屬的工作目標與工作職掌：在溝通過程中最常見的一項障礙，就是雙方的假設與立場不同。要促成良好有效的工作溝通，在下屬的工作說明書中，至少就應該說明以下三點：

(1)員工的工作對於組織（公司）和部門目標的主要貢獻。

(2)員工的工作職責、組織對員工的期望、以及衡量工作績效的時點。

⑶員工所獲得的授權及相對的責任。

也就是在主管與部屬之間，建立工作上的共識；這樣就可以降低雙方在工作目標、工作期望上的溝通干擾。

2.要注意溝通雙方在視覺上與語調所傳遞的信息：應避免主管在溝通過程，視覺與音調不經意的傳達出相反的或混淆的信息。

3.注意傾聽的技巧：主管應該做到以下五點：

⑴注視說話者：應注視說話者的眼神，聽他的講話。

⑵傾聽：並嘗試著去發覺下屬在溝通過程中，各種可能的隱含信息。

⑶注意非口頭的溝通技巧：配合行為語言的技巧，注意自己的姿勢、手勢，讓下屬覺得主管是可以信任的，並樂於與主管溝通。

⑷要確定已瞭解下屬所傳達的內容。

⑸在下屬尚未完整的，說出其所要表達的訊息之前，不作出任何的反應。

㈡激勵技巧

主管應經常的、適時的激勵下屬。激勵的技巧中，除了可運用經濟性的誘因之外，亦可配合非經濟性的誘因。在工作績效的激勵上，應採用兩種不同的基準，第一種是下屬自我工作的比較：也就是說，主管在下屬工作績效，出現顯著進步時；就應該給與適當的獎勵，這樣可以促使下屬繼續努力。第二種是下屬之間工作績效的比較：當下屬的工作績效，較其他的下屬為佳時，主管就應當給予他適當的獎勵。下屬的工作績效良窳與獎酬之間的一致性，是下屬評估主管公平性的重要依據。唯有公平的對待下屬，才能獲得員工的認同。

三、具備分析與決策的能力

問題分析是決策的前提，分析技能有助於主管掌握各項影響變數，以及變數之間的關係，並進行正確的決策。而要培養分析與決策的能力，通常須要注意以下幾件事情：

(一)培養概念化的技能

管理者經常會面臨一些複雜的問題，這些問題也往往具有多層面的影響和義涵。因此，如何從問題中發掘出關鍵的影響因素，權衡各種方案之相對的優劣程度與風險大小，這都須要依賴管理者的思考或概念化的技能。也就是說，概念化的能力是將一個複雜的問題，抽象成簡單的觀念，以便於管理者來進行決策。經常能夠作出正確的決策，是一個好主管不可缺少的重要條件。

(二)重視計畫的編製與溝通

計畫是組織未來的行動綱要，一個有效的計畫，除了要獲得高階主管的支持之外，尚應包括「計畫資訊的完整性」，與「充分的計畫溝通」兩項影響因素，分述如下：

1.計畫資訊的完整性

計畫資訊的完整，可以顯示計畫思考的周延程度，對計畫的執行有相當的幫助。此一程序主要在確定計畫編製過程中，是否已仔細搜尋各種可能的資訊，及對不確定因素的來源，是否已進行確實的評估。

2.充分的計畫溝通

溝通的過程應掌握以下三項原則：

(1)明確的列出計畫的各項要點

包括計畫目標、達到目標所需的工作、各項工作時間的安排、預期可能發生的問題、解決的方法、及工作過程中必須遵守的原則。所列示的內容，應該儘可能的以簡明扼要的方式表達。

⑵計畫的討論與協調

包括計畫執行的人員、時間、方式、資源分配等等各要項，都應和團隊中的成員進行討論。這樣的過程，可以幫助下屬瞭解整個計畫的各項細節，減少執行過程中的爭議。

⑶正式的書面文件

在下屬討論過之後，應將修改後的計畫執行細節，分別交給各相關人員，作為組織正式協調的依據。

㈢做好組織的授權

組織授權應注意以下幾項原則：

1.成功的授權來自於事前周詳的準備

授權的範圍必須要有適度的規劃，將工作適度的劃分，以決定哪些工作可以授權，哪些工作不能授權，主管應在事前考慮到決策的情境、主管個人的控制能力及下屬的工作能力，而作出整體的判斷。授權是一種有意義、有計畫的行動，而不是將下屬視為分擔工作的工具而已。主管要設身處地的為部屬著想，不要讓員工承擔過多的工作量。主管可以透過模擬訓練、或是個案討論的方式，讓下屬有機會紙上作業。

2.成功的授權是來自於計畫性的行動

主管的授權可遵循以下的步驟：

⑴在實際授權時，主管和下屬亦要有足夠的時間做心理準備，並預想到可能發生的問題。

⑵讓員工有機會參與不同困難程度的工作。

⑶讓員工有機會隨同主管參與各種會議，或參與共同解決問題。

⑷當組織規模逐漸擴大，員工亦應培養多方面的決策能力，以便承

擔更多的組織責任。

3.主管要有長期人力資源發展的眼光，要能夠信任員工，容忍下屬因為經驗不足，而可能出現的工作錯誤。

4.適度的激勵員工

員工在執行授權的工作時，難免會因為不熟悉而頻頻出錯，這樣可能會讓下屬感受到強烈的挫折感，而拒絕接受主管進一步的授權。因此，主管應經常的、適時的鼓勵下屬，使其能夠繼續的、樂意的承擔責任。

5.適當的檢查與控制措施

員工雖然得到了授權，但為確定工作的順利進行，主管仍應和下屬共同商討授權工作的定期檢查時間。此一措施，有三個好處，一是能夠將授權工作維持在適度的控制之下；二是可以瞭解下屬的工作過程中，是否須要主管的協助；三是如果下屬有矇蔽的行為，主管也能夠在適當的控制點，採取有效的改正行動。

㈣能塑造和諧的工作環境

和諧工作環境的塑造，是主管的重要責任；主管可以透過以下幾個步驟，來塑造和諧的工作環境：

1.主管要能傳達出個人對工作的熱誠，並讓下屬感受到這種熱誠。

2.主管要能獨立思考，保持虛懷若谷的胸懷，隨時準備接受員工的新觀念。

3.主管要能分享員工的工作成就。

4.主管應尊重、關懷下屬，並將其視為最具價值的資產。

㈤堅持做個好主管

這是好主管的最後信條，也是唯一的信條。管理者只有深信自己可以成為一位好主管，才有可能做好主管的工作。

註 釋

註一：見 John Sculley 原著，*Oeyssey*：*Pepsi to Apple*，莫昭平等譯，臺北：時報文化出版公司，二版，民國 77 年 6 月，頁 40－47。

註二：詹宏志編者，《趨勢報告：臺灣未來的 50 個解釋》，五版，臺北：遠流出版社，民國 78 年 5 月，頁 261－262。

註三：John Naisbitt 原著，高瑋譯，《大趨勢》，正欣出版社，民國 72 年 6 月。

註四：李田樹譯，“改造企業結構的網路革命”，《世界經理文摘》，第六十七期，頁 20。

註五：同前註，頁 24－25。

註六：參見“重塑組織結構的三大趨勢”，《世界經理文摘》，第九十期，頁 127－133。

註七：在產業的分類上，寇拉克（Colin Clark）曾將後工業時代的經濟活動，區分為三種不同的類型，分別是初級產業、次級產業及第三級產業。初級產業主要是提供有形的、直接消費的財貨，主要是指農漁牧業；次級產業則提供有形、間接消費的財貨，主要是指製造業。而第三級產業則提供無形、間接消費的財貨，主要是指服務業。

註八：賴士葆編著，《生產／作業管理：精要與個案》，臺北：華泰書局，民 76 年 9 月，頁 6。

註九：James L.Heskett 原著，李克捷、李慧菊合譯，《服務業的經營策略》，五版，臺北：經濟與生活出版公司，頁 247。

註十：同前註，頁 248。

註十一：資訊世界的影響包括許多，如世界經由資訊技術的結合，達成了地球村的理想，並創造出無國界的行銷環境；對資訊的重視就創造了知識的價值，並提昇了“專家權”的重要性等。此一趨勢可參見John Naisbitt原著，高瑋譯《大趨勢》一書中第一章：從工業社會到資訊社會，及第二章：從強制科技到高科技——高感應；John Naisbitt & Patrecia Aburdene原著，尹萍譯《2000年大趨勢》第十章：個人戰勝團體；及詹宏志編著《趨勢報告：臺灣未來的五十個解釋》第二篇：時代特徵及第九篇：資訊與技術。

註十二：全球企業是以整合全球資源，並以全球市場為考量的企業，故其在組織文化、資源調配及組織溝通，均有不同於以往國際企業的需求。詳細內容可參見詹宏志編著《趨勢報告：臺灣未來的五十個解釋》第一篇：共同基礎及第二篇：時代特徵。John Naisbitt & Patrecia Aburdene原著，尹萍譯《2000年大趨勢》第一篇：全球經濟景氣。及John Naisbitt原著，高瑋譯《大趨勢》一書中第三章：由國家經濟到世界經濟。

摘　要

環境的發展趨勢對組織有相當重要的影響。因此，管理者須注意環境未來可能變動的趨勢，並預為因應。在許多變動趨勢中，較為重要的、全面性的未來趨勢包括：社會價值觀的轉變、網路組織的興起、服務業發展的衝擊、資訊世界的趨勢及全球企業的風潮。在區域性的環境發展趨勢則包括：國內的企業購併風潮，及亞太地區的興起。

社會價值觀的轉變顯示戰後的新生代，他們的生活經驗與他們的父母大不相同，因此，價值觀、行為模式均與傳統模式有相當程度的差異。而且「新人類」是屬於享樂主義的遊戲人，不太願意承受過多的壓力，希望能夠在輕鬆、自在的工作環境下，同時追求工作地位的成長，與遊戲享樂的滿足。

網路組織與傳統組織最大的不同是，傳統的階層結構是一個具有垂直權力及功能權威的系統，而網路組織則是一種社會性架構，也就是一種能夠主動運作的有機體。網路是一個主動採取行動的機動性組織，也是分權的、水平的、彈性的有機組織；因此，更能適應環境的競爭。網路組織亦常為組織再生工程下的產物。除此之外，網路結構亦可發展成為虛擬組織，並賦予組織結構更大的彈性。

服務業的許多特性，與傳統組織有相當的不同；因此，在這種無形財貨的管理上，便成為相當具有挑戰性的工作。對服務業而言，最重要的資產並非是固定設備與存貨，而是「人」與「資訊」。因此，必須以全新的觀念來管理組織的成員與資訊。這些資產與過去工業時代的實體資產不同，但是它們的力量更為強大，且可塑性也更高，因此用「資源」來形容它們並不為過。在面對這種趨勢下，管理者有必要學習管理組織內部「軟性資產」；因此，此一衝擊亦對管理者具有相當重要的意義。

此外，還有一些重要的、全球性的環境趨勢可能會影響企業未來的發展；這些趨勢如資訊世界的發展、全球企業的風潮等。而一些地區性的發展趨勢，也可能會影響臺灣地區的企業與組織管理發展，如國內的企業購併風潮、亞太地區的興起等，都是可能影響國內企業能否成功的跨越二十一世紀的重要影響因素。而管理者也必須對這些因素所帶來的衝擊，給予相當的注意。

一位好的管理者所應具備的幾點特色包括：具備技術性的技能、具備人際關係的技能及具備分析與決策的能力。

問題與討論

1.請說明企業環境未來的重要趨勢與變化。
2.試簡要說明做一個成功的管理者應具備的幾種技能。
3.有人認為：臺灣地區的產業結構，服務業所佔的比重正快速提昇，這種趨勢可能會對未來的組織管理造成影響。此一說法暗示著製造業的管理實務，與服務業的管理實務有些不同。請就此一觀點進行討論。
4.試簡要說明做一個成功的管理者應具備的幾種技能。
5.有人認為：臺灣地區的產業結構，服務業所佔的比重正快速提昇，這種趨勢可能會對未來的組織管理造成影響。此一說法暗示著製造業的管理實務，與服務業的管理實務有些不同。請就此一觀點進行討論。

參考文獻

一、中文部分

行政院經建會,《臺灣景氣指標》, 臺北。

行政院經建會, 《中華民國臺灣地區經濟現代化的歷程》, 臺北, 民國 74 年。

丁虹、司徒達賢及吳靜吉, 〈企業文化與組織承諾之關係研究〉, 《管理評論》, 民國 77 年 7 月, 頁 173-198 。

何雍慶,《企業成長階段與管理制度演變之研究》, 政大企管所未出版博士論文, 民國 73 年 1 月。

金觀濤、劉青峰,《興盛與危機——論中國封建社會的超穩定結構》, 四版, 臺北: 谷風出版社, 民國 76 年 7 月。

姜占魁, 《組織行為與行政管理》, 初版, 自刊本, 臺北: 三民書局經銷, 民國 78 年 10 月。

許士軍,《管理學》, 八版, 臺北: 東華書局, 民國 77 年 3 月。

陳明璋, 《企業結構設計與組織效能之間的關係——機械、電子、石化三種產業之實證研究》, 政大企管所未出版博士論文, 民國 71 年。

彭文賢,《賽蒙氏的思想體系與組織原理》, 中央研究院三民主義研究所叢刊, 民國 70 年 4 月。

張苙雲,《組織社會學》, 臺北: 三民書局, 民國 75 年 12 月。

黃松共、黃俊英及劉水深，〈事業策略、行銷作為與績效關係之研究——臺灣西藥業之實證研究〉，《管理評論》，民國 78 年 7 月，頁 141－158。

郭昆謨、林泉源合著，《管理資訊系統》，臺北：三民書局，民國 71 年 10 月。

詹宏志編著，《趨勢報告：臺灣未來的 50 個解釋》，五版，臺北：遠流出版社，民國 78 年 5 月，頁 261－262。

劉立倫、司徒達賢，〈控制傳輸效果——企業文化塑造觀點下的比較研究〉，《國科會研究彙刊》，三卷，二期，民國 82 年，頁 257－275。

賴士葆編著，《生產/作業管理：精要與個案》，臺北：華泰書局，民國 76 年 9 月。

龔平邦著，《管理學》，三民書局，二版，民國 82 年 10 月。

John Naisbitt 原著，王美音譯，《前瞻的年代》，卓越叢書，民國 74 年。

James L. Heskett 原著，李克捷、李慧菊合譯，《服務業的經營策略》，五版，臺北：經濟與生活出版公司，民國 78 年 1 月。

John Naisbitt 原著，高瑋譯，《大趨勢》，正欣出版社，民國 72 年 6 月。

John Sculley 原著，*Oeyssey: Pepsi to Apple*，莫昭平等譯，臺北：時報文化出版公司，二版，民國 77 年 6 月，頁 40－47。

R. M. Hodgetts 原著，*Management: Theory, Process and Practice*, 3rds.，許是祥譯，《企業管理：理論、方法與實務》，第六版，中華企管叢書，民國 76 年 3 月。

Edmund R. Gray & Larry R. Smeltzer 原著，劉明德等譯，《管理學：競爭優勢》，初版，臺北：桂冠圖書公司，1993 年 12 月。

二、英文部分

Ackerman, Robert W.: *The Social Challenge to Business*, Harvard University Press, Cambridge, Mass., 1975.

Ackoff, Russell L.: *A Concept of Corporate Planning*, Wiley-Interscience, New York, 1970.

Ackoff, Russell L.: "Toward a System of Systems concepts," *Management Science*, July 1971, pp. 661–671.

Aldrch, Howard E.: *Organizations and Environments*, Prentice-Hall, Inc., Englewood Cliffs, N.J., 1979.

Allen, Robert W., and Proter, Lyman W.: *Organizational Influence Processes*, Scott, Foresman and Company, Glenview, Ill., 1983.

Allison, Graham T.: Essence of Decision: *Explaining the Cuban Missile Crisis*, Boston: Little Brown, 1971.

Anderson, Carl R., and Frank T. Paine: "Managerial Perceptions and Strategic Behavior," *Academy of Management Journal*, December 1975, pp. 811–823.

Anderson, E., & Oliver, R. L.: "Perspectives on Behavior-Based versus Outcome-based Salesforce Control Systems," *Journal of Marketing*, Vol. 51, Oct. 1987, pp. 76–88.

Andrews, Kenneth R.: *The Concept of Corporate Strategy*, Dow Jones-Irwin, Inc., Homewood, Ill., 1971.

Ansoff, H. Igor: *Corporate Strategy*, McGraw-Hill Book Company, New York, 1965.

Anthony, R. N., Dearden, J., & Bedford, N. M.: *Management Con-*

trol Systems, Richard D. Irwin, Inc., 6th eds., 1989.

Aram, John D.: *Dilemmas of Administrative Behavior*, Prentice-Hall, Inc., Englewood Cliffs, N.J., 1976.

Argyris, Chris: *Personality and Organization*, New York: Harper & Row Publishers, 1957.

Argyris, C.: *Understanding Organizational Behavior*, Homewood, Ill.: The Dorsey Press, 1960.

Argyris, C.: *Intervention Theory and Methods: A Behavioral Science View*, Reading, Mass.: Addison Wesley, 1970.

Argyris, C.: *The Applicability of Organizational Sociology*, Cambridge University Press, Cambridge, England, 1972.

Argyris, C.: *Reasoning, Learning, and Action*, Jossey-Bass Publishers, San Francisco, 1982.

Argyris, C., and Schon, Donald A.: *Organizational Learning: A Theory of Action Perspective*, Addison-Wesley Publishing Company, Reading, Mass., 1978.

Astley, W. Graham, and Van de Ven, Andrew: "Central Perspectives and Debates in Organization Theory," *Administrative Science Quarterly*, June 1983, pp. 245-273.

Barley, S. R.: "The Alignment of Technology and Structure through Roles and Networks," *Administrative Science Quarterly*, 35, Mar. 1990, pp. 61-103.

Barnard, Chester I.: *The Functions of the Executive*, Harvard University Press, Cambridge, Mass., 1983.

Bateman, Thomas S., and Ferris, Gerald R.: *Methods and Analysis in Organizational Research*, Reston Publishing Company, Inc., Reston, Va., 1984.

Baumler, J. V.: "Defined Criteria of Performance in Organizational Control," *Administrative Science Quarterly*, Vol. 16, 1971, pp.340-349.

Beckett, John A.: *Management Dynamics: The New Synthesis*, McGraw-Hill Book Company, New York, 1971.

Beckmann, M.: "Loss of Control and Returns to Scale in Organization," *European Journal of Operational Research*, 30, 1987, pp. 262-266.

Bell, Daniel: *The Coming of Post-Industrial Society*, Basic Books, Inc., New York, 1973.

Bell, G. D.: "The Influence of Technological Components of Work Upon Management Control," *Academy of Management Journal*, 8, 1965, pp. 20-28.

Bernardin, H. J.,& Beatty, R. W.: *Performance Appraisal: Assessing Human Behavior at work*, Kent Publishing Company, Boston, Massachusetts, 1984.

Blake, Robert R., and Mouton, Jane S.: *The New Managerial Grid*, Gulf Publishing Company, Houton, Tex., 1978.

Blau,Peter M.et al.: "Technology and Organization in Manufacturing," *Administratives Science Quarterly*, March, 1976.

Blau, Peter M., and Schoenherr, Richard A.: *The Structure of Organizations*, Basic Books, Inc., New York, 1971.

Bowen, H. R.: *Social Responsibilities of the Businessman*, New York: Harper & Row, 1953.

Bowers, David G.: *Systems of Organization*, University of Michigan

Press Ann Arbor, Mich., 1976.

Bowers, David G., and Stanley E. Seashore: "Predicting Organizational Effectiveness with a Four-Factor Theory of Leadership," *Administrative Science Quarterly*, September 1966, pp. 238–263.

Bradford, David L.: *Group Dynamics*, Science Research Associates, Inc., Chicago, 1984.

Buckley, Walter (ed.): *Modern Systems Research for the Behavioral Scientist*, Aldine Publishing Company, Chicago, 1968.

Burns, Tom, and Stalker, G. M.: *The Management of Innovation*, Tavistock Publications, Limited, London, 1961.

Campbell, John P., Dunnette, Marvin D., Lawler III, Edward E., and Weick, Karl E. Jr.: *Managerial Behavior, Performance, and Effectiveness*, McGraw-Hill Book Company, New York, 1970.

Campion, M. A., & Lord, R. G.: "A Control Systems Conceptualization of the Goal-Setting and Changing Process," *Organizational Behavior and human Performance*, Vol. 30, 1982, pp. 265–287.

Caplow, Theodore: *How to Run Any Organization*, Dryden Press, Hinsdale, Ill., 1976.

Carlisle, Howard M.: *Management: Concepts and Situations*, 2nd ed., Science Research Associates, Inc., Chicago, 1982.

Carroll, Archie B.: "A Three-Dimensional Conceptual Model of Corporate Performance," *Academy of Management Review*, Vol. 4, No.4, Oct., 1979, pp.497–505.

Carroll, Archie B.: *Social Responsibility of Management*, Science Research Associates, Inc., Chicago, 1984.

Cartwright, Dorwin, and Alvin Zander (eds.): *Group Dynamics*: *Re-*

search and Theory, 3rd ed., Harper & Row Publishers, Inc., New York, 1968.

Chandler, Alfred D., Jr.: *Strategy and Structure*, MIT Press, Cambridge, Mass., 1962.

Chandler, A. D., and Daems, Hermann: *Managerial Hierarchies*, Harvard University Press, Cambridge, Mass., 1980.

Cheng, J. L. C.: "Interdependence and Coordination in Organizations: A Role-System Analysis," *Academy of Management Journal*, Vol. 26, No. 1, 1983, pp. 156–162.

Child, J.: "Organization Structure and Strategies of Control: A Replication of the Aston Study," *Administrative Science Quarterly*, Vol. 17, 1972, pp. 163–177.

Child, J.: "Strategies of Control and Organizational Behavior," *Administrative Science Quarterly*, Vol. 18, 1973, pp. 1–17.

Child, John: *Organization: A Guide to Problems and Practice*, 2nd ed., Harper & Row Publishers, Inc., London, 1984.

Child, John: "Organizational Structure, Environment and Performance: The Role of Strategic Choice," *Sociology*, January 1972, pp. 1–20.

Churchman, C. West: *The Systems Approach*, New York: Delta, 1968.

Clegg, S.: "Organization and Control," *Administrative Science Quarterly*, Vol. 26, 1981, pp. 545–562.

Cleland, David I., and King, W. R.: *Systems Analysis and Project Management*, 3d ed., Mcgraw-Hill Book Company, New York, 1983.

Cleland, David I., and King W. R.: *Systems Analysis and Project Management*, 3rd ed., McGraw-Hill Book Company, New York, 1983.

Cole Robert E.: "The Quality Revolution," *Production and Operations Management*, Winter 1992, pp. 118-120.

Connor, Patrick E.: *Organization Structure and Design*, Science Research Associates, Inc., Chicago, 1984.

Corson, John J., and Steiner, George A.: *Measuring Business's Social Performance: The Corporate Social Audit*, Committee for Economic Development, New York, 1974.

Covaleski, M. A., & Dirsmith, M. W.: "Budgeting as a Means for Control and Loose Coupling," *Accounting, Organizations and Society*, Vol. 8, No. 4, 1983, pp. 323-340.

Cummings, Larry L.: "Compensation, Culture, and Motivation: A Systems Perspective," *Organizational Dynamics*, Winter 1984, pp. 33-44.

Cyert, Richard M., and March, James G.: *The Behavioral Theory of the Firm*, Prentice-Hall, Inc., Englewood Cliffs, N.J., 1963.

Daft, Richard L.: *Organization Theory and Design*, West Publishing Company, St. Paul, Minn., 1992.

Dale, Ernest: *Organization*, New York: American Management Association, 1967.

Davis, Keith: *Human Behavior at Work*, 6th ed., McGraw-Hill Book Company, New York, 1981.

Davis, Louis E., and Taylor, James C. (eds.): *Design of Jobs*, 2nd ed., Goodyear Publishing Company, Santa Monica, Calif., 1979.

Davis, Stanley M.: *Comparative Management: Organizational and Cultural Perspectives*, Prentice-Hall, Inc., Englewood Cliffs, N.J., 1971.

Davis, Stanley M., and Lawrence, Paul R.: *Matrix*, Addison Wesley Publishing Company, Reading, Mass., 1977.

Deal, Terrence E., and Kennedy, Allan A.: *Corporate Cultures*, Addison-Wesley Publishing Company, Reading, Mass., 1982.

DeGreene, Kenyon B.: *Sociotechnical Systems*, Prentice-Hall, Inc., Englewood Cliffs, N.J., 1973.

Delbecq, Andre L., Van de Ven, Andrew H., and Gustafson, David H.: *Group Techniques for Program Planning: A Guide to Nominal Group and Delphi Processes*, Scott, Foresman and Company, Glenview, Ill., 1975.

Dermer, J. D., & Lucas, R. G.: "The Illusion of Managerial Control," *Accounting, Organizations and Society*, Vol. 11, No. 6, 1986, pp. 471–482.

Dessler, Gary: *Human Behavior: Improving Performance at Work*, Chapter 10, Reston, Va.: Reston Publishing, 1980.

Drucker, Peter F.: *Management: Tasks, Responsibilities, Practices*, Harper & Row Publishers, Inc., New York, 1974.

Drucker, Peter F.: "Our Entrepreneurial Economy," *Harvard Business Review*, January-February, 1984, pp. 58–64.

Drucker, Peter F.: *The Practice of Management*, Harper & Row Publishers, Inc., New York, 1954.

Earley, P. C., et al.: "Impact of Process and Outcome Feedback on the Relation of Goal Setting to Task Performance," *Academy of Man-*

agement Journal, Vol. 33, No. 1, 1990, pp. 87－105.

Ebert, Ronald J., and Mitchell, Terence R.: *Organizational Decision Processes*, Crane, Russak & Company, Inc., New York, 1975.

Eisenhardt, K. M.: "Control: Organizational and Economic Approaches," *Management Science*, Vol. 31, No. 2, 1985, pp. 134－149.

Eisenhardt, K. M.: "Agency- and Institutional- Theory Explanations: The Case of Retail Sales Compensation," *Academy of Management Journal*, Vol. 31, 1988, pp. 488-511.

Ellul, Jacques: *The Technological Society*, John Wilkinson (trans.), Alfred A. Knopf, Inc., New York, 1964.

Emery, F. E. (ed.): *Systems Thinking*, Penguin Books Ltd., Harmondsworth, Middlesex, England, 1969.

Emery, F. E. (ed.), and E. L. Trist: "The Causal Texture of Organizational Environments," *Human Relations*, February 1965, pp. 21－31.

Ertel Danny: "How to Design a Conflict Management Procedure That Fits Your Dispute," *Sloan Management Review*, Summer 1991, pp. 29-39.

Etzioni, Amitai: *A Comparative Analysis of Complex Organizations* (rev. ed.), The Free Press, New York, 1975.

Evans, M. G.: "Reducing Control Loss in Organizations: The Implications of Dual Hierarchies, Mentoring and Strengthening Vertical Dyadic Linkages," *Management Science*, Vol. 30, No. 2, Feb. 1984, pp. 156－168.

Evans, P. B.: "Multiple Hierarchies and Organizational Control," *Ad-*

ministrative Science Quarterly, Vol. 20, Jun. 1975, pp. 250-259.

Farmer, R. N., and Richman, B. M.: *Comparative Management and Economic Progress*, Homewood, Ill.: Richard D. Irwin, 1965.

Fayol, Henri: *General and Industrial Management*, trans. by Constance Storrs, London: Sir Isaac Pitman & Son, Ltd., 1949.

Ferratt, T. W., Dunham, R. B., & Pierce, J. L.: "Self-Report Measures of Job Characteristics and Affective Responses: An Examination of Discriminant Validity," *Academy of Management Journal*, Vol. 24, No. 4, 1981, pp. 780-794.

Fiedler, Fred E.: *A Theory of Leadership Effectiveness*, New York: McGraw-Hill, 1967.

Fiedler, Frederick E.: *Martin M. Chemers, and Linda Mahar: Improving Leadership Effectiveness: A Leader Match Concept*, John Wiley & Sons, Inc., New York, 1976.

Forrester, Jay W.: *Industrial Dynamics*, MIT Press, Cambridge, Mass., and John Wiley & Sons, Inc., New York, 1961.

French, J. B. P. and Raven, B.: "The Bases of Social Power," in *Group Dynamics: Research and Theory*, Edited by Dorwin Cartwright and Alvin Zander, New York: Row, Peterson and Co., 1962, pp. 607-23.

French, Wendell: *The Personnel Management Process: Human Resources Administration*, 5th ed., Houghton Mifflin Company, Boston, 1982.

French, Wendell, and Bell, Cecil H. Jr.: *Organization Development*, 3rd ed., Prentice-Hall, Inc., Englewood Cliffs, N.J., 1984.

Fry, Louis W., and Slocum, John W. Jr.: "Technology, Structure, and Workgroup Effectiveness: A Test of a Contingency Model," *Academy of Management Review*, June 1984, pp. 221 - 246.

Galbraith, Jay: *Designing Complex Organizations*, Addison-Wesley Publishing Company, Reading, Mass., 1973.

Georgopulos, Basil S., and Mann, Floyd C.: *The Community General Hospital*, Macmillan Publishing Company, Inc., New York, 1962.

Glueck, W. F.: *Management*. Hinsdale, Ill., The Dryden Press, 1977.

Govindarajan, V., & Fisher, J.: "Strategy, Control Systems, and Resource Sharing: Effects on Business-unit Performance," *Academy of Management Journal*, 1990, Vol. 33, No. 2, pp. 259 - 285.

Green, S. G., & Welsh, M. A.: "Cybernetics and Dependence: Reframing the Control Concept," *Academy of Management Review*, Vol. 13, No. 2, 1988, pp. 287 - 301.

Greiner, Larry E.: "Patterns of Organizational Change," *Harvard Business Review*, Vol. 45, No. 3, 1967, pp. 119 - 130.

Grusky, Wscar, and Miller, George A. (eds.): *The Sociological of Organizations*, The Free Press, New York, 1970.

Gulick L.: "Management is a Science," *Academy of Management Journal*, March 1965, pp. 7 - 13.

Gupta, Anil, and Govindarajan, Vijay: "Knowledge Flows and the Structure of Control Within Multinational Corporations," *Academy of Management Review*, October 1991, pp. 768 - 792.

Gvishiani, D.: *Organization and Management: Sociological Analysis of Western Theories*, Progress Publishers, Moscow, 1972.

Gyllenhanmmar, Pehr. G.: *People at Work, Addison-Wesley Publishing Company*, Reading, Mass., 1977.

Hackman, J. R., & Lawler, E. E.: "Employee Reactions to Job Characteristics," *Journal of Applied Psychology*, 55, 1971, pp. 259 – 286.

Hackman, J. Richard, and Oldham, Greg R.: *Work Redesign*, Addison-Wesley Publishing Company, Reading, Mass., 1980.

Hackman, and Suttle, J. Lloyd (eds.): *Improving Life at Work*, Goodyear Publishing Company, Inc., Santa Monica, Calif., 1977.

Hage, Jerald: *Communication and Organizational Control: Cybernetics in Health and Welfare Settings*, New York: Wiley, 1974.

Hage, J., and Aiken, Michael: *Social Change in Complex Organizations*, Random House, New York, 1970.

Hage, J., & Aiken, M.: "Routine Technology, Social Structure and Organizational Goals," *Administrative Science Quarterly*, 14 , 1969, pp. 368 – 377.

Hall, Richard H.: The Concept of Bureaucracy: An Empirical Assessment,: *American Journal of Sociology*, July, 1963, p. 33.

Hall, Richard H.: *Organizations: Structure and Process*, 3rd ed., Prentice-Hall, Inc., Englewood Cliffs, N.J., 1982.

Hambrick, Donald C., Macmillan, Ian C., and Day, Diana L.: "Strategic Attributes and Performance in the BCG Matrix-A PIMS-Based Analysis of Industrial Product Businesses," *Academy of Management Journal*, September 1982, pp. 510 – 513.

Harrigan, Kathryn Rudie: "Research Methodologies for Contingency Approaches to Business Strategy, " *Academy of Management Re-*

view, July 1983, pp. 398－405.

Hatch, M. J.: "Physical Barriers, Task Characteristics, and Interaction Activity in Research and Development Firms," *Administrative Science Quarterly*, 32, 1987, pp. 387－399.

Hay, R. and Gray, E. R.: "Social Responsibilities to Managers," *Academy of Management Journal*, Vol. 17, No. 1, March, 1974, pp. 135－143.

Herbst, P.G.: *Socio-Technical Design*, Tavistock Publications Limited, London, 1974.

Hersey, Paul, and Blanchard, Kenneth H.: *Management of Organizational Behavior: Utilizing Human Resources*, Prentice-Hall, Inc., Englewood Cliffs, N.J., 1982.

Herzberg, Frederick: *The Managerial Choice: To Be Efficient and to Be Human*, Richard D. Irwin, Inc., Homewood, Ill., 1976.

Herzberg, Bernard M., and Synderman, Barbara: *The Motivation to Work*, John Wiley & Sons, Inc., New York, 1959.

Hofer, Charles W.: "Toward a Contingency Theory of Business Strategy," *Academy of Management Journal*, December 1975, pp. 784－810.

Hofstede, G.: "The Poverty of Management Control Philosophy," *Academy of Management Review*, July 1978, pp. 450－461.

Hofstede, Geert: *Culture's Consequences: International Differences in Work-Related Values*, Sage Publications, Beverly Hills, Calif., 1980.

Hofstede, G., and Kassem, M. Sami (eds.): *European Contributions to Organization Theory*, Van Gorcum & Company B.V., Assen,

The Netherlands, 1976.

Hogarth, Robin: *Judgment and Choice*, John Wiley & Sons, Inc., New York, 1980.

Hollander, Edwin P.: *Leadership Dynamics*, The Free Press, New York, 1978.

Homans, George C.: *The Human Group*, Harcourt, Brace & Work, Inc., New York, 1950.

House, R. J. and Mitchell, T.: "Path-Goal Theory of Leadership." *Journal of Contemporary Business*, Autumn, 1974, pp. 81-97.

Hrebiniak, L. G.: "Job Technology, Supervision, and Work-Group Structure," *Administrative Science Quarterly*, 19, 1974, pp. 395-410.

Huber, George P.: *Managerial Decision Making*, Scott, Foresman and Company, Glenview, Ill., 1980.

Hunt, James G.: *Leadership and Managerial Behavior*, Science Research Associates, Inc., Chicago, 1984.

Jaeger, A. M., & Baliga, B. R.: "Control Systems and Strategic Adaptation: Lessons from the Japanese Experience," *Strategic Management Journal*, Vol. 6, 1985, pp. 115-134.

Janis, Irving L. and Mann, Leon: *Decision Making*, The Free Press, New York, 1977.

Jemison, David B.: "The Importance of an Integrative Approach to Strategic Management Research," *Academy of Management Review*, October 1981, pp. 601-608.

Jenkins, David (ed.): *Job Reform in Sweden*, Swedish Employers, Confederation, Stockholm, 1975.

Johnson, Richard A., Kast, Fremont E., and Rosenzweig, James E.: *The Theory and Management of Systems*, 3rd ed., McGraw-Hill Book Company, New York, 1973.

Jones, G. R.: "Task Visibility, Free Riding, and Shirking: Explaining the Effect of Structure and Technology on Employee Behavior," *Academy of Management Review*, Vol. 9, No. 9, 1984, pp. 684–695.

Jones, G. R.: "Organization-Client Transactions and Organizational Governance Structures," *Academy of Management Journal*, Vol. 30, No. 2, 1987, pp. 197–218.

Kanter, Rosabeth Moss: *The Change Masters*, Simon and Schuster, New York, 1983.

Kast, Fremont E.: "Scanning the Organizational Environment: Social Indicators," *California Management Review*, Fall 1980, pp. 22–32.

Kast, Fremont E., and Rosenzweig, James E.: *Experiential Exercises and /cases in Management*, McGraw-Hill Book Company, New York, 1976.

Kast, Fremont E., and Rosenzweig, James E.: "General Systems Theory: Applications for Organization and Management," *Academy of Management Journal*, December 1972, pp. 447–465.

Kast, Fremont E., and Rosenzweig, James E.: *The Nature of Management*, Science Research Associates, Inc., Chicago, 1984.

Kast, Fremont E., and Rosenzweig, James E.: *Science, Technology, and Management*, McGraw-Hill Book Company, New York, 1963.

Kast, Fremont E., and Rosenzweig, James E.: *Organization and Management: A Systems and Contingency Approach*, New York: McGraw-Hill, 4th eds., 1985.

Katz, Daniel, and Kahn, Robert L.: *The Social Psychology of Organizations*, 2nd ed., John Wiley & Sons, Inc., New York, 1978.

Keeley, M.: "Subjective Performance Evaluation and Person-Role Conflict Under Conditions of Uncertainty," *Academy of Management Journal*, 20, 1977, pp. 301 - 314.

Keeley, L.: " The Role of Culture in Comparative Management : A Cross - Cultural Perspective , " *Academy of Management Journal* , 24 ,1981, pp. 164 - 173.

Kepner, Charles H., and Tregoe, Benjamin B.: *The New Rational Manager*, Princeton Research Press, Princeton, N.J., 1981.

Kilmann, Ralph H., Pondy, Louis R., and Slevin, Dennis P. (eds.): *The Management of Organization Design: Strategies and Implementations*, Elsevier North-Holland, Inc., New York, 1976.

Kim, J. S.: "Effect of Behavior Plus Outcome Goal Setting and Feedback on Employee Satisfaction and Performance," *Academy of Management* Journal, Vol. 27, No. 1, 1984, pp. 139 - 149.

Koontz, Harold: The Management Theory Jungle, *Academy of Management Journal*, 4, 1961, pp. 174 - 188.

Koontz, Harold: "A Model for Analyzing the Universality and Transferability of Management," *Academy of Management Journal*, 12, Dec. 1969, pp. 415 - 430.

Koter, John P.: *The General Managers*, The Free Press, New York, 1982.

Kuhn, Alfred, and Beam, Robert D.: *The Logic of Organization*, Jossey-Bass Publishers, San Francisco, Calif., 1982.

Lawler, E. E., and Hackman, J. R.: "The Impact of Employee Participation in the Development of Pay Incentive Plans: A Field Experiment," *Journal of Applied Psychology*, 53, 1969.

Lawrence, Paul R., and Dyer, David: *Renewing American Industry*, The Free Press, New York, 1983.

Lawrence, Paul R., and Lorsch, Jay W.: *Organization and Environment*, Harvard Graduate School of Business Administration, Boston, 1967.

Leavitt, H. J.: "Some Effects of Certain Communication Patterns on Group Performance," *J. Abnormal Social Psychology*, 46, 1951, pp. 38-50.

Leavitt, Harold J.: "Applied Organization Change in Industry," in J. G. March (eds.), *Handbook of Organization*, Chicago: Rand McNally, 1965, pp. 1144-1167.

Lebas, M., & Weigenstein, J.: "Management Control: The Roles of Rules, Markets and Culture," *Journal of Management Studies*, Vol. 23, No. 3, 1986, pp. 259-272.

Lee, Cynthia: "Increasing Performance Appraisal Effectiveness: Matching Task Types, Appraisal Process, and Rater Training," *Academy of Management Review*, 1985, Vol. 2, pp. 322-331.

Leibenstein, H.: "Allocative Efficiency vs. 'X-Efficiency,'" *American Economic Review*, 1966, pp. 393-415.

Levinson, Harry: *Executive*, Harvard University Press, Cambridge, Mass., 1981.

Levinson, Harry: *Organizational Diagnosis*, Harvard University Press, Cambridge, Mass., 1972.

Lewin, Kurt: *Field Theory in Social Science*, N.Y.: Harper & Bros, 1951.

Likert, Renis: *The Human Organization*, McGraw-Hill Book Company, New York, 1967.

Likert, Renis: *New Patterns of Management*, McGraw-Hill Book Company, New York, 1961.

Lindblom, Charles E.: "The Science of 'Muddling Through,'" in Harold J. Leavitt, and Louis R. Pondy (eds.): *Readings in Managerial Psychology*, University of Chicago Press, Chicago, 1964, pp. 61-68.

Lippitt, Gordon L.: *Orgnaizational Renewal*, 2nd ed., Prentice-Hall, Inc., Englewood Cliffs, N.J., 1982.

Locke, Edwin A., and Latham, Gary P.: *Goal Setting for Individuals, Groups, and Orgnaizations*, Science Research Associates, Inc., Chicago, 1984.

Lorange, Peter: *Corporate Planning: An Executive Viewpoint*, Prentice-Hall, Inc., Englewood Cliffs, N.J., 1980.

Lorange, Peter and Chakravarthy, Balaji S.: *Strategic Planning Systems*, 2nd ed., Englewood Cliffs, N.J.: Prentice-Hall, 1989.

Lorsch, Jay W., and Lawrence, Paul R.(eds.): *Studies in Organizational Design*, Richard D. Irwin, Inc., and The Dorsey Press, Homewood, Ill., 1970.

Lorsch, Jay W., and Morse, John J.: *Organizations and Their Members: A Contingency Approach*, Harper & Row Publishers, Inc., New

York, 1974.

Luthans, Fred, and Stewart, Todd: "A General Contingency Theory of Management," *The Academy of Management Review*, April 1977, pp. 181–195.

Lynch, B. P.: "An Empirical Assessment if Perrow's Construct," *Administrative Science Quarterly*, 1974, pp. 338–356.

Macintosh, N. B., & Daft, R.L.: "Management Control Systems and Departmental Interdependencies: An Empirical Study," *Accounting, Organizations and Society*, Vol. 12, No. 1, 1987, pp. 49–61.

Maier, Norman R. F.: *Problem-Solving Discussions and Conferences*, McGraw-Hill Book Company, New York, 1963.

Maier, Norman R. F., and Simon, Herbert A.: *Organizations*, John Wiley & Sons, Inc., New York, 1958.

March, J. G., & Simon, R. A.: *Organizations*, N.Y.: John Wiley & Sons, Inc., 1958.

Markland, Robert E.: *Topics in Management Science*, 3rd ed., New York: Wiley, 1989.

Maslow, Abraham H.: "A Theory of Human Motivation," *Psychological Review*, July 1943, pp. 370–396.

Maslow, Abraham H.: *Motivation and Personality*, Harper & Row Publishers, Inc., New York, 1954.

Mayo, Elton: *The Human Problems of an Industrial Civilization*, N.Y.: Macmillan, 1933.

Mayo, Elton: *The Social Problems of an Industrial Civilization*, Boston: Harvard Graduate School of Business Administration,

1945.

McClelland, David C.: *The Achieving Society*, D. Van Nostrand Company, Inc., Princeton, N.J., 1961.

McGregor, Douglas: *The Human Side of Enterprise*, McGraw-Hill Book Company, New York, 1960.

McGregor, D.: *The Professional Manager*, Warren G. Gennis and Caroline McGregor (eds.), McGraw-Hill Book Company, New York, 1967.

McMahon, J. T., & Ivancevich, J. M.: "A Study of Control in a Manufacturing Organization: Managers and NonManagers," *Administrative Science Quarterly*, Vol.21, Mar. 1977, pp. 66-83.

Miles, Raymond E.: *Theories of Management: Implications for Organizational Behavior and Development*, McGraw-Hill Book Company, New York, 1975.

Miles, Raymond E., and Snow, Charles C.: *Organizational Strategy, Structure, and Process*, McGraw-Hill Book Company, New York, 1978.

Miller, David W., and Starr, Martin K.: *The Structure of Human Decisions*, Prentice-Hall, Inc., Englewood Cliffs, N.J., 1967.

Miller, George A., Eugene Galanter, and Karl H. Pribram: *Plans and the Structure of Behavior*, Holt, Rinehart, and Winston, Inc., New York, 1960.

Miller, D., & Droge, C.: "Psychological and Traditional Determinants of Structure," *Administrative Science Quarterly*, 31, 1986, pp. 539-560.

Miller, James G.: *Living Systems*, McGraw-Hill Book Company, New

York, 1978.

Mintzberg, Henry: *The Nature of Managerial Work*, Harper & Row Publishers, Inc., New York, 1973.

Mintzberg, Henry: *The Structuring of Organizations*, Englewood Cliffs, N.J.: Prentice-Hall, 1979.

Mintzberg, Henry: *Power in and Around Organizations*, Prentice-Hall, Inc., Englewood Cliffs, N.J., 1983.

Mintzberg, Henry: *Structure in Fives: Designing, Effective Organizations*, Englewood Cliffs, N.J.: Prentice-Hall, 1983.

Mitchell, Terence R.: *Motivation and Performance*, Science Research Associates, Inc., Chicago, 1984.

Mohr, L.: "Organizational Technology and Organization Structure," *Administrative Science Quarterly*, 16 , 1971, pp. 444－459.

Morrisey, George L.: *Management by Objectives and Results in the Public Sector*, Addison-Wesley Publishing Company, Reading, Mass., 1976.

Nadler, David A., and Lawler III, Edward E.: "Quality of Work Life: Perspectives and Directions," *Organizational Dynamics*, Winter 1983, pp. 20－30.

Naisbitt, John: *Megatrends: Ten New Directions Transforming Our Lives*, Warner Books, Inc., New York, 1982.

Newman, William H.: *Managerial Control*, Science Research Associates, Inc., Chicago, 1984.

Ouchi, William A.: "A Conceptual Framework for the Design of Organizational Control Mechanisms," *Management Science*, Vol. 25, No. 9, Sep. 1979, pp. 833－848.

Ouchi, W. A.: "The Relationship between Organizational Structure and Organizational Control," *Administrative Science Quarterly*, Vol. 22, March 1977, pp. 95-113.

Ouchi, W. A.: "The Transmission of Control Through Organizational Hierarchy," *Academy of Management Journal*, Vol. 21, No. 2, 1978, pp. 173-192.

Ouchi, W. A., & Dowling, J. B.: "Defining the Span of Control," *Administrative Science Quarterly*, Vol. 19, 1974, pp. 357-365.

Ouchi, W. A., & Maguire, M. A.: "Organizational Control: Two Function," *Administrative Science Quarterly*, Vol. 20, Dec. 1975, pp. 559-569.

Ouchi, W. G., & Johnson, J. B.: "Types of Organizational Control and Their Relationship to Emotional Well Being," *Administrative Science Quarterly*, Vol. 23, Jun. 1978, pp. 293-315.

Ouchi, W. G.: *Theory Z: How American Business Can Meet the Japanese Challenge*, Addison-Wesley Publishing Company, Reading, Mass., 1981.

Parsons, Talcott: *Structure and Process in Modern Societies*, The Free Press, New York, 1960.

Pascale, Richard T., and Athos, Anthony G.: *The Art of Japanese Management*, Simon and Schuster, New York, 1981.

Pennings, J. M., & Woiceshyn, J.: "A Typology of Organizational Control and Its Metaphors," *Research in the Sociology of Organizations*, Vol. 5, 1987, pp. 73-104.

Perrow, Charles: "A Framework for the Comparative Analysis of Organizations," *American Sociological Review*, 32, April 1967, pp.

194-208.

Perrow, Charles: "Organizational Analysis: A Sociological Approach," *Belmont*, Cal.: Wadsworth Publishing Company, 1970.

Perrow, Charles: *Organizational Analysis: A Sociological View*, Wadsworth Publishing Company, Inc., Belmont, Calif., 1970.

Peters, Thomas J., and Waterman, Robert H. Jr.: *In Search of Excellence*, Harper & Row Publishers, Inc., New York, 1982.

Pfeffer, Jeffrey: *Organizational Design*, Arlington Height, Ill.: AHM Publishing Co., 1978.

Pfeffer, J., and Salancik, Gerald R.: *The External Control of Organizations*, Harper & Row Publishers, Inc., New York, 1978.

Pfeffer, J., & Salancik, G. R.: *The External Control of Organizations: A Resource Dependence Perspective*, N.Y.: Harper & Row, 1978.

Porter, Lyman W., and Lawler Ill, Edward E.: *Managerial Attitudes and Performance*, Richard D. Irwin, Inc., Homewood, Ill., 1968.

Porter, Lyman W., and Hackman, J. Richard: *Behavior in Organizations*, McGraw-Hill Book Company, New York, 1975.

Porter, Michael E.: *Competitive Strategy: Techniques for Analyzing Industries and Competitors*, The Free Press, New York, 1980.

Pugh, Derek S., Hickson, D. J., and Hinings, C. R.: "An Empirical Taxonomy of Structure of Work Organizations," *Administrative Science Quarterly*, March 1969, pp. 115-126.

Quinn, James Brian: "Formulating Strategy One Step at a Time," *The Journal of Business Strategy*, Winter 1981, pp. 42-63.

Rakich, Jonahon S., Longest, Beaufort G., and O'Donovan, Thomas R.: *Managing Health Care Organizations*, W. B. Saunders Company, Philadelphia, 1977.

Reimann, B. C., & Negandhi, A. R.: "Strategies of Administrative Control and Organizational Effectiveness," *Human Relations*, Vol. 28, No. 5, 1975, pp. 475 - 486.

Reimann, B. C.: "Dimension of Organizational Technology and Structure," *Human Relations*, 30, 1977, pp. 545 - 566.

Reimann, B. C.: "Organization Structure and Technology in Manufacturing: System versus Work Flow Perspective," *Academy of Management Journal*, Vol. 23, 1980, pp. 61 - 77.

Richards, Max D.: *Setting Strategic Goals and Objectives*, 2nd ed., St. Paul, Minn.: West, 1986.

Robbins, Stephen P.: *Management: Concepts and Practices*, Englewood Cliffs, New Jersey: 1984.

Roberts, Karlene H., Hulin, Charles L., and Rousseau, Denise M.: *Developing an Interdisciplinary Science of Organizations*, Jossey-Bass Publishers, San Francisco, 1978.

Rockness, H. O., & Shields, M. D.: "Organizational Control Systems in Research and Development," *Accounting, Organizations and Society*, Vol. 9, No. 2, 1984, pp. 165 - 177.

Sathe, Vijay: "Some Action Implications of Corporate Culture: A Manger's Guide to Action," *Organizational, Dynamics*, Autumn 1983, pp. 4 - 23.

Sayles, Leonard R.: *Leadership: What Effective Managers Do and How They Do it*, McGraw-Hill Book Company, 1979.

Sayles, Leonard R., and Margaret K. Chandler: *Managing Large Systems*, *Harper & Row Publishers*, Inc., *New York*, 1971.

Schein, Edgar H.: *Organizational Psychology*, 3rd ed., Prentice-Hall, Inc., Englewood Cliffs, N.J., 1980.

Schendel, Dan E., and Hofer, Charles (eds.): *Strategic Management*, Little, Brown and Company, Boston, 1979.

Schnake, M., & Dumler, M.: "Affective Response Bias in the Measurement of Perceived Task Characteristics," *Journal of Occupational Psychology*, 58, 1985, pp. 159-166.

Schon, Donald A.: *The Reflective Pratitioner*, Basic Books, Inc., New York, 1983.

Schoonhoven, Clandia B.: "Problems with Contingency Theory: Testing Assumptions Hidden Within the Language of Contingency Theory," *Administrative Science Quarterly*, September 1981, pp. 349-377.

Scott, G. William: *Organization Theory*, Homewood, Ill.:Richard D. Irwin, 1967.

Scott, William G., and Hart, David K.: *Organizational America*, Houghton Mifflin Company, Boston, 1979.

Scott, W. Richard: *Organizations: Rational, Natural, and Open Systems*, Prentice-Hall, Inc., Englewook Cliffs, N.J., 1981.

Selznick, Philip: *Leadership in Administration*, Harper & Row Publishers, Inc., New York, 1957.

Shetty, Y. K. & Carlisle, H. M.: "A Contingency Model of Organizational Design," *California Management Review*, 15, pp. 38-45.

Simon, Herbert A.: "On the Concept of Organizational Goal," *Admin-*

istrative *Science Quarterly*, Vol. 9, No. 1, June 1964, pp. 1－22.
Simon, Herbert A.: *Administrative Behavior*, 3rd ed., Macmillan Publishing Company, Inc., New York, 1976.
Siropolis, Nicholas C.: *Small Business Management A Guide to Entrepreneurship*, 4th ed., Boston: Houghton Mifflin, 1990.
Smircich, Linda: "Concepts of Culture and Organizational Analysis," *Administrative Science Quarterly*, September 1983, pp. 339－358.
Snow, Charles C., and Hrebiniak, Lawrence G.: "Strategy, Distinctive Competence, and Organizational Performance," *Administrative Science Quarterly*, June 1980, pp. 317－336.
Steers, R. M.: *Introduction to Organizational Behavior*, 3rd eds., Scott, Foresman and Company, 1988.
Steers, Richard M., and Porter, Lyman W.: *Motivation and Work Behavior*, 2nd ed., McGraw-Hill Book Company, New York, 1979.
Steers, Richard M., and Porter, Lyman W.: *Motivation and Work Behavior*, 5th ed., New York: McGraw-Hill, 1991.
Steiner, George A.: *Top Management Planning*, Macmillan Publishing Company, Inc., New York, 1969.
Steiner, George A.: "Rise of the Corporate Planner," *Harvard Business Review*, 48, 1970, pp. 133－139.
Stewart, Rosemary: *Choices for the Manager: A Guide to Managerial Work and Behaviour*, McGraw-Hill Book Company, London, 1982.
Streglitz, H.: "Optimizing Span of Control," *Management Record*, 24. 1962, pp. 25－29.

Szilagyi, Andrew D., Jr.: *Management and Performance*, California: Goodyear Publishing Company, Inc., 1981.

Taber, T. D., Beehr, T. A., & Walsh, J. T.: "Relationships between Job Evaluation Ratings and Self-Ratings of Job Characteristics," *Organizational Behavior and Human Decision Process*, 35, 1985, pp. 27-45.

Taggart, William, and Robey, Daniel: "Mind and Managers: On the Dual Nature of Human Information Processing and Management," *Academy of Management Review*, April 1981, pp. 187-196.

Tannenbaum, A.: "Control in Organizations: Individual Adjustment and Organizational Performance," *Administrative Science Quarterly*, Vol. 7, 1962, pp. 236-257.

Tannenbaum, Arnold: *Control in Organizations*, McGraw-Hill Book Company, New York, 1968.

Tannenbaum, R. and Schmidt, W. H.: "How to Choose a Leadership Pattern," *Harvard Business Review*, March-April, 1958.

Tannenbaum, Robert, and Schmidt, Warren H.: "How to Choose a Leadership Pattern," *Harvard Business Review*, May-June, 1973, pp. 162-180.

Taylor, Frederick E.: *Principles of Scientific Management*, New York: Harper and Brothers, 1911.

Terry, G. R.: *Principles of Management*, 3rd, eds., Homewood, Ill., Richard D. Irwin, 1960.

Thompson, James D. (ed.): *Approaches to Organizational Design*, University of Pittsburgh Press, Pittsburgh, Pa., 1966.

Thompson, J. D.: *Organizations in Action*, N.Y.: McGraw-Hill,

Inc., 1967.

Thompson, M., & Wildavsky, A.: "A Cultural Theory of Information Bias in Organizations," *Journal of Management Studies*, Vol. 23, No. 3, 1986, pp. 273-286.

Toffler, Alvin: *The Third Wave*, Bantam Books, Inc., New York, 1981.

Tosi, Henry L. Jr., and Slocum, John W. Jr.: "Contingency Theory: Some Suggested Directions," *Journal of Management*, Spring 1984, pp. 9-26.

Umstot, Denis D., Mitchell, Terence R., and Bell, Cecil H. Jr.: "Goal Setting and Job Enrichment: An Integrated Approach to Job Design," *Academy of Management Review*, October 1978, pp. 867-879.

Van de Ven, Andrew H.: *Group Decision Making and Effectiveness*, Kent State University Press, Kent, Ohio, 1974.

Van de Ven, A. H., & Delbecq, A. L.: "A Task Contingent Model of Work-Unit Structure ," *Administrative Science Quarterly*, 19, 1974, pp. 383-395.

Van de Ven, A. H., and William F. Joyce (eds.): *Perspectives on Organization Design and Behavior*, John Wiley & Sons, Inc., New York, 1981.

Von Bertalanffy, Ludwig: *General System Theory*, George Braziller, New York, 1968.

Vroom, Victor: *Work and Motivation*, N.Y.: John Wiley & Sons, 1964.

Vroom, Victor: *Motivation in Management*, N.Y.: American Foundation for Management Research, 1965.

Vroom, Victor H., and Jago, Arthur G.: *The New Leadership*, Englewood Cliffs, N.J.: Prentice-Hall, 1988.

Vroom, Victor H., and Yetton, Philip W.: *Leadership and Decision-Making*, University of Pittsburgh, Pittsburgh, Pa., 1973.

Walton, Clarence (ed.): *The Ethics of Corporate Conduct*, Prentice-Hall, Inc., Englewood Cliffs, N.J., 1977.

Warrick, Donald D.: *Managing Organization Change and Development*, Science Research Associates, Inc., Chicago, 1984.

Watkins, Paul R.: "Perceived Information Structure: Implications for Decision Support Systems Design," *Decision Sciences*, January 1982, pp. 38-59.

Weber, Max: *The Protestant Ethic and the Spirit of Capitalism*, A. M. Henderson, and Talcott Parsons (trans.), Charles Scribner's Sons, New York, 1958.

Weber, Max: The Theory of Social and Economic Organization, A. M. Henderson, and Talcott Parsons (trans.), *The Free Press*, New York, 1964.

Weick, Karl E.: *The Social Psychology of Organizing*, 2nd ed., Addison-Wesley Publishing Company, Reading, Mass., 1979.

Whithey, M., Daft, R. L., & Cooper, W. H.: "Measures of Perrow's Work Unit Technology: An Empirical Assessment and a New Scale," *Academy of Management Journal*, Vol. 26, 1983, pp. 45-63.

White, R., & Lippett, R.: "Leader Behavior and Member Reaction in There 'Social Climates'" in D. Cartwright, and A. Zander (eds.),

Group Dynamics: Research and Theory, N.Y.: Harper & Row 1953, pp. 385 - 611.

Wilcox, C., & Shepherd, W. G.: *Public Policies Toward Business*, 5th ed., Illinois.: Richard D. Irwin, Inc.,1975.

Wilkins, Alan L., and Ouchi, William G.: "Efficient Cultures: Exploring the Relationship between Culture and Organizational Performance," *Administrative Science Quarterly*, September 1983, pp. 468 - 481.

Williamson, O. E.: Markets and Hierarchies, Analysis and Antitrust Implication, N.Y.: *The Free Press*, 1975.

Williamson, O. E.: *Corporate Control and Business Behavior*, Englewood Cliffs, N.J.: Prentice-Hall, 1970.

Woodward, Joan: "Industrial Organization: Theory and Practice", *Oxford University Press*, Fair Lawn, N.J., 1965.

Zeffane, R. M.: "Centralization or Formalization? Indifference Curve for Strategies of Control," *Organization Studies*, Vol. 10, No. 3, 1989, pp. 327 - 352.

三民大專用書書目——國父遺教

書名	作者		任職
三民主義	孫文	著	
三民主義要論	周世輔	編著	前政治大學
大專聯考三民主義複習指要	涂子麟	著	中山大學
建國方略建國大綱	孫文	著	
民權初步	孫文	著	
國父思想	涂子麟	著	中山大學
國父思想	涂子麟 林金朝	編著	中山大學 臺灣師大
國父思想新論	周世輔	著	前政治大學
國父思想要義	周世輔	著	前政治大學
國父思想綱要	周世輔	著	前政治大學
中山思想新詮 ——總論與民族主義	周世輔 周陽山	著	前政治大學 臺灣大學
中山思想新詮 ——民權主義與中華民國憲法	周世輔 周陽山	著	前政治大學 臺灣大學
國父思想概要	張鐵君	著	
國父遺教概要	張鐵君	著	
國父遺教表解	尹讓轍	著	
三民主義要義	涂子麟	著	中山大學
國父思想（修訂新版）	周世輔 周陽山	著	前政治大學 臺灣大學

三民大專用書書目——行政・管理

書名	作者		單位
國際匯兌	林邦充	著	長榮管理學院
國際匯兌	于政長	著	東吳大學
國際行銷管理	許士軍	著	臺灣大學
國際行銷	郭崑謨	著	中興大學
國際行銷（五專）	郭崑謨	著	中興大學
行銷學通論	龔平邦	著	前逢甲大學
行銷學	江顯新	著	中興大學
行銷管理	郭崑謨	著	中興大學
行銷管理	郭振鶴	著	東吳大學
海關實務	張俊雄	著	淡江大學
實用國際行銷學	江顯新	著	中興大學
市場學	王德馨、江顯新	著	中興大學
市場學概要	蘇在山	著	
投資學	龔平邦	著	前逢甲大學
投資學	白俊男、吳麗瑩	著	東吳大學
投資學	徐燕山	著	政治大學
海外投資的知識	日本輸出入銀行海外投資研究所	編	
國際投資之技術移轉	鍾瑞江	著	東吳大學
外匯投資理財與風險（增訂新版）——外匯操作的理論與實務	李麗	著	中央銀行
財務報表分析	洪國賜、盧聯生	著	淡水工商管理學院
財務報表分析題解	洪國賜	編	淡水工商管理學院
財務報表分析	李祖培	著	中興大學
財務管理	張春雄、林烱垚	著	政治大學
財務管理	黃柱權	著	前政治大學
公司理財	黃柱權	著	前政治大學
公司理財	文大熙	著	

三民大專用書書目——經濟・財政

書名	作者		單位
經濟學新辭典	高叔康	編	
經濟學通典	林華德	著	國際票券公司
經濟思想史	史考特	著	
西洋經濟思想史	林鐘雄	著	臺灣大學
歐洲經濟發展史	林鐘雄	著	臺灣大學
近代經濟學說	安格爾	著	
比較經濟制度	孫殿柏	著	前政治大學
經濟學原理	歐陽勛	著	前政治大學
經濟學導論	徐育珠	著	南康乃狄克州立大學
經濟學概要	趙鳳培	著	前政治大學
經濟學	歐陽勛、黃仁德	著	政治大學
通俗經濟講話	邢慕寰	著	香港大學
經濟學（上）（下）	陸民仁	編著	前政治大學
經濟學（上）（下）	陸民仁	著	前政治大學
經濟學概論	陸民仁	著	前政治大學
國際經濟學	白俊男	著	東吳大學
國際經濟學	黃智輝	著	東吳大學
個體經濟學	劉盛男	著	臺北商專
個體經濟分析	趙鳳培	著	前政治大學
總體經濟分析	趙鳳培	著	前政治大學
總體經濟學	鍾甦生	著	西雅圖銀行
總體經濟學	張慶輝	著	政治大學
總體經濟理論	孫震	著	工研院
數理經濟分析	林大侯	著	臺灣綜合研究院
計量經濟學導論	林華德	著	國際票券公司
計量經濟學	陳正澄	著	臺灣大學
經濟政策	湯俊湘	著	前中興大學
平均地權	王全祿	著	考試委員
運銷合作	湯俊湘	著	前中興大學
合作經濟概論	尹樹生	著	中興大學
農業經濟學	尹樹生	著	中興大學
凱因斯經濟學	趙鳳培	譯	前政治大學
工程經濟	陳寬仁	著	中正理工學院

書名	作者		單位
銀行法	金桐林	著	中興銀行
銀行法釋義	楊承厚	編著	銘傳管理學院
銀行學概要	林葭蕃	著	
商業銀行之經營及實務	文大熙	著	
商業銀行實務	解宏賓	編著	中興大學
貨幣銀行學	何偉成	著	中正理工學院
貨幣銀行學	白俊男	著	東吳大學
貨幣銀行學	楊樹森	著	文化大學
貨幣銀行學	李穎吾	著	前臺灣大學
貨幣銀行學	趙鳳培	著	前政治大學
貨幣銀行學	謝德宗	著	臺灣大學
貨幣銀行學——理論與實際	謝德宗	著	臺灣大學
現代貨幣銀行學（上）（下）（合）	柳復起	著	澳洲新南威爾斯大學
貨幣學概要	楊承厚	著	銘傳管理學院
貨幣銀行學概要	劉盛男	著	臺北商專
金融市場概要	何顯重	著	
金融市場	謝劍平	著	政治大學
現代國際金融	柳復起	著	澳洲新南威爾斯大學
國際金融理論與實際	康信鴻	著	成功大學
國際金融理論與制度	歐陽勛、黃仁德	編著	政治大學
金融交換實務	李麗	著	中央銀行
衍生性金融商品	李麗	著	中央銀行
財政學	徐育珠	著	南康乃狄克州立大學
財政學	李厚高	著	蒙藏委員會
財政學	顧書桂	著	
財政學	林華德	著	國際票券公司
財政學	吳家聲	著	財政部
財政學原理	魏萼	著	中山大學
財政學概要	張則堯	著	前政治大學
財政學表解	顧書桂	著	
財務行政（含財務會審法規）	莊義雄	著	成功大學
商用英文	張錦源	著	政治大學
商用英文	程振粵	著	前臺灣大學
商用英文	黃正興	著	實踐管理學院
國際商務契約——實用中英對照範例集	陳春山	著	中興大學

書名	作者	單位
貿易契約理論與實務	張錦源 著	政治大學
貿易英文實務	張錦源 著	政治大學
貿易英文實務習題	張錦源 著	政治大學
貿易英文實務題解	張錦源 著	政治大學
信用狀理論與實務	蕭啟賢 著	輔仁大學
信用狀理論與實務	張錦源 著	政治大學
國際貿易	李穎吾 著	前臺灣大學
國際貿易	陳正順 著	臺灣大學
國際貿易概要	何顯重 著	
國際貿易實務詳論（精）	張錦源 著	政治大學
國際貿易實務	羅慶龍 著	逢甲大學
國際貿易實務新論	張錦源、康蕙芬 著	政治大學
國際貿易實務新論題解	張錦源、康蕙芬 著	政治大學
國際貿易理論與政策	歐陽勛、黃仁德編著	政治大學
國際貿易原理與政策	黃仁德 著	政治大學
國際貿易原理與政策	康信鴻 著	成功大學
國際貿易政策概論	余德培 著	東吳大學
國際貿易論	李厚高 著	蒙藏委員會
國際商品買賣契約法	鄧越今編著	外貿協會
國際貿易法概要	于政長 著	東吳大學
國際貿易法	張錦源 著	政治大學
現代國際政治經濟學——富強新論	戴鴻超 著	底特律大學
外匯投資理財與風險	李麗 著	中央銀行
外匯、貿易辭典	于政長編著 張錦源校訂	東吳大學 政治大學
貿易實務辭典	張錦源編著	政治大學
貿易貨物保險	周詠棠 著	前中央信託局
貿易慣例——FCA、FOB、CIF、CIP等條件解說	張錦源 著	政治大學
貿易法規	張錦源 白允宜 編著	政治大學 中華徵信所
保險學	陳彩稚 著	政治大學
保險學	湯俊湘 著	前中興大學
保險學概要	袁宗蔚 著	前政治大學
人壽保險學	宋明哲 著	銘傳管理學院
人壽保險的理論與實務（增訂版）	陳雲中編著	臺灣大學
火災保險及海上保險	吳榮清 著	文化大學
保險實務	胡宜仁主編	景文工商